高等职业教育工程造价专业"十四五"重点建设系列教材

房屋建筑与装饰工程计量与计价

第 2 版

主　编　夏友福

副主编　蒋璐蔚　吕秋萍　毛清玉

参　编　李　行　张必超　鱼路焕
　　　　夏　泉　张海燕　刘云花

西南交通大学出版社
·成　都·

图书在版编目（CIP）数据

房屋建筑与装饰工程计量与计价 / 夏友福主编. —2 版. —成都：西南交通大学出版社，2022.8
ISBN 978-7-5643-8824-9

Ⅰ. ①房… Ⅱ. ①夏… Ⅲ. ①建筑工程 – 工程造价②建筑装饰 – 工程造价 Ⅳ. ①TU723.32

中国版本图书馆 CIP 数据核字（2022）第 144332 号

Fangwu Jianzhu yu Zhuangshi Gongcheng Jiliang yu Jijia
(Di-er Ban)

房屋建筑与装饰工程计量与计价
（第 2 版）

主编　夏友福

责 任 编 辑	杨　勇
封 面 设 计	墨创文化
出 版 发 行	西南交通大学出版社 （四川省成都市金牛区二环路北一段 111 号 西南交通大学创新大厦 21 楼）
发行部电话	028-87600564　028-87600533
邮 政 编 码	610031
网　　　址	http://www.xnjdcbs.com
印　　　刷	四川煤田地质制图印刷厂
成 品 尺 寸	185 mm×260 mm
印　　　张	23
字　　　数	574 千
版　　　次	2016 年 8 月第 1 版 2022 年 8 月第 2 版
印　　　次	2022 年 8 月第 3 次
书　　　号	ISBN 978-7-5643-8824-9
定　　　价	54.00 元

课件咨询电话：028-81435775
图书如有印装质量问题　本社负责退换
版权所有　盗版必究　举报电话：028-87600562

前 言 PREFACE

第 2 版

《房屋建筑与装饰工程计量与计价》是高等职业院校工程造价、建筑工程技术、建设工程监理、建设工程管理、建筑设计专业及其他相关建筑类专业的教材。《房屋建筑与装饰工程计量与计价》教材，是按照中华人民共和国住房和城乡建设部《建筑工程建筑面积计算规范》（GB/T 50353—2013）、《建设工程工程量清单计价规范》（GB 50500—2013）、《房屋建筑与装饰工程工程量计算规范》（GB 50854—2013），《某省建筑工程计价标准》（DBJ 53/T-61—2020）、《某省建设工程造价计价规则及机械仪器仪表台班费用定额》（DBJ 53/T-58—2020）、《某省通用安装工程计价标准 第三册 静置设备与工艺金属结构制作安装工程》（DBJ 53/T-63—2020），结合有关的 OBE 教学大纲进行修订编写的。教材中的案例全部按新的计价标准进行了修改，以项目带动任务的模式，组织建筑企业工程技术人员、设计研究院所人员及高校教师参与第 2 版教材修订编写，将实际工作中所需的技能与知识引入教材，深度参与教学环节，使人才培养所需能力更加准确有效，是既注重建筑工程计量又注重工程清单计价的高等职业的实用教材。本书按照 2020 版计价标准以真实项目为载体，以工程造价岗位工作过程为导向，以工作流程、知识能力为目标，以教与学、学与做、实战训练的课程教学为特点，采取"项目—任务"模式编排顺序层层递进，实现了教学内容与工作过程的有机融合，使其更适合高等职业院校土建相关类专业在校学生的相关教学活动。

本教材从高等职业院校学生的实际情况出发，以"工学结合"、理论上够用为度，以项目驱动任务，以任务带动技能，以就业为导向，以实践能力为核心作为教材的指导思想，倡导以学生为主体，以实际工程案例为基础，以建筑产品形成工作为主线的培养理念。编者按结合工程造价实际工作的要求，以 2020 版《某省建筑工程计价标准》精心编排了教学内容，力求做到：实际工作如何做，教材就如何写；工程造价的实际工作有什么要求，对学生也提出同样的要求。因此，教材中所选用的定额、图纸、规范、介绍的方法都与工程造价的实际工作保持一致。

能力训练内容紧密结合分部分项工程实践，每一个能力训练项目就是一项分项工程的工程造价计算，例如土方工程、挡土墙工程、砌筑工程、打桩工程、预制混凝土工程等的造价费用计算。这些分部分项工程项目虽小，但就是我们高等职业院校学生出去经常遇到的实际工程项目。每一个能力训练项目，学生从看图纸、项目列项、工程量计算、套用定额计算工程费、计算各项费用。教材使学生通过这样举一反三的练习，达到温故知新的目的，同时使学生在学校期间就能较好地掌握实际工作中的做法，真正达到"学以致用"的目的。

本次教材修订力求做到"易学易懂"，深入浅出、行文通俗、图文并茂、大量举例。预算应该是一门应用性的学科，一般而言，它不需要高深的理论、复杂的数学公式，不应该将它弄得深奥复杂。对于高等职业院校学习和具体编制预算的人，理论上够用为度，重在对规则、规定的理解和掌握。"内容新颖"是指教材的内容比较新，这次修订中新增了有关工程拆除的造价计算。工程造价是建设工程项目管理诸多因素中最活跃者。随着市场经济的发展和不断完善，工程造价的理论，计价方式、计算规则和规定，不断更新。"易学易懂、内容新颖和结合本地具体情况"，这便是第 2 版教材修订的宗旨。使用通俗易懂的语言，绘制较多的图样，列举大量的例题，结合 2020 版计价标准讲述房屋建筑与装饰工程计量与计价的基本规则和规定，这是本次修订的特点。

本书由云南工商学院夏友福任主编，由云南交通职业技术学院蒋璐蔚、大理建筑工程学校吕秋萍及云南工商学院毛清玉任副主编。具体编写分工如下：项目 1、项目 3 和项目 5 由夏友福编写，项目 2 由云南农业职业学院李行编写，项目 4 及项目 7 由中国电建集团昆明勘察设计研究院夏泉编写，项目 6、项目 12 及项目 16 由吕秋萍编写，项目 9 及项目 11 由蒋璐蔚编写，项目 13、14、15 由国投检验检测有限公司张必超编写，项目 8 由毛清玉编写，项目 10 由云南城市职业学院鱼路焕编写，张海燕、刘云花参加了项目 7 的部分编写工作。全书由夏友福负责统稿。由李云春、毛清玉负责审稿，并提出许多宝贵的修改意见，在此表示感谢。

在此要特别感谢参与第 1 版编写的老师，第 2 版的出版是在第 1 版的基础上改进的，有了第 1 版教材的框架，使第 2 版能够与时俱进，更加通俗易懂。

本书在编写过程中参阅了大量文献，在此向相关作者表示衷心的感谢。

由于编写时间仓促，加之各位参编老师个人能力水平有限，书中难免有不足之处，敬请同行专家及广大读者批评指正。

编 者
2022 年 6 月

前 言
PREFACE

第1版

《房屋建筑与装饰工程计量与计价实训指南》是高职高专院校工程造价、建筑工程技术、建设工程监理、建设工程管理、建筑设计专业及其他相关建筑类专业的高职高专教材。《房屋建筑与装饰工程计量与计价》教材，是按照中华人民共和国住房和城乡建设部最新《建筑工程建筑面积计算规范》（GB/T 50353—2013）、《建设工程工程量清单计价规范》（GB 50500—2013）、《房屋建筑与装饰工程工程量计算规范》（GB 50854—2013）、《关于印发〈建筑安装工程费用组成项目〉的通知》（建标〔2012〕44号文）及《云南省房屋建筑与装饰工程消耗量定额》（DBJ53/T-61—2013）编写，教材以项目带动任务的模式，组织建筑企业工程技术人员参与教材编写，将实际工作中所需的技能与知识引入教材，深度参与教学环节，使人才培养技能更加准确有效。是既注重建筑工程计量又注重工程计价的高职高专的实用教材。本书以真实项目为载体，以工程造价岗位工作过程为导向，以工作流程、技能目标、教与学、学与做、实战训练的课程为特点，采取"项目—任务"模式编排顺序层层递进，实现了教学内容与工作过程的有机融合。使其更适合职业院校高职高专土建类专业在校学生的相关教学活动。

本教材从职业院校高职高专学生的实际情况出发，以"工学结合"、理论上够用为度；以项目驱动任务，以任务带动技能；以就业为导向，以实践技能为核心作为教材的指导思想，倡导以学生为主体，以实际工程案例为基础，以建筑产品形成工作为主线的培养理念。按结合工程造价实际工作的要求，以2013版《房屋建筑与装饰工程消耗量定额》精心编排了教学内容，力求做到实际工作如何做，教材就如何写；工程造价的实际工作有什么要求，对学生也提出同样的要求。因此，教材中所选用的定额、图纸、规范、介绍的方法都与工程造价的实际工作保持一致。

技能实训内容紧密结合分部分项工程实践，每一个技能实训项目就是一项分项工程的工程造价计算，例如土方工程、挡土墙工程、砌筑工程、打桩工程、预制混凝土工程等的造价费用计算。这些分部分项工程项目虽小，就是我们职业院校高职高专学生出去经常遇到的实际工程项目。每一个技能实训项目，学生从看图纸、项目列项、工程量计算、套用定额计算工程费、计算各项费用。教材通过这样举一反三的练习，达到温故知新的目的。使学生在学校期间就能较好地掌握实际工作中的做法，真正达到"学以致用"的目标。

本教材力求做到"易学易懂"，深入浅出、行文通俗、图文并茂，大量举例。预算应该是一门应用性的学科，一般而言它不需要高深的理论，复杂的数学公式，不应该将它弄得深奥复杂。对于职业院校高职高专学习和具体编制预算的人，理论上够用为度，重在对规则、规定的理解和掌握。"内容新颖"是指教材的内容比较新。工程造价是建设工程项目管理诸多因素中最活跃者。随着市场经济的发展和不断完善，工程造价的理论，计价方式、计算规则和规定，不断更新。"易学易懂、内容新颖和结合本地具体情况"，这便是本教材编写的宗旨。使用通俗易懂的语言，绘制较多的图样，列举大量的例题，结合2013定额讲述房屋建筑与装饰工程计量和与计价的基本规则和规定，这是本书的特点。本书由云南工商学院夏友福和昆明冶金高等专科学校孙俊玲任主编，由云南交通职业技术学院蒋璐蔚和大理建筑工程学校吕秋萍任副主编。具体编写分工如下：项目1和项目5由夏友福编写，项目2由李行编写，项目3由杨娜和于佛才编写，项目4由夏泉（中国电建昆明勘察设计研究院）和周学艳编写，项目6由李柱梅和吕秋萍编写，项目7、13、14、15由张必超（融众咨询有限公司）编写，项目8由孙俊玲编写，项目9由蒋璐蔚编写，项目10由鱼路焕编写，项目11由张春燕编写，项目12由刘清编写，项目16由吕秋萍编写。全书由夏友福统稿。

  本书在编写过程中参阅了大量参考文献，在此向相关作者表示衷心的感谢。

  由于编写时间仓促，加之编者水平有限，书中难免有不足之处，敬请同行专家广大读者批评指正。

编 者

2016年6月

目 录
CONTENTS

项目1 建筑工程定额及建筑工程费用 ················· 001

 任务1.1 基本建设 ················· 001
 任务1.2 建筑工程定额 ················· 006
 任务1.3 工程量清单编制与工程量计算 ················· 011
 任务1.4 建筑工程费用计算 ················· 020
 项目小结 ················· 032
 复习思考题 ················· 032

项目2 建筑面积的计算 ················· 033

 任务2.1 建筑面积的相关知识 ················· 033
 任务2.2 建筑面积计算规则 ················· 035
 任务2.3 建筑面积计算技能实训 ················· 040
 项目小结 ················· 041
 复习思考题 ················· 041

项目3 土石方工程 ················· 043

 任务3.1 土石方工程量计算说明 ················· 043
 任务3.2 土石方工程清单项目划分及工程量计算规则 ················· 047
 任务3.3 土石方工程量计算 ················· 052
 任务3.4 土石方工程量计算技能实训 ················· 055
 项目小结 ················· 064
 复习思考题 ················· 064

项目4 桩与地基基础工程 ················· 067

 任务4.1 桩与地基基础工程计算说明 ················· 067
 任务4.2 桩基与地基基础工程清单项目划分及工程量计算规则 ················· 070

  任务 4.3 打桩工程量计算 …… 084
  任务 4.4 打桩工程量计算技能实训 …… 085
  项目小结 …… 094
  复习思考题 …… 094

项目 5 砌筑工程 …… 097

  任务 5.1 砌筑工程量计算说明 …… 097
  任务 5.2 砌筑工程清单项目划分及工程量计算规则 …… 100
  任务 5.3 砌筑工程量计算 …… 105
  任务 5.4 砌筑工程量计算技能实训 …… 106
  项目小结 …… 114
  复习思考题 …… 114

项目 6 混凝土及钢筋混凝土工程 …… 116

  任务 6.1 混凝土及钢筋混凝土工程量计算说明 …… 116
  任务 6.2 混凝土及钢筋混凝土工程量计算规则 …… 120
  任务 6.3 混凝土及钢筋混凝土工程量计算 …… 128
  任务 6.4 现浇混凝土及钢筋工程量计算技能实训 …… 133
  项目小结 …… 144
  综合案例分析 …… 145
  复习思考题 …… 145

项目 7 木结构及门窗工程 …… 147

  任务 7.1 木结构及门窗工程量计算说明 …… 148
  任务 7.2 木结构及门窗工程量计算规则 …… 150
  任务 7.3 门窗工程量计算 …… 158
  任务 7.4 门窗工程量计算技能实训 …… 159
  项目小结 …… 171
  复习思考题 …… 171

项目 8 金属结构工程 …… 174

  任务 8.1 金属结构定额说明 …… 174
  任务 8.2 金属构件工程清单项目划分及工程量计算规则 …… 178
  任务 8.3 金属构件工程量计算 …… 184
  任务 8.4 金属结构构件计量计价综合技能实训 …… 188
  项目小结 …… 197
  复习思考题 …… 197

项目 9　屋面及防水工程 …… 200

任务 9.1　屋面及防水工程量计算说明 …… 200
任务 9.2　屋面及防水工程清单项目划分及工程量计算规则 …… 201
任务 9.3　屋面及防水工程量计算 …… 207
任务 9.4　屋面及防水工程量计算技能实训 …… 207
项目小结 …… 212
复习思考题 …… 212

项目 10　楼地面工程 …… 215

任务 10.1　楼地面工程量计算说明 …… 215
任务 10.2　楼地面工程工程量计算规则 …… 217
任务 10.3　楼地面工程量计算 …… 224
任务 10.4　楼地面工程量计算技能实训 …… 227
项目小结 …… 233
复习思考题 …… 234

项目 11　墙柱面工程 …… 236

任务 11.1　墙柱面工程计算说明 …… 236
任务 11.2　墙柱面工程清单项目划分及工程量计算规则 …… 238
任务 11.3　墙柱面工程量计算 …… 243
任务 11.4　墙柱面工程量计算技能实训 …… 244
项目小结 …… 251
复习思考题 …… 251

项目 12　天棚装饰工程 …… 254

任务 12.1　天棚装饰工程量计算说明 …… 254
任务 12.2　天棚装饰工程清单项目划分及工程量计算规则 …… 258
任务 12.3　天棚装饰工程量计算 …… 260
任务 12.4　天棚装饰工程量计算技能实训 …… 261
项目小结 …… 265
综合案例分析 …… 265
复习思考题 …… 265

项目 13　油漆、涂料、裱糊工程 …… 268

任务 13.1　油漆、涂料、裱糊工程量计算说明 …… 268
任务 13.2　油漆、涂料、裱糊工程量计算规则 …… 270
任务 13.3　油漆、涂料、裱糊工程量计算 …… 276
任务 13.4　油漆、涂料、裱糊工程量计算技能实训 …… 276

项目小结 ………………………………………………………………………… 284
　　复习思考题 ……………………………………………………………………… 284

项目 14　其他装饰工程 ……………………………………………………………… 287

　　任务 14.1　其他装饰工程量计算说明 ……………………………………………… 287
　　任务 14.2　其他装饰工程量计算规则 ……………………………………………… 289
　　任务 14.3　其他装饰工程量计算 …………………………………………………… 295
　　任务 14.4　其他装饰工程量计算技能实训 ………………………………………… 295
　　项目小结 ………………………………………………………………………… 300
　　复习思考题 ……………………………………………………………………… 301

项目 15　室外附属及构筑物工程 …………………………………………………… 303

　　任务 15.1　室外附属及构筑物工程量计算说明 …………………………………… 303
　　任务 15.2　室外附属及构筑物工程量计算规则 …………………………………… 305
　　任务 15.3　室外附属及构筑物工程量计算 ………………………………………… 319
　　任务 15.4　室外附属及构筑物工程量计算技能实训 ……………………………… 320
　　项目小结 ………………………………………………………………………… 326
　　复习思考题 ……………………………………………………………………… 326

项目 16　措施项目费及其他计量与计价 …………………………………………… 328

　　任务 16.1　措施项目费 ……………………………………………………………… 328
　　任务 16.2　施工技术措施项目工程量计算说明 …………………………………… 331
　　任务 16.3　施工技术措施项目工程量计算规则 …………………………………… 341
　　任务 16.4　施工技术措施项目工程量计算 ………………………………………… 349
　　任务 16.5　施工组织措施项目工程量计算 ………………………………………… 351
　　项目小结 ………………………………………………………………………… 354
　　综合案例分析 …………………………………………………………………… 354
　　复习思考题 ……………………………………………………………………… 354

参考文献 …………………………………………………………………………………… 357

项目 1

建筑工程定额及建筑工程费用

本项目主要包括：基本建设的分类，工程建设的内容，工程建设项目的划分，建筑工程的特点，建筑工程计价特点；建筑工程定额分类及定额组成，定额的特性，定额的应用及换算方法；工程量的计算依据，计算要求，工程量计算的步骤及计算方法，综合单价的计算方法；分部分项工程费，措施项目费、其他项目费、规费、税金等建筑工程费组成及其费用的计算方法。

【学习目标】

◎ 知识目标

1. 了解建筑工程的分类，建设项目的划分及建筑工程特点。
2. 了解建筑工程定额分类，定额的组成。
3. 熟悉工程定额的应用及定额的换算方法。
4. 熟悉建筑工程造价计算的方法步骤。

◎ 技能目标

1. 掌握工程量的计算依据及计算方法。
2. 掌握工程量清单编制步骤及计算方法。
3. 掌握建筑工程定额应用及定额换算的方法。
4. 掌握综合单价计算的原理及计算方法。
5. 掌握措施项目费、其他项目费、规费、税金等建筑工程费的计算方法。

任务 1.1 基本建设

1.1.1 基本建设及工程建设项目的划分

1. 基本建设的含义

基本建设是指国民经济各部门固定资产的形成过程，即基本建设是把一定的建筑材料、机器设备等通过建造、购置和安装等活动转化为固定资产，形成新的生产能力或使用效益的过程。与此相关的其他工作，如土地征用、房屋拆迁、青苗赔偿、勘察设计、工程招标投标、工程监理等也是基本建设的组成部分。

所谓固定资产，是指在生产和消费领域中实际发挥效能并长期使用着的劳动资料和消费资料，是使用年限在一年以上，且单位价值在规定限额以上的一种物质财富。

2. 基本建设的分类

基本建设是固定资产再生产的重要手段，是国民经济发展的重要物质基础，从不同的角度可将基本建设按以下几种情况进行分类。

1）按建设形式的不同分类

（1）新建项目：新建项目是指新开始建设的基本建设项目，或在原有固定资产的基础上扩大三倍以上规模的建设项目。

（2）扩建项目：扩建项目是指在原有固定资产的基础上扩大 3 倍以内规模的建设项目。其建设目的是扩大原有生产能力或提高使用效益。

（3）改建项目：改建项目是指对原有设备、工艺流程进行的技术改造，以提高生产效率或使用效益。

（4）重建项目：重建项目是指因遭受自然灾害或战争等使得全部报废而投资重新恢复建设的项目。

（5）迁建项目：迁建项目是指由于各种原因迁移到另外的地点建设的项目，是基本建设的补充形式。

2）按建设规模分类

（1）大中型建设项目：大中型建设项目是指根据财政部财建（2002）394 号文件第四十三条的规定，经营性项目投资额在 5 000 万元（含 5 000 万元）以上、非经营性项目投资额在 3 000 万元（含 3 000 万元）以上的建设项目。

（2）小型建设项目：小型建设项目是指经营性项目投资额在 5 000 万元以下，非经营性项目投资额在 3 000 万元以下的建设项目。

3）按建设过程的不同分类

（1）筹建项目：筹建项目是指在计划年度内正在准备建设还未正式开工的项目。

（2）在建项目：在建项目是指已开工并正在施工的项目。

（3）投产项目：投产项目是指建设项目已经竣工验收，并且投产或交付使用的项目。

（4）收尾项目：收尾项目是指已经竣工验收并投产交付使用，但还有少量扫尾工作的建设项目。

4）按经济用途分类

（1）生产性建设：生产性建设是指在物质资料生产过程中，能够在较长时期内发挥作用而不改变其物质形态的劳动资料，是人们用来影响和改变劳动对象的物质技术手段，它包括工业建设、农业建设、水利建设、气象建设、交通邮电建设、商业和物质供应建设、地质资源勘探建设等。

（2）非生产性建设：非生产性建设是指为人们物质文化生活所使用的建设，它包括文教卫生、科学试验、公共事业、住宅和其他建设。

5）按资金渠道的不同分类

按资金渠道的不同分为国家投资项目、自筹建设项目、外资项目、贷款项目等。

3. 工程建设的内容

工程建设一般包括以下 4 个部分的内容：建筑工程，设备安装工程，设备、工器具及生产家具的购置，其他工程建设工作。

1）建筑工程

建筑工程是指永久性和临时性的建筑物及构筑物的土建、装饰、采暖、通风、给排水、照明工程，动力、电信导线的敷设工程，设备基础、工业炉砌筑、厂区竖向布置工程，水利工程和其他特殊工程等。

2）设备安装工程

设备安装工程是指动力、电信、起重、运输、医疗、实验等设备的装配、安装工程，附属于被安装设备的管线敷设、金属支架、梯台和有关保温、油漆、测试、试车等工作。

3）设备、工器具及生产家具的购置

设备、工器具及生产家具的购置是指车间、实验室等所应配备的，符合固定资产条件的各种设备、工具、器具、仪器及生产家具的购置。

4）其他工程建设工作

其他工程建设工作是指上述内容之外的，在工程建设程序中所发生的工作，如征用土地、拆迁安置、勘察设计、建设单位日常管理和生产职工培训等。

4. 基本建设项目的划分

根据基本建设项目管理和合理确定工程造价的需要，基本建设项目划分为建设项目、单项工程、单位工程、分部工程和分项工程五个层次，如图 1-1 所示。

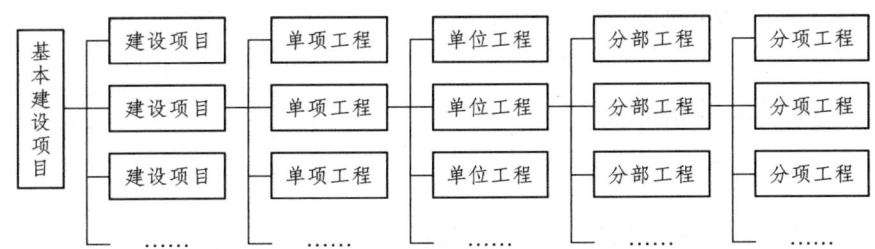

图 1-1　基本建设项目划分

1）建设项目

建设项目是指在一个总体设计范围内，由一个或几个单项工程组成，在经济上实行独立核算、在行政上实行统一管理的建设单位，如医院、学校、工厂等。在我国一般将对工程建设进行管理的机构称作建设单位。一个建设项目可以由一个单项工程组成，也可以由几个单项工程组成。例如，医院可以由门诊大楼、住院部大楼、检验楼、食堂等组成，也可以由一栋大楼组成。

2）单项工程

单项工程是指在一个建设项目中，有独立的设计图纸，能够独立施工，建成后能够独立发挥生产能力或使用效益的工程项目。它是建设项目的组成部分，如某医院的门诊楼、某工厂的食堂和车间、某学校的教学楼等。

3）单位工程

单位工程是指有独立的设计图纸，能够独立施工，但建成后不能够独立发挥生产能力或使用效益的工程项目。它是单项工程的组成部分。例如，医院门诊楼的土建工程、给水排水工程、设备安装工程等都是门诊楼这个单项工程所包括的不同性质的工程内容的单位工程。建筑安装工程一般是以一个单位工程作为工程招投标、编制施工图预算和进行成本核算的最小单位。

4）分部工程

分部工程是指以工程部位、结构形式的不同划分的工程项目。它是单位工程的组成部分，如房屋建筑与装饰工程中的土石方工程、砌筑工程、钢筋混凝土工程、脚手架工程、屋面工程等。

5）分项工程

按照分部工程的划分原则，根据合理确定工程造价的需要，将分部工程进一步划分为若干个分项工程。例如，将土石方工程划分为场地平整、基槽开挖、土方运输、基槽回填等分项工程。分项工程划分的粗细程度需视编制预算的要求不同而确定。

分项工程是建筑安装工程的基本构造要素，有时人们也把这一基本要素称为"假定建筑产品"。这一概念虽然没有独立存在的意义，但是它对了解工程造价的基本原理起着非常重要的作用。

综上所述，一个建设项目由一个或若干个单项工程组成，一个单项工程由若干个单位工程组成，一个单位工程又可以划分为若干个分部工程，一个分部工程又由若干个分项工程组成。工程计价工作是从分项工程开始的，因此正确划分分项工程，是正确编制工程概预算和进行建筑工程计价的重要工作。

1.1.2 建筑工程计价特点

1. 工程造价的含义

工程造价是建设工程造价的简称，是工程费用、工程价格的统称。按照计价的范围和内容的不同，工程造价分为广义的工程造价和狭义的工程造价两种情况。

1）广义的工程造价

广义的工程造价是指完成一个建设项目所需固定资产投资费用的总和，包括工程费用、工程建设其他费用、预备费和建设期利息四部分费用。

2）狭义的工程造价

狭义的工程造价是指建筑市场上承发包建筑安装工程的价格，即为建成一项工程，预期或实际在建筑市场、技术劳务市场以及承包市场等交易活动中所形成的建筑安装工程的价格和建设工程总价格。

本书主要介绍狭义的工程造价。如果不作特殊说明，本书以下涉及的工程造价均指狭义的工程造价。

2. 建筑工程计价特点

建筑工程计价具有如下特点：

1）多次性

建筑工程计价是伴随着工程建设的进程而不断进行的。对于同一个工程，为了达到造价控制的目的，在工程建设的不同时期都要进行计价，这就是工程计价的多次性。

工程建设程序为：项目建议书→可行性研究→初步设计→技术设计→施工图设计→建设准备→建设实施→生产准备→竣工验收→交付使用等程序。

按照建筑工程设计和施工进展阶段的不同，建筑工程计价可分为建筑工程投资估算、建筑工程设计概算、建筑工程施工图预算、建筑工程施工预算和建筑工程竣工结（决）算。

（1）建筑工程投资估算

建筑工程投资估算是指在项目建议书和可行性研究阶段，由建设单位根据设计任务书的工程规模，并根据概算指标或估算指标、取费标准及有关技术经济资料等编制的估算建筑工程所需投资额的经济文件。它是建筑工程设计（计划）任务书的主要内容之一，也是审批立项的主要依据。

（2）建筑工程设计概算

建筑工程设计概算是指在初步设计阶段（或扩大初步设计阶段），为确定拟建工程所需的投资额或费用，由设计单位根据拟建工程的初步设计图样（或扩大初步设计图样）、概算定额或概算指标、取费标准及有关技术经济资料等编制的计算建筑工程所需建设费用的经济文件。它是编制基本建设年度计划、控制工程拨贷款、控制施工图预算的基本依据。

设计概算应该由设计单位负责编制，它包括概算编制说明、工程概算表和主要材料用量汇总表等内容。采用三阶段设计时，为保证设计概算的编制精度，在技术设计阶段，应对原工程设计概算在工程规模、工艺结构、主要材料及设备类型选用的变化等方面进行修改和变动，形成修正概算。

（3）建筑工程施工图预算

建筑工程施工图预算是指在施工图样设计完成的基础上，由编制单位根据施工图样、本地区建筑工程预算（消耗量）定额和工程费用标准、施工方案、工程承发包合同等相关文件，所编制的用来确定单位工程造价的经济文件。它是确定建筑工程招标标底和投标报价、签订工程承发包合同、办理工程款项和实行财务监督的依据。

施工图预算一般由施工单位编制，但建设单位在招投标工程中也可自行编制或委托有关中介咨询机构进行编制，以便作为计算招标标底的依据。施工图预算的内容包括预算书封面、预算编制说明、工程取费表、分项工程预算表、工料汇总表、单位工程价差表和图样会审变更通知等内容。

（4）建筑工程施工预算

建筑工程施工预算是指施工单位在签订工程合同后，根据工程设计图样、施工定额（或企业定额）和有关资料计算出施工期间所应投入的人工、材料、机械台班数量和价格等的一种施工企业内部成本核算的经济文件。它是施工企业加强施工管理、进行工程成本核算、下达施工任务和拟定节约措施的基本依据。

施工预算由施工单位编制，施工预算的内容包括编制说明，工程量计算书，人工、材料使用量计算书，"两算对比"和对比结果的整改措施等。

（5）建筑工程竣工结算与竣工决算

建筑工程竣工结算是指施工单位在工程竣工验收后编制的用于确定单位工程最终结算

额的经济文件。竣工结算以单位工程施工图预算为基础，补充施工过程中所实际发生的设计变更费用、签证费用、政策性调整费用等内容，由施工单位编制完成后交给投资方（业主）审核确定。

建筑工程竣工决算是指投资方（业主）以单位工程的竣工结算资料为基础，对单位工程建设过程中支出的全部费用额进行最终核算财务费用的清算过程。

竣工结算和竣工决算是考核建筑工程预算完成额和执行情况的最终依据。

综上所述，在工程项目建设的程序中，经历了"估算→概算→修正概算→预算→结算→决算"的多次性计价。

2）单件性

建筑工程的特点是先设计后施工，对于采用不同设计建造的建筑，必须单独计算造价，而不能像一般产品那样按品种、规格等批量定价。这就决定了建筑工程的计价必须是单件计价。

3）组合性

建筑工程包含的内容很多，为了进行计价，首先需要将工程分解到计价的最小单元即分项工程，通过计算分项工程的价格汇总得到分部工程价格，分部工程价格汇总得到单位工程价格，单位工程价格汇总得到单项工程价格。这就是建筑工程计价的组合性特点。

任务 1.2 建筑工程定额

1.2.1 定额分类

建筑工程定额的分类方法很多，建设工程定额分类如图 1-2 所示，主要有以下几种：

1. 按生产要素分类

建设工程定额按其生产要素可分为：人工消耗定额、材料消耗定额和机械台班消耗定额。这是最基本的定额分类方法，它直接反映生产某种单位合格产品所必须具备的基本生产要素。因此，人工消耗定额、材料消耗定额和机械台班消耗定额，是其他各种定额的基本组成部分。

2. 按编制程序和用途分类

建设工程定额按其编制程序和用途，可分为施工定额、预算定额、概算定额、概算指标和估算指标。

1）施工定额

施工定额是施工企业为了组织生产和加强管理，在企业内部使用的一种定额。它规定建筑安装工人或班组，在正常施工条件下生产单位合格产品所需消耗的人工、材料和机械台班的数量标准。施工定额由劳动定额、材料定额和机械台班定额三个相对独立的部分组成。其定额水平是平均先进水平。

施工定额的主要作用是用于施工管理，是施工企业编制施工组织设计、施工计划和施工预算的依据，只有施工企业才利用施工定额。

2）预算定额

预算定额是指在正常施工条件下，完成一定计量单位分项工程或结构构件的人工、材料和机械台班消耗量的标准。它除了规定人工、材料和机械台班消耗量标准外，还规定完成定额所包括的工程内容。预算定额是在施工定额的基础上，适当合并相关施工定额的工序内容，进行综合扩大而编制的。

预算定额的主要作用是编制施工图预算，确定建筑产品价格。既然是产品价格，所以预算定额水平是社会平均水平。预算定额与施工定额不同，预算定额不仅有人工、材料、机械的消耗量标准，而且有价格标准。另外，预算定额是编制概算定额、概算指标的基础。

3）概算定额

它是指完成一定计量单位的扩大结构构件或扩大分项工程的人工、材料和机械消耗数量的标准。

概算定额是在预算定额的基础上，按照施工顺序相衔接和关联性较大的原则划分定额项目，通常以主体结构或主要项目列项，把前后的施工过程全合并在一起，并综合预算定额的工作内容后编制而成，如人工挖地槽、砖砌基础、基础防潮、回填土、余土外运等工程内容，在预算定额中分别列项；而概算定额中，将这五个施工顺序相衔接且关联性较大的分项工程合并为一个扩大分项工程，即为概算定额中的砖基础定额。

概算定额的主要作用是设计部门、建设单位编制概算和控制建设投资的依据。概算定额的制定水平也是社会平均水平，但它在综合预算定额的基础上，按其作用又进行了扩大，一般在综合后的"预算定额量"的基础上，又增加了5%的幅度。

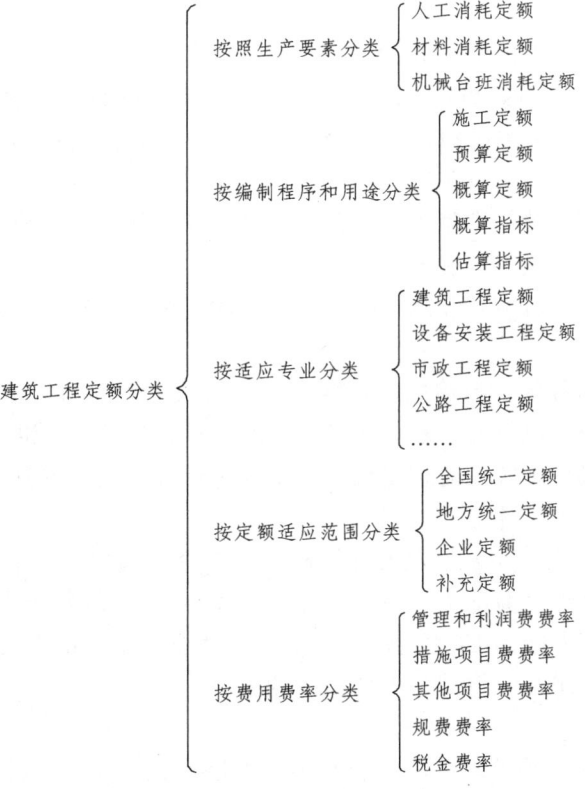

图1-2 建设工程定额分类

4）概算指标

建筑工程概算指标通常以平方米（建筑面积）、立方米（建筑体积）为单位，或者以室、米（构筑物）为单位，规定人工、材料及造价的数量指标。它比概算定额更进一步综合扩大。

在设计深度不够的情况下，往往用概算指标编制初步设计概算，是进行设计方案技术经济比较的依据。概算指标构成的数据，主要来自各种工程的预算、概算和结算资料，即把各种有关数据经过整理、分析、归纳计算而得。例如，每平方米的造价指标，就是根据该工程的全部概预算（结算）价值，被该工程的建筑面积去除而得到的数值。

5）估算指标

估算指标是以一个建设项目为对象，确定设备、器具购置费用，建筑安装工程费用，工程建设其他费用，流动资金需用量的依据。例如，一所医院的投资估算。

估算指标的主要作用是在建设项目决策阶段编制投资估算，进行投资预测、投资控制、投资效益分析。

3. 按适用专业分类

按照适用专业分类时，一般可分为：建筑工程定额；设备安装工程定额（包括电气工程、采暖工程、通风工程、工艺管道、热力工程、筑炉工程、制冷、仪表和电信广播等）；市政工程定额；公路工程定额；铁路工程定额以及井巷工程定额等。

4. 按定额适应范围分类

可分为全国统一定额、地方统一定额和企业定额等。

1）全国统一定额

根据执行范围和专业性质又可分为：

（1）全国统一通用定额：如现行的《建筑安装工程统一劳动定额》、《全国统一建筑工程基础定额》等，由住房和城乡建设部主编与管理，在全国范围内通用。

（2）全国专业统一定额：如铁路、冶金、化工、煤炭、电力、水利、市政等各专业性质的概算定额、预算定额、劳动定额等，由各专业部主编和管理，在全国各专业系统通用。

（3）全国专业专用定额：如冶金设备安装、旋转窑机械设备安装、矿井建筑及机电安装、公路各级路面工程、纺织机械安装以及铁路机车车辆机械设备安装定额等。

2）地方统一定额

地方统一定额是由各省、自治区、直辖市建设行政主管部门主编和管理的，在本省、自治区、直辖市范围内统一执行的定额。如《云南省建筑工程计价标准》，它是在《全国统一建筑工程基础定额》及《全国统一建筑工程预算工程量计算规则》的基础上编制的。

3）企业定额

企业定额是一种由建筑安装企业内部编制、在本企业内部执行的定额。前面三种定额都反映的是一定范围内的社会劳动生产率的标准（群体标准），是公开的信息；而企业定额反映的是企业内部劳动生产率的标准（个体标准），属于商业秘密。企业定额在我国目前还处于萌芽状态，但在不久的将来，它将成为市场经济的主流。

4）补充定额

定额在一段时间内不易更改，但社会在不断发展变化，一些新技术、新工艺和新方法也在不断涌现，为了新技术、新工艺和新方法的出现就再版定额是不现实的，那么这些新技术、新工艺和新方法又如何计价呢？这就需要做补充定额，以文件或小册子的形式发布，补充定额具有与正式定额同样的效力。

5. 按费用费率分类

在计算建筑工程费用时，除了计算直接消耗在工程上的人工费、材料费、机械费之外，我们还要计算间接消耗在工程项目上的费用，诸如管理费和利润、项目措施费、其他项目费、其他规费及税金等。因此，建筑工程定额按其费用费率，可分为直接费费率、管理费和利润费率、项目施工组织措施费费率、其他项目费费率、其他规费及税金费率。

1.2.2 建筑工程定额的特性

1. 真实性和科学性

定额是反映劳动生产率的标准，标准只有在反映真实的情况下才有存在的可能，真实的东西同时也是科学的。

2. 系统性和统一性

虽然定额按不同形式有各种分类，但无论哪一种定额，它们的基本原理和表现形式是统一的，骨架的组成也是一致的。因此，理解了一类定额的组成，就能明白所有定额的组成。

3. 稳定性和时效性

定额是对劳动生产率的反映，劳动生产率是会变化的，因而定额也应有一定的时效性，同时，为了使用者方便，定额应有一定的稳定性。

1.2.3 工程定额的应用

使用建筑工程定额时，必须详细了解定额总说明和章节说明，并详细阅读定额的各附录和定额表的附注，从而了解定额的使用范围、工程量计算方法、各种条件变化情况下的换算方法等。

按设计规定的做法与要求选用定额项目，选择项目的实际做法和工作内容必须与定额规定相符才能直接套用，否则必须根据有关规定进行换算或补充。

1. 直接套用定额

将施工图纸设计的工程内容、技术特征、施工方法和材料规格等与定额内容进行一一对照，当分项工程的设计要求与计价定额内容完全相同时，可以直接套用定额的基价及人、材、机费用，并计算定额直接费及分析其中的人、材、机的用量。

当施工图设计要求与定额中的工作内容不一致，但定额不允许换算时，也直接套用定额的基价及其相应的人、材、机的需用量。

2. 定额的换算方法

当施工图的设计要求与消耗量定额中的工作内容不一致，且消耗量定额允许换算时，先将消耗量定额基价及其中相应的人工、材料、机械的用量、价格按规定进行调整,以使工程造价满足施工图设计的要求。定额换算是以设计技术文件及预算定额中的总说明、章说明、附注规定、合同或协议书和国家与地区的其他计价规定等为换算依据。

1) 系数换算

系数换算是指按定额规定,使用某些预算定额时,定额人工、材料、机械台班的一部分或全部乘以规定的系数。计算公式为:

$$换算后新基价 = 原基价 + 人工费 \times (系数 - 1) + 材料费 \times (系数 - 1) + 机械费 \times (系数 - 1) \quad (1\text{-}1)$$

其中:

$$换算后人工费 = 原人工费 \times 系数 \quad (1\text{-}2\text{-}1)$$

$$换算后材料费 = 原材料 \times 系数 \quad (1\text{-}2\text{-}2)$$

$$换算后机械费 = 原机械费 \times 系数 \quad (1\text{-}3)$$

【例 1-1】某省砌筑圆弧挡土墙时,按定额项目人工乘以系数 1.10。砌体材料及砂浆乘以系数 1.03。

定额编号为 1-4-70,整毛石砌筑圆弧挡土墙 1-4-70 换的定额,计算结果见表 1-1。

表 1-1 砌筑圆弧挡土墙定额换算表

	定额编号	1-4-70	1-4-70 换（圆弧挡土墙）	备 注
	基价	8 312.46 元	8 693.19 元	人（乘以系数后）+材+机
	人工费	1 891.27 元	1 891.27×1.1=2 080.40 元	人工乘以系数 1.1
其中	定额人工费	1 576.06 元	1 576.06×1.1=1 733.67 元	定额人工费乘以系数 1.1
	规费	315.21 元	315.21×1.1=346.73 元	规费乘以系数 1.1
	材料费	6 386.81 元	6 386.81×1.03=6 578.41 元	材料费乘以系数 1.03
	机械费	34.38 元	34.38 元	机械费不变

【例 1-2】某工程人工挖沟深 1.8 m 的三类湿土地槽,求其定额单价。某省人工挖三类土地槽定额为 1-1-4,按定额项目人工乘以系数 1.18,计算结果见表 1-2。

表 1-2 人工挖三类湿土沟槽定额换算表

	定额编号	1-1-4	1-1-4 换（人工挖三类湿土沟槽）	备 注
	基价	3 755.41 元	4 431.38 元	人（乘以系数后）+材+机
	人工费	3 755.41 元	3 755.41×1.18=4 431.38 元	人工乘以系数 1.18
其中	定额人工费	3 129.51 元	3 129.51×1.18=3 692.82 元	定额人工费乘以系数 1.18
	规费	625.90 元	625.90×1.18=738.56 元	规费乘以系数 1.18
	材料费	—	—	材料费不变
	机械费	—	—	机械费不变

【例 1-3】某省混凝土桩运输（6 m 以上长度）时,运距为 12 km,运距 10 km 内的定额编号为 1-5-294,每增加 1 km 运距的人工费为 28.73 元,定额人工费、规费、材料费不增加,机械费为 183.28 元。试计算出运距为 12 km 的 1-5-294 换的相关定额,计算结果见表 1-3。

表 1-3 混凝土桩运输定额换算表

定额编号		1-5-294 （运距 10 km）	1-5-295 （每增 1 km）	1-5-294 换 （运距 12 km）	备 注
基价		3 680.58 元	212.01 元	3 680.58+2×212.01=4 104.60 元	换算后的基价
其中	人工费	491.12 元	28.73 元	491.12+2×28.73=548.58 元	换算后的人工费
	定额人工费	409.27 元	23.94 元	409.27+2×23.94=457.15 元	换算后定额人工费
	规费	81.85 元	4.79 元	81.85+2×4.79=91.43 元	换算后规费
材料费		55.92 元	—	55.92+2×0=55.92 元	材料费不变
机械费		3 133.54 元	183.28 元	3 133.54+2×183.28=3 500.10 元	换算后的机械费

2）强度等级或配合比的换算

强度等级或配合比的换算即运用工程经济分析方法中的因素分析法、差额计算法来进行换算，在换算时每次只假定一个因素变化，其他暂时不变，依次换算。

当材料单价发生变化时的换算公式为：

$$\text{换算后的新基价} B = \text{原定额基价} A + (\text{新单价} - \text{原单价}) \times \text{定额含量} \qquad (1\text{-}4)$$

3）混凝土换算

当设计图纸要求构件采用的混凝土强度等级，在预算定额中没有符合的项目时，就产生了混凝土强度等级换算。换算时，混凝土用量不变，人工费、机械费不变，只换算混凝土强度等级。

4）其他换算

其他换算是指不属于上述几种换算情况的定额换算。

任务 1.3 工程量清单编制与工程量计算

1.3.1 分部分项工程量清单编制

分部分项工程量清单所反映的是拟建工程分项实体工程项目名称和相应数量的明细清单，工程量清单包括项目编码、项目名称、项目特征、计量单位和工程量在内的五项内容。

1-1 其他项目费计算规则

1. 项目编码

项目编码是分部分项工程项目和措施项目清单名称的阿拉伯数字标识。分部分项工程量清单项目编码以五级编码设置，用十二位阿拉伯数字表示。一、二、三、四级编码为全国统一，即一至九位按计算规范附录的规定设置；第五级即十至十二位应根据拟建工程的工程量清单项目名称设置，由招标人针对招标工程项目具体编制，并应自 001 起顺序编制。同一招标工程的清单项目编码不得有重码，如图 1-3 所示。

各级编码代表的含义如下：

（1）第一级表示专业工程代码（分二位）。建筑工程 01，仿古建筑工程 02，通用安装工程03，市政工程04……

（2）第二级表示附录分类顺序码（分二位）。

（3）第三级表示分部工程顺序码（分二位）。

（4）第四级表示分项工程项目名称顺序码（分三位）。

（5）第五级表示工程量清单项目名称顺序码（分三位）。

当同一标段（或合同段）的一份工程量清单中含有多个单位工程且工程量清单是以单位工程为编制对象时，在编制工程量清单时应特别注意对项目编码十至十二位的设置不得有重码的规定。如一个标段（或合同段）的工程量清单中含有三个单位工程，每一单位工程中都有项目特征相同的实心砖墙砌体，在工程量清单中又需反映三个不同单位工程的实心砖墙砌体工程量时，则第一个单位工程的实心砖墙的项目编码应为010401003001，第二个单位工程的实心砖墙的项目编码应为 010401003002，第三个单位工程的实心砖墙的项目编码应为010401003003，并分别列出各单位工程实心砖墙的工程量。

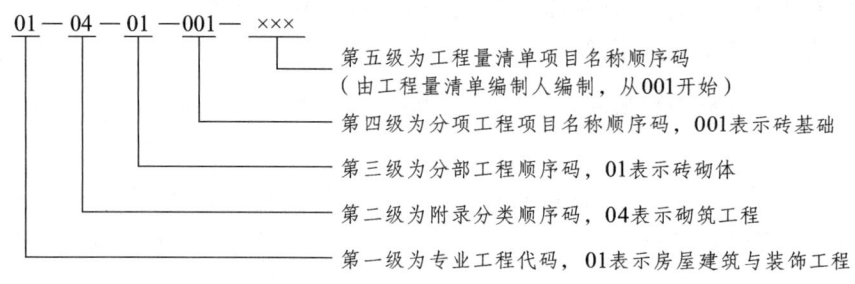

图1-3 项目编码结构编码图

2. 项目名称

分部分项工程量清单的项目名称应按各专业工程计算规范附录的项目名称结合拟建工程的实际确定。附录表中的"项目名称"为分项工程项目名称，是形成分部分项工程量清单项目名称的基础。即在编制分部分项工程量清单时，以附录中的分项工程项目名称为基础，考虑该项目的规格、型号、材质等特征要求，结合拟建工程的实际情况，使其工程量清单项目名称具体化、细化，以反映影响工程造价的主要因素。如"门窗工程"中"特殊门"应区分"冷藏门"、"冷冻闸门"、"保温门"、"变电室门"、"隔音门"、"人防门"、"金库门"等。清单项目名称应表达详细、准确。

3. 项目特征

项目特征是构成分部分项工程项目、措施项目自身价值的本质特征。项目特征是对项目的准确描述，是确定一个清单项目综合单价不可缺少的重要依据，是区分清单项目的依据，是履行合同义务的基础。

分部分项工程量清单项目特征的描述应按各专业工程量计算规范附录中规定的项目特征内容，结合技术规范、标准图集、施工图纸，按照工程结构、使用材质及规格或安装位置等予以准确和全面的表述和说明。若有些项目特征用文字难以准确、全面地描述清楚时，可采用标准图集号或施工图纸图号的方式进行描述，如详见××图集或×××图号。

若计算规范清单项目中的项目特征有未描述到的其他独有特征，由清单编制人视项目具体情况确定，以准确描述清单项目为准。

在各专业工程量计算规范附录中还给出各清单项目的工程内容。工程内容是指完成清单项目可能发生的具体工作和操作程序。各项目仅列出了主要工程内容，除另有规定和说明外，视为已经包括完成该项目的全部工程内容。清单项目中的工作内容不作为组价的依据。

1.3.2 清单工程量计算

工程量计算指建设工程项目以工程设计图纸、施工组织设计或施工方案及有关技术经济文件为依据，按照工程量计算规范的计算规则、计量单位等规定，进行工程数量的计算活动。对补充项的工程量计算规则必须符合下述原则：一是其计算规则要具有可计算性，二是计算结果要具有唯一性。

1-2　工程量清单项目组成与计价方法

1. 清单工程量的计算依据

（1）工程量计算规则，是确定建筑产品分部分项工程数量的基本规则，是实施工程量清单计价的最基础资料之一。《建设工程工程量清单计价规范》、《全国统一建筑工程预算工程量计算规则》及省、自治区、直辖市颁发的地区性工程定额中比较详细地规定了各个分部分项工程量的计算规则和计算方法。

（2）施工图纸及设计说明书、相关图集、设计变更资料、图纸答疑、会审记录等。

（3）经审定的施工组织设计或施工方案。

（4）工程施工合同、招标文件的商务条款。

2. 清单工程量计算的要求

（1）必须严格按规范规定的工程量计算规则计算。

工程量计算规则是综合和确定各项消耗指标的基本依据，也是具体工程测算和分析资料的准绳。例如，1.5砖墙的厚度，无论施工图中所标注出的尺寸是360 mm或370 mm，都应以计算规则所规定的365 mm进行计算。

（2）必须口径一致。

施工图列出的工程项目（工程项目所包括的内容及范围）必须与计量规则中规定的相应工程项目相一致，所以计算工程量除必须熟悉施工图纸外，还必须熟悉计算规则中每个项目所包括的内容和范围。

（3）必须按图纸计算。

工程量计算时，应严格按照图纸所标注尺寸进行计算，不得任意增加或减少，以免影响工程量计算的准确性。图纸中的项目，要认真反复清查，不得漏项和余项或重复计算。

（4）力求分层分段计算。

工程量计算时，要结合施工图纸尽量做到结构按楼层，内装修按楼层分房间，外装修按施工层分立面计算，或按施工方案的要求分段计算，或按使用的材料不同分别计算。

3. 工程量计算的顺序

工程量计算的顺序一般有以下3种基本形式。

1）按图纸顺序计算

按图纸顺序计算即按图纸的顺序由建施到结施，由前到后依次计算。用这种顺序计算工程量的要求是，对预算定额的章节内容要很熟悉，否则容易出现项目间的混淆及漏项。

在计算一张图纸内的工程量时，为了防止重复计算或漏算，也应该遵循一定的顺序。通常采用下列3种不同的顺序。

（1）按照顺时针方向计算。按顺时针方向计算就是先从平面图的左上角开始，自左至右，然后再由上而下，最后转回到左上角为止，这样按顺时针方向依次计算工程量。例如计算外墙、地面、天棚等分项工程，都可以按照此顺序进行计算。

（2）按"先横后竖、先上后下、先左后右"顺序计算。这种方法就是在平面图上从左上角开始，按"先横后竖、从上而下、自左到右"的顺序进行工程量计算。例如房屋的条形基础土方、基础垫层、砖石基础、砖墙砌筑、门窗过梁、墙面抹灰等分项工程，均可按这种顺序进行计算。

（3）按图纸轴线编号或构件的分类和编号顺序计算。这种方法就是按照图纸上所标注结构构件、配件的编号顺序进行计算。例如计算混凝土构件、门窗、屋架等分部分项工程，均可以按照此顺序计算。

2）按工程量清单编码或预算定额编码的顺序计算

按工程量清单编码或预算定额编码的顺序计算即按工程量清单或定额的章节、子目次序，由前到后、逐项对应计算。这种计算顺序法对初学人员尤为适用。

3）按施工顺序计算

按施工顺序计算即由平整场地、基础挖土算起，直到装饰工程等全部施工内容结束止。用这种顺序计算工程量，要求具有一定的施工经验，能掌握组织施工的全过程，并且要求对定额及图纸内容要十分熟悉，否则容易漏项。

4. 工程量计算的步骤

在掌握了基础资料，熟悉了图纸之后，不要急于计算，应先把在计算工程量中需要的数据统计和计算出来，其步骤包括以下几个。

（1）计算基数。

基数是指工程量计算中需要反复使用的基本数据。如在土建工程预算中主要项目的工程量计算，一般都与建筑物轴线内所包面积有关。为了避免重复计算，一般都事先把它们计算出来，随用随取。

（2）编制统计表。

统计表主要是指土建工程中的门窗洞口面积统计表和墙体埋件体积统计表。另外，还应统计好各种预制混凝土构件的数量、体积及所在的位置。

（3）编制预制构件加工委托计划。

为了不影响正常的施工进度，一般都需要把预制构件加工或订购计划提前编出来。需要注意的是应把施工现场自己加工的、委托预制厂加工的或是由厂家订购的分开来编制，以满足施工实际需要。

5. 清单工程量计算

在计算工程量时，要参考建施及结施图纸的设计总说明、每张图纸的说明及选用标准图集的总说明和分项说明等，因为很多项目的做法及工程量来自此处。此外，在计算每项工程量的同时，要准确而详细地填列"工程量清单"或"工程量计算表（见表 1-5）"中的各项内容，尤其要准确填写各项目名称、项目特征。如对于钢筋混凝土工程，要填写现浇、预制、断面形式和尺寸等字样；对于砌筑工程，要填写砌体类型、厚度和砂浆强度等级等字样；对于装饰工程，要填写装饰类型、材料种类和标号等字样，以此类推，目的是为报价或选套定额项目提供方便，加快编制速度。

表 1-5　××清单工程量计算表

序号	项目编号	项目名称	定额编号	定额名称	计量单位	工程量	计算式
1	010401003001	1 实心砖墙		清单量	m²	53.48	(5.4×4.15-3.84)×0.24×12=53.48 m²
			1-4-4	1 砖清水墙	m³	50.82	(5.4×4.15-3.84)×0.24×12-2.66=53.482 m³-2.66 m³=50.82 m³
			1-4-30	钢筋砖过梁	m³	2.66	(1.600 m+0.500)×0.440×0.24×12=0.222 m³×12=2.66 m³
2	010515001001	砌体加固钢筋制安	1-5-227	砌体加固钢筋制安	t	0.082	0.006 8×12=0.082 t
3	011701002001	外脚手架	1-18-1	外墙钢管脚手架	m²	268.92	5.4×4.15×12=268.92 m²

6. 计量单位

计量单位应采用基本单位，除各专业另有特殊规定外均按以下单位计量：

（1）以重量（质量）计算的项目——吨或千克（t 或 kg）。
（2）以体积计算的项目——立方米（m³）。
（3）以面积计算的项目——平方米（m²）。
（4）以长度计算的项目——米（m）。
（5）以自然计量单位计算的项目——个、套、块、樘、组、台……
（6）以特殊计量单位计算的项目——系统、天、昼夜……，如系统调试、措施项目等。

当计量单位有两个或两个以上时，应根据所编工程量清单项目的特征要求，选择最适宜表现该项目特征并方便计量的一个单位。在一个建设项目（或标段、合同段）中，有多个单位工程的相同项目计量单位必须保持一致。

（7）计量单位的有效位数应遵守下列规定：
① 以"吨"为单位，应保留小数点后三位数字，第四位小数四舍五入。
② 以"立方米"、"平方米"、"米"、"千克"为单位，应保留小数点后两位数字，第三位小数四舍五入。
③ 以"个"、"件"、"组"、"系统"等为单位，应取整数。

1.3.3　综合单价的计算

综合单价是指完成一个规定清单项目所需的人工费（包括定额人工费、规费）、材料费、机械费和工程设备费、施工机具使用费和企业管理费、利润以及一定范围内的风险费。

人工费（包括定额人工费、规费）、材料费、机械费和工程设备费、施工机具使用费是根据工程计价定额计算的；企业管理费、利润是根据省、市工程造价行政主管部门发布的文件规定费率计算。

综合单价的计算方法是，先用主项和辅项的计价工程量分别乘以相应的定额消耗量得出各自的工料机消耗量，再乘以对应的工料机单价汇总得出主项和辅项的直接费，然后再相加计算出计价工程量清单项目费小计，最后再用该项目费小计除以清单工程量得出综合单价。

1. 计算公式

$$\text{综合单价} = \{[\sum_{i=1}^{n}(\text{计价工程量}\times\text{定额用工量}\times\text{人工单价})_i +$$

$$\sum_{j=1}^{n}(\text{计价工程量}\times\text{定额材料量}\times\text{材料单价})_j +$$

$$\sum_{k=1}^{n}(\text{计价工程量}\times\text{定额台班量}\times\text{台班单价})_k]\times$$

$$(1+\text{管理费率})\times(1+\text{利润率})\times(1+\text{风险率})\}\div\text{清单工程量} \quad (1\text{-}5)$$

2. 计算方法

计算方法步骤如图 1-3 所示。

（1-5）式为按工程直接费计算管理费和利润的计算公式，当用人工费和机械费计算管理费和利润时，则（1-5）式变为（1-6）式：

$$\text{综合单价} = \{[\sum_{i=1}^{n}(\text{计价工程量}\times\text{定额用工量}\times\text{人工单价})_i]\times$$

$$(1+\text{管理费率}+\text{利润率}+\text{风险率})+$$

$$\sum_{j=1}^{n}(\text{计价工程量}\times\text{定额材料量}\times\text{材料单价})_j +$$

$$\sum_{k=1}^{n}[(\text{计价工程量}\times\text{定额台班量}\times\text{台班单价})_k]\times$$

$$(1+\text{管理费率}+\text{利润率}+\text{风险率})]\}\div\text{清单工程量} \quad (1\text{-}6)$$

综合单价计算方法如图 1-4 所示。

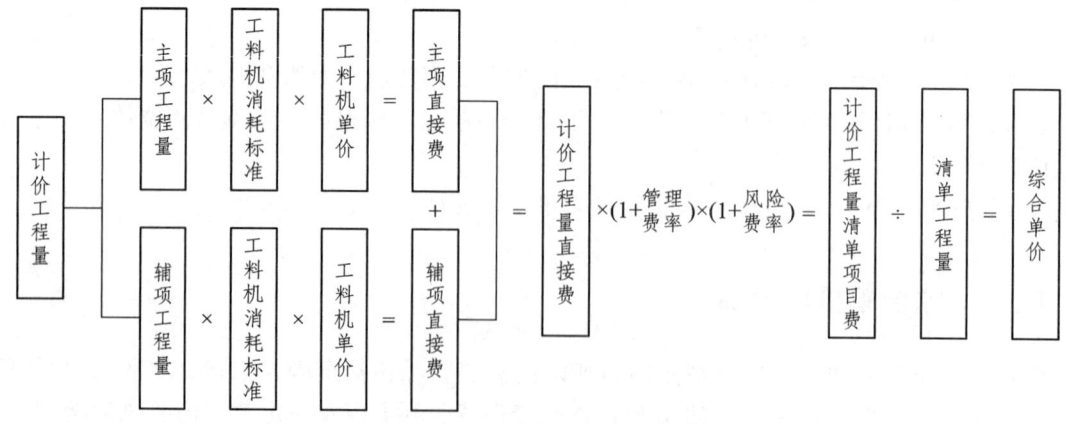

图 1-4　综合单价计算方法示意图

表 1-6　以人工费和机械费计算管理费和利润时的综合单价计算方法

序号	项目名称	计算方法
1	人工费	∑（工程量清单所含工作内容的工程量×人工费）/清单项目工程量
1.1	其中：定额人DR规费	∑（工程量清单所含工作内容的工程量×定额人工费）/清单项目工程量 ∑（工程量清单所含工作内容的工程量×规费）/清单项目工程量
2	材料费	∑[工程量清单所含工作内容的工程量×（材料消耗量×材料单价）]/清单项目工程量
3	机械费	∑（工程量清单所含工作内容的工程量×（机械台班消耗量×定额台班单价）]/清单项目工程量
4	管理费	(<1.1>+<3>×8%)×费率
5	利润	(<1.1>+<3>×8%)×费率
6	综合单价	<1>+<2>+<3>+<4>+<5>

3. 计算实例

【例 1-4】综合单价计算实例见表 1-7。（此表中的数据参看表 5-3 和表 5-4）

当清单工程项目的数量、单位与定额项目的数量、单位不同，采用上述方法计算；当清单工程项目的数量与定额项目的数量相同时，而单位不同时，可用简易方法计算见表 1-8。

【例 1-5】已知某省矩形框架柱工程项目清单编号为 010502001001，清单工程数量为 15.84 m^3，截面周长为 2.4 m，采用 C25 商品混凝土现场浇筑。定额编号为 1-5-16，定额工程数量为 1.584，单位为 10 m^3，定额费用如下：基价为 4 759.70/10 m^3，其中人工费为 1 115.21/10 m^3（包括定额人工费 929.34/10 m^3、规费 185.87/10 m^3），材料费为 3 644.49 元/10 m^3，机械台班费无，管理费为（定额人工费+机械费×0.08）×0.227 8，利润为（定额人工费+机械费×0.08）×0.138 1。

试计算该矩形框架柱工程项目的综合单价。计算见表 1-8。

表 1-7 砖墙工程综合单价计算表

清单综合单价组成明细

序号	项目编码	项目名称	计量单位	工程量	定额编号	定额名称	定额单位	数量	单价/元					合价/元					综合单价
									基价										
									人工费 DR	规费	材料费	机械费		人工费 DR	规费	材料费	机械费	管理费	利润	风险费	
1	010401001001	实心砖墙	m³	53.48	1-4-4	1砖清水墙	10 m³	5.082	1 786.48	357.30	2 924.93	65.93	169.76	33.95	277.95	6.27	38.79	23.51		550.23
					1-4-30	钢筋砖过梁	10 m³	0.266	1 701.29	240.25	3 814.40	130.72	8.46	1.20	18.97	0.65	1.94	1.18		32.40
					合计								178.22	35.15	296.92	6.92	40.73	24.69		582.63
2	010515001001	砌体加固钢筋制安	t	0.082	1-5-227	砌体加固钢筋制安	t	0.082	2 906.05	581.21	4 140.60	45.52	2 906.05	581.21	4 140.60	45.52	662.83	401.83		8 738.04

注：DR 代表定额人工费

合价=单价×数量÷清单工程量：

定额人工费合价=1 786.48×5.082÷53.48
=169.76

规费合价=357.30×5.082÷53.48
=33.95

材料费合价=2 924.93×5.082÷53.48
=277.95

机械费合价=65.93×5.082÷53.48
=6.27

管理费=（定额人工费+机械费×0.08）×0.227 8=38.79

利润=（定额人工费+机械费×0.08）×0.138 1=23.51

综合单价=人工费+材料费+机械费+管理费+利润
=169.76+33.95+277.95+6.27+38.79+23.51+32.40
=582.23（元）

表1-8 矩形框架柱工程综合单价计算表

清单综合单价组成明细

序号	项目编码	项目名称	计量单位	工程量	定额编号	定额名称	定额单位	数量	单价/元				合价/元					
									基价			机械费	人工费		材料费	机械费	管理费	利润	风险费	综合单价
									人工费		材料费		DR	规费						
									DR	规费										
1	010502 00100	矩形框架柱	m³	15.84	1-5-16	矩形框架柱	10 m³	15.84	929.34	185.87	3 644.49	—	92.93	18.59	364.45	—	21.17	12.83		509.97

合价=单价×数量

综合单价=929.34/10 m³+185.87 元/10 m³+3 644.49 元/10 m³+929.34×0.227 8÷10+929.34×0.138 1÷10
=92.93+18.59+364.45+21.17+12.83
=509.97（元/m³）

任务 1.4　建筑工程费用计算

1.4.1　建筑工程费组成

建筑安装工程费用由分部分项工程费、措施项目费、其他项目费、其他规费和税金组成，如图 1-5 所示。

分部分项工程费是指各专业工程的分部分项工程应予列支的各项费用。分部分项工程是指按现行国家工程量计算规范对各专业工程划分的项目，主要包括如下内容。

1-3　建筑安装工程
费用组成

1. 分部分项工程费

1）人工费

人工费是指按工资总额构成规定支付给从事建筑安装工程施工的生产工人和附属生产单位工人的各项费用。人工费中又分为定额人工费和规费两部分，内容包括：

（1）计时工资或计件工资：计时工资或计件工资是指按计时工资标准和工作时间或对已做工作按计件单价支付给个人的劳动报酬。

（2）津贴、补贴：津贴、补贴是指为了补偿职工特殊或额外的劳动消耗和因其他特殊原因支付给个人的津贴，以及为了保证职工工资水平不受物价影响支付给个人的物价补贴。如流动施工津贴、特殊地区施工津贴、高温（寒）作业临时津贴、高空津贴等。

（3）特殊情况下支付的工资：特殊情况下支付的工资是指根据国家法律、法规和政策规定，因病、工伤、产假、计划生育假、婚丧假、事假、探亲假、定期休假、停工学习、执行国家或社会义务等原因按计时工资标准或计时工资标准的一定比例支付的工资。

（4）规费：规费指企业为生产工人支付的养老保险、医疗保险费、住房公积金。

人工费计算公式为：

$$人工费 = \sum（工日数 \times 人工单价） \tag{1-7}$$

2）材料费

材料费是指施工过程中耗费的原材料、辅助材料、周转性材料、构配件、零件、半成品或成品、工程设备的费用。费用包括：

（1）材料原价：材料原价是指材料、工程设备的出厂价格或商家供应价格。

工程设备是指构成或计划构成永久工程一部分的机电设备、金属结构设备、仪器装置及其他类似的设备和装置。

（2）运杂费：运杂费是指材料、工程设备自来源地运至工地仓库或指定堆放地点所发生的全部费用。

（3）运输损耗费：运输损耗费是指材料在运输装卸过程中不可避免的损耗。

（4）采购及保管费：采购及保管费是指为组织采购、供应和保管材料、工程设备的过程中所需要的各项费用。包括采购费、仓储费、工地保管费、仓储损耗。

材料费计算公式为：

$$材料费 = \sum(材料数量 \times 材料单价) \tag{1-8}$$

3）机械费

机械费是指施工作业所发生的施工机械、仪器仪表使用费。

机械费用组成详见《某省施工机械及仪器仪表台班定额》。机械费计算公式为：

$$机械费 = \sum(机械台班数量 \times 台班单价) \tag{1-9}$$

4）管理费

管理费是指建筑安装企业组织施工生产和经营管理所需的费用。内容包括：

1-4 管理费费率和利润费率计算

（1）管理人员工资：管理人员工资是指按规定支付给管理人员的计时工资、奖金、津贴补贴、加班加点工资及特殊情况下支付的工资等。

（2）办公费：办公费是指企业管理办公用的文具、纸张、账表、印刷、邮电、书报、办公软件、现场监控、会议、水电、烧水和集体取暖降温（包括现场临时宿舍取暖降温）等费用。

（3）差旅交通费：差旅交通费是指职工因公出差、调动工作的差旅费、住勤补助费，市内交通费和误餐补助费，职工探亲路费，劳动力招募费，职工退休、退职一次性路费，工伤人员就医路费，工地转移费以及管理部门使用的交通工具的油料、燃料等费用。

（4）固定资产使用费：固定资产使用费是指管理和试验部门及附属生产单位使用的属于固定资产的房屋、设备、仪器等的折旧、大修、维修或租赁费。

（5）工具用具使用费：工具用具使用费是指企业管理使用的不属于固定资产的工具、器具、家具、交通工具和检验、试验、测绘、消防用具等的购置、维修和摊销费。

（6）劳动保险和职工福利费：劳动保险和职工福利费是指由企业支付的职工退职金、按规定支付给离休干部的经费，集体福利费、夏季防暑降温、冬季取暖补贴、上下班交通补贴等。

（7）劳动保护费：劳动保护费是企业按规定发放的劳动保护用品的支出。如工作服、手套、防暑降温饮料以及在有碍身体健康的环境中施工的保健费用等。

（8）检验试验费：检验试验费是指施工企业按照有关标准规定，对建筑以及材料、构件和建筑安装物进行一般鉴定、检查所发生的费用，包括自设试验室进行试验所耗用的材料等费用。不包括新结构、新材料的试验费，对构件做破坏性试验及其他特殊要求检验试验的费用和建设单位委托检测机构进行检测的费用，对此类检测发生的费用，由建设单位在工程建设其他费用中列支，但对施工企业提供的具有合格证明的材料进行检测不合格的，该检测费用由施工企业支付。

（9）工会经费：工会经费是指企业按照《工会法》规定的全部职工工资总额比例计提的经费。

（10）职工教育经费：职工教育经费是指按照职工工资总额的规定比例计提，企业为职工进行专业技术和职业技能培训，专业技术人员继续教育、职工职业技能鉴定、职业资格认定以及根据需要对职工进行各类文化教育所发生的费用。

（11）财产保险费：财产保险费是指施工管理用财产、车辆等的保险费用。

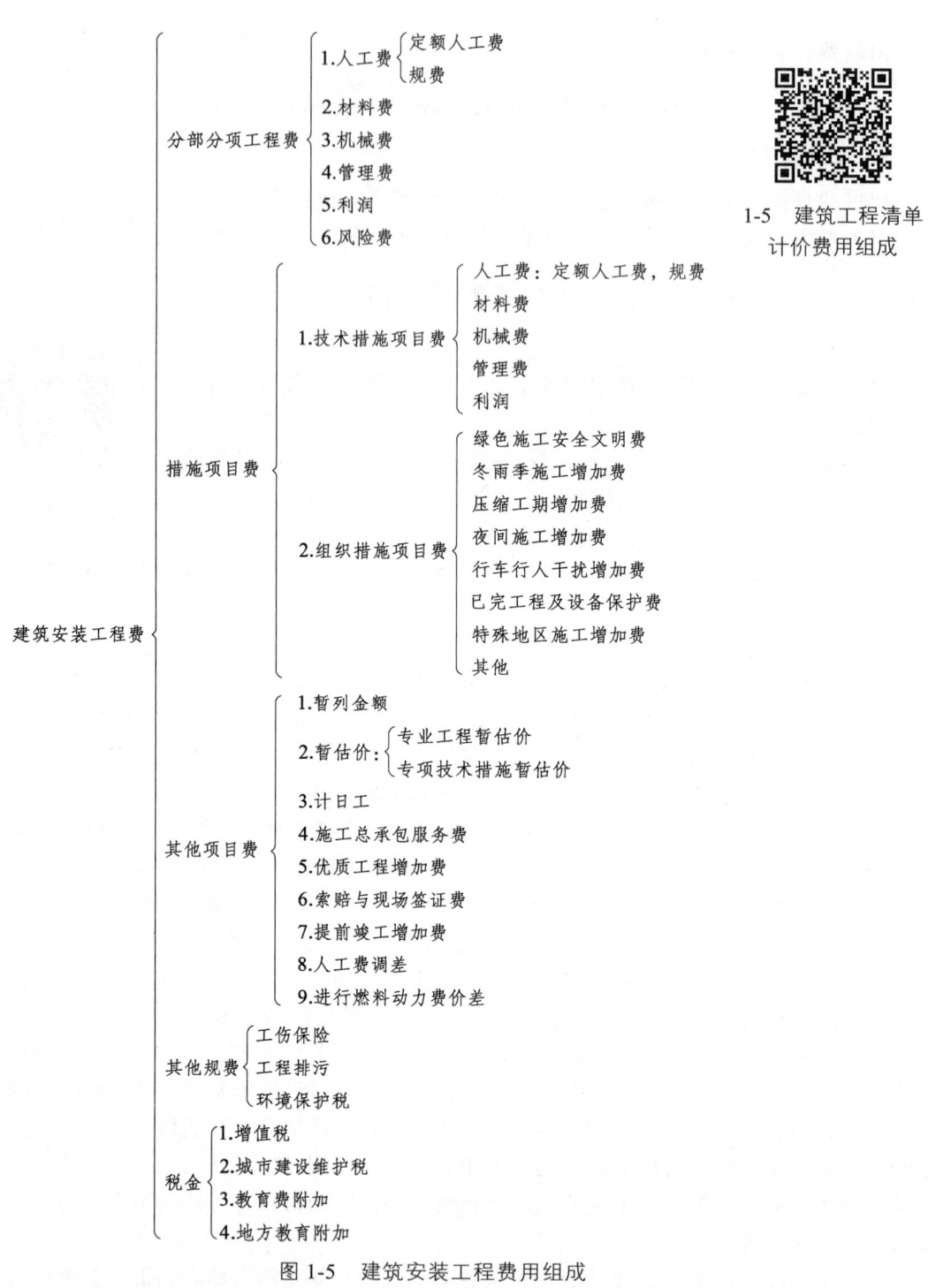

图 1-5 建筑安装工程费用组成

（12）财务费：财务费是指企业为施工生产筹集资金或提供预付款担保、履约担保、职工工资支付担保等所发生的各种费用。

（13）税金：税金是指企业按规定缴纳的房产税、车船使用税、土地使用税、印花税等。

（14）其他：包括技术转让费、技术开发费、投标费、业务招待费、绿化费、广告费、公证费、法律顾问费、审计费、咨询费、保险费等。

5）利　润

利润是指施工企业完成所承包工程获得的盈利。

2. 措施项目费

指为完成工程项目施工，按照绿色施工、安全操作规程、文明施工规定的要求，发生于该工程施工准备和施工过程中的技术、生活、安全、环境保护等方面的费用。由施工技术措施项目费和施工组织措施项目费构成，包括人工费、材料费、机械费和企业管理费、利润。

1）施工技术措施项目费

（1）大型机械设备进出场及安拆费：大型机械设备进出场及安拆费指机械整体或分体自停放场地运至施工现场或由一个施工地点运至另一个施工地点所发生的机械进出场运输、转移（含运输、装卸、输助材料、架线等）费用及机械在施工现场进行安装、拆卸所需的人工费、材料费、机械费、试运转费和安装所需的辅助设施的费用。

（2）大型机械设备基础费：包括塔吊、施工电梯、龙门吊、架桥机等大型机械设备基础的费用，如桩基础、固定式基础制安等费用。

（3）脚手架工程费：脚手架工程费指施工需要的各种脚手架搭、拆、运输费用以及脚手架购置费的摊销费用或租赁费用，以及建筑物四周垂直、水平的安全防护。

（4）模板工程费：模板工程费指混凝土构件施工需要的模具及其支撑体系所发生的费用。

（5）垂直运输费：垂直运输费指单位工程在合理工期内完成全部工程项目所需要的垂直运输。

（6）超高增加费：超高增加费指建筑物檐口高度超过20米或层数超过6层以上人工降低工效、机械降效、施工用水加压增加的费用。

（7）排水降水费：排水降水费指除冬雨季施工增加费以外的排水降水费用。

（8）各专业工程措施项目及其包含的内容详见国家规范及云南省计价标准所载明的技术措施项目。

1-6　施工组织措施费费率计算

2）施工组织措施费

（1）施工组织措施费由安全文明施工、环境保护、临时设施费和绿色施工措施费组成。

① 文明施工费：文明施工费是指施工现场文明施工所需要的各项费用。环境保护费：是指施工现场为达到环保部门要求的环境卫生标准，改善生产条件和作业环境所需要的各项费用。

② 安全施工费：安全施工费是指施工现场安全施工所需要的各项费用。

③ 环境保护费：环境保护费是指施工现场为达到环保部门要求的环境卫生标准，改善生产条件和作业环境所需要的各项费用。

④ 临时设施费：临时设施费是指施工企业为进行建设工程施工所必须搭设的生活和生产用的临时建筑物、构筑物和其他临时设施费用。包括临时设施的搭设、维修、拆除、清理费或摊销费等。

⑤ 绿色施工措施费：

扬尘控制措施费：包括扬尘控制措施费 扬尘喷淋系统、雾炮机、扬尘在线监测系统。

1-7　施工组织措施费组成

智慧管理设备及系统费：包括人工智能、传感技术、虚拟现实等高科技技术设备及系统费。施工人员实名制管理设备及系统。

人工智能、传感技术、虚拟现实等高科技技术设备及系统

（2）冬雨季施工增加费，工程定位复测费，工程点交、场地清理费。

① 冬雨季施工增加费：冬雨季施工增加费指在冬季或雨季施工需要增加的临时设施、防滑、排除雨雪，人工及施工机械效率降低等费用。

② 工程定位复测费：工程定位复测费是指施工前的放线，施工过程中的检测，施工后的复测工作所发生的费用。

③ 工程点交、场地清理费：工程点交、场地清理费指按规定编制竣工图资料、工程点交、施工场地清理等发生的费用。

（3）压缩工期增加费：压缩工期增加费是指在工程招投标时，要求压缩定额工期而采取措施所增加的费用。

（4）夜间施工增加费：夜间施工增加费是指因夜间施工所发生的夜班补助费，夜间施工降效、夜间施工照明设备摊销及照明用电等费用。

（5）市政工程行车、行人干扰费增加费：市政工程行车、行人干扰费增加费是指市政工程改、扩建工程施工中，由于不能中断交通产生的施工工作面不完全带来人工、机械降效和边施工边维护交通及车辆、行人干扰发生的降效、维护交通等措施费。

1-8　暂列金额与暂估价使用方法

（6）已完工程及设备保护费：已完工程及设备保护费是指对已交付验收后的工程及设备采取覆盖、包裹、封闭、隔离等必要保护措施所发生的费用。

（7）特殊地区施工增加费：特殊地区施工增加费是指工程在高海拔特殊地区施工增加的费用。

3. 其他项目费

1）暂列金额

暂列金额是指建设单位在工程量清单中暂定并包括在工程合同价款中的一笔款项。用于施工合同签订时尚未确定或者不可预见的所需材料、工程设备、服务的采购，施工中可能发生的工程变更、合同约定调整因素出现时的工程价款调整以及发生的索赔、现场签证确认等的费用（一般控制在工程费的15%以内），由建设方控制批准使用。

2）暂估价

暂估价是指建设单位在工程量清单中提供的用于支付必然发生但暂时不能确定价格的材料、工程设备的单价以及专业工程的金额。暂估价包括专业工程暂估价、材料暂估价（一般控制在材料、工程设备费的10%~12%内），由建设方控制批准使用。

3）计日工

计日工是指在施工过程中，施工企业完成建设单位提出的施工图纸以外的零星项目或工作，按合同中约定的单价计价的一种方式。

1-9　总承包服务费、优质工程增加费费率计算

4）总承包服务费

总承包服务费是指总承包人为配合、协调建设单位进行的专业工程发包，对建设单位自行采购的材料、工程设备等进行保管以及施工现场管理、竣工资料汇总整理等服务所需的费用。

4. 其他规费

其他规费是指按照国家法律、法规规定，由省级政府和省级有关权力部门规定必须缴纳或计取的费用。包括：

（1）工伤保险费：工伤保险费是指企业按照规定标准为职工缴纳的工伤保险费。

（2）工程排污费：工程排污费是指按照规定缴纳的施工现场工程排污费。

（3）环境保护税。

5. 税　　金

税金是指国家税法规定的应计入建筑安装工程造价内的增值税、城市维护建设税、教育费附加以及地方教育附加。

1.4.2 建筑安装工程费用计算

建筑安装工程各项费用计取的费率是以云南省 2020 版建设工程计价标准，结合云南省建筑市场实际，基于社会平均水平测算综合确定的。

1. 分部分项工程/施工技术措施费计算方法

分部分项工程费/施工技术措施费由工程费与综合单价乘积汇总形成。其中综合单价由人工费、材料费、机械费、管理费、利润和风险费组成（其中施工技术措施费不计算风险费），各项费用按构成要素计算方法计算。

1）人工费=（分部分项工程量/施工技术措施工程量×人工费）

其中：人工费=定额人工费+规费

2）材料费=∑（分部分项工程量/施工技术措施工程量×材料消耗量×材料单价）

3）机械费=∑（分部分项工程量/施工技术措施工程量×机械台班消耗量×定额台班单价）

4）管理费

$$管理费=(定额人工费+机械费×8\%)×管理费费率 \tag{1-10}$$

5）利　润

$$利润=(定额人工费+机械费×8\%)×利润费率 \tag{1-11}$$

管理费费率和利润费率表如表 1-9 所示。

表 1-9　管理费和利润费率表

专业	工程	计费基础	管理费率	利润费率
建筑工程		定额人工费+机械费×8%	22.78	13.81
通用安装工程			17.84	11.90
市政工程	建筑工程		25.81	13.83
	安装工程		20.46	10.96
园林绿化工程			25.08	13.43
装配式建筑工程	建筑工程		19.20	12.19
	安装工程		17.67	12.31

续表

专业	工程	计费基础	管理费率	利润费率
城市地下综合管廊工程	建筑工程		23.87	13.39
	安装工程		18.25	8.72
绿色建筑工程	建筑工程		19.25	12.92
	安装工程		17.48	11.90
独立土石方工程			20.60	12.36

2. 施工组织措施项目费费用计算

1）计算方法

$$施工组织措施项目费=(定额人工费+定额机械费\times 8\%)\times 费率 \quad (1\text{-}12)$$

2）施工组织措施项目费费率表（如表1-10所示）

施工组织措施项目费：对不能计算工程量的措施项目，采用总价的方式，以"项"为计量单位计算的措施项目费用，其中已综合考虑了管理费和利润。

（1）安全文明施工措施费，绿色施工措施费，冬、雨季施工增加费，工程定位复测、工程点交、场地清理费，夜间施工增加费，特殊地区施工增加费，按（定额人工费+机械费×8%）乘以表1-10费率计算。

其中：

① 绿色施工措施费属于编制招标控制价时取定的暂定费率，结算时根据批准的施工组织设计及实际发生费用计算。

② 安全文明施工措施费属于不可竞争性费用，应按规定费率计算。

表1-10 施工组织措施项目费费率表（%）

专业		计算基础	安全文明施工措施费		绿色施工措施费	冬、雨季施工增加费、工程定位复测、工程交点、场地清理	夜间施工增加费	特殊地区施工增加费
			安全、文明施工及环境保护费	临时设施费	暂定费率			
建筑工程		定额人工费+机械费×%	5.12	2.76	5.94	3.72	0.50	1. 2 000米<海拔≤2 500米的地区，费率为3 2. 2 500米<海拔≤3 000米的地区，费率为8 3. 3 000米<海拔≤3 500米的地区，费率为15 4. 海拔>3 500米的地区，费率为20
通用安装工程			6.69	1.59	1.33	2.47	0.30	
市政工程	建筑工程		9.42	2.24	6.02	5.48	0.38	
	安装工程		7.47	1.78	2.19	4.35	0.30	
园林绿化工程			9.04	2.15	—	5.26	0.20	
装配式	建筑工程		5.12	2.76	5.94	2.72	0.50	
	安装工程		6.69	1.59	1.33	2.47	0.30	
城市地下综合管廊工程	建筑工程		9.42	2.24	6.02	5.48	0.38	
	安装工程		7.47	1.78	2.19	4.35	0.30	
绿色建筑工程	建筑工程		5.12	2.76	5.94	2.72	0.50	
	安装工程		6.69	1.59	1.33	2.47	0.30	
独立土石方工程			1.32	0.33	—	4.90	0.15	

（2）压缩工期增加费按表 1-11 计算。

表 1-11　压缩工期增加费费率表

压缩工期比例	计算基础	费率/%
10%以内	定额人工费+机械费	0.01～1.03
20%以内		1.03～1.55
20%以外		1.55～2.03

（3）行车、行人干扰增加费按表 1-12 计算。

表 1-12　行车、行人干扰费费率

工程名称	计算基础	费率/%
改、扩建城市道路工程，在已通车的干道上修建的人行天桥工程	（定额人工费+机械费×8%）	8.85
与改、扩建工程同时施工的给排水、电力管线、通讯管线供热管道工程		4.20
在已通车的主干道上修建立交桥		4.20

注：1. 市政工程行车、行人干扰增加费包括专设的指挥交通的人员，搭设简易防护措施等费用。
　　2. 封闭断交的工程不计取行车、行人干扰增加费。
　　3. 厂区、生活区专用道路工程不计取行车、行人干扰增加费。
　　4. 交通信理部门要求增加的措施费用另计。

（4）已完工程及设备保护费。

3）施工技术措施项目

施工技术项目应根据各专业工程计价标准及本章规定，结合工程施工方案、组织设计等进行计量，采用综合单价方式计算施工技术措施项目费。

3. 其他项目费用计算

1）暂列金额

招标人按工程造价的一定比例估算。投标人按工程量清单中所列的暂列金额计入报价中。工程实施中，暂列金额应由发包人掌握使用，余额归发包人所有，差额由发包人支付。

2）暂估价

暂估价由招标人在工程量清单的其他项目费中计列。投标人将工程量清单中招标人提供的材料（设备）暂估单价计入综合单价，将招标人提供不包括税金的专业工程暂估总价直接计入投标报价的其他项目费用中。

3）计日工

按规定计算，其管理费和利润按其专业工程费率计算。

4）总承包服务费

总承包服务费：根据合同约定的总承包服务内容和范围，参照表 1-13 标准计算。

表 1-13　总承包服务费率表

服务范围	计算基数	费率/%
专业发包专业管理费（管理、协调）	专业发包工程金额	1.00~2.00
专业发包专业管理费（管理、协调、配合）	专业发包工程金额	2.00~4.00
甲供材料保管费	甲供材料金额	0.50~1.00
甲供设备保管费	甲设备料金额	0.20~0.50

5）优质工程增加费

优质工程增加费：通过工程验收达到优良的工程的项目，按合同约定计算方法，参照表1-14标准计算。

表 1-14　优质工程增加费费率表

优质工程等级	计算基数	费率/%
省级优质工程	优质工程增加费以外的税前工程造价	1.60
国家级优质工程		2.00

6）其　他

（1）人工费调差：由省建设行政主管部门发布的人工费调整部分按文件规定调整，经发承包双方约定市场人工费价格的按约定价差调整。

（2）机械燃料动力费价差：机械费中的燃料动力单价随市场波动偏离编制期单价产生的价差按市场价格计算调整。

（3）风险费：依据招标文件计算。

（4）因设计变更或由于发包人的责任造成的停工、窝工损失，可参照下列办法计算费用：

① 现场施工机械停滞费按定额机械台班单价（扣除机上操作人工和燃料动力费）计算，如特殊情况下施工机械为租赁的，其停滞费由承发包双方协商解决，机械台班停滞费不再计算除税金外的其他费用。

② 生产工人停工、窝工工资按当地人社部门发布的最低工资标准计算，管理费按停工、窝工工资总额的20%（社会平均参考值）计算。停工、窝工工资不再计算除税金外的其他费用。

③ 除上述中①、②条以外发生的费用，按实际计算。

（5）承、发包双方协商认定的有关费用按实际发生计算。

7）其他项目费用计算表

其他项目费用计算表见表1-15。

表 1-15　其他项目费用计算表

序号	工程名称	计算基数与方法	金额	结算金额	备注
1	暂列金额	按工程费用合计×（10~15）%或招标文件计算			
2	暂估价				
2.1	材料（设备）暂估价（结算价）	按材料（设备）费×10%			
2.2	专业工程暂估价（结算价）				

续表

序号	工程名称		计算基数与方法	金额	结算金额	备注
3	计日工					
3.1	其中	人工费	按实际发生和签证计算			
3.2		材料费	按实际发生和签证计算			
3.3		机械费	按实际发生和签证计算			
4	总承包服务费		按发包金额×(1.0、2.0、3.0、4.0)%计算			
5	索赔与现场签证费		按实际发生和签证计算			
6	优质工程增加费		按税前造价×(1.6、3.0)%			省、国级
7	提前竣工增加费		按事先约定计算			
8	人工费调差		按相关调差文件计算			
9	机械燃料动力费价差		按相关调差文件计算			
	合 计					

4. 其他规费费用计算

计算方法：

$$其他规费 = 定额人工费 \times 规费费率 \qquad (1-13)$$

规费费率表见表 1-16。

表 1-16 规费费率表

序号	工程名称			计算基础	计算费率	金额	备注
1	规 费			定额人工费(包括分部分项工程定额人工费+技术措施项目定额人工费)	20%		
1.1	其中	社会保险费	养老保险费		9.01%		计入人工费内
			医疗保险费		6.39%		
1.2		住房公积金			4.60%		
1.3		其他规费	工伤保险（单独计列）		0.50%		计入税前费用
			工程排污费	按有关部门规定计算			
2			环境保护税	按有关部门规定计算			
	合 计						

注：1. 规费作为不可竞争性费用，应按规定计取。
2. 未参加建筑职工意外伤害保险的施工企业不得计算危险作业意外伤害保险费用。

5. 税金计算

1）税金计算方法

$$税金 = 计算基础（税前造价）\times 税金费率 \qquad (1-14)$$

税金税率表见表 1-17。

表 1-17 综合税表

工程所在地	计税基础	综合税率/%
市区	分部分项工程费+措施项目费+其他项目费+规费—按规定不计税的工程设备费（税前工程造价）	10.08
县城、镇		9.90
不在市区、县城、镇		9.54

2）综合税率计算方法

$$S_{综合税率} = S_{增值税率} \times (1 + S_{城市维护建设税}\% + S_{教育附加}\% + S_{地方教育附加}\%) \qquad (1-15)$$

增值税率表见表 1-18。

表 1-18 增值税率表

税目名称		计税基础	工程在市区/%	工程在县、城镇/%	不在市区及县、城镇/%
增值税	一般计税方法	税前工程造价	9		
附加税	城市维护建设税	增值税税额	7	5	1
	教育费附加		3	3	3
	地方教育附加		2	2	2

注：1. 当采用增值税一般计税方法时，税前工程造价不含增值税进项税额。
2. 市区、县城镇、非市区及非县城镇的划分，以当地税务部门划定的行政区域为准。
3. 税金作为不可竞争性费用，应按规定计取。

1.4.3 建筑工程费用计算

建筑工程招标及投标费用计算的项目内容，如表 1-19 所示。

表 1-19 建筑工程招标/投标费用计算表

序号	费用名称	计算基数或计算表达式	费率计算标准	费用金额
1	分部分项工程费	∑（分部分项工程量×综合单价）		
1.1	人工费	（R）=<1.1.1>+<1.1.2>		
1.1.1	定额人工费	∑（定额人工费）		
1.1.2	规费	∑（规费）		
1.2	材料费	∑（材料费）（C）		
1.3	设备费	∑（设备费）（S）		
1.4	机械费	∑（机械费）（J）=		
1.5	管理费	∑（DR+J×0.08）×22.78%	22.78%	
1.6	利润	∑（DR+J×0.08）×13.81%	13.81%	
1.7	风险费	∑（风险费）		
2	措施项目费	（<2.1>+<2.2>）		

续表

序号	费用名称	计算基数或计算表达式	费率计算标准	费用金额
2.1	技术措施项目	∑（技术措施项目清单工程量×综合单价）		
2.1.1	人工费	（R）=<2.1.1.1>+<2.1.1.2>		
2.1.1.1	定额人工费	∑（定额人工费）		
2.1.1.2	规费	∑（规费）		
2.1.2	材料费	∑（材料费）（C）		
2.1.3	机械费	∑（机械费）（J）=		
2.1.4	管理费	∑（DR+J×0.08）×22.78%	22.78%	
2.1.5	利润	∑（DR+J×0.08）×13.81%	13.81%	
2.2	组织措施项目费	∑（组织措施项目费）		
2.2.1	绿色施工及安全文明措施项目费	∑（DR+J×0.08）×11.06%	11.06	
2.2.1.1	临时设施费	∑（DR+J×0.08）×2.76%	2.76	
2.2.2	其他组织措施项目费	∑（DR+J×0.08）× %	3.72%	
3	其他项目费			
3.1	暂列金额			
3.2	暂估价			
3.3	计日工			
3.4	总承包服务费			
3.5	其他			
3.5.1				
3.5.2				
4	规费			
4.1	工伤保险	∑（DR）×费率	0.50%	
4.2	工程排污费			
4.3	环境保护税		%	
5	税前工程造价	（1+2+3+4）		
6	税金	（1+2+3+4）×税率		
7	工程总造价（招标控制价/投标报价合计）=<5>+<6>			

注：1. 数字内均为表中对应的序号。
  2. DR 代表定额人工费。

项目小结

本项目主要介绍：我国基本建设的分类、工程建设的内容，工程建设项目的划分、建筑工程的特点，建筑工程计价，工程计价特点；建筑工程计量与计价的基本原理与方法；工程量清单计价的编制依据及相关知识；建筑工程定额分类，定额组成，定额应用，定额换算方法；分部分项工程量清单计算，综合单价的计算方法。本项目重点：分部分项工程的人工费、材料费、机械费计算，管理费和利润的计算，其他项目费费用、其他规费和税金的计算；难点：定额的换算，综合单价计算方法，分部分项工程费，措施项目费，其他项目费，规费，税金等建筑工程费组成计算。

复习思考题

1-1　基本建设项目如何划分？
1-2　如何确定工程造价？
1-3　工程造价由哪几部分组成？
1-4　定额换算有哪几种方法？
1-5　工程量清单有哪几部分组成？
1-6　工程量计算有哪些作用？
1-7　综合单价由哪几部分组成？

1-10　建筑工程招标/投标费用组成及计算表

项目 2　建筑面积的计算

建筑面积亦称建筑展开面积，它是指建筑物外墙勒脚以上外围水平面测定的各层平面面积总和。它是表示一个建筑物建筑规模大小的经济指标。每层建筑面积按建筑物勒脚以上外墙外围水平截面计算。它包括三项面积，即使用面积、辅助面积和结构面积。

【学习目标】

◎ 知识目标
1. 熟悉建筑面积计算的作用。
2. 熟悉建筑面积计算的规则。
3. 熟悉不规则建筑面积计算的方法。
4. 熟悉建筑面积计算的范围。

◎ 技能目标
1. 掌握建筑面积计算中原则及规则。
2. 掌握建筑面积计算的方法。
3. 掌握不规则建筑面积计算方法。
4. 掌握建筑面积计算的范围。

任务 2.1　建筑面积的相关知识

2.1.1　建筑面积计算相关术语

（1）建筑面积：建筑物（包括墙体）所形成的楼地面面积。
（2）自然层：按楼地面结构分层的楼层。
（3）结构层高：楼面或地面结构层上表面至上部结构层上表面之间的垂直距离。
（4）围护结构：围合建筑空间的墙体、门、窗。
（5）建筑空间：以建筑界面限定的、供人们生活和活动的场所。
（6）结构净高：楼面或地面结构层上表面至上部结构层下表面之间的垂直距离。
（7）围护设施：为保障安全而设置的栏杆、栏板等围挡。
（8）地下室：室内地平面低于室外地平面的高度超过室内净高的 1/2 的房间。
（9）半地下室：室内地平面低于室外地平面的高度超过室内净高的 1/3，且不超过 1/2 的房间。

（10）架空层：仅有结构支撑而无外围护结构的开敞空间层。

（11）走廊：建筑物中的水平交通空间。

（12）架空走廊：专门设置在建筑物的二层或二层以上，作为不同建筑物之间水平交通的空间。

（13）结构层：整体结构体系中承重的楼板层。

（14）落地橱窗：突出外墙面且根基落地的橱窗。

（15）凸窗（飘窗）：凸出建筑物外墙面的窗户。

（16）檐廊：建筑物挑檐下的水平交通空间，如图 2-1 所示。

（17）挑廊：挑出建筑物外墙的水平交通空间，如图 2-2 所示。

（18）门斗：建筑物入口处两道门之间的空间。

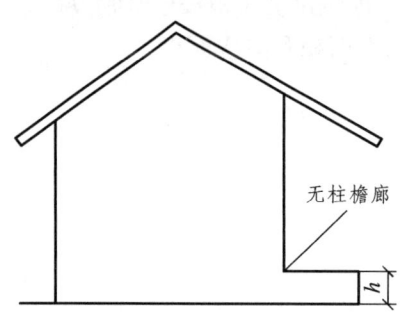

图 2-1　檐廊示意图

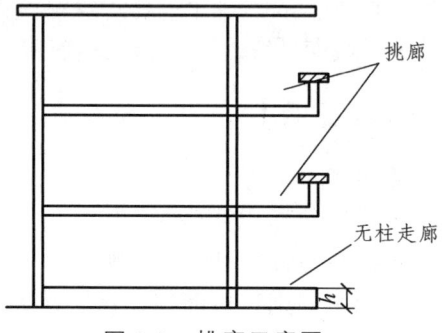

图 2-2　挑廊示意图

（19）雨篷：建筑出入口上方为遮挡雨水而设置的部件。

（20）门廊：建筑物入口前有顶棚的半围合空间。

（21）楼梯：由连续行走的梯级、休息平台和维护安全的栏杆（或栏板）、扶手以及相应的支托结构组成的作为楼层之间垂直交通使用的建筑部件。

（22）阳台：附设于建筑物外墙，设有栏杆或栏板，可供人活动的室外空间。

（23）主体结构：接受、承担和传递建设工程所有上部荷载，维持上部结构整体性、稳定性和安全性的有机联系的构造。

（24）变形缝：防止建筑物在某些因素作用下引起开裂甚至破坏而预留的构造缝。

（25）骑楼：建筑底层沿街面后退且留出公共人行空间的建筑物。

（26）过街楼：跨越道路上空并与两边建筑相连接的建筑物。

（27）建筑物通道：为穿过建筑物而设置的空间。

（28）露台：设置在屋面、首层地面或雨篷上的供人室外活动的有围护设施的平台。

（29）勒脚：在房屋外墙接近地面部位设置的饰面保护构造。

（30）台阶：联系室内外地坪或同楼层不同标高而设置的阶梯形踏步。

2.1.2　建筑面积的相关知识

建筑面积是指建筑物外墙勒脚以上结构的各层外围水平面积之和。

2-1　面积计算案例

建筑面积包括使用面积、辅助面积和结构面积三部分。使用面积和辅助面积之和又称有效面积，有效面积是指建筑物各层平面中的净面积之和。例如，住宅中的客厅、教学楼中教室的实用面积等；结构面积是指建筑物中墙、柱等所占用的面积之和。有关建筑面积的基本知识和计算公式如下：

（1）居住面积指标

$$居住面积指标 = \frac{居住面积}{建筑面积} \times 100\% \quad (2-1)$$

（2）辅助面积指标

$$辅助面积指标 = \frac{辅助面积}{建筑面积} \times 100\% \quad (2-2)$$

（3）公摊面积指标

$$公摊面积指标 = \frac{公用建筑面积}{建筑面积} \times 100\% \quad (2-3)$$

（4）建筑密度

$$建筑密度 = \frac{建筑底层占地面积}{建筑用地面积} \times 100\% \quad (2-4)$$

（5）容积率

$$容积率 = \frac{建筑总面积}{建筑用地面积} \times 100\% \quad (2-5)$$

（6）建筑绿化率

$$建筑绿化率 = \frac{绿化面积}{建筑用地面积} \times 100\% \quad (2-6)$$

（7）单位造价

$$单位造价 = \frac{工程总造价}{建筑面积} （元/m^2） \quad (2-7)$$

（8）人工单位消耗指标

$$人工单位消耗指标 = \frac{工程人工工日总消耗量}{建筑面积} （元/m^2） \quad (2-8)$$

（9）材料单位消耗指标

$$材料单位消耗指标 = \frac{工程某种材料总消耗量}{建筑面积} （元/m^2） \quad (2-9)$$

任务 2.2　建筑面积计算规则

2.2.1　按建筑物外围的长宽计算全面积的情况

（1）建筑物的结构层高在 2.20 m 及以上的建筑面积。

（2）建筑物内有局部楼层的建筑面积，对于局部楼层的二层及以上楼层，结构层高在

2.20 m 及以上的，有围护结构的应按其围护结构外围水平面积计算，无围护结构的应按其结构底板水平面积计算。如图 2-3 所示。

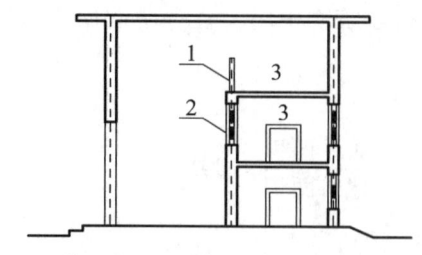

1—围护设施；2—围护结构；3—局部楼层。

图 2-3　建筑物内的局部楼层

形成建筑空间的坡屋顶，结构净高在 2.10 m 及以上的部位应计算全面积。

（3）场馆看台下的建筑空间，净高在 2.1 m 及以上的部位应计算全面积。场馆室内单独设置的有围护设施的悬挑看台的建筑面积，应按看台结构底板水平投影面积计算。建筑物门厅、大厅内设置的走廊的建筑面积，结构层高在 2.20 m 及以上的，按走廊结构底板水平投影面积计算。

（4）地下室、半地下室；建筑间有围护结构的架空走廊；附属在建筑物外墙的落地橱窗；有围护结构的舞台灯光控制室；门斗；设在建筑物顶部的、有围护结构的楼梯间、水箱间、电梯机房；在主体结构内的阳台；建筑物内的设备层、管道层、避难层的建筑面积，结构层高在 2.20 m 及以上的，按其结构外围水平面积计算。如图 2-4 所示。

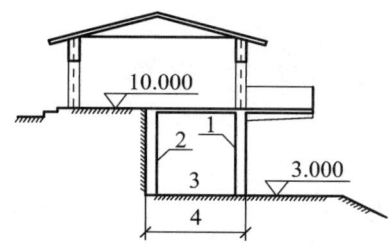

1—柱；2—墙；3—吊脚架空层；4—计算建筑面积部位。

图 2-4　建筑物吊脚架空间

（5）建筑物架空层及坡地建筑物吊脚架空层，结构层高在 2.20 m 及以上的，应按其顶板水平投影计算。如图 2-5 所示。

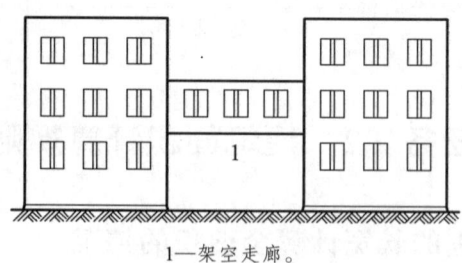

1—架空走廊。

图 2-5　有围护结构的架空走廊

（6）立体书库、立体仓库、立体车库，有围护结构的，应按其围护结构外围水平面积计算建筑面积；无围护结构、有围护设施的，应按其结构底板水平投影面积计算建筑面积。无结构层的应按一层计算，有结构层的应按其结构层面积分别计算。结构层高在 2.20 m 及以上的，应计算全面积。

（7）围护结构不垂直于水平面的楼层，结构净高在 2.10 m 及以上的部位的建筑面积，按其底板面的外墙外围水平面积计算。如图 2-6 所示。

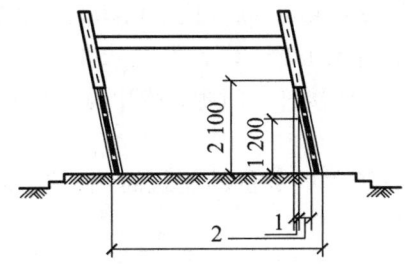

1—计算 1/2 建筑面积部位；2—不计算建筑面积部位。

图 2-6　斜围护结构

（8）形成建筑空间的坡屋顶、场馆看台下的空间及有顶盖的采光井的建筑空间，结构净高在 2.10 m 及以上部位的建筑面积，按全面积计算。且采光井按一层计算面积。

（9）以幕墙作为围护结构的建筑物，按幕墙外边线计算建筑面积。

（10）建筑物的外墙外保温层，按其保温材料的水平截面积计算，并计入自然层建筑面积。

（11）与室内相通的变形缝，按其自然层合并在建筑物建筑面积内计算。对于高低联跨的建筑物，当高低跨内部连通时，其变形缝应计算在低跨面积内。

当建筑物为矩形时的面积计算式为：

$$S = L \times B \tag{2-10}$$

式中　L——建筑物外墙勒脚以上的长度；

B——建筑物外墙勒脚以上的宽度。

当建筑物为矩形、半圆形、三角形、扇形及其他的多种图形组成时的面积计算式为：

$$S = S_{矩形} + S_{半圆形} + S_{三角形} + S_{扇形} + S_{其他} \tag{2-11}$$

式中　$S_{矩形}$——建筑物矩形的面积；

$S_{半圆形}$——建筑物半圆形的面积；

$S_{三角形}$——建筑物三角形的面积；

$S_{扇形}$——建筑物扇形的面积；

$S_{其他}$——建筑物其他形状的面积。

2.2.2　按二分之一计算建筑面积的情况

（1）结构层高在 2.20 m 以下的建筑物的建筑面积，按 1/2 面积计算。建筑物内的局部楼层、地下室、半地下室、建筑物架空层及坡地建筑物吊脚架空层、门厅、大厅内设置的走廊、立体书库、立体仓库、立体车库、有围护结构的舞台灯光控制室、附属在建筑物外墙的落地橱窗、门斗、建筑顶部有围护结构的楼梯间、水箱间、电梯机房的建筑物建筑面积，结构层高在 2.20 m 以下的，按 1/2 面积计算。

（2）形成建筑空间的坡屋顶、场馆看台下的建筑空间、有顶盖的采光井、围护结构不垂直于水平面的楼层的建筑面积，结构净高在 1.20 m 及以上至 2.10 m 以下的部位，按 1/2 面积计算。

（3）窗台与室内楼地面高差在 0.45 m 以下且结构净高在 2.10 m 及以上的凸（飘）窗的建筑面积，按其围护结构外围水平面积 1/2 计算。

（4）在主体结构外的阳台、室外楼梯、门廊、挑出宽度 2.1 m 以上的雨篷的建筑面积，按水平投影面积的 1/2 计算。

（5）出入口外墙外侧坡道有顶盖的部位的建筑面积，按其外墙结构外围水平面积的 1/2 计算。如图 2-7 所示。

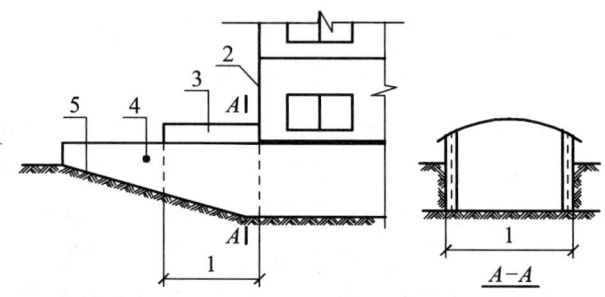

1—计算 1/2 投影面积部位；2—主体建筑；3—出入口顶盖；
4—封闭出入口侧墙；5—出入口坡道。

图 2-7　地下室出入口

（6）无围护结构但有围护设施的架空走廊、有围护设施的室外走廊（挑廊）、檐廊的建筑面积，按其结构底板水平投影面积或按其围护设施外围水平面积 1/2 计算。如图 2-8 所示。

1—栏杆；2—架空走廊。

图 2-8　无围护结构的架空走廊

（7）有顶盖无围护结构的车棚、货棚、站台、加油站、收费站等，按其顶盖水平投影面积的 1/2 计算建筑面积。

当建筑物为矩形时的面积计算式为：

$$S = \frac{L \times B}{2} \qquad (2\text{-}12)$$

式中　L——建筑物外墙勒脚以上的长度；

　　　B——建筑物外墙勒脚以上的宽度。

当建筑物为矩形、半圆形、三角形、扇形及其他的多种图形组成时的面积计算式为：

$$S = (S_{矩形} + S_{半圆形} + S_{三角形} + S_{扇形} + S_{其他}) \div 2 \qquad (2\text{-}13)$$

式中　$S_{矩形}$——建筑物矩形的面积；

　　　$S_{半圆形}$——建筑物半圆形的面积；

　　　$S_{三角形}$——建筑物三角形的面积；

　　　$S_{扇形}$——建筑物扇形的面积；

　　　$S_{其他}$——建筑物其他形状的面积。

2.2.3　不计算建筑面积的情况

（1）形成建筑空间的坡屋顶、场馆看台下的建筑空间、围护结构不垂直于水平面的楼层，结构净高在 1.20 m 以下的部位不应计算建筑面积。

（2）骑楼、过街楼底层的开放公共空间和建筑物通道（如图 2-9、图 2-10 所示），与建筑物内不相连通的建筑部件。

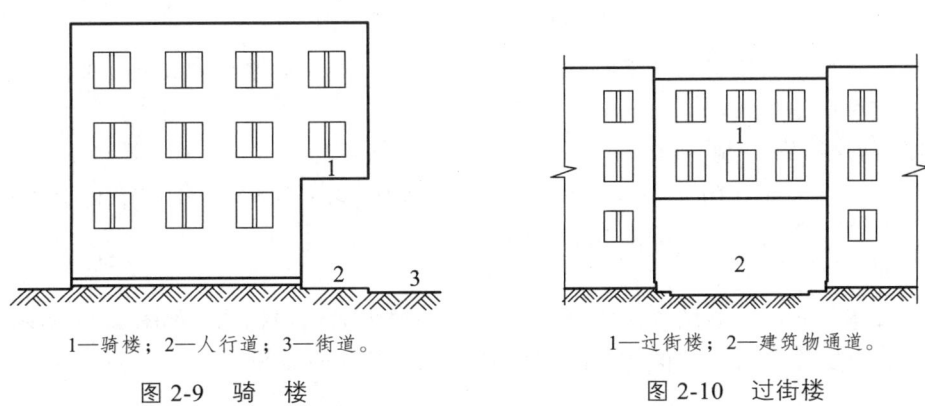

1—骑楼；2—人行道；3—街道。　　　　　1—过街楼；2—建筑物通道。

图 2-9　骑　楼　　　　　　　　　图 2-10　过街楼

（3）舞台及后台悬挂幕布和布景的天桥、挑台等。

（4）露台、露天游泳池、花架、屋顶的水箱及装饰性结构构件。

（5）建筑物内的操作平台、上料平台、安装箱和罐体的平台。

（6）勒脚、附墙柱、垛、台阶、墙面抹灰、装饰面、镶贴块料面层、装饰性幕墙，主体结构外的空调室外机搁板（箱）、构件、配件，挑出宽度在 2.10 m 以下的无柱雨篷和顶盖高度达到或超过两个楼层的无柱雨篷。

（7）窗台与室内地面高差在 0.45 m 以下且结构净高在 2.10 m 以下的凸（飘）窗，窗台与室内地面高差在 0.45 m 及以上的凸（飘）窗。

（8）室外爬梯、室外专用消防钢楼梯；无围护结构的观光电梯。

（9）建筑物以外的地下人防通道，独立的烟囱、烟道、地沟、油（水）罐、气柜、水塔、贮油（水）池、贮仓、栈桥等构筑物。

任务 2.3　建筑面积计算技能实训

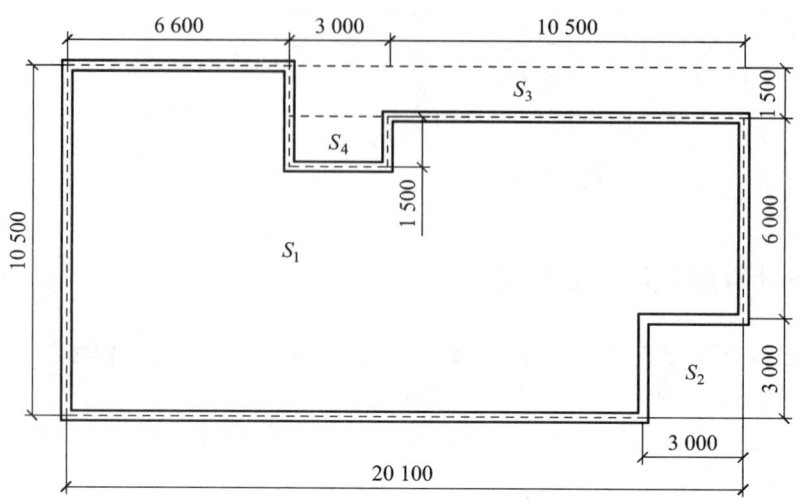

图 2-11　某单层建筑平面图

【实训 2-1】某单层建筑物外墙轴线尺寸如图 2-11 所示，墙厚均为 240，轴线居中。问题：计算该单层建筑物建筑面积。

解：建筑面积 $S=S_1-S_2-S_3-S_4$
$\quad\quad\quad\quad\quad =(20.10+0.12×2)×(10.50+0.12×2)-3×3-[1.5×(3+10.5)]-1.5×(3-0.12×2)$
$\quad\quad\quad\quad\quad =218.451\,6-9-20.25-4.14$
$\quad\quad\quad\quad\quad =185.06\ m^2$

【实训 2-2】某 6 层砖混结构住宅楼，2～6 层建筑平面图均相同，如图 2-12 所示。阳台为不封闭阳台，首层无阳台，其他均与二层相同。计算其建筑面积。

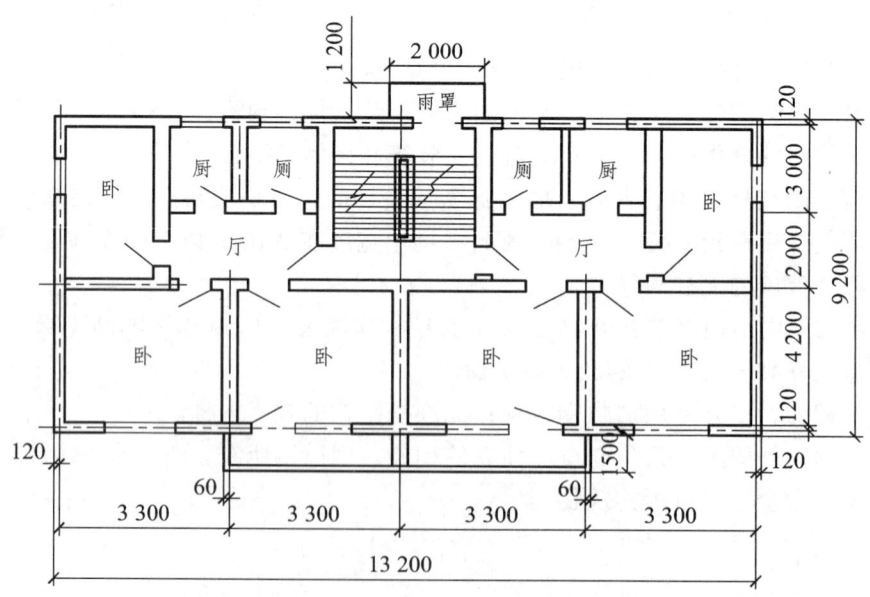

图 2-12　某砖混结构住宅楼 2-6 层平面图

解：首层建筑面积 S_1=(9.20+0.24)×(13.2+0.24)=126.87（m²）

2～6层建筑面积（包括主体面积和阳台面积）$S_{2\sim6}=S_z+S_y$

式中：S_z——主体面积；S_y——阳台面积。

$S_z=S_1×5=126.87×5=634.35$（m²）

$S_y=(1.5-0.12)×(3.3×2+0.06×2)×5×1/2=23.18$（m²）

$S_{2\sim6}=(634.35+23.18)=657.53$（m²）

总建筑面积 $S=S_1+S_{2\sim6}=126.87+657.53=784.40$（m²）

项目小结

本项目主要介绍建筑面积的计算规则及计算方法，内容包括计算建筑物的全面积，按1/2计算建筑面积，不计算建筑面积三个部分。学生应熟悉面积计算的一般规定，掌握面积计算规则，并能根据计算规则及计算方法正确计算房屋的建筑面积。

复习思考题

2-1 建筑面积计算中不计算面积的有哪些情况？

2-2 计算如图2-13所示的建筑面积。其中墙厚240 mm。

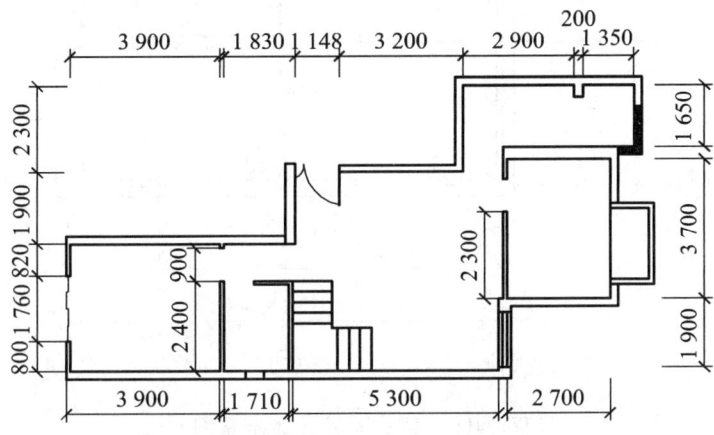

图2-13 建筑面积计算示意图

2-3 计算如图2-14所示的建筑面积。其中墙厚240 mm。

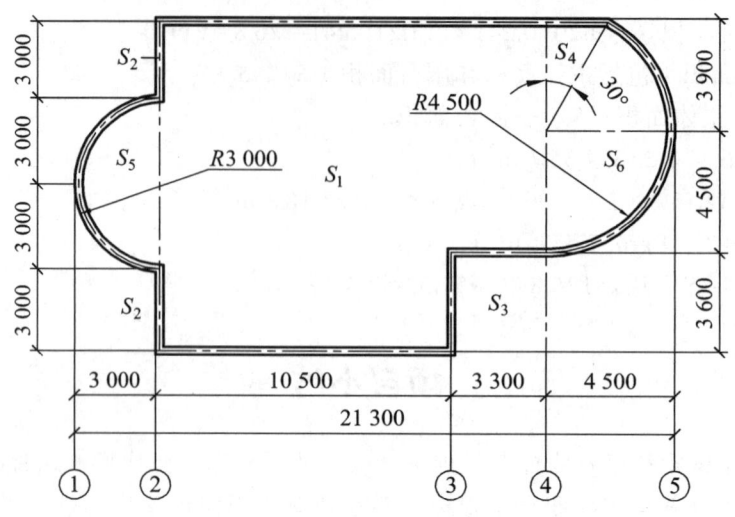

图 2-14 建筑面积计算示意图

2-4 计算如图 2-15 所示的建筑面积。

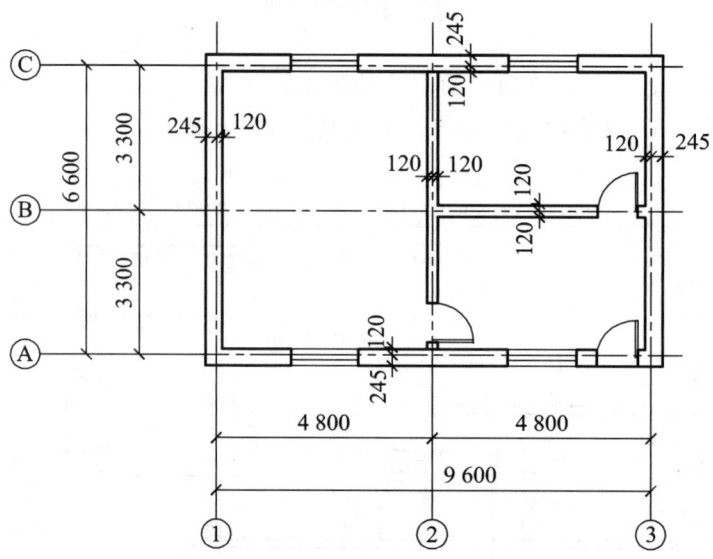

图 2-15 建筑面积计算示意图

项目 3

土石方工程

土石方工程项目包括场地平整、挖基槽土石方、挖基坑石土方、冻土开挖、挖淤泥、流砂、一般土石方工程、土石方工程运输、回填土工程及土石方工程量计算技能实训等内容。本项目以挖基槽土石方、基坑土石方和一般土石方工程讲述为主。

【学习目标】

◎ 知识目标
1. 熟悉土石方工程项目的划分。
2. 熟悉土石方工程量的计算规则。
3. 熟悉土石方工程项目的列项及套价计算方法。
4. 熟悉土石方工程清单项目的各项费用计算程序。

◎ 技能目标
1. 掌握土石方工程量清单计算方法。
2. 掌握土石方工程量清单编制步骤和方法。
3. 掌握土石方工程综合单价分析表的计算方法。
4. 掌握独立土方工程费用的计算。

任务 3.1 土石方工程量计算说明

3.1.1 土壤、岩石分类

依据中华人民共和国国家标准《岩土工程勘察规范》(GB 50021—2001) 对土壤及岩石作出如下分类。

1. 土壤分类

土壤分类见表 3-1。

表 3-1 土壤分类表

土壤分类	代表性土壤	开挖方法
一、二类土	粉土、密实度为松散的砂土、粉质黏土、弱中盐渍土、软塑红黏土、冲填土	用锹、少许用镐、条锄开挖。机械能全部直接铲挖满载者

续表

土壤分类	代表性土壤	开挖方法
三类土	黏土、密实度为稍密的砂土、密实度为松散或稍密的碎石土（圆砾、角砾）混合土、可塑红黏土、硬塑红黏土、强盐渍土、素填土、压实填土	主要用镐、条锄、少许用锹开挖。机械需部分刨松方能铲挖满载者或可直接铲挖但不能满载者
四类土	密实度为中密以上的碎石土（卵石、碎石、漂石、块石）、密实度为中密以上的砂土、坚硬红黏土、超盐渍土、杂填土	全部用镐、条锄挖掘、少许用撬棍。机械须普遍刨松方能铲挖满载者

2. 岩石分类

岩石分类见表3-2。

表3-2 岩石分类表

岩石分类		代表性岩石	饱和单轴抗压强度/MPa	开挖方法
极软岩		1. 全风化的各种岩石 2. 各种半成岩	≤5	部分用镐、条锄、手凿工具、部分用爆破法开挖
软质岩	软岩	1. 强风化的坚硬岩或较硬岩 2. 中等风化—强风化的较软岩 3. 未风化—微风化的页岩、泥岩、泥质砂岩等	5~15	用风镐和爆破法开挖
	较软岩	1. 中等风化—强风化的坚硬岩或较硬岩 2. 未风化—微风化的凝灰岩、千枚岩、泥灰岩、砂质泥岩等	15~30	用风镐和爆破法开挖
硬质岩	较硬岩	1. 微风化的坚硬岩 2. 未风化—微风化的大理岩、板岩、石灰岩、白云岩、钙质砂岩等	30~60	用爆破法开挖
	坚硬岩	未风化—微风化的花岗岩、闪长岩、辉绿岩、玄武岩、安山岩、片麻岩、石英岩、石英砂岩、硅质砾岩、硅质石灰岩等	>60	用爆破法开挖

3.1.2 土石方计算说明

（1）本说明按天然密实干土编制，如人工挖湿土时，人工乘以系数 1.18；机械挖湿土时，人工、机械乘以系数 1.15。干湿土的划分，以地质勘察资料为准，含水率≤25%为干土，含水率>25%为湿土；以地下常水位为准划分，地下常水位以上为干土，以下为湿土，如采用井点降水或采用止水措施的土方按干土计算。

3-1 土方体积换算表

（2）本说明未包括地下水位以下施工的排水费用，发生时另行计算。

（3）挖地槽、地坑已按比例进行综合，在施工中无论是挖地槽或地坑均执行本定额，不作调整。

（4）本说明平整场地是指挖填土厚度在±30 cm以内的挖填找平，挖、填土方厚度超过±30 cm以外时，按场地土方平衡竖向布置图另行计算。场地竖向布置挖填土方及挖管道沟槽，不再计算平整场地的工程量。

（5）石方爆破定额是按炮眼法松动爆破编制的，不分明炮、闷炮，但闷炮的覆盖材料应另按实计算。

（6）石方爆破说明是按电雷管导电起爆编制的。如采用火雷管爆破时，雷管应换算，数量不变，扣除定额中的胶质导线，换为导火索，导火索的长度按每个雷管2.12 m计算。

（7）石方爆破不含石渣清理及运输。

（8）盖挖法套用带支撑土石方开挖相应子目人工乘以系数1.6，机械乘以系数1.4。

（9）流砂、淤泥、泥浆运输项目按即挖即运考虑。对没有即时运走的，经晾晒后的淤泥、流砂、泥浆套用一般土方运输相应子目。

（10）本说明中挖土和运输均按自然方计算；填土按压实方计算。

借土挖方和运输均按自然方计算，体积折算按表3-3计算。

表3-3 土方体积折算系数表

天然密实度体积	虚方体积	夯实后体积	松填体积
0.77	1.00	0.67	0.83
1.00	1.30	0.87	1.08
1.15	1.50	1.00	1.25
0.92	1.20	0.80	1.00

（11）本定额土方工程均按三类土为准编制，如实际是一、二、四类土时，分别套用相应定额子目，人工、机械乘以系数（见表3-4）。

表3-4 人工、机械乘以系数列表

项 目	计算基数	一、二类土	四类土
人工土方	人工	0.60	1.45
机械土方	机械	0.84	1.18

（12）带支撑基坑开挖说明适用于有内支撑的深基坑开挖。带支撑基坑土石方项目以第一道支撑下表面为划分界限，界限以上的土石方执行一般土石方相应子目，界限以下的土石方执行带支撑基坑土石方相应子目。挖掘机挖地下室带支撑基坑淤泥、流砂按基坑深度19m以内编制，如基坑深度超过19 m，按相应定额子目人工、机械乘以系数1.3。

3.1.3 人工土石方、机械土石方、回填说明

1. 人工土石方说明

（1）在有挡土板支撑下挖土方时，定额人工乘以系数1.43。

（2）桩间挖土方时扣除桩径>600 mm（或桩身截面与之相当）的桩头体积。不得因打桩挤密土壤而改变土壤的类别。

（3）坑槽内桩间挖土以深度2 m为准，超过2 m时，深度3 m以内人工乘系数1.07，深度4m以内乘人工系数1.14。

（4）人工挖土方定额以深度1.5 m以内编制，开挖深度超过1.5 m时，按表3-5增加工日。

表3-5 人工挖土方超深增加工日表　　　　　　　　　　单位：100 m³

深度以内	2 m	4 m	6 m
工日	4.72	14.96	22.24

2. 机械土石方说明

（1）推土机推土、推石渣、铲运机铲运土重车上坡时，坡度大于5%时，先按坡度和坡长分别折算运距后套用相应的定额，其运距按坡度区段斜长乘以表3-6系数计算。

表3-6 推土机等上坡时坡度相关系数

项目	推土机、铲运机、装载机				人工、人力车
坡度/%	5~10	15以内	20以内	25以内	>15
系数	1.75	2.0	2.25	2.50	5.00

（2）汽车、人力车重车上坡降效因素，已综合在相应的运输定额项目中，不再另行计算。

（3）机械挖土方定额已综合了基底和边坡预留厚度≤0.3 m的人工清理及修整，人工基底清理及边坡修整不另行计算。如设计基底预留厚度大于0.3 m，超过部分工程量按人工挖一般土方相应项目执行。

（4）土方项目按干土编制人工挖、运湿土时，按相应项目人乘以系数1.18，机械挖、运湿土时，按相应项目人工、机械乘以系数1.15，采取降、止水措施后，人工挖、运土按相应项目人工乘以系数1.05，机械挖、运土不再乘以系数。

（5）挖土方深度超过6 m时，应按机械挖土考虑。如局部超过6 m的土方且仍采用人工挖土的，超过6 m部分的土方，在6 m以内的定额项目基础上每增加1 m相应人工增加5%。

（6）人工挖淤泥、流砂，挖深超过6 m时，在6 m以内的定额项目基础上增加1 m相应人工增加5%。

（7）人工挖坑槽一侧弃土时，乘以系数1.18。

（8）桩间挖土时，人工开挖土方按相应定额项目乘以系数1.25；机械挖土方按相应定额项目乘以系1.10。

（9）满堂基础垫层底以下局部加深的槽、坑 按槽坑相应规则计算工程量，相应人工、机械乘以系数1.25。

（10）铲运机或推土机推土，当土层平均厚度≤0.30 m时，推土机班乘以系数1.25，铲运机台班乘以系数1.17。

（11）推土机、铲运机，推、铲未经压实的堆积土时，按相应定额项目乘以系数0.61。

3-2 土方施工机械及相关视频

(12)挖掘机在垫板上作业时,按相应项目人工、机械乘以系数1.25挖掘机下铺设垫板、汽车运输道路上铺设材料时,其费用另行计算。

(13)盖挖土方执行带支撑土石方开挖相应项目,其人工乘以系数1.6,机械乘以系数1.4。

(14)挖掘机挖地下室带支撑基坑时,如遇淤泥、流砂按相应带支撑基坑土方项目,人工、机械乘以系1.3。

(15)密实的钢渣时,人工开挖按相应定额乘以系数3.62,机械开挖按相应定额乘以系数1.77。

(16)除大型支撑基坑土方开挖、长臂挖机挖土方定额项目外,在支撑(或挡土板)下挖土,人工开挖按相应定额乘以系数1.43,机械开挖按相应定额乘以系数1.20。先开挖后支撑(或挡土板)的不属于撑下挖土。

(17)在强夯后的地基上挖土方,人工开挖按相应定额乘以系数1.67、机械开挖按相应定额乘以系数1.36。

3. 回填及其他说明

(1)平整场地,按设计图示尺寸,以建筑物首层建筑面积计算建筑物地下室结构外边线突出首层结构外边线时,其突出部分的建筑面积合并计算。

(2)基底针探,以垫层(或基础)底面积计算。

(3)原土穷实与碾压,按设计规定的尺寸,以面积计算。

(4)回填按下列规定以体积计算:

① 沟槽、基坑回填,按挖方体积减去设计室外地坪以下建筑物、基础(含垫层)体积计算。

② 管道沟槽回填,按挖方体积减去管道基础和下表管道折合回填体积计算(表3-7)。

表3-7 管道折合回填体积表　　　　　　　　　单位:m³/m

管道	公称直径(mm 以内)					
	500	600	800	1 000	1 200	1 500
混凝土管及钢筋混凝土管道	—	0.33	0.60	0.92	1.15	1.45
其他材质管道	—	0.22	0.46	0.74	—	—

③ 房心(含地下室内)回填,按主墙间净面积(扣除单个底面积2 m²以上的基础等)乘以回填厚度计算。

④ 场区(含地下室顶板以上)回填,按回填面积乘以平均回填厚度以体积计算。

任务3.2　土石方工程清单项目划分及工程量计算规则

3.2.1　土石方工程清单项目划分

土石方工程工程量清单项目划分为010101~010103,详见表3-8。

表 3-8　土石方工程清单项目表（编号：010101～010103）

序号	项目编码	项目名称	项目特征描述	单位	工程量计算规则	工作内容
1	010101001001	平整场地	1. 土壤类别 2. 弃土运距 3. 取土运距	m²	按设计图示尺寸，以建筑物首层面积计算	1. 土方挖填 2. 场地找平 3. 运输
2	010101002001	挖一般土方	1. 土壤类别 2. 挖土深度 3. 弃土运距	m³	按设计图示尺寸，以体积计算	1. 排地表水 2. 土方开挖 3. 围护（挡土板）、支撑 4. 基底钎探 5. 运输
3	010101003001	挖沟槽土方		m³	按设计图示尺寸，以基础垫层底面积乘以挖土深度、计算	
4	010101004001	挖基坑土方				
5	010101005001	冻土开挖	1. 冻土厚度	m³	按设计图示尺寸开挖面积乘厚度体积计算	1. 爆破 2. 开挖 3. 清理 4. 运输
6	010101006001	挖淤泥、流砂	1. 挖掘深度 2. 弃淤泥、流砂距离	m³	按设计图示位置、界限以体积计算	1. 开挖 2. 运输
7	010101007001	管沟土方	1. 土壤类别 2. 管外径 3. 挖沟深度 4. 回填要求	1. m 2. m³	1. 以米计量，按设计图示以管道中心程度计算 2. 以立方米计量，按设计图示以管道垫层面积乘以挖土深度计算；无管道底垫层按管道外径的水平投影面积乘以挖土深度计算。不扣除各类井的长度，井的土方并入	1. 排地表水 2. 土方开挖 3. 围护（挡土板）、支撑 4. 运输 5. 回填
8	010102001001	挖一般石方		m³	按设计图示尺寸，以体积计算	1. 排地表水 2. 凿石 3. 运输
9	010102002001	挖沟槽石方	1. 岩石类别 2. 开凿深度 3. 弃碴运距	m³	按设计图示尺寸，以体积计算	
10	010102003001	挖基坑石方		m³	按设计图示尺寸沟槽底面积乘以挖石深度以体积计算	
11	010102004001	管沟石方	1. 岩石类别 2. 管外径 3. 挖沟深度	1. m 2. m³	1. 以米计量，按设计图示以管道中心程度计算 2. 以立方米计量，按设计图示截面积乘以长度计算	1. 排地表水 2. 凿石 3. 回填 4. 运输

续表

序号	项目编码	项目名称	项目特征描述	单位	工程量计算规则	工作内容
12	010103001001	回填方	1. 密实度要求 2. 填方材料品种 3. 填方粒径要求 4. 填方来源、运距	m³	按设计图示尺寸以体积计算。 1. 场地回填：回填面积乘以平均回填厚度 2. 室内回填：主墙间乘回填厚度，不扣除间隔墙 3. 基础回填：按挖方清单项目工程量减去自然地坪以下埋设的基础体积（包括基础垫层及其他构筑物）	1. 运输 2. 回填 3. 压实
13	010103002	余方弃置	1. 废弃料品种 2. 运距	m³	按挖方清单项目工程量减减利用回填方体积（正数）计算	余方点装料运输至弃置点

3.2.2 挖沟槽、基坑、土石方等工程量计算规则

1. 挖沟槽、基坑、土石方工程量计算规则

（1）沟槽、基坑一般土石方划分：底宽≤7 m 且底长>3 倍底宽者为沟槽；底长≤3 倍底宽且底面积≤150 m² 者为基坑，超出以上范围者为一般土石方。

3-3 土方边坡放坡系数

（2）挖土方深度按自然地面测量标高至设计标高的平均深度计算。

（3）挖沟槽、基坑深度，有设计要求的按照设计深度计算，无设计要求或设计不明确的按施工组织设计计算。无设计及施工组织设计的按场地平整、竖向土方整理和大型基坑开挖后的标高与基础底面（有垫层的为垫层底面）标高之差计算。

（4）挖沟槽长度，外墙按图示中心线长度计算；内墙按图示基槽底面净长线长度计算；内外突出部分（垛、附墙烟囱等体积）并入沟槽土方工程量内计算。挖基坑以图示尺寸的体积计算。

（5）挖管道沟槽按图示中心线长度计算，沟底宽度设计有规定的，按设计规定尺寸计算；设计无规定的。可按下式计算确定：$B=D_0+2C$。见表 3-9。

表 3-9 管道沟一侧的工作面宽度计算表

管道的外径 D_0	管道一侧的工作面宽度 C/cm		
	接口类型	混凝土类管道	金属类管道、化学建材管道
$D_0 \leqslant 50$	刚性接口	40	30
	柔性接口	30	
$50 < D_0 \leqslant 100$	刚性接口	50	40
	柔性接口	40	

续表

管道的外径 D_0	管道一侧的工作面宽度 C/cm		
	接口类型	混凝土类管道	金属类管道、化学建材管道
$100<D_0 \leqslant 150$	刚性接口	60	50
	柔性接口	50	
$150<D_0<300$	刚性接口	80	70
	柔性接口	60	

（6）按表3-9计算管道沟土方工程量时，管道（不含铸铁给排水管）接口等处需加宽增加的土方量不另行计算。铺设铸铁给排水管道时其接口等处土方增加量，可按铸铁给排水管道地沟土方总量的2.5%计算。

（7）计算挖沟槽、基坑、土方工程量需放坡时，应根据施工组织设计规定计算，如无明确规定，放坡系数按表3-10规定计算。

表3-10　放坡系数

土壤类别	放坡起点/m	人工挖土	机械挖土		
			在坑内作业	在坑上作业	顺沟槽在坑上作业
一、二类土	1.20	1∶0.50	1∶0.33	1∶0.75	1∶0.50
三类土	1.50	1∶0.33	1∶0.25	1∶0.67	1∶0.33
四类土	2.00	1∶0.25	1∶0.10	1∶0.33	1∶0.25

（8）沟槽、基坑中土壤类别不同时，分别按其放坡起点、放坡系数，依不同土壤厚度加权平均计算。

（9）计算放坡时，在交接处的重复工程量不予扣除，放坡起点为沟槽、基坑底（有垫层的为垫层底面）。

（10）基础施工所需工作面，按表3-11规定计算。

3-4　土方工作面宽度

表3-11　基础施工所需工作面宽度计算表

基础材料	每边增加工作面宽度/mm
浆砌毛石、条石基础	250
砖基础	200
混凝土基础垫层（支模板）	150
混凝土基础（支模板）	400
基础垂直面做防水层或防腐层	1 000
支挡土板	100（另加）

① 工作面从基础下表面起增加。

② 在同一基础断面内，具备多种增加工作面条件时，只能按上表中最大尺寸计算。

（11）挖沟槽、基坑土方需支挡土板时，其宽度按图示底宽，单面加10 cm，双面加20 cm计算，支挡土板后，不得再计算放坡。

（12）同时开挖的坑槽群，若单个计算的工程量总和，小于以坑槽群周边为界的大开挖土方工程量时，以单个计算的工程量总和计算；若单个计算的工程量总和，大于以坑槽群周边为界的大开挖土方工程量时，以坑槽群周边为界的大开挖土方工程量计算，执行坑槽开挖定额。

注：在工程量清单项目计算中，挖基坑及挖基槽的土石方工程量计算是以基坑、基础垫层底面积乘以挖土深度计算土方工程量。

2. 石方工程量计算规则

（1）人工凿岩石及爆破岩石工程量按图示尺寸以立方米计算。

（2）爆破岩石（光面爆破除外）允许超挖量并入岩石挖方量内计算。平基、沟槽、基坑爆破岩石，爆破宽度及深度允许超挖量为：软岩、较软岩和较硬岩 20 cm，坚硬岩 15 cm。

（3）摊座：按平基图示设计面积或坑槽底面积乘以摊座厚度（30 cm 以内）以立方米计算。

（4）石方修整边坡：按修整面积乘以厚度（30 cm 以内）以立方米计算。

3. 土石方运距计算规则

（1）推土机推土运距：按挖方区重心至回填区重心之间的直线距离计算。

（2）铲运机运土运距：按挖方区重心至卸土区重心加转向距离 45 m 计算。

（3）自卸汽车运土运距：按挖方区重心至填土区（或堆放地点）重心的最短距离计算。

（4）人工运土垂直运距折合水平运距 7 倍计算。

（5）泥浆运输按体积计算。

4. 场地平整、回填土工程量计算规则

（1）平整场地工程量按建筑物外墙外边线，以建筑物首层建筑面积计算，建筑物地下室结构外边线突出首层结构外边线时，其突出部分的建筑面积合并以平方米计算。

注：在工程量清单项目计算中，平整场地工程量计算是按设计图示尺寸以建筑物首层建筑面积计算（定额量与清单量相同）。

（2）建筑场地原土碾压以平方米计算，填土碾压按图示填土厚度以立方米计算。

（3）基础回填土体积=挖土体积-场地平整后的地表标高以下埋设的实物体积（包括地下室的外形体积）。

（4）管道沟槽回填，以挖方体积减去管道、管道井所占体积计算。管道外径在 50 cm 以下的管道沟槽不扣除管道所占体积；管道外径在 50 cm 以上的管道沟槽按下表规定扣除垫层、管道基础、管道等所占体积按表 3-12 计算。

表 3-12 每米管道扣除土方体积表　　　　　　　　　　单位：m³

管道名称	管道直径/mm					
	501～600	601～800	801～1 000	1 001～1 200	1 201～1 400	1 401～1 600
钢管、塑料管	0.21	0.44	0.71			
铸铁管	0.24	0.49	0.77			
混凝土管	0.33	0.60	0.92	1.15	1.35	1.55

（5）室内回填土，按室内填土面积乘以图示回填土厚度以立方米计算。

5. 其他土石方计算规则

（1）盖挖法挖土方工程量按室内实际净面积乘以挖土方深度以立方米计算。

（2）回填砂、石屑、级配碎石按设计图示尺寸以立方米计算。

（3）水泥稳定土按设计图示尺寸以立方米计算。

（4）抛石挤淤工程量按设计抛石量以堆方体积计算。

（5）带支撑基坑工程量按围护结构内围面积乘以围护冠梁底至底板（或垫层）底的高度以立方米计算。

任务 3.3　土石方工程量计算

3.3.1　场地平整工程量计算

场地平整工程量计算分为清单工程量和定额工程量。在 2020 版的计价标准中，定额工程量与清单量计算方法相同。

按设计图示尺寸以建筑物首层建筑面积计算，工程量计算公式为：

$$S = L \times B + S_{不规则} \qquad (3\text{-}1)$$

式中　L——建筑物勒脚以上外墙长度；

　　　B——建筑物勒脚以上外墙宽度；

　　　$S_{不规则}$——不规则建筑增加的建筑面积。

当建筑物为矩形时，工程量计算公式为：

$$S = L \times B \qquad (3\text{-}2)$$

式中　L——建筑物勒脚以上外墙长度；

　　　B——建筑物勒脚以上外墙宽度。

3.3.2　基坑、基槽工程量计算

基坑、基槽工程量计算分为以基础垫层底面积乘以挖土深度计算和按土壤类别与挖土深度不同采用不同的放坡系数计算的两种方法。

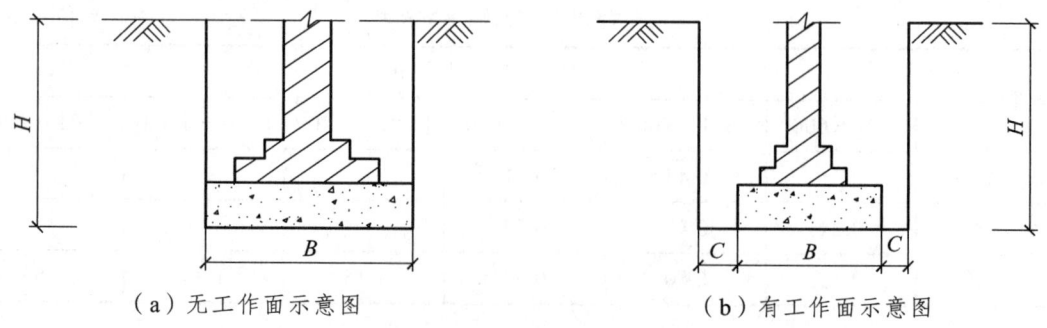

（a）无工作面示意图　　　　　　　　（b）有工作面示意图

图 3-1　按基础垫层底面计算工程量的基坑、基槽示意图

（1）按基础垫层底面积计算土石方工程量。

基坑、基槽（如图 3-1 所示）清单工程量，以及未达到放坡要求、又无工作面的基坑、基槽的定额工程量都采用这种方法计算，其计算公式为：

$$V = l \times b \times h \tag{3-3}$$

式中　l——基坑、基槽基础垫层的长度；
　　　b——基坑、基槽基础垫层的宽度；
　　　h——基坑、基槽的挖土深度。

（2）按基础长度、宽度加工作面，未达到放坡要求的基坑、基槽的定额工程量计算，计算公式为：

$$V = (L + 2C) \times (B + 2C) \times h \tag{3-4}$$

式中　L——基坑、基槽基础垫层的长度；
　　　B——基坑、基槽基础垫层的宽度；
　　　C——基坑、基槽的工作面数值；
　　　h——基坑、基槽的挖土深度。

（3）按土壤类别与挖土深度不同，采用不同的放坡系数计算的定额工程量计算。

按放坡系数计算基坑（如图 3-2 所示）、基槽（如图 3-3 所示）工程量，达到放坡要求的基坑、基槽的定额工程量都采用这种方法计算。

① 基坑的定额工程量计算公式：

$$V = (A + 2C + KH) \times (B + 2C + KH) \times H + \frac{1}{3}K^2H^3 \tag{3-5}$$

式中　A——基坑底长度；
　　　B——基坑底宽度；
　　　C——基坑工作面；
　　　K——基坑放坡系数；
　　　H——基坑挖土深度。

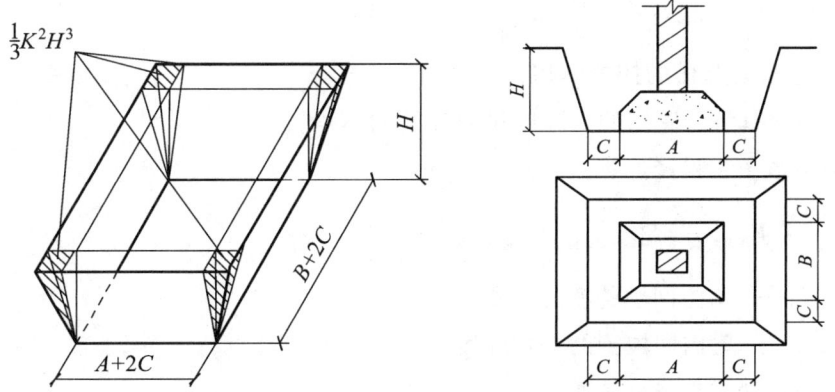

图 3-2　按放坡系数、有工作面基坑工程量计算示意图

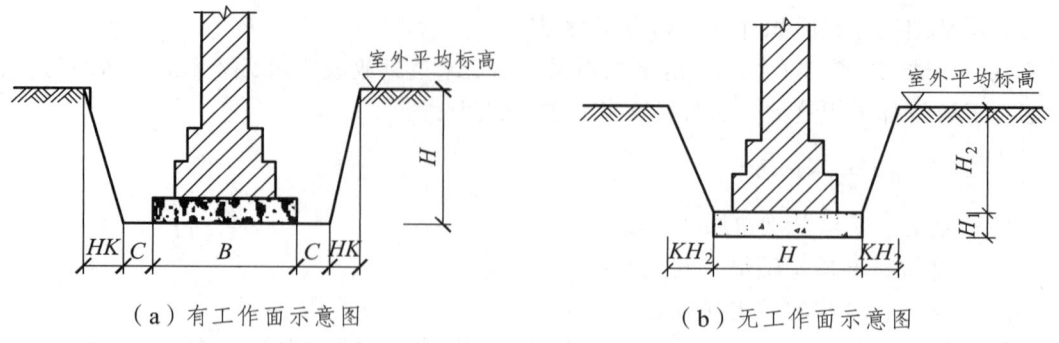

图 3-3　按放坡系数基槽工程量计算示意图

② 基槽的定额工程量计算公式：

a. 按放坡系数、有工作面基槽的定额工程量计算：

$$V = (L + KH) \times (B + 2C + KH) \times H \tag{3-6}$$

式中　L——基槽底长度；
　　　B——基槽底宽度；
　　　C——基槽工作面；
　　　K——基槽放坡系数；
　　　H——基槽挖土深度。

b. 当基槽工作面 C 等于 0 时，(3-6) 式则变为：

$$V = (L + KH) \times (B + KH) \times H \tag{3-7}$$

3.3.3　回填土方工程量计算

（1）基坑、基槽回填土体积计算：

3-5　土方回填余土外运清单及项目资料

$$V_{基坑、基槽} = V_{挖} - V_{实砌体积} \tag{3-8}$$

式中　$V_{挖}$——基坑、基槽的挖方体积；
　　　$V_{实砌体积}$——基坑、基槽的实际砌筑或浇筑的体积。

（2）室内回填土工程量计算：

$$V_{室内回填} = S_{室内回填面积} \times h_{室内回填厚度} \tag{3-9}$$

式中　$S_{室内回填面积}$——室内回填的实际面积；
　　　$h_{室内回填厚度}$——室内回填土的平均厚度。

（3）余土外运的工程量计算：

$$V_{余土外运} = V_{挖} - (V_{基坑、基槽} + V_{室内回填}) \tag{3-10}$$

式中　$V_{挖}$——基坑、基槽的挖方工程量（体积）；

　　　$V_{基坑、基槽}$——基坑、基槽的回填工程量（体积）；

　　　$V_{室内回填}$——室内回填土的工程量（体积）。

如果 $V_{余土外运}$ 为正值，则表示余土外运工程量；

如果 $V_{余土外运}$ 为负值，则表示需要从外面运土到该工程的外部取土的工程量。

3.3.4　一般土石方工程量计算

一般土石方工程是指大型的独立土石方工程（或片状土石方工程）开挖，或当挖基（槽）坑的底面积大于 150 m² 时，则按一般开挖土石方工程计算工程量。

按设计图示尺寸、施工设计方案，以体积计算。

当施工设计方案为支挡土板时，按设计图示尺寸，按（3-1）式计算。

当施工设计方案为按土壤类别采用放坡系数时，设计图示尺寸及说明，按基坑（3-5）式或基槽（3-7）式计算。

当一个单位工程内其挖方或填方（填挖不累计）的建筑工程土方在 5 000 m³ 以上，按独立土方工程，以体积计算。

任务 3.4　土石方工程量计算技能实训

1. 实训资料

如图 3-4 所示，某人工挖基槽、基坑土方工程项目，土壤类别为三类土，基槽底面宽度为 1.800 m，挖深 1.700 m，基槽长度如图 3-4 所示；基坑底面宽度为 2.100 m，挖深 2.200 m；图 3-4 中 LL 梁为基槽基础，由图 3-4 中可知，基坑共有 10 个，由于场地原因，人工挑运土方距离 32 m 处堆放。基槽、基坑底面采用原土夯实，基坑基础底部为 2 100×2 100 的混凝土垫层，厚度为 200 mm 的 C20 混凝土垫层，混凝土垫层上面浇筑钢筋混凝土。其工作面为 300 mm。基坑底面钢筋混凝土尺寸为 1 500×1 500，h_1=300 mm；第二台混凝土尺寸为 1 200×1 200，h_2=300 mm；第三台混凝土尺寸为 900×900，h_3=300 mm；第四台混凝土尺寸为 600×600，h_4=1 600 mm。基槽为台阶式条型基础，为 1 800×1 800 的混凝土垫层，厚度为 100 mm 的 C20 混凝土垫层；第一台基槽钢筋混凝土尺寸为 1 200×1 200，h_1=200 mm；第二台混凝土尺寸为 900×900，h_2=300 mm；第三台混凝土尺寸为 600×600，h_3=300 mm；第四台混凝土尺寸为 300×300，h_4=800 mm+500 mm（LL 梁）。混凝土为 C20，室内地坪设计标高为 0.000 m。地面混凝土厚度为 80 mm。房心填土厚度=500 mm-80 mm=420 mm。

2. 实训要求

（1）计算出该工程的场地平整的清单工程量。

（2）计算出该工程的土方的人工挖土方的清单工程量。

（3）完成回填土清单工程量计算。

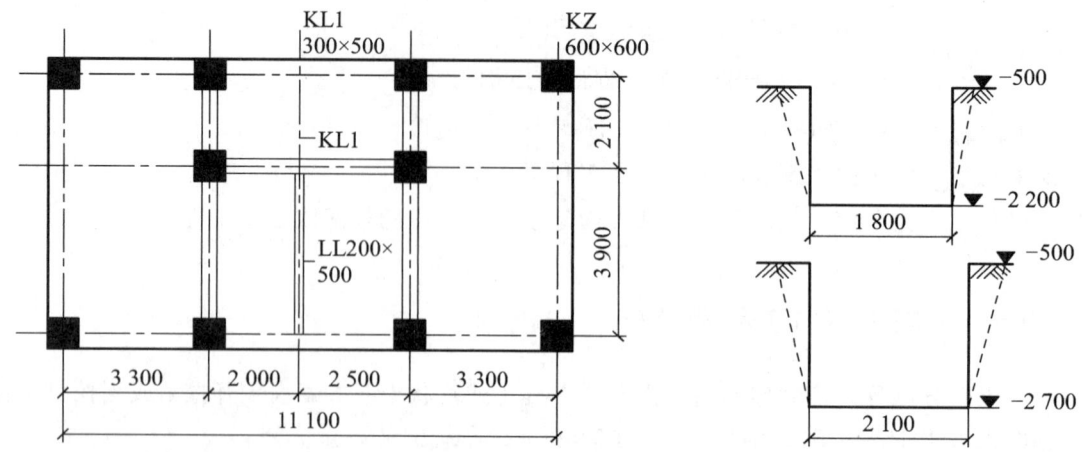

图 3-4 人工挖基础基槽、基坑土方示意图

（4）完成余土外运的工程量计算。
（5）完成土方项目的综合单价分析表的计算。
（6）完成该工程的土方分部分项的清单与计价表计算。

3．实训方法步骤

（1）平整场地清单工程量列项及计算，计算详见表3-13。
（2）土方基坑清单工程量列项及计算，列项项目表3-13。
（3）条型基础清单工程量列项及计算，计算详见表3-13。
（4）基坑、基槽原土压实清单工程量计算，计算详见表3-13。
（5）回填土清单工程量列项及计算，计算详见表3-13。
（6）外运土方工程量计算，计算详见表3-13。

表 3-13 基坑、基槽土方清单工程量计算表

序号	项目编号	项目名称	定额编号	定额名称	计量单位	工程量	计算式
1	010101001001	平整场地	清单量	平整场地	m²	77.22	$V=(11.10+0.3\times2)\times(3.90+2.1+0.3\times2)=77.22$ m²
			1-1-142	平整场地	m²	77.22	$V=(11.10+0.3\times2)\times(3.90+2.1+0.3\times2)=77.22$ m²
2	010101003001	挖沟槽土方	清单量	挖基槽土方	m³	71.60	外墙基础基槽长度：[11.1-(2.1×3)+6-2.1]×2=17.4 m 内墙基础基槽长度：[6-(2.1×2)]×2+(4.5-2.1)=6.0 m 合计基础基槽长度：17.4+6.0=23.4 m 基础基槽工程量：1.800×23.4×1.7=71.60 m³
			1-1-4	人工挖基槽土方	m³	96.17	$V=(L+KH)\times(B+2C+KH)\times H$ $V=(23.40+0.33\times1.7)\times(1.2+2\times0.3+0.33\times1.7)\times1.7=96.17$ m³

续表

序号	项目编号	项目名称	定额编号	定额名称	计量单位	工程量	计算式
3	010101004001	挖基坑土方	清单量	人工挖基坑土方	m³	97.02	V=按基坑底面积×挖土深度计算×数量 =2.1×2.1×2.2×10 =97.02 m³
			1-1-5	人工挖基坑土方	m³	177.45	$V = (A+2C+KH)\times(B+2C+KH)\times H + \frac{1}{3}K^2H^3$ =[(1.50+2×0.3+0.33×2.2)×(1.50+2×0.3+0.33×2.2)×2.2+0.33²×2.2²÷3]×10 =177.46 m³
			1-1-11换	人工挑运土方	m³	273.6	$V=V_{基槽}+V_{基坑}$ =96.17+177.45=273.63 m³
			1-1-148	原土夯实	m²	86.22	$S=S_{基槽}+S_{基坑}$=1.8×23.4+2.1×2.1×10 =42.12+44.10=86.22
4	010501001001	垫层	1-5-1	基坑砼垫层	m³	8.820	V=2.10×2.10×0.2×10=8.820 m³
			1-5-1	基槽砼垫层	m³	6.066	V=1.80×[(11.1-1.2×3)×2+(6-1.2×2)×2+(6-2×1.2)×2+(5.5-1.2)]×0.1 =1.80×33.70×0.1 =6.066 m³
5	010501003001	独立础梁	1-5-5	基槽实体体积	m³	17.46	V=[1.50×1.50×0.3+1.20×1.20×0.3+0.90×0.90×0.3+0.6×0.6×1.1]×10 =17.46 m³
6	010501002001	带型础梁	1-5-3	基槽实体体积	m³	34.323	$V_{1台}$=1.2×[(11.1-1.2×3)×2+(6-1.2×2)×2+(6-2×1.2)×2+(5.5-1.2)]×0.2 =8.088 $V_{2台}$=0.9×[(11.1-0.9×3)×2+(6-0.9×2)×2+(6-2×0.9)×2+(5.5-0.9)]×0.3 =9.180 $V_{3台}$=0.6×[(11.1-0.6×3)×2+(6-0.6×2)×2+(6-2×0.6)×2+(5.5-0.6)]×0.3 =6.822 $V_{4台}$=0.3×[(11.1-0.6×3)×2+(6-0.6×2)×2+(6-2×0.6)×2+(5.5-0.6)]×0.9 =10.233 m³

续表

序号	项目编号	项目名称	定额编号	定额名称	计量单位	工程量	计算式
7	010103001001	回填方	清单量1-1-146	回填土	m³	234.92	$V_{房心}$=（11.10×6.0）×0.42=27.972 m³ $V_{基础}=V_{坑挖}+V_{槽挖}-V_{基础实体}+V_{房心填土}$ =177.45+96.17－（8.820+6.066+ 17.46+34.323）+27.97 =234.92 m³
			1-1-11 换	人工挑运土方	m³	234.92	$V=V_{基槽}+V_{基坑}$ =177.45+96.17－（8.820+6.066+17.46+ 34.323）+27.97 =234.92 m³ （挑运回填土方）
8	010103002001	余方弃置	清单量	余土外运	m³	38.70	$V_{外运}=V_{挖}-V_{填}$ =273.62－234.92 =38.70 m³（正值表示余土外运）
			1-1-61 换	余土外运	m³	38.70	$V_{外运}=V_{挖}-V_{填}$ =273.62－234.92 =38.70 m³（正值表示余土外运）

（7）选择计价依据。

根据某省《建筑工程计价标准》中与土方工程相关的消耗量定额，完成该土方工程相关消耗量定额的有关消耗量定额，见表3-14所示。

（8）土方工程综合单价分析表的计算，见表3-15。根据表3-14中查出的项目定额单位，人工费（包括定额人工费、规费）、材料费、机械费的单价，分别填入土方工程综合单价计算表中定额人工费、规费、材料费、机械费的相应单价栏内，并计算出该分项工程的定额人工费、规费、材料费、机械费台班费的合价、管理费和利润、综合单价，详见表3-15。

（9）土方工程清单与计价表的计算，见表3-16。根据清单工程量、综合单价，计算出合价，其中的定额人工费、规费、机械费（可根据工程量和表3-15中人工费、机械费的合价相乘计算）、暂估价，详见表3-16。

（10）根据土方工程项目清单与计算表中的定额人工费之和加上机械费之和×0.08，乘上施工组织措施费的费率[（定额人工费+机械费×0.08）×费率（%）]，即得到土方工程的施工组织措施费，计算结果详见表3-17。（本案例无施工技术措施项目费）

表 3-14 某省土方工程相关计价标准表

定额编号				1-1-142	1-1-4	1-1-5	1-1-11 换	1-1-148	1-1-146	1-5-1	1-1-61 换
项目名称				场地平整	人工挖基坑 ≤2 100 m³	人工挖基坑 ≤4 100 m³	人工运土 32 m	原土夯实	回填土	砼垫层	余土外运 10 km/100 m³
				100 m²				100 m²	100 m³	10 m³	
基价/元				181.67	3 755.41	4 356.27	2 315.99	169.62	3 598.33	4 086.52	1 958.24
其中	人工费/元			181.67	3 755.41	4 356.27	2 315.99	160.41	3 589.12	517.74	
	定额人工费/元			151.39	3 129.51	3 630.22	1 933.41	133.68	2 990.93	476.45	
	规费/元			30.28	625.90	726.05	386.08	26.73	598.19	95.29	
	材料费/元			—				9.21	9.21	3 514.78	7.13
	机械费/元			—						—	1 591.11
		名称	单位	单价/元				数量			
人工		综合工日	工日	106.90	1.700 1	35.163	40.789	21.69	1.502	33.606	3.702
材料		水	t	5.94					0.040	1.55	1.200
机械		自卸汽车（综合一）	台班	824.160							2.337
		其他机械费	元								

表 3-15　土方工程综合单价分析表

清单综合单价组成明细

序号	项目编码	项目名称	计量单位	工程量	定额编号	定额名称	定额单位	数量	单价/元					合价/元					综合单价
									人工费		基价			人工费					
									DR	规费	材料费	机械费		DR	规费	材料费	机械费	管理费	利润 风险费	
1	010101001001	场地平整	m²	77.22	1-1-142	场地平整	100 m³	0.7722	151.39	30.28	—	—		1.51	0.30	—	—	0.34	0.21	2.36
2	010101003001	人工挖基槽	m³	71.60	1-1-4	人工挖基槽	100 m³	0.9617	3 129.51	625.90	—	—		42.03	8.41	—	—	69.57	5.80	65.81
					1-1-148	原土夯实	100 m²	0.8642	133.68	26.73	9.21	—		0.78	0.16	0.05	—	0.18	0.11	1.28
					1-1-11换	人工运土	100 m³	0.9617	1 933.41	386.08	—	—		25.97	5.19	—	—	5.92	3.57	40.65
					合　计									68.78	13.76	0.05	—	15.67	9.48	107.74
3	010101004001	人工挖基坑	m³	97.02	1-1-5	人工挖基坑	100 m³	1.7745	3 630.22	726.05	—	—		66.40	13.28	—	—	15.13	9.17	103.98
					1-1-148	原土夯实	100 m²	0.4410	133.68	26.73	9.21	—		0.58	0.12	0.04	—	0.13	0.08	0.95
					1-1-11换	人工运土	100 m³	1.7745	1 933.41	386.08	—	—		35.36	7.06	—	—	8.06	4.88	55.36
					合　计									102.34	20.46	—	—	23.32	14.13	196.29
4	010101004001	回填土	m³	234.92	1-1-146	回填土	100 m³	2.3492	2 990.93	598.19	9.21	—		29.91	5.98	0.09	—	6.81	4.13	46.92
					1-1-11换	人工运土	100 m³	2.3492	1 933.41	386.08	—	—		19.33	3.86	—	—	4.40	2.67	30.26
					合　计									49.24	9.84	0.09	—	11.21	6.80	77.18

续表

清单综合单价组成明细

项目编码	项目名称	计量单位	工程量	定额编号	定额名称	定额单位	数量	单价/元					合价/元						综合单价
								人工费		材料费	机械费	人工费		材料费	机械费	管理费	利润	风险费	
								DR	规费			DR	规费						
010103002001	余土弃置	m³	38.70	1-1-61换	余土外运	100 m³	0.3870	—	—	7.13	1 591.11	—	—	0.07	15.91	0.29	0.18		16.45
				1-1-10	人工装车	100 m³	0.3870	1 080.46	216.09	—	—	10.08	2.16			2.30	1.39		15.93
合 计													10.08	2.16	0.07	15.91	2.59	1.57		32.38

注：DR代表定额人工费

合价=定额单价×数量÷定额单位÷清单工程量：

定额人工费合价=151.39×77.22÷100÷77.22
$=1.51$ 元/m²

规费合价=30.28×77.22÷100÷77.22
$=0.30$ 元/m²

材料费合价=无

机械费合价=无

管理费=（定额人工费+机械费×0.08）×0.2278=0.34 元/m²

利润=（定额人工费+机械费×0.08）×0.1381=0.21 元/m²

综合单价=人工费+材料费+机械费+管理费+利润
=1.51+0.30+0.34+0.21
$=2.36$ 元/m²

其余各项计算方法以此类推。

表3-16 土方工程清单与计价表

序号	项目编号	项目名称	项目特征描述	计量单位	工程量	综合单价	合价	金额/元			暂估价
								其中			
								人工费		机械费	
								DR	规费		
1	010101001001	场地平整	1. 土壤类别：三类 2. 弃土运距 3. 取土运距	m²	77.22	2.36	182.24	116.60	23.17	—	
2	010101003001	人工挖基槽	1. 土壤类别：三类 2. 挖土深度 1.7 m 3. 弃土运距	m³	71.60	107.74	7 714.18	4 924.65	985.22	—	
3	010101004001	人工挖基坑	1. 土壤类别 2. 挖土深度 2.2 m 3. 弃土运距 32 m	m³	97.02	196.29	19 044.06	9 929.03	2 373.11	—	
4	010101004001	回填土	1. 密实度要求 2. 填方材料品种 3. 填方粒径要求 4. 填方来源、运距	m³	234.92	77.18	18 131.13	11 567.46	2 311.63		
5	010103002001	余土弃置	1. 废弃料品种 2. 运距 10 km	m³	38.70	32.38	1 253.11	390.10	83.59	615.72	
		合计					46 324.72	26 927.84	5 776.72	615.72	

注：DR 代表定额人工费
合价=综合单价×数量
规费=规费单价×数量
机械费=材料单价×数量
材料费=材料单价×材料费单价×数量
土方工程材料费计算：
1. 人工挖基槽材料费=0.05×71.60=3.58（元） 2. 人工挖基坑材料费=0.04×97.02=3.88（元）
3. 回填土材料费=0.09×234.92=21.14（元） 4. 余土外运材料费=0.07×38.70=2.71（元）
土方工程材料费合计计算：
材料费合计=3.58+3.88+21.14+2.71=31.31（元）

表 3-17 施工组织措施费计算表

序号	项目编号	项目名称	计算基础	费率/%	金额/元	调整费率/%	调整后金额/元	备注
1		绿色施工安全文明措施费						
1.1		安全文明施工及环境保护费	定额人工费+机械费×0.08 =26 927.84+615.72×0.08 =26 977.10	5.12	1 381.23			
1.2		临时设施费		2.76	744.57			
1.3		绿化施工措施费		5.94	1 602.44			
2		冬雨季施工增加费、工程定位复测费、工程交点,场地清理费		3.72	1 003.55			
3		夜间施工增加费		0.50				暂无
4		压缩工期增加费	定额人工费+机械费					暂无
5		行车,行人干扰增加费	定额人工费+机械费×0.08	8.85 4.20 4.20				暂无
6		已完工程及设备保护费						暂无
7		特殊地区施工增加费						暂无
8		其他施工组织措施费						暂无
		合 计			4 731.79			

注:1. "其他施工组织措施费"在计价时需要列出具体费用名称。
  2. 工程结算时按合同约定(或投标报价)调整费率和金额。

(11)完成土方工程规费项目计算表的计算。根据土方工程中的工程定额人工费和施工技术措施项目中的定额人工费,计算出土方工程的有关其他规费,详见表 3-18。

表 3-18 土方工程其他规费项目计算表

序号	工程名称			计算基础	计算费率	金额/元	备注
1	规 费			定额人工费(包括工程定额人工费+技术措施项目定额人工费) =26 927.84	20%		
1.1	其中	社会保险费	养老保险费		9.01%	2 426.20	计入人工费内
			医疗保险费		6.39%	1 720.69	
1.2		住房公积金			4.60%	1 238.68	
	其他规费	工伤保险(单独计列)			0.50%	134.64	计入税前费用
1.3		工程排污费		按有关部门规定计算			
2		环境保护税		按有关部门规定计算			
		合 计				5 520.21	

(12)其他土方工程的其他项目费、税金的计算方法,参见项目 4 的相关计算方法。

项目小结

土石方工程项目包括场地平整、挖基槽土石方、挖基坑石土方、冻土开挖、挖淤泥、流砂、一般土石方工程、土石方工程运输、回填土工程等内容。学生应熟悉土石方工程的分类，掌握土石方工程量计算规则，熟悉计算土石方工程量的方法。重点掌握土石方定额工程量的计算公式、计算规则与清单工程量计算公式、计算规则之间的区别、工程定额的正确应用、土石方工程综合单价分析表计算，各种费用的计算。难点：独立土方与基坑土方的区别、土石方工程的识图、列项、工程量计算、套价、定额应用、定额换算及工程费用的计算。通过本项目任务的学习，学生应熟悉土石方工程的相关定额，不能直接套用定额的换算方法，对土石方工程的消耗定额内容有一定的认识，并能正确应用。

复习思考题

3-1 已知某建筑物的基础平面图和剖面图如图 3-5 所示。已知该工程基坑内的土质为四类土，采用人工挖基坑的开挖方法；留工作面如图 3-5（a）所示。基坑数量为 4 排，每排 12 个，共计 48 个基坑，试求基坑土方项目的清单工程量和定额工程量并计算出该基坑土方项目的综合单价。

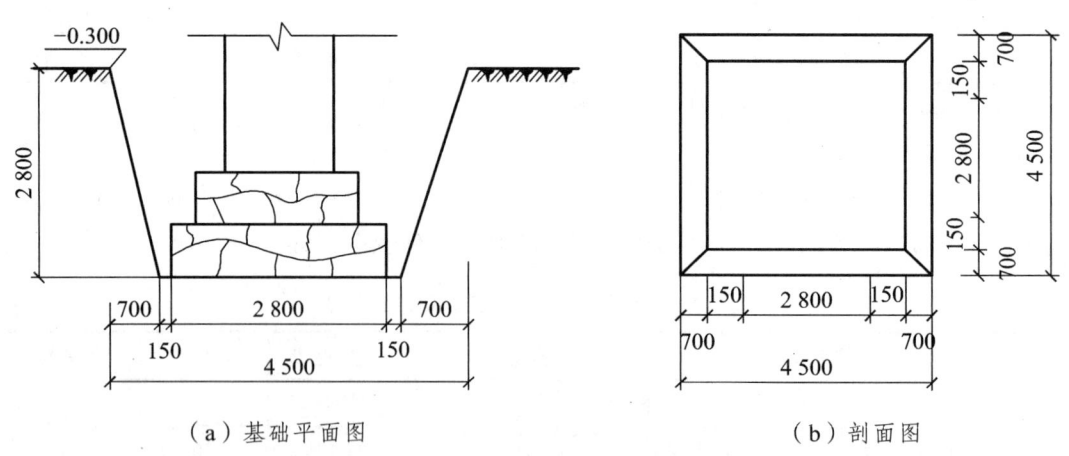

（a）基础平面图　　　　　　　　　　（b）剖面图

图 3-5　基础平面图平面与基础剖面图

3-2 已知某建筑物的基础平面图和剖面图如图 3-6 所示。已知，该工程基槽内土质为三类土，工程采用人工挖基槽的土方开挖方法；设计室外地坪以下的砖基础体积为 16.69 m^3，混凝土带形基础体积为 17.839 m^3，混凝土垫层体积为 6.824 m^3，室内地砖地面做法厚度 130 mm，留工作面。试求该项目基础土方的清单工程量、定额工程量、回填土工程量。

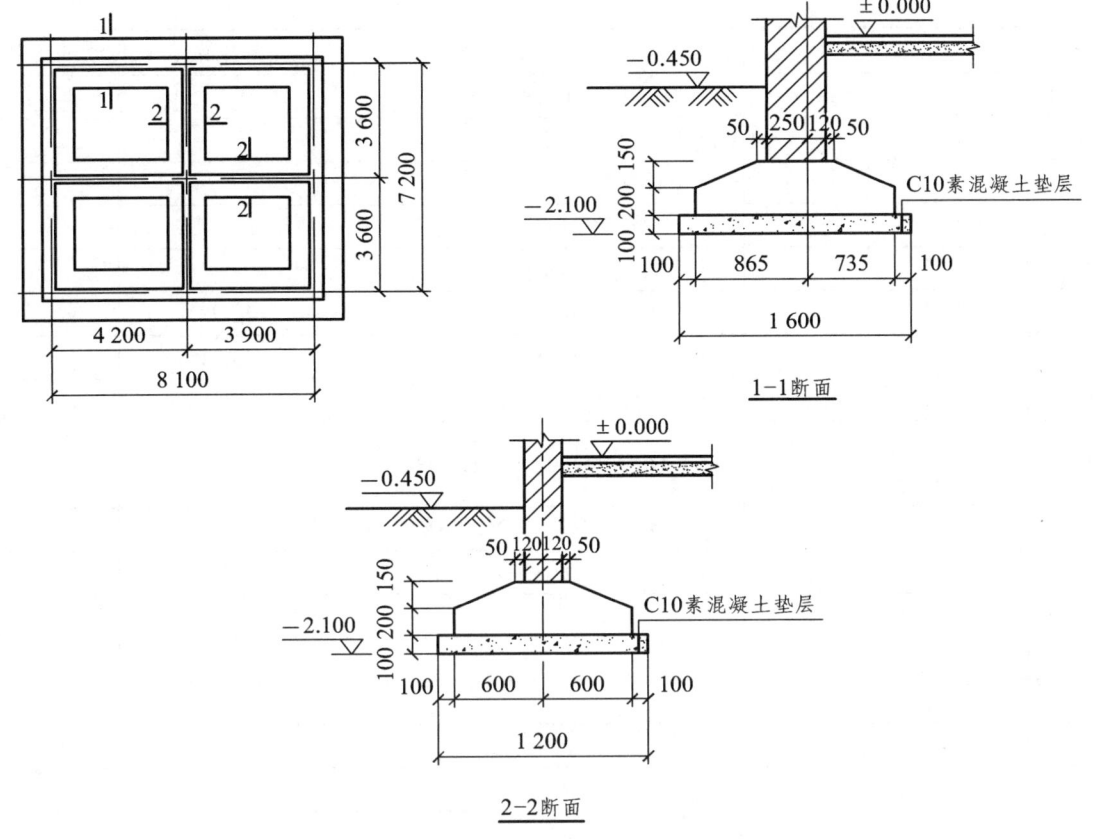

图 3-6 基础平面图平面与基础剖面图

3-3 完成技能实训中土方工程项目的招标控制价表的计算,见表 3-19。

表 3-19 土方工程招标控制价/投标报价汇总表

序号	费用名称	计算基数或计算表达式	费率计算标准	费用金额
1	分部分项工程费	∑(分部分项工程量×综合单价)		
1.1	人工费	(DR)=<1.1.1>+<1.1.2>		
1.1.1	定额人工费	∑(定额人工费)		
1.1.2	规费	∑(规费)		
1.2	材料费	∑(材料费)(C)		
1.3	设备费	∑(设备费)(S)		
1.4	机械费	∑(机械费)(J)=		
1.5	管理费	∑(DR+J×0.08)×22.78%	22.78%	
1.6	利润	∑(DR+J×0.08)×13.81%	13.81%	
1.7	风险费	∑(风险费)		
2	措施项目费	(<2.1>+<2.2>)		
2.1	技术措施项目	∑(技术措施项目清单工程量×综合单价)		

续表

序号	费用名称	计算基数或计算表达式	费率计算标准	费用金额
2.1.1	人工费	(DR=<2.1.1.1>+<2.1.1.2>)		
2.1.1.1	定额人工费	∑(定额人工费)		
2.1.1.2	规费	∑(规费)		
2.1.2	材料费	∑(材料费)(C)		
2.1.3	机械费	∑(机械费)(J)=		
2.1.4	管理费	∑(DR+J×0.08)×22.78%	22.78%	
2.1.5	利润	∑(DR+J×0.08)×13.81%	13.81%	
2.2	组织措施项目费	∑(组织措施项目费)		
2.2.1	绿色施工及安全文明措施项目费	∑(DR+J×0.08)×11.06%	11.06	
2.2.1.1	临时设施费	∑(DR+J×0.08)×2.76%	2.76	
2.2.2	其它组织措施项目费	∑(DR+J×0.08)× %	3.72%	
3	其它项目费			
3.1	暂列金额			
3.2	暂估价			
3.3	计日工			
3.4	总承包服务费			
3.5	其他			
3.5.1				
3.5.2				
4	其他规费			
4.1	工伤保险		0.50%	
4.2	工程排污费			
4.3	环境保护税		%	
5	税前工程造价	(1+2+3+4)		
6	税金	(1+2+3+4)×税率%		
7	工程总造价(招标控制价/投标报价合计)=<5>+<6>			

注：1. 数字内均为表中对应的序号。

2. DR 代表定额人工费。

3-6 土石方工程造价计算综合实训资料

项目 4

桩与地基基础工程

桩与地基基础工程包括混凝土桩、其他桩以及地基与边坡处理。适用于一般工业与民用建筑地基处理、基坑与边坡支护工程等内容。本项目主要介绍预制钢筋混凝土桩及钢筋混凝土灌注桩的清单项目划分、工程量计算、定额应用和相关清单工程费用计算。

【学习目标】

◎ 知识目标

1. 熟悉桩与地基基础清单工程项目的划分。
2. 熟悉桩与地基基础清单工程量的计算规则。
3. 熟悉桩与地基基础工程项目的列项及套价计算方法。
4. 熟悉桩与地基基础清单工程项目的各项费用计算程序。

◎ 技能目标

1. 掌握桩与地基基础工程的工程量清单计算方法。
2. 掌握桩与地基基础工程的工程量清单编制步骤和方法。
3. 掌握桩与地基基础工程的工程综合单价分析表计算。
4. 掌握桩与地基基础清单工程项目的各项费用计算方法。

任务 4.1 桩与地基基础工程计算说明

1. 桩基础的分类

1）按作用性质及传力特点分

摩擦桩：将荷载传布在四周土中的桩，桩顶荷载由桩侧四周表面与土的摩擦力承担。

端承桩：穿过弱软土层而达于岩层或坚硬土层上的桩，上部桩顶结构荷载主要由桩尖阻力承担。如图 4-1 所示。

4-1 旋挖灌注桩施工视频

2）按材质分

木桩：天然原木是最早用作桩身的材料，单根长度一般 10 m 左右，多用于地基加固或工程抢险，不作工程桩使用。

钢筋混凝土桩：钢筋混凝土桩是当前国际上使用最普遍、应用最广泛的桩。

钢桩：分为钢板桩和钢管桩两类。

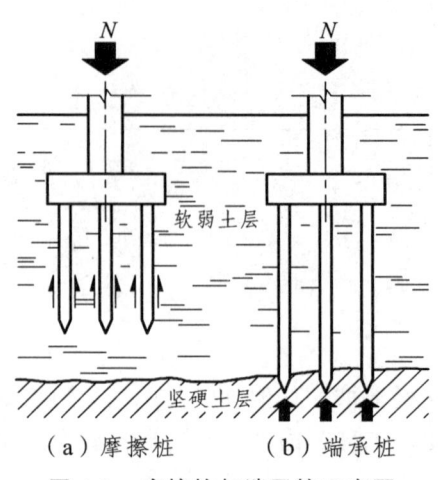

图 4-1　摩擦桩与端承桩示意图

3）按施工方法分

预制桩：按沉桩方式，分为打入桩、静压桩（含打、压、接、送方桩、管桩及打、压钢管）等。

灌注桩：按成孔方法，分为泥浆护壁成孔灌注桩（含回旋钻机钻孔、冲击式钻机灌注、旋挖钻机成孔、入岩等）、沉管灌注桩、人工挖孔桩、钻孔压浆桩、灌注桩后注浆等。

2. 桩基工程的相关说明

（1）单位工程的桩基工程量少于表 4-1 对应数量时，按相应项目人工、机械乘以系数 1.25。灌注桩单位工程的桩基工程量指灌注混凝土量。

表 4-1　单位工程的桩基工程量表

项　目	单位工程的工程量	项　目	单位工程的工程量
预制钢筋混凝土方桩	200 m³	回旋、旋挖、螺旋成孔灌注桩	150 m³
预制钢筋混凝土方桩	1 000 m³	冲击、冲孔、扩孔、沉管灌注桩	100 m³
预制钢筋混凝土板桩	100 m³	钢管桩	50 t

（2）单独打试验桩及其锚桩，按相应定额项目的打桩人工及机械乘以系数 1.5。

（3）打桩工程按陆地打垂直桩编制。设计要求打斜桩时，斜度≤1∶6 时，按相应定额项目人工、机械乘以系数 1.25；当斜度>1∶6 时，按相应定额项目人工、机械乘以系数 1.43。

（4）打桩工程以平地（坡度≤15°）打桩为准，坡度>15°打桩时，按相应定额项目人工、机械乘以 1.15；若在深度>1.5 m 的基坑内施工或在地坪上深度>1 m 的坑槽内施工时，按相应定额项目人工、机械乘以系数 1.11。

（5）在桩间补桩或在强夯后的地基上打桩时，按相应定额项目人工、机械乘以系数 1.15。

3. 预制桩说明

（1）打预制桩工程，如遇送桩时，执行打桩相应项目，人工、机械乘以表 4-2 中的系数。

（2）打、压预制钢筋混凝土桩、预应力钢筋混凝土管桩、定额按购入成品构件考虑，已包含桩位半径在 15 m 范围内的移动、起吊、就位；超过 15 m 时的场内运输，按本定额"混凝土及钢筋混凝土工程"第四节构件运输 1 km 以内的相应项目执行。

表 4-2 送桩深度系数表

送桩深度	系　　数
≤2 m	1.25
≤4 m	1.43
>4m	1.67

（3）项目定额未包括预应力钢筋混凝土管桩钢桩尖，桩尖制作按本标准"金属结构工程"中的零星钢构件定额项目执行。

（4）预应力钢筋混凝土管桩管内钻孔取土按钢管桩管内钻孔取土项目执行，预应力钢筋混凝土管桩填芯部分按钢管桩填芯相应项目执行。

（5）长螺旋钻机引孔指为减少桩体入土产生的挤土效应或穿越下卧较厚软土层中的上覆较硬土层及较厚砂层时，按设计及经批准的施工组织设计或施工方案实施的引孔。

4．灌注桩说明

（1）本项目未考虑钢护筒制作安装、泥浆制作与场内抽排，如采用此工艺时，则按本章相应定额项目执行。

（2）同桩体土质构造不同时，按土层分层计算后分别执行相应定额项目，定额有桩长规定的其桩长按总桩长套用相应定额项目，入岩时按土层定额项目计算后，再计算入岩增加费。

（3）桩灌注定额中，均不包括充盈系数，设计不明确时，混凝土灌注工程量暂按表 4-3 充盈系数计算，结算时按现场实际签证的混凝土灌入进行调整。

表 4-3 灌注桩充盈系数表

序号	项目名称	充盈系数
1	冲击、冲孔桩机成孔灌注混凝土桩	1.30
2	回旋、旋挖钻机成孔灌注混凝土桩	1.25
3	长螺旋钻机钻孔灌注混凝土桩	1.20
4	沉管桩机成孔灌注混凝土桩	1.15

（4）静钻根植桩定额未包括接桩、管桩填芯等内容，接桩可套用打钢筋混凝土管桩相应定额项目，管桩填芯可套用钢管桩填芯相应定额项目。

（5）人工挖孔桩土石方定额中，已综合考虑了孔内照明、通风。

（6）人工挖孔桩为方形时，按其对角线长度套用挖孔桩相应桩径定额项目，土石方人工乘以 1.2 系数。

（7）人工挖孔桩有地下水时，排水费用另行计算。

（8）人工挖孔桩挖淤泥、流砂不包含堵漏、防塌措施费用，实际发生按实计算。

（9）桩孔空钻部分回填应根据施工组织设计要求套用相应定额，填土执行"土方工程"松填土相应项目，填碎石执行"地基处理与边坡支护工程"填铺项目乘以系数 0.7。

（10）灌注桩的泥浆及土石方场内运输，执行本标准"土石方工程"相应项目。

（11）本定额内未包括钢筋笼、铁件制安项目，实际发生时按本标准"混凝土及钢筋混凝土工程"中的相应项目执行。

（12）本项目定额未包括沉管灌注桩的预制桩尖制作项目，实际发生时按购入成品价计算或按本标准"混凝土及钢筋混凝土工程"中的小型构件项目执行。

（13）灌注桩后压浆注浆管、声测管埋设，注浆管，声测管，如遇材质、规格及数量不同时，可以换算，其余不变。

（14）注浆管埋设定额按桩底注浆考虑，如设计采用侧向注浆，则人工、机械乘以系数1.2。

（15）桩底（侧）后压浆已综合考虑了桩长、桩径不同因素，若水泥品种、强度等级与定额不同时，可以换算。

（16）旋挖桩桩长按60 m以内编制，如果60 m≤桩长<70 m时，成孔按相应桩径定额项目人工、机械乘以系数1.1，如果70 m≤桩长<100 m，成孔按相应桩径定额项目人工、机械乘以系数1.2。

（17）泥浆制作定额按普通泥浆考虑，若需采用膨润土等其他泥浆，则依据批准的施工组织设计按实际施工配合比调整材料用量，人机消耗量不变。

（18）桩施工产生的渣土和经过固化后的泥浆，按一般土方运输计算。其中：泥浆固化后的运输工程量按泥浆制作工程量的40%计算。

5. 锚杆静压桩说明

（1）锚杆静压桩定额中的预制钢筋混凝土方桩按购成品考虑。

（2）锚杆（反力架）制作、安装定额中锚杆按照M27钢筋锚杆考虑，锚入基础深度为300 mm。设计锚杆直径和锚入基础深度与定额不同时，除锚杆（反力架）按设计规格调整外，人工、机械及硫黄胶泥含量按比例调整。锚杆交叉连接钢筋的制作、安装费用已包括在封桩定额内，不得另行计算。

（3）锚杆静压桩混凝土基础开凿压桩孔按设计注明的桩芯直径及基础厚度套用定额。基础厚度指压桩孔穿透部分基础混凝土的厚度，基础凿除废渣外运费用另计。

（4）遇开凿压桩孔后原基础钢筋割断需要复原的复原费用另行计算。

（5）锚杆静压桩的压桩、送桩按桩径不同套用相应定额，压桩定额中已综合了接桩所需的压桩机台班。当设计桩长在12 m以内时，按相应压桩定额项目人工和机械乘以系数1.25；设计桩长在30 m以上时，按相应压桩定额项目人工和机械乘以系数0.85。

（6）锚杆静压桩接桩，按桩径不同套用相应定额。

（7）由于设计要求或地质条件原因导致锚杆静压桩需截桩时，截除部分桩体压桩费用不计，但桩体材料费用不扣。

（8）锚杆静压桩设计采用预加载封桩时，按桩径不同分别套用相应定额。封桩孔基础厚度按800 mm编制，设计与定额不同时，混凝土及对应机械含量按比例调整。

（9）封桩中突出基础部分的桩帽梁套用"混凝土加固"定额项目。

（10）本项目中混凝土灌注桩定额均按预拌混凝土编制，如采用现场搅拌的，按本标准"混凝土及钢筋混凝土工程"相应的混凝土现场搅拌、运输或泵送定额执行。

任务4.2　桩基与地基基础工程清单项目划分及工程量计算规则

4.2.1　桩基与地基基础工程清单项目划分

桩基与地基基础工程清单项目划分为010201～010302，详见表4-4。

表 4-4 地基处理与桩基工程清单项目表（编号：010201～010302）

序号	项目编码	项目名称	项目特征描述	单位	工程量计算规则	工作内容
1	010201001001	换填垫层	1. 材料种类及配比 2. 压实系数 3. 掺加剂品种	m³	按设计图示尺寸以体积计算	1. 分层铺填 2. 碾压、振密或夯实 3. 材料运输
2	010201002001	铺设土工合成材料	1. 部位 2. 品种 3. 规格	m²	按设计图示尺寸以面积计算	1. 挖填锚固沟 2. 铺设 3. 固定 4. 运输
3	010201003001	预压地基	1. 排水竖井种类、排列方式、间距、深度 2. 预压方法 3. 预压荷载、时间 4. 砂垫层厚度	m²	按设计图示处理范围以面积计算	1. 设置排水竖井、盲沟、滤水管 2. 铺设砂垫层、密封膜 3. 堆载、卸载或抽气设备安拆、抽真空 4. 材料运输
4	010201004001	强夯地基	1. 夯击能量 2. 夯击遍数 3. 夯击点布置形式、间距 4. 地耐力要求 5. 夯填材料种类	m²	按设计图示处理范围以面积计算	1. 铺设夯填材料 2. 强夯 3. 夯填材料运输
5	010201005001	振冲密实（不填料）	1. 地层情况 2. 振冲深度 3. 孔距	m²	按设计图示尺寸以面积计算	1. 振冲加密 2. 泥浆运输
6	010201006001	振冲桩（填料）	1. 地层情况 2. 空桩长度、桩长 3. 桩径 4. 填充材料种类	1. m 2. m³	1. 以米计量，按设计图示尺寸以桩长计算 2. 以立方米计量，按设计桩截面乘以桩长以体积计算	1. 振冲成孔、填料、振实 2. 材料运输 3. 泥浆运输

续表

序号	项目编码	项目名称	项目特征描述	单位	工程量计算规则	工作内容
7	010201007001	砂石桩	1. 地层情况 2. 空桩长度、桩长 3. 桩径 4. 成孔方法 5. 材料种类、级配	1. m 2. m³	1. 以米计量，按设计图示尺寸以桩长（包括桩尖）计算 2. 以立方米计量，按设计桩截面乘以桩长（包括桩尖）以体积计算	1. 成孔 2. 填充、振实 3. 材料运输
8	010201008001	水泥粉煤灰碎石桩	1. 地层情况 2. 空桩长度、桩长 3. 桩径 4. 成孔方法 5. 混合料强度等级	m	按设计图示尺寸以桩长（包括桩尖）计算	1. 成孔 2. 混合料制作、灌注、养护 3. 材料运输
9	010201009001	深层搅拌桩	1. 地层情况 2. 空桩长度、桩长 3. 桩截面尺寸 4. 水泥强度等级、掺量	m	按设计图示尺寸以桩长计算	1. 预搅下钻、水泥浆制作、喷浆搅拌提升成桩 2. 材料运输
10	010201010001	粉喷桩	1. 地层情况 2. 空桩长度、桩长 3. 桩径 4. 粉体种类、掺量 5. 水泥强度等级、石灰粉要求	m		1. 预搅下钻、喷粉搅拌提升成桩 2. 材料运输
11	010201011001	夯实水泥土桩	1. 地层情况 2. 空桩长度、桩长 3. 桩径 4. 成孔方法 5. 水泥强度等级 6. 混合料配比	m	按设计图示尺寸以桩长（包括桩尖）计算	1. 成孔、夯底 2. 水泥土拌合、填料、夯实 3. 材料运输

续表

序号	项目编码	项目名称	项目特征描述	单位	工程量计算规则	工作内容
12	010201 2001	高压喷射注浆桩	1. 地层情况 2. 空桩长度、桩长 3. 桩截面 4. 注浆类型、方法 5. 水泥强度等级	m	按设计图示尺寸以桩长计算	1. 成孔 2. 水泥浆制作、高压喷射注浆 3. 材料运输
13	010201 3001	石灰桩	1. 地层情况 2. 空桩长度、桩长 3. 桩径 4. 成孔方法 5. 掺和料种类、配合比	m	按设计图示尺寸以桩长计算（包括桩尖）	1. 成孔 2. 混合料制作、运输、填充、夯实
14	010201 4001	灰土（土）挤密桩	1. 地层情况 2. 空桩长度、桩长 3. 桩径 4. 成孔方法 5. 灰土配比	m	按设计图示尺寸以桩长计算	1. 成孔 2. 灰土拌和、运输、填充、夯实
15	010201 5001	柱锤冲扩桩	1. 地层情况 2. 空桩长度、桩长 3. 桩径 4. 成孔方法 5. 桩体材料种类、配合比	m	按设计图示尺寸以桩长计算	1. 安、拔套管 2. 冲孔、填料、夯实 3. 桩体材料制作、运输
16	010201 6001	注浆地基	1. 地层情况 2. 空钻深度、注浆深度 3. 注浆间距 4. 浆液种类及配比 5. 注浆方法 6. 水泥强度等级	1. m 2. m³	1. 以长度计量，按设计图示以钻孔深度计算 2. 以体积计量，按设计图示以加固体积计算	1. 成孔 2. 注浆导管制作、安装 3. 浆液制作、压浆 4. 材料运输

续表

序号	项目编码	项目名称	项目特征描述	单位	工程量计算规则	工作内容
17	010201017001	褥垫层	1. 厚度 2. 材料品种及比例	1. m^2 2. m^3	1. 以平方米计量，按设计图示尺寸以铺设面积计算 2. 以立方米计量，按设计图示尺寸以体积计算	材料拌和、运输、铺设、压实
18	010202001001	地下连续墙	1. 地层情况 2. 导墙类型、截面 3. 墙体厚度 4. 成槽深度 5. 混凝土种类、强度等级 6. 接头形式	m^3	按设计图示墙中心线长乘以槽深以体积计算	1. 导墙挖填、制作、安装、拆除 2. 挖土成槽、固壁、清底置换 3. 混凝土制作、运输、灌注、养护 4. 接头处理 5. 土方、废泥浆外运 6. 打桩场地硬化及泥浆池、泥浆沟
19	010202002001	咬合灌注桩	1. 地层情况 2. 桩长 3. 桩径 4. 混凝土种类、强度等级 5. 部位	1. m 2. 根	1. 以米计量，按设计图示尺寸以桩长计算 2. 以根计量，按设计图示数量计算	1. 成孔、固壁 2. 混凝土制作、运输、灌注、养护 3. 套管压拔 4. 土方、废泥浆外运 5. 打桩场地硬化及泥浆池、泥浆沟
20	010202003001	圆木桩	1. 地层情况 2. 桩长 3. 材质 4. 尾径 5. 桩倾斜度		1. 以米计量，按设计图示尺寸以桩长计算 2. 以根计量，按设计图示数量计算	1. 工作平台搭拆 2. 桩机移位 3. 桩靴安装 4. 沉桩

续表

序号	项目编码	项目名称	项目特征描述	单位	工程量计算规则	工作内容
21	010202004001	预制钢筋混凝土板桩	1. 地层情况 2. 送桩深度、桩长 3. 桩截面 4. 沉桩方法 5. 连接方式 6. 混凝土强度等级	m	1. 以米计量，按设计图示桩长（包括桩尖）计算 2. 以根计量，按设计图示数量计算	1. 工作平台搭拆 2. 桩机移位 3. 沉桩 4. 板桩连接
22	010202005001	型钢桩	1. 地层情况或部位 2. 送桩深度、桩长 3. 规格型号 4. 桩倾斜度 5. 防护材料种类 6. 是否拔出	1. t 2. 根	1. 以吨计量，按设计图示尺寸以质量计算 2. 以根计量，按设计图示数量计算	1. 工作平台搭拆 2. 桩机移位 3. 打（拔）桩 4. 接桩 5. 刷防护材料
23	010202006001	钢板桩	1. 地层情况 2. 桩长 3. 板桩厚度	1. t 2. m²	1. 以吨计量，按设计图示尺寸以质量计算 2. 按设计图示墙中心线长以桩长乘以面积计算	1. 工作平台搭拆 2. 桩机移位 3. 打拔钢板桩
24	010202007001	锚杆（锚索）	1. 地层情况 2. 锚杆（索）类型、部位 3. 钻孔深度 4. 钻孔直径 5. 杆体材料品种、规格、数量 6. 预应力 7. 浆液种类、强度等级	1. m 2. 根	1. 以米计量，以钻孔深度计算 2. 以根计量，按设计图示数量计算	1. 钻孔、浆液制作、运输、压浆 2. 锚杆（锚索）制作、运输、安装 3. 张拉锚固 4. 锚杆（锚索）施工平台搭设、拆除

续表

序号	项目编码	项目名称	项目特征描述	单位	工程量计算规则	工作内容
25	010202008001	土钉	1. 地层情况 2. 钻孔深度 3. 钻孔直径 4. 置入方法 5. 杆体材料品种、规格、数量 6. 浆液种类、强度等级			1. 钻孔、浆液制作、运输、压浆 2. 土钉制作、安装 3. 土钉施工平台搭设、拆除
26	010202009001	喷射混凝土、水泥砂浆	1. 部位 2. 钢材种、规格 3. 探伤要求	m²	按设计图示尺寸以面积计算	1. 修整边坡 2. 混凝土（砂浆）制作、运输、喷射、养护 3. 钻排水孔、安装排水管 4. 喷射施工平台搭设、拆除
27	010402010001	钢筋混凝土支撑	1. 部位 2. 混凝土种类 3. 混凝土强度等级	m³	按设计图示尺寸以体积计算	1. 模板（支架或支撑）制作、安装、拆除、堆放、运输及清理模内杂物、刷隔离剂等 2. 混凝土制作、运输、浇筑、振捣、养护
28	010402011001	钢支撑	1. 部位 2. 钢材品种、规格 3. 探伤要求	t	按设计图示尺寸以质量计算，不扣除孔眼质量、焊条、铆钉、螺栓等不另增加质量	1. 支撑、铁件制作（摊销、租赁） 2. 支撑、铁件安装 3. 探伤 4. 刷漆 5. 拆除 6. 运输

续表

序号	项目编码	项目名称	项目特征描述	单位	工程量计算规则	工作内容
29	010301001001	预制钢筋混凝土方桩	1. 地层情况 2. 送桩深度、桩长 3. 桩截面 4. 桩倾斜度 5. 沉桩方法 6. 接桩方式 7. 混凝土强度等级	1. m 2. m³ 3. 根	1. 以米计量，按设计图示尺寸以桩长（包括桩尖）计算 2. 以立方米计量，按设计图示截面积乘以桩长（包括桩尖）以实体体积计算 3. 以根计量，按设计图示数量计算	1. 工作平台搭拆 2. 桩机竖拆、移位 3. 沉桩 4. 接桩 5. 送桩
30	010301002001	预制钢筋混凝土管桩	1. 地层情况 2. 送桩深度、桩长 3. 桩外径、壁厚 4. 桩倾斜度 5. 沉桩方法 6. 桩尖类型 7. 混凝土强度等级 8. 填充材料种类 9. 防护材料种类	1. m 2. m³ 3. 根	1. 以米计量，按设计图示尺寸以桩长（包括桩尖）计算 2. 以立方米计量，按设计图示截面积乘以桩长（包括桩尖）以实体体积计算 3. 以根计量，按设计图示数量计算	1. 工作平台搭拆 2. 桩机竖拆、移位 3. 沉桩 4. 接桩 5. 送桩 6. 桩尖制作安装 7. 填充材料、刷防护材料
31	010301003001	钢管桩	1. 地层情况 2. 送桩深度、桩长 3. 材质 4. 管径、壁厚 5. 桩倾斜度 6. 沉桩方法 7. 填充材料种类 8. 防护材料种类	1. t 2. 根	1. 以吨计量，按设计图示尺寸以质量计算 2. 以根计量，按设计图示数量计算	1. 工作平台搭拆 2. 桩机竖拆、移位 3. 沉桩 4. 接桩 5. 送桩 6. 切割钢管、精割盖帽 7. 管内取土 8. 填充材料、刷防护材料

续表

序号	项目编码	项目名称	项目特征描述	单位	工程量计算规则	工作内容
32	010301004001	截（凿）桩头	1. 桩类型 2. 桩头截面、高度 3. 混凝土强度等级 4. 有无钢筋	1. m³ 2. 根	1. 以立方米计量，按设计图示截面积乘以桩长以体积计算 2. 以根计量，按设计图示数量计算	1. 截（切割）桩头 2. 凿平 3. 废料外运
33	010302001001	泥浆护壁成孔灌注桩	1. 地层情况 2. 空桩长度、桩长 3. 桩径 4. 成孔方法 5. 护筒类型、长度 6. 混凝土种类、强度	1. m 2. m³ 3. 根	1. 以米计量，按设计图示尺寸以桩长（包括桩尖）计算 2. 以立方米计量，按不同截面在桩上范围内以体积计算 3. 以根计量，按设计图示数量计算	1. 护筒埋设 2. 成孔、固壁 3. 混凝土制作、运输、灌注、养护 4. 土方、废泥浆外运 5. 打桩场地硬化及泥浆池、泥浆沟
34	010302002001	沉管灌注桩	1. 地层情况 2. 空桩长度、桩长 3. 复打长度 4. 桩径 5. 沉管方法 6. 桩尖类型 7. 混凝土种类、强度	1. m 2. m³ 3. 根		1. 打（沉）拔钢管 2. 桩尖制作、安装 3. 混凝土制作、运输、灌注、养护
35	010302003001	干作业成孔灌注桩	1. 地层情况 2. 空桩长度、桩长 3. 桩径 4. 扩孔直径、高度 5. 成孔方法 6. 混凝土种类、强度等级			1. 成孔、护壁 2. 混凝土制作、运输、灌注、振捣、养护

续表

序号	项目编码	项目名称	项目特征描述	单位	工程量计算规则	工作内容
36	010302004001	挖孔桩土（石）方	1. 地层情况 2. 挖孔深度 3. 弃土（石）运距	m³	按设计图示以尺寸（含护壁）截面积乘以挖孔深度以立方米计算	1. 排地表水 2. 挖土、凿石 3. 基底钎探 4. 运输
37	010302005001	人工挖孔灌注桩	1. 桩芯长度 2. 桩芯直径、扩底直径、扩底高度 3. 护壁厚度、高度 4. 护壁混凝土种类、强度等级 5. 桩芯混凝土种类、强度等级	1. m³ 2. 根	1. 以立方米计量，按桩芯混凝土体积计算 2. 以根计量，按设计图示数量计算	1. 护壁制作 2. 混凝土制作、运输、灌注、振捣、养护
38	010302006001	钻孔压浆桩	1. 地层情况 2. 空钻长度、桩长 3. 钻孔直径 4. 水泥强度等级	1. m 2. 根	1. 以米计量，按设计图示尺寸以桩长计算 2. 以根计量，按设计图示数量计算	钻孔、下注浆管、投放骨料、浆液制作、运输、压浆
39	010302007001	灌注桩后压浆	1. 注浆导管材料、规格 2. 注浆导管长度 3. 单孔注浆量 4. 水泥强度等级	孔	按设计图示以灌浆孔数计算	1. 注浆导管制作、安装 2. 浆液制作、运输、压浆

4.2.2 桩基工程计算规则

1. 打、压预制钢筋混凝土方桩

（1）打、压预制钢筋混凝土方桩（如图 4-2 所示）按设计桩长（包括桩尖、不扣除桩尖虚体积）以延长米计算（清单工程量计算规则）。

4-2 混凝土桩制作

（2）预制钢筋混凝土桩打、压预应力钢筋混凝土桩按设计桩长（包括桩尖）乘以桩截面面积，以体积计算（定额工程量计算规则）。

2. 预应力钢筋混凝土管桩

（1）打压预应力钢筋混凝土管桩（如图 4-3 所示）按设计桩长（不包括桩尖），以长度计算（清单工程量计算规则与定额工程量计算规则相同）。

（2）预应力钢筋混凝土管桩，如设计要求加注填充材料时，填充部分另按"钢管桩"填芯相应项目执行。

（3）桩头灌芯按设计尺寸以灌注体积计算。

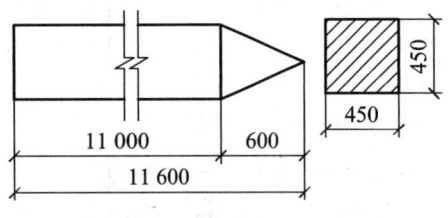

图 4-2 预制混凝土方管

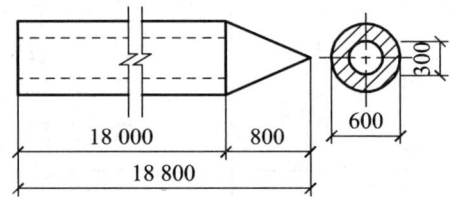

图 4-3 预制混凝土管桩

3. 钢管桩

（1）钢管桩按设计尺寸以桩体质量计算。

（2）钢管桩内切割、精割盖帽按设计尺寸以数量计算。

（3）钢管桩管内钻孔取土、填芯，按设计桩长（包括桩尖）乘以填芯截面积，以体积计算。

4. 送 桩

（1）陆上打桩时，送桩按设计桩顶标高至打桩前的自然地坪标高另加 0.5 m 计算相应的送桩工程量。如图 4-4 所示。

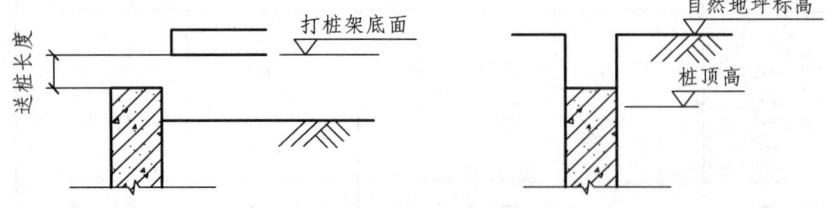

图 4-4 送桩示意图

（2）支架上打桩时，以当地施工期间的最高潮水位增加 0.5 m 为界限，界限以下至设计桩顶标高之间的打桩实体积为送桩工程量。

（3）预制混凝土桩、钢管桩电焊接桩，按设计尺寸以接桩头的数量计算，焊接桩型钢用量设计不同时，应按设计要求调整，其他不变。

（4）预制混凝土桩截桩按设计要求截桩的数量计算。截桩长度≤1 m时，不扣减相应桩的打桩工程量；截桩长度>1 m时，其超过部分按实扣减打桩工程量，但桩体材料费不扣除。

（5）预制混凝土桩凿桩头按设计图示桩截面积乘以凿桩头长度，以体积计算。凿桩头长度设计无规定时，桩头长度按桩体主筋直径40倍（主筋直径不同时取大者）计算；回旋桩、旋挖桩、冲击桩、扩孔桩灌注混凝土桩凿桩头按设计超灌高度（设计有规定按设计要求，设计无规定按1 m）乘以桩身设计截面积，以体积计算；沉管桩、螺旋桩灌注混凝土桩凿桩头按设计超灌高度（设计有规定按设计要求，设计无规定按0.5 m）乘以桩身设计截面积以体积计算。

（6）接桩。电焊接桩、硫黄胶泥接桩按设计接头以个计算（如图4-5所示）。

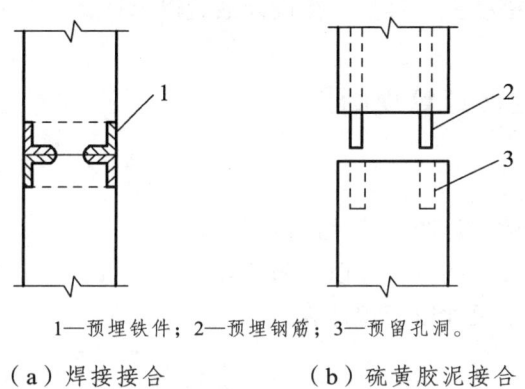

1—预埋铁件；2—预埋钢筋；3—预留孔洞。

（a）焊接接合　　　　（b）硫黄胶泥接合

图4-5　预制桩接桩示意图

5. 灌注桩

（1）回旋桩、旋挖桩、螺旋桩、冲击式钻孔桩成孔工程量按打桩前自然地坪标高至设计桩底标高的成孔长度乘以设计桩径截面积，以体积计算。

（2）沉管成孔工程量按打桩前自然地坪标高至设计桩底标高（不包括预制桩尖）的成孔长度乘以设计外径截面积，以体积计算。

（3）入岩增加费按设计或签证体积计算。

（4）回旋桩、旋挖桩、冲击式钻孔桩灌注混凝土工程量按设计桩径截面积乘以设计桩长（包括桩尖）另加加灌长度，再乘以相应充盈系数，以体积计算。加灌长度设计有规定者，按设计要求计算，无规定者，按1 m计算。

（5）螺旋钻机成孔桩按设计桩径截面积乘以设计桩长（包括桩尖）另加加灌长度，再乘以相应充盈系数，以体积计算，加灌长度设计有规定者，按设计要求计算，无规定者，按0.5 m计算。

（6）沉管桩灌注混凝土工程量按设计外径截面积乘以设计桩长（不包括预制桩尖）另加加灌长度，再乘以相应充盈系数，以体积计算。加灌长度设计有规定者，按设计要求计算，无规定者，按0.5 m计算。

6. 锚杆静压桩

（1）锚杆静压桩中锚杆制作、安装，按锚杆数量以根计算。

（2）混凝土基础开凿压桩孔按设计图示尺寸以个计算。

4-3　旋挖灌注桩视频

(3)锚杆静压桩压桩、送桩按设计桩长(包括桩尖)以延长米计算。

(4)锚杆静压桩接桩,孔内截桩和封桩按其数量以个计算。

7. 截(凿)桩头

(1)械切割预制桩头工程量,按设计数量以个计算。

(2)人工凿桩头工程量,除另有规定外,按设计图纸要求的长度乘以截面面积以立方米计算,设计没有要求的,其长度从桩头顶面标高计至桩承台顶以上100 mm,实际与设计要求不一致时按实际调整。凿灌注桩、钻(冲)孔桩的工程量,按凿桩头长度乘以桩设计截面面积以体积计算。

(3)人工凿深层搅拌桩桩头工程量,按设计数量以个计算。

4.2.3 地基基础工程计算规则

1. 地基处理

(1)压实填土地基,按设计图示尺寸以体积计算。

(2)土工合成材料按设计图示尺寸以面积计算。

(3)褥垫层按设计图示尺寸以面积计算。

(4)预压地基。

①堆载预压、真空预压按设计图示尺寸以加固面积计算。

②袋装砂井、塑料排水板,按设计图示尺寸以长度计算。

(5)强夯地基,按设计图示强夯处理范围以面积计算。设计无规定时,一般场地强夯按建筑物外围轴线每边各加4 m计算;液化场地强夯按外围轴线每边各加5 m计算。

(6)填料桩按设计桩长(包括桩尖)另加加灌长度乘以设计桩外径截面积,以体积计算。加灌长设计有规定者,按设计要求计算,无规定者,按0.5 m计算。

(7)振冲桩按设计桩长乘以设计桩截面以体积计算。

(8)夯实水泥土桩按设计桩长乘以设计桩截面面积以体积计算。

(9)搅拌桩。

①深层水泥搅拌桩、三轴、五轴水泥搅拌桩按设计桩长另加加灌长度乘以设计桩外截面积,以体积计算,不扣除设计要求搭接部分体积。加灌长度设计有规定者,按设计要求计算,无规定者,按0.5 m计算。

②三轴、五轴水泥搅拌桩的插、拔型钢工程量按设计图示尺寸以质量计算。

③钉型水泥土双向搅拌桩按单个桩截面积乘以桩长以体积计算,不扣除设计要求搭接部分体积。

④渠式切割深层搅拌地下水泥土连续墙及双轮铣深层搅拌地下水泥土墙工程量按成槽设计长度乘以墙厚及成槽深度另加加灌高度以体积计算。加灌高度,设计有规定时,按设计规定计算;设计无规定时,按0.5 m计算。

⑤粉体喷射石灰搅拌桩按设计桩长(包括桩尖)以长度计算。

(10)注浆桩工程量:钻(成)孔按原地面至设计桩底的距离以长度计算。喷浆按设计(加固）桩径截面（面）积乘以设计桩长以体积计算，不扣除桩间设计要求咬合部分体积。

（11）压密注浆钻孔按设计图示钻孔深度以长度计算。注浆按下列规定计算：

① 设计图纸明确加固土体体积的，按设计图纸注明的体积计算

② 设计图纸以布点形式图示土体加固范围的，则按两孔间距的一半作为扩散半径，以布点边线各加扩散半径，形成计算平面，计算注浆体积。

③ 如果设计图纸注浆点在钻孔灌注桩之间，按两注浆孔的一半作为每孔的扩散半径，依此圆柱体体积计算注浆体积。

2. 基坑与边坡支护

（1）打钢筋混凝土板桩按设计图示尺寸以体积计算。现浇导墙混凝土模板按混凝土与模板接触面的面积，以面积计算。

（2）钢板桩。打拔钢板桩按设计桩体以质量计算。安、拆导向夹具按设计图示尺寸以长度计算。

（3）圆木桩按设计图示尺寸以体积计算。

（4）地下连续墙。

① 导墙混凝土按设计图示以体积计算。

② 成槽工程量按设计长度乘以墙厚及成槽深度（设计室外地坪至连续墙底），以体积计算，扣除与导墙重复土方体积。

③ 浇筑连续墙混凝土工程量按（设计墙体中心线长度乘以厚度）乘以槽深另加加灌高度以体积计算。加灌高度，设计有规定时，按设计规定计算；设计无规定时，按 0.5 m 计算。

a. 锁口管以"段"为单：（段指槽壁单元槽段），锁口管吊拔按连续墙段数以数量计算，定额中已包括锁口管的摊销费用。

b. 清底置换按设计图示段数（段指槽壁单元槽段）以数量计算。

④ 工字钢封口制作、安装按设计方案以质量计算。

（5）钻孔咬合灌注桩。

钻孔咬合桩（分硬切割与软切割）按桩长另加加灌高度乘以设计截面面积以体积计算，不扣除设计要求咬合部分体积。加灌高度，设计有规定时，按设计规定计算；设计无规定时，按 0.5 m 计算。

（6）土钉与锚喷联合支护。

① 钢管、钢筋锚杆、土钉制作、安装按设计图示尺寸以质量计算。

② 锚具、锚头制作、安装、张拉、锁定按设计图示孔数以套计算。

③ 土钉、锚杆、锚索的钻孔、注浆长度；按设计图示长度计算。

④ 预应力锚索（包括回收式锚索）制作安装及张拉以[图示长度+预留长度（20 m 以内增加，20 m 以外增加 1.8 m）]乘以锚索索数、索体单位重量以"t"计算。

⑤ 预应力锚索锚具、承压垫板制作安装与锚头制作安装张拉锁定等均以套（孔）计算，预应锚索张拉用钢筋混凝土锚礅按设计图示尺寸以"m^3"计算。

⑥ 喷射混凝土工程量按设计图示尺寸展开面积以"m^2"计算。

（7）钢支撑、钢腰梁安装拆除的工程量按设计图示尺寸以质量计算，不扣除孔眼质量，焊条、铆钉、螺栓等也不另增加。

（8）钢围檩安装拆除工程量按设计图示尺寸以质量计算，不扣除孔眼质量，焊条、铆钉、螺栓等也不另增加，围檩与钢支撑之间的连接件的质量不再计算。

（9）钻孔咬合灌注桩中护壁需采用泥浆制作工程量按成孔体积乘 0.7 以"m^3"计算;泥浆外运工程量按钻孔（挖槽）体积乘 0.5 计算，经晾晒的泥浆外运按泥浆体积的 40%计算，按一般挖土方相应定额执行。

（10）若设计桩顶、墙顶标高至交付地面标高高差小于 0.5 m 时，加灌高度按实际计算。

任务 4.3 打桩工程量计算

4.3.1 预制钢筋混凝土桩工程量计算

在预制钢筋混凝土桩的单项中，其工作内容应包括预制钢筋混凝土桩的制作、运输、打桩、送桩及接桩的项目。在计算这些项目时，应考虑构件相应损耗率，如表 4-5 所示。

表 4-5 各类钢筋混凝土预制构件损耗率表

构件名称	制作/废品率/%	运输/损耗率/%	安装（打桩）/损耗率/%	合计/损耗率/%
预制钢筋混凝土桩	0.10	0.40	1.50	2.00
其他各类预制预应力钢筋混凝土构件	0.20	0.80	0.50	1.50

1. 预制混凝土方桩制作工程量计算

如图 4-6 所示。

$$V = S_{断面积} \times L_{桩长} \times (1+2\%) \tag{4-1}$$

式中 $S_{断面积}$——方桩 $A \times B$ 的断面积（m^2）。

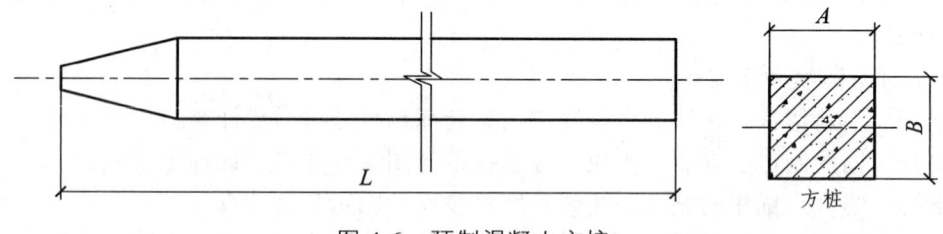

图 4-6 预制混凝土方桩

2. 预制预应力管桩制作工程量计算

$$V = \pi \times (R^2 - r^2) \times L \times (1+2\%) \tag{4-2}$$

式中 R——管桩外半径（m）;
　　　r——管桩内半径（m）;
　　　L——管桩的长度（m）。

3. 预制混凝土桩运输工程量计算

$$V = S_{断面积} \times L_{桩长} \times (1+0.4\%+1.5\%) \tag{4-3}$$

4. 预制混凝土桩打桩工程量计算

$$L_{方桩} = L_{桩长（包括桩尖长）} \times N_{根数} \tag{4-4-1}$$

$$L_{管桩} = (L_{桩长} + L_{桩尖长}) \times N_{根数} \tag{4-4-2}$$

$$V = S_{桩断面积} \times L_{桩长} \times N_{根数} \tag{4-4-3}$$

（4-4-1）、（4-4-2）式用于清单工程量计算，方桩桩长已包括桩尖，不用再加 $L_{桩尖长}$。（4-4-3）式用于定额工程量计算。管桩桩长则要加上桩尖长度。

5. 预制混凝土桩送桩工程量计算

$$L_{长度} = (L_{桩顶到地面}) + 0.5 \tag{4-5}$$

6. 预制混凝土接桩工程量计算

$$N = n_{每根接头数} \times N_{根数} \tag{4-6}$$

4.3.2 混凝土灌注桩工程量计算

1. 混凝土灌注桩打桩工程量计算

$$V = L_{桩长} - L_{桩尖长} + 0.5 \tag{4-7}$$

2. 混凝土灌注桩桩长计算

$$L_{桩长} = L_{设计桩长} + L_{超灌高度} \tag{4-8}$$

3. 混凝土灌注桩超量混凝土工程量计算

实际灌入量与定额含量不同时，按现场签证计算超量混凝土，超量混凝土只计混凝土材料费，人工、机械不变。其计算公式为：

$$V = (V_{实际灌入量} - V_{图示工程量}) \times (1+损耗率) \tag{4-9}$$

4.3.3 其他桩工程量计算

按相关说明和设计图示尺寸计算。

任务 4.4　打桩工程量计算技能实训

1. 工程项目名称

某打桩工程设计要求打预制混凝土方桩 187 根，每根桩长 20.800 m（包括桩尖长 0.600 m），断面为 0.300 m×0.300 m，设计规定每桩分 3 节制作，L_1=7.500 m，L_2=7.000 m，L_3=6.300 m，

施工桩基采用电焊接头，每桩钢筋（Ⅱ级HRB400）图示质量为132 kg（其中10以内为36.96 kg，10以外为95.04 kg）。桩基混凝土为C20商品混凝土预制，自然地坪标高为-0.70 m，桩顶面设计标高为-2.30 m，土壤级别为2级。钢筋混凝土预制桩的运距为7 km。为了按时按质完成此项打预制混凝土方桩工程，施工设计拟采用两台履带式柴油打桩机（7 t）和两台履带式起重机（25 t），进行同时作业。试计算该打桩工程的工程量清单、综合单价分析表、投标报价。

2．实训要求

（1）计算出该预制混凝土方桩打桩工程的清单工程量。

（2）计算出该预制混凝土方桩打桩工程项目清单与计价表。

（3）完成该预制混凝土方桩打桩工程项目的综合单价分析表的计算。

3．实训方法步骤

（1）预制混凝土方桩打桩工程的工程项目列项，列项项目详见表4-6。

（2）预制混凝土方桩打桩工程量计算，计算工程详见表4-6。

表4-6 打预制混凝土方桩清单工程量计算表

序号	项目编号	项目名称	定额编号	定额名称	计量单位	工程量	计算式
1	010301001001	打预制钢筋混凝土方桩		清单量	m	3 889.60	20.8×187=3 889.60 m（清单工程量）
			1-5-294	桩的运输运距≤10 km	m³	356.72	（7.5+7.0+6.3）×0.3×0.3×187×1.019 =356.72 m³
			1-3-4	打混凝土方桩	m³	350.06	（7.5+7.0+6.3）×0.3×0.3×187 =350.06 m³
			1-3-49	焊接桩	10个	37.4	2×187=374
			1-18-1	送桩	m	392.7	（2.3-0.7+0.5）×187=392.70 m
2	010515004001	钢筋制安		清单量	t	25.178	0.132×1.02×187=25.178 t
			1-5-207	钢筋笼制安带肋≤10	t	7.050	0.036 96×1.02×187=7.050 t
			1-5-208	钢筋制安带肋≤18	t	18.128	0.095 04×1.02×187=18.128 t
3	011705001001	履带式柴油打桩机进出场及安装	1-18-584	履带式起重机25T	1	2	同时使用2套机械作业
			1-18-591	履带式柴油打桩机7T	1	2	同时使用2套机械作业
4	011702002501	预制方桩模板		清单量模板	m²	3 570.65	20.80×0.3×3×187×1.02 = 4 760.87 m²
				方桩模板	m²	3 467.65	20.20×0.3×4×187×1.02 = 4 623.54 m²
				桩尖模板	m²	11.12	0.60×0.3×0.4×187×1.02 =137.33 m²

（3）选择计价依据。

根据某省《建筑工程计价标准》中与预制混凝土方桩打桩工程相关的消耗量定额，完成该预制混凝土方桩打桩工程的有关消耗量定额见表4-7。

表4-7 某省打桩工程相关消耗量定额表

	定额编号			1-5-294	1-3-4	1-3-49	1-3-181	1-5-216	1-5-208
	项目名称			桩的运输	打桩	焊接桩	送桩	钢筋制安	钢筋制安
				三类 10 m³	10 m³	10 个	10 m	带肋≤10	带肋≤18
	基价/元			3 680.58	12 977.004	1 445.99	1 048.16	6 687.32	5 315.99
其中		人工费/元		491.12	790.27.06	742.70	772.51	2 475.83	1 054.21
	其中	定额人工费/元		409.27	658.56	618.92	643.76	2 063.19	878.51
		规费/元		81.85	131.71	123.78	128.75	412.64	175.70
	材料费/元			55.92	10 233.64	600.76	27.12	4 167.81	4 215.11
	机械费/元			3 133.54	1 953.029	116.53	248.53	43.68	46.67
	名称	单位	单价/元			数 量			
人工	综合人工工日 12	工日	154.44	3.180	5.117	4.809	5.002	16.031	6.826
材料	混凝土 C20	m³	—	—	(10.150)	—	—	—	—
	钢筋混凝土方桩	m	1 003.20	—	—	(10.100)	—	—	—
	履带式起重机 15	台班	625.07	—	0.796	—	—	—	—
	履带式柴油打桩机 15	台班	1 074.71	—	0.796	—	—	—	—
	Ⅱ级钢筋 Φ10 以内	t	—	—	—	—	—	(1.020)	—
	Ⅱ级钢筋 HPBΦ10 以内	t	—	—	—	—	—	—	(1.020)
	水	m³	5.6	0.106	0.106	—	—	0.590	0.110
	送桩帽	kg	—	—	—	—	(19.310)	—	—
	硫黄胶泥	kg	—	—	—	(192.870)	—	—	—
	镀锌铁丝 22#	kg	6.55	—	—	—	—	0.990	0.086
机械	砂浆搅拌机 200L	台班	86.90	0.40	0.046	—	—	—	—
	电动单筒慢速卷扬机	台班	112.70	—	—	0.347	—	0.311	0.163
	钢筋调直机	台班	—	—	—	0.400	—	—	—
	钢筋切断机	台班	44.15	—	—	—	—	0.105	0.09
	钢筋弯曲机	台班	26.42	—	—	—	—	0.110	0.207
	直流电焊机 32 kW	台班	187.20	—	—	—	—	—	0.472
	对焊机 75 kVA	台班	165.85	—	—	—	—	—	0.084
	点焊机 75 kVA	台班	217.77	—	—	—	—	0.242	—
	汽车式起重机 8 t	台班	601.19	0.513	—	—	—	—	—
	载重汽车 8 t	台班	474.21	0.810	—	—	—	—	—
	履带式起重机 15 t	台班	625.07	—	—	—	1.319	—	—
	履带式柴油打桩机 7 t	台班	2 242.83	—	—	0.433	1.319	—	—

表 4-7 续　某省打桩工程相关消耗量定额表

定额编号				1-18-584	1-18-591		
项目名称				履带式起重机进出场费 25T 三类 10 m³	柴油打桩机进出场费 5 t 以外		
基价/元				5 611.55	12 485.70		
其中	其中	人工费/元		1 236.84	1 236.84		
		定额人工费/元		1 030.70	1 030.70		
		规费/元		206.14	206.14		
	材料费/元			203.14	44.38		
	机械费/元			4 171.57	11 204.48		
	名称		单位	单价/元	数　量		
人工	综合人工工日 H02		工日	112.44	11.000	11.000	
材料	枕木		m³	—	0.080	—	
	镀锌铁丝		kg	—	5.000	5.000	
	草袋		台班	1.46	12.760	12.760	
机械	履带起重机 30 t		台班	1 506.98	0.500	0.046	
	载重汽车 8 t		台班	546.28		2.000	
	起重汽车 20 t		台班	1 109.16	—	3.000	
	平板拖车 60 t		台班	1 697.85	1.000	—	
	起重汽车 15 t		台班	841.76	1.000	2.000	
	回程费		元	1.00	1 122.31	—	

（4）打预制混凝土方桩工程综合单价表的计算，见表 4-8。根据表 4-7 中查出的项目定额单位，人工费（包括定额人工费、规费）、材料费、机械费的单价，分别填入打预制混凝土方桩工程综合单价计算表中的定额人工费、规费、材料费、机械费的相应单价栏内，并计算出打预制混凝土方桩分部分项工程的定额人工费、规费、材料费、机械费台班费的合价、管理费和利润、综合单价，详见表 4-8。

综合单价计算方法：

$$综合单价 = \frac{\sum 人工合价 + \sum 材料合价 + \sum 机械合价 + \sum 管理费和利润}{清单工程量} \quad (4-10)$$

表 4-8 打预制混凝土方桩工程综合单价计算表

清单综合单价组成明细

序号	项目编码	项目名称	计量单位	工程量	定额编号	定额名称	定额单位	数量	单价/元 人工费 DR	单价/元 人工费 规费	单价/元 基价 材料费	单价/元 基价 机械费	合价/元 人工费 DR	合价/元 人工费 规费	合价/元 材料费	合价/元 机械费	合价/元 管理费	合价/元 利润	合价/元 风险费	综合单价
1	010301 001001	打预制混凝土方桩	m	3 889.60	1-5-294	方桩运输	10 m³	35.672	409.27	81.85	55.92	3 133.54	3.75	0.75	0.51	28.74	1.38	0.84		35.97
					1-3-4	打桩	10 m³	35.006	658.56	131.71	10 233.64	1 953.029	5.93	1.19	92.10	8.58	1.51	0.91		110.22
					1-3-49	焊接桩	10 个	37.40	618.92	123.78	600.76	116.53	5.95	1.19	5.78	1.12	1.38	0.83		16.25
					1-3-181	送桩	10 m	39.27	643.76	128.75	27.12	248.53	6.50	1.30	0.27	2.51	1.53	0.93		13.04
						合计							22.13	4.43	98.66	40.95	5.80	3.51		175.48
2	010515 0040001	钢筋制安	t	25.178	1-5-216	钢筋制安	t	7.050	2 063.19	412.64	4 167.81	43.68	577.71	115.54	1 167.01	12.23	131.83	79.92		2 084.24
					1-5-208	钢筋制安	t	18.128	878.51	175.70	4 215.11	46.67	637.06	127.41	3 056.62	33.84	145.74	88.35		4 089.02
						合计							1 214.77	242.95	4 223.63	46.07	277.57	168.27		6 173.26

注：DR 代表定额人工费

方桩运输各项合价费用计算如下：

合价=单价×数量÷清单工程量

定额人工费合价=409.27×35.672÷3 889.60=3.75

材料费合价=55.92×35.672÷3 889.60=0.51

管理费=（定额人工费+机械费×0.08）×0.227 8=1.38

综合单价=人工费+材料费+机械费+管理费+利润=3.75+0.75+0.51+28.74+1.38+0.84=35.97（元）

合价=单价×数量

管理费=（定额人工费+机械费×0.08）×0.227 8

利润=（定额人工费+机械费×0.08）×0.138 1

综合单价=∑定额人工费+[规费+∑材料费+∑机械费+∑管理费+∑利润
=22.13+4.43+98.66+40.95+5.80+3.51
=175.48（元/m）

规费合价=81.85×35.672÷3 889.60=0.75

机械费合价=3 133.53×35.672÷3 889.60=28.74

利润=（定额人工费+机械费×0.08）×0.138 1=0.84（元）

钢筋制安综合单价=1 214.77+242.95+4 223.63+46.07+227.57+168.27=6 173.26（元/t）

当清单工程项目的数量、单位与定额项目的数量、单位不同，采用上述方法计算；当清单工程项目的数量与定额项目的数量相同时，而单位不同时，可用简易方法计算。

（5）打预制混凝土方桩工程施工技术措施项目综合单价表的计算，见表4-9。根据表4-7续表中查出的项目定额单位，人工费（包括定额人工费、规费）、材料费、机械费的单价，分别填入打预制混凝土方桩工程施工技术措施项目综合单价计算表中的定额人工费、规费、材料费、机械费的相应单价栏内，并计算出打预制混凝土方桩分部分项工程的施工技术措施项目的定额人工费、规费、材料费、机械费台班费的合价、管理费和利润、综合单价，详见表4-9。

（6）打预制混凝土方桩工程清单与计价表的计算，见表4-10。根据工程量、综合单价，计算出合价，其中的定额人工费、规费、机械费（可根据工程量和表4-8中定额人工费合价、规费合价、机械费的合价相乘计算）、暂估价暂不计算，详见表4-10。

（7）打预制混凝土方桩工程施工技术措施项目清单与计价表的计算，见表4-11。根据施工技术措施项目工程量、综合单价，计算出合价，其中的定额人工费、规费、机械费（可根据工程量和表4-9中定额人工费合价、规费合价、机械费的合价相乘计算）、暂估价暂不计算，详见表4-11。

（8）打预制混凝土方桩工程施工技术措施项目中的模板措施项目清单与计价表的计算，2021版的此项费用已包括在相应费用内，此处不再单独计算。

（9）根据打预制混凝土方桩工程和施工技术措施项目清单与计算表中的定额人工费之和加上机械费之和×0.08，乘上施工组织措施费的费率[（定额人工费+机械费×0.08）×费率（%）]，即得到砖墙工程的施工组织措施费，计算结果详见表4-12。

（10）完成打预制混凝土方桩工程规费项目计算表的计算。根据打预制混凝土方桩工程中的定额人工费和施工技术措施项目中的定额人工费，计算出根据打预制混凝土方桩工程的有关规费费用，详见表4-13。

表 4-9 打预制混凝土方桩工程施工技术措施项目综合单价计算表

清单综合单价组成明细

序号	项目编码	项目名称	计量单位	工程量	定额编号	定额名称	定额单位	数量	单价/元						合价/元						综合单价
									人工费		材料费	机械费	人工费		材料费	机械费	管理费	利润	风险费		
									DR	规费			DR	规费							
1	011705 001001	履带式柴油打桩机进出场及安装	合/次	2	1-18-584	履带式起重机25T	次	1	1 030.70	2 206.141	203.14	4 171.57	1 030.70	206.14	203.14	4 171.57	310.82	188.443		6 110.80
					1-18-591	履带式柴油打桩机7T	次	1	1 030.70	206.14	44.38	11 204.48	1 030.70	206.14	44.38	11 204.48	438.98	266.13		13 190.81
		合 计											2 061.40	412.28	247.52	15 376.05	749.80	454.56		19 301.61

表 4-10 打预制混凝土方桩工程清单与计价表

序号	项目编号	项目名称	项目特征描述	计量单位	工程量	金额/元					
						综合单价	合价	其中			暂估价
								人工费		规费	机械费
								DR			
1	010302001001	打预制混凝土桩	1. 地层情况 2. 送桩深度、桩长 3. 桩截面 4. 桩倾斜度 5. 沉桩方法 6. 接桩方式 7. 混凝土强度等级	m	3 889.60	175.48	682 547.01	86 076.85		17 230.93	159 279.12
2	010515002002	钢筋制安	1. 钢筋种类、规格	t	25.178	6 173.26	155 430.34	30 585.48		6 117.00	1 159.95
			合计				837 977.35	116 662.33		23 347.93	160 439.07

打预制混凝土桩合价=175.48×3 889.60=682 547.01 元
钢筋制安合价=6 173.26×25.178=155 430.34 元
打预制混凝土桩工程分部分项合价费用=682 547.01+155 430.34=837 977.35 元
打预制混凝土桩工程材料费=98.66×3 889.60+4 223.63×25.178=490 090.49 元

表 4-11 打预制混凝土方桩工程施工技术措施项目清单与计价表

序号	项目编号	项目名称	项目特征描述	计量单位	工程量	金额/元					
						综合单价	合价	其中			暂估价
								人工费		机械费	
								DR	规费		
1	011705001001	履带式柴油打桩机进出场及安装	1. 机械设备名称 履带式起重机 25T 履带式柴油打桩机 7T 2. 机械设备规格型号	次	2	19 301.61	38 603.22	4 122.80	824.56	30 752.10	
		合　计					38 603.22	4 122.80	824.56	30 752.10	

表 4-12 施工组织措施费计算表

序号	项目编号	项目名称	计算基础	费率/%	金额/元	调整费率/%	调整后金额/元	备注
1		绿色施工安全文明措施费						
1.1		安全文明施工及环境保护费	定额人工费+机械费×0.08 =120 785.13+ 191 191.17× 0.08 =136 080.42	5.12	6 967.32			
1.2		临时设施费		2.76	3 755.82			
1.3		绿化施工措施费		5.94	8 083.18			
2		冬雨季施工增加费、工程定位复测费、工程交点，场地清理费		3.72	5 062.19			
3		夜间施工增加费		0.50	680.40			
4		压缩工期增加费	定额人工费+机械费					暂无
5		行车、行人干扰增加费	定额人工费+机械费×0.08	8.85 4.20 4.20				暂无
6		已完工程及设备保护费						暂无
7		特殊地区施工增加费						暂无
8		其他施工组织措施费						暂无
		合　计			24 548.91			

注：1. "其他施工组织措施费"在计价时需要列出具体费用名称。
　　2. 工程结算时按合同约定（或投标报价）调整费率和金额。

表 4-13 砖墙工程规费项目计算表

序号	工程名称		计算基础	计算费率	金额/元	备注
1	规费		定额人工费（包括工程定额人工费+技术措施项目定额人工费）DR=120 785.13	20%		
1.1	其中	社会保险费 养老保险费		9.01%	10 882.74	计入人工费内
		社会保险费 医疗保险费		6.39%	7 718.17	
1.2		住房公积金		4.60%	5 556.12	
	其他规费	工伤保险（单独计列）		0.50%	603.93	计入税前费用
1.3		工程排污费	按有关部门规定计算			
2	环境保护税		按有关部门规定计算			
	合 计				24 760.96	

注：工程排污费按工程用水量计算。

（11）完成打预制混凝土方桩工程税金项目的计算。根据打预制混凝土方桩工程中的工程定额人工费、规费、材料费、机械费和施工技术措施项目中的定额人工费、规费、材料费、机械费，计算出打预制混凝土方桩工程的税金，详见表 4-14。

4-4 税率计算方法

项目小结

本项目主要介绍基础处理、边坡支护工程、桩基工程（包括预制钢筋混凝土桩、钢筋混凝土灌注桩）。学生应熟悉基础处理、边坡支护工程、桩基工程（包括预制钢筋混凝土桩、钢筋混凝土灌注桩）的一般规定，掌握桩基工程量（包括预制钢筋混凝土桩、钢筋混凝土灌注桩）的工程量计算规则，熟悉预制钢筋混凝土桩、钢筋混凝土灌注桩的工程量计算。重点掌握预制钢筋混凝土桩、钢筋混凝土灌注桩工程的清单工程量计算、工程定额的正确应用，预制钢筋混凝土桩、钢筋混凝土灌注桩工程综合单计价分析表计算。难点：预制钢筋混凝土桩、钢筋混凝土灌注桩的项目列项、工程量计算、套价、定额应用、定额换算及工程费用的计算。通过本项目内容的学习，学生应熟悉预制钢筋混凝土桩、钢筋混凝土灌注桩工程的相关定额，定额的换算方法，对桩基工程的消耗定额内容能正确应用。

复习思考题

4-1 混凝土桩按施工方式不同可以分为哪几种？
4-2 如何确定预制混凝土桩制作工程量？
4-3 预制混凝土桩的施工技术措施项目费有哪几项？
4-4 完成该打预制混凝土方桩工程其他项目计价表的计算，见表 4-15。

表 4-15 打预制混凝土方桩其他项目计价表的计算

序号	工程名称		计算基数与方法	金额	结算金额	备注
1	暂列金额		按工程费用合计×(10~15)%或招标文件计算			
2	暂估价					
2.1	材料(设备)暂估价(结算价)		按材料(设备)费×10%			
2.2	专业工程暂估价(结算价)					
3	计日工					
3.1	其中	人工费	按实际发生和签证计算			
3.2		材料费	按实际发生和签证计算			
3.3		机械费	按实际发生和签证计算			
4	总承包服务费		按发包金额×(1.0、2.0、3.0、4.0)%计算			
5	索赔与现场签证费		按实际发生和签证计算			
6	优质工程增加费		按税前造价×(1.6、3.0)%			省、国级
7	提前竣工增加费		按事先约定计算			
8	人工费调差		按相关调差文件计算			
9	机械燃料动力费价差		按相关调差文件计算			
	合 计					

4-5 完成该打预制混凝土方桩工程招标控制价表的计算,见表4-16。

表 4-16 打预制混凝土方桩工程招标控制价/投标报价汇总表

序号	费用名称	计算基数或计算表达式	费率计算标准	费用金额
1	分部分项工程费	∑(分部分项工程量×综合单价)		
1.1	人工费	(R)=<1.1.1>+<1.1.2>		
1.1.1	定额人工费	∑(定额人工费)		
1.1.2	规费	∑(规费)		
1.2	材料费	∑(材料费)(C)		
1.3	设备费	∑(设备费)(S)		
1.4	机械费	∑(机械费)(J)=		
1.5	管理费	∑(DR+J×0.08)×22.78%	22.78%	
1.6	利润	∑(DR+J×0.08)×13.81%	13.81%	
1.7	风险费	∑(风险费)		
2	措施项目费	(<2.1>+<2.2>)		
2.1	技术措施项目	∑(技术措施项目清单工程量×综合单价)		

续表

序号	费用名称	计算基数或计算表达式	费率计算标准	费用金额
2.1.1	人工费	（R）=<2.1.1.1>+<2.1.1.2>		
2.1.1.1	定额人工费	∑（定额人工费）		
2.1.1.2	规费	∑（规费）		
2.1.2	材料费	∑（材料费）（C）		
2.1.3	机械费	∑（机械费）（J）=		
2.1.4	管理费	∑（DR+J×0.08）×22.78%	22.78%	
2.1.5	利润	∑（DR+J×0.08）×13.81%	13.81%	
2.2	组织措施项目费	∑（组织措施项目费）		
2.2.1	绿色施工安全文明措施项目费	∑（DR+J×0.08）×11.06%	11.06	
2.2.1.1	临时设施费	∑（DR+J×0.08）×2.76%	2.76	
2.2.2	其他组织措施项目费	∑（DR+J×0.08）× %	3.72%	
3	其他项目费			
3.1	暂列金额			
3.2	暂估价			
3.3	计日工			
3.4	总承包服务费			
3.5	其他			
3.5.1				
3.5.2				
4	其他规费			
4.1	工伤保险	∑（定额人工费）×费率	0.50%	
4.2	工程排污费			
4.3	环境保护税		%	
5	税前工程造价	（1+2+3+4）		
6	税金	（1+2+3+4）×税率%		
7	工程总造价（招标控制价/投标报价合计）=<5>+<6>			

注：1. 数字内均为表中对应的序号。
　　2. DR代表定额人工费。

项目 5

砌筑工程

砌筑工程是指砖、石块体和各种类型砌块用胶结材料组砌,使这些单独的组成具有一定的抗压、抗弯、抗拉能力的一定形状的整体。工程量清单价计中,砌筑工程划分为砌砖、砌石、轻质墙和其他四部分,其中包含了砖(石)基础、砖(石)墙、砌块墙、砖(石)柱等定额子目,本项目以砌砖(石)、砌块讲述为主。

【学习目标】

◎ 知识目标
1. 熟悉砌筑工程项目的划分。
2. 熟悉砌筑工程工程量的计算规则。
3. 熟悉砌筑工程项目的列项及套价计算方法。

◎ 技能目标
1. 掌握砌筑工程工程量清单计算方法。
2. 掌握砌筑工程工程量清单编制步骤和方法。
3. 掌握砌筑工程综合单价分析表的计算方法。

任务 5.1 砌筑工程量计算说明

5.1.1 砌砖、砌块

1. 基础与墙身(柱身)的划分

(1)基础与墙(柱)身使用同一种材料时,以设计室内地坪为界(有地下室者,以地下室室内设计地面为界),以下为基础,以上为墙(柱)身。如图 5-1(a)、(b)所示。

5-1 砌筑工程图

(2)基础与墙(柱)身使用不同材料时,分界线位于设计室内地面±30 cm 以内的,以不同材料自然分界,超过±30 cm 时,以设计室内地面分界。

2. 墙长的计算

基础长度:外墙墙基按外墙基础中心线长度计算;内墙墙基按内墙基顶面净长线计算。

墙的长度：外墙长度按外墙中心线长度计算，内墙长度按内墙净长线长度计算。

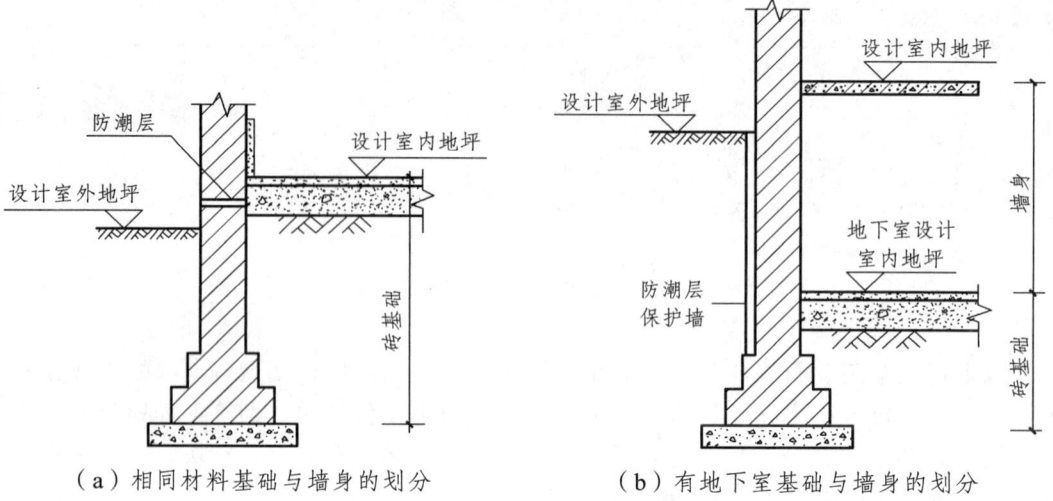

（a）相同材料基础与墙身的划分　　　　（b）有地下室基础与墙身的划分

图 5-1　不同基础与墙身的划分

3. 墙高的计算

（1）外墙墙身高度：斜（坡）屋面无檐口天棚者算至屋面板底；有屋架，而室内外均有天棚者，算至屋架下弦底面另加 20 cm[如图 5-2（a）所示]；无天棚者算至屋架下弦底加 30 cm[如图 5-2（b）所示]。出檐宽度超过 60 cm 时，应按实砌高度计算；平屋面算至钢筋混凝土板底；有梁时算至梁底。

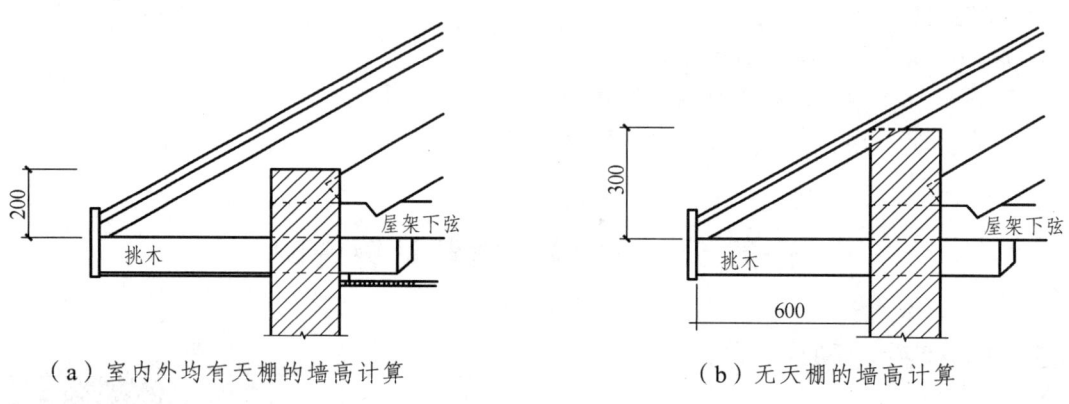

（a）室内外均有天棚的墙高计算　　　　（b）无天棚的墙高计算

图 5-2　墙高计算

（2）内墙墙身高度：位于屋架下弦者，其高度算至屋架底；无屋架者算至天棚底另加 100 mm；有钢筋混凝土楼板隔层者算至板底；有框架梁时算至梁底面。

（3）内、外山墙墙身高度按平均高度计算。

4. 墙厚的计算

标准砖规格以 240 mm×115 mm×53 mm 为准，其砌体计算厚度，按表 5-1 计算。

表 5-1 标准砖砌体计算厚度表

砖数（墙厚）	1/4	1/2	3/4	1	1.5	2	2.5	3
计算厚度/mm	53	115	180	240	365	490	615	740

注：使用非标准砖时，其砌体厚度应按砖实际规格和砂浆设计厚度计算。

5.1.2 砌 石

（1）石砌体项目中粗、细料石（砌体）墙按 400 mm×220 m×200 m 规格编制。实际规格不同，不允许换算。石材按其加工后的外形规则程度，并符合下列规定：

① 细料石：通过细加工外表规则，叠砌面凹入深度不应大于 10 mm，截面的宽度、高度不宜于 200 mn，且不宜小于长度的 1/4。

② 粗料石：规格尺寸同细料石，但叠砌面凹入深度不应大于 20 mm。

③ 毛料石：外型大致方正，一般不加工或仅稍加工修整，高度不应小于 200 mm，叠砌面凹入深度不应大于 25 mm。

（2）石挡土墙、石护坡项目按垂直高度 4 m 以内编制。垂直高度超过 4 m 时，定额项目人工用量乘系数 1.15。其中：

① 石挡土墙项目已综合考虑预留变形缝、泄水孔所需用工，未包括变形缝、泄水管安装及滤水层铺设，发生时应按《云南省市政工程计价标准》相应项目及规定另行计算。

② 石护坡项目已综合考虑预留泄水孔所需用工，未包括泄水管安装，发生时应按《云南省市政工计价标准》相应项目及规定另行计算。

（3）石台阶项目已包括石梯带（垂带），不包括石梯膀。石梯膀应另行单独计算，套用石挡土墙相应项。

（4）定额中各类砌体（砖柱除外）的砌筑均按直形砌筑编制，如为圆弧形砌筑，按相应砌体项目定额项目人工乘以系数 1.10，砖、砌块及石砌体及砂浆（粘结剂）乘以系数 1.03。

（5）石砌挡土墙墙身与基础划分：放大脚上表面以下套用基础定额，以上套用墙身定额。

5.1.3 轻质墙

（1）轻质条板隔墙按常用厚度编制，若实际材质不同时，可以换算。本定额适用于增强纤维水泥隔墙条板、增强石膏条板、植物纤维复合隔墙条板（五防板）、玻纤水泥珍珠岩板等。

（2）钢丝网架夹芯墙板按常用厚度编制，若实际材质不同时，可以换算。本定额适用于钢丝网水泥聚苯乙烯夹心板、钢丝网聚苯乙烯夹心板、钢丝网夹芯矿棉板等。外墙保温用钢丝网夹芯板另按保温隔热章节相关定额项目执行。

（3）轻质隔墙按设计图示尺寸以面积计算。不扣除 0.3 m² 以内孔洞所占面积。

5.1.4 其他说明

1. 工程内容

除各节说明外，工程内容均包括准备工具、挂线、吊直、校正皮数杆、选（砖）石。原材料场内运输、浇砖、淋化石灰膏、调制砂浆、清扫墙面及清理落地砖（石）灰，并运至指定地点，堆放等全部操作过程。

2. 其他说明

（1）石砌体勾缝按设计图示尺寸以石砌体表面展开面积计算。

（2）项目中砂浆标号按常用品种、强度等级列出。如与设计不同时，可以换算。

任务 5.2　砌筑工程清单项目划分及工程量计算规则

5.2.1　砌筑工程清单项目划分

砌筑工程清单项目划分为 010401～010404，详见表 5-2。

表 5-2　砌筑工程清单项目表（编号：010401～010404）

序号	项目编码	项目名称	项目特征描述	计量单位	工程量计算规则	工作内容
1	010401001001	砖基础	1. 砖品种、规格、强度等级 2. 基础类型 3. 砂浆强度等级 4. 防潮层材料种类	m^3	按设计图示尺寸以立方米计算，扣除地梁（圈梁）构造柱所占体积。不扣除基础放大脚T形接头处的重叠部分及嵌入基础内的钢筋、铁件、管道、基础砂浆防潮层和单个面积 0.3 m^2 以内的孔洞所占体积。靠墙暖气沟的挑檐不增加。 基础长度：外墙按中心线、内墙按净长线计算	1. 砂浆制作、运输 2. 砌砖 3. 刮缝、防潮层铺设 4. 砖墙压顶砌筑 5. 材料运输
2	010401002001	砖砌挖孔桩护壁	1. 砖品种、规格、强度等级 2. 砂浆强度等级	m^3	按设计图示尺寸以立方米计算	1. 砂浆制作、运输 2. 砌砖 3. 材料运输
3	010401003001	实心砖墙	1. 砖品种、规格、强度等级 2. 墙体类型 3. 砂浆强度等级、配合比	m^3	按设计图示尺寸以体积计算。 墙长度：外墙按中心线、内墙按净长线计算	1. 砂浆制作、运输 2. 砌砖 3. 刮缝 4. 砖压顶砌筑 5. 材料运输
4	010401004001	多孔砖墙				
5	010401005001	空心砖墙				

续表

序号	项目编码	项目名称	项目特征描述	计算单位	工程量计算规则	工作内容
6	010401006001	空斗墙			按设计图示尺寸以空斗墙外形体积计算	1. 砂浆制作、运输 2. 砌砖 3. 装填充料 4. 刮缝 5. 材料运输
7	010401007001	空花墙			按设计图示尺寸以空花墙外形体积计算。不扣除空洞体检	
8	010401008001	填充墙	1. 砖品种、规格、强度等级 2. 墙体类型 3. 填充材料种类及厚度 4. 砂浆强度等级、配合比	m³	按设计图示尺寸以填充墙外形体积计算	
9	010401009001	实心砖柱	1. 砖品种、规格、强度等级 2. 柱类型 3. 砂浆强度等级、配合比	m³	按设计图示尺寸以立方米计算。扣除混凝土及钢筋混凝土梁垫、梁头、板头所占体积	1. 砂浆制作、运输 2. 砌砖 3. 刮缝 4. 材料运输
10	010401010001	多孔砖柱				
11	010401011001	砖检查井	1. 井截面、深度 2. 砖品种、规格、强度等级 3. 垫层材料种类、厚度 4. 底板厚度 5. 井盖安装 6. 混凝土强度等级 7. 砂浆强度等级 8. 防潮层材料种类	座	按设计图示尺寸以数量计算	1. 砂浆制作、运输 2. 铺设垫层 3. 底板混凝土制作、运输浇筑、振捣、养护 4. 砌砖 5. 刮缝 6. 井池底、壁抹灰 7. 抹防潮层 8. 材料运输
12	010401012001	零星砌砖	1. 零星砌砖名称、部位 2. 砖品种、规格、强度等级 3. 砂浆强度等级、配合比	1. m³ 2. m² 3. m 4. 个	1. 按设计图示尺寸截面乘以长度计算 2. 按设计图示尺寸以平方米计算 3. 按设计图示尺寸长度计算 4. 以个计算，按设计图示数量计算	1. 砂浆制作、运输 2. 砌砖 3. 刮缝 4. 材料运输

续表

序号	项目编码	项目名称	项目特征描述	计算单位	工程量计算规则	工作内容
13	010401013001	砖散水、地坪	1. 砖品种、规格、强度等级 2. 垫层材料种类、厚度 3. 散水、地坪厚度 4. 面层种类、厚度 5. 砂浆强度等级	m²	按设计图示尺寸以平方米计算	1. 土方挖、运、填 2. 地基找平、夯实 3. 铺设垫层 4. 砌砖散水、地坪 5. 抹砂浆面层
14	010401014001	砖地沟、明沟	1. 砖品种、规格、强度等级 2. 沟截面尺寸 3. 垫层材料种类、厚度 4. 混凝土强度等级 5. 砂浆强度等级	m	以米计量，按设计图示的中心线长度以米计算	1. 土方挖、运、填 2. 铺设垫层 3. 底板混凝土制作、运输浇筑、振捣、养护 4. 砌砖 5. 刮缝、抹灰 6. 材料运输
15	010402001001	砌块墙	1. 砌块品种、规格、强度等级 2. 墙体类型 3. 砂浆强度等级	m³	按设计图示尺寸以立方米计算，砌体厚度应按砖实际规格计算	1. 砂浆制作、运输 2. 砌砖、砌块 3. 勾缝 4. 材料运输
16	010402002001	砖块柱				
17	010403001001	石基础	1. 石料种类、规格 2. 基础类型 3. 砂浆强度等级	m³	按设计图示尺寸以立方米计算，包括附墙垛基础宽出部分体积，不扣除基础砂浆防潮层及单个面积≤0.3 m²的孔洞所占体积，靠墙暖气沟的挑檐不增加体积	1. 砂浆制作、运输 2. 吊装 3. 砌石 4. 石表面加工 5. 勾缝 6. 材料运输
18	010403002001	石勒脚			石墙按设计图示尺寸以立方米计算，凸出墙面的垛并入墙体体积内计算	
19	010403003001	石墙				
20	010403004001	石挡土墙	1. 石料种类、规格 2. 石表面加工要求 3. 勾缝要求 4. 砂浆强度等级、配合比	m³	按设计图示尺寸以体积计算	1. 砂浆制作、运输 2. 吊装 3. 砌石 4. 变形缝、泄水孔、压顶抹灰 5. 滤水层 6. 勾缝 7. 材料运输

续表

序号	项目编码	项目名称	项目特征描述	计算单位	工程量计算规则	工作内容
21	010403005001	石柱		m³	按设计图示尺寸以立方米计算	1. 砂浆制作、运输 2. 吊装 3. 砌石 4. 石表面加工 5. 勾缝 6. 材料运输
22	010403006001	石栏杆		m	按设计图示尺寸以长度计算	
23	010403007001	石护坡	1. 垫层材料种类、厚度 2. 石料种类、规格 3. 护坡厚度、高度 4. 石表面加工要求 5. 勾缝要求 6. 砂浆强度等级、配合比	m³	按设计图示尺寸以体积计算	1. 铺设垫层 2. 石料加工 3. 砂浆制作、运输 4. 砌石 5. 石表面加工 6. 勾缝 7. 材料运输
24	010403008001	石台阶				
25	010403009001	石坡道		m²	按设计图示以水平投影面积计算	
26	010403010001	石地沟、明沟	1. 沟截面尺寸 2. 土壤类别、运距 3. 垫层材料种类、厚度 4. 石料种类、规格 5. 石表面加工要求 6. 勾缝要求 7. 砂浆强度等级、配合比	m³	按设计图示的中心线长度以米计算	1. 土方挖、运 2. 砂浆制作、运输 3. 铺设垫层 4. 砌石 5. 石表面加工 6. 石料加工 7. 勾缝 8. 回填 9. 材料运输
27	010404001001	垫层	垫层材料种类、配合比、厚度	m³	按设计图示尺寸以立方米计算	1. 垫层材料的拌制 2. 垫层铺设 3. 材料运输
28	010405001	砌筑超高增加费	超高高度	m³	按设计图示尺寸以立方米计算	人工二次搬运砖、砂浆

5.2.2 砌筑工程工程量计算规则

1. 砖砌体工程量计算规则

（1）计算墙体时，应扣除门窗洞口、过人洞、空圈、嵌入墙身的钢筋混凝土柱、梁、圈梁、挑梁、过梁及凹进墙内的壁龛、管槽、暖气槽、消火栓箱、内墙板头所占体积，不扣除梁头、外墙板头、檩头、垫木、木楞头、沿椽木、木砖、门窗走头、砖墙内的加固钢筋、木筋、铁件、钢管及每个面积在 0.3 m² 以下的孔洞等所占的体积。突出墙面的窗台虎头砖、压顶线、山墙泛水、门窗套及三皮砖以内的腰线和挑檐等体积亦不增加。

（2）砖垛、三皮砖以上的腰线和挑檐等体积，并入墙身体积内计算。

（3）附墙烟囱（包括附墙通风道、垃圾道）按其外形体积计算，并入所依附的墙体体积内，不扣除每一个孔洞横截面在 0.1 m² 以下的体积，但孔洞内的抹灰工程量亦不增加。

（4）女儿墙高度，自外墙顶面至图示女儿墙顶面高度，区别不同墙厚并入墙体计算。

（5）围墙：高度算至压顶上表面（如果混凝土压顶时算至顶下表面），围墙柱并入围墙体积内。

（6）框架间、墙：不分内外墙按墙体净尺寸以体积计算。

（7）空花墙按图示最小外接矩形面积乘以墙厚以体积计算，不扣除空花部分体积，空花墙间实砌部分应另行计算，间距小于 100 cm 的套用零星砌体项目，间距大于 100 cm 的套用相应墙体项目。

（8）砖柱按设计图示尺寸以体积计算，扣除混凝土及钢筋混凝土梁垫、梁头、板头所占体积。

（9）砖砌体勾缝按设计图示尺寸以勾缝表面积计算。

（10）贴砌砖按设计图示尺寸以体积计算。

（11）钢筋砖过梁按设计图示尺寸以体积计算，如设计无规定时，按门窗洞口宽度两端共加，500 mm。高度度按 440 mm 计算，如实际高度不足规定高度时，按实际高度计算。

（12）轻质隔墙按设计图示尺寸以面积计算。不扣除 0.3 m² 以内孔洞所占面积。

（13）遇墙身底部设有导墙时，砖砌导墙按设计图示尺寸的体积单独以零星砌砖计算，其中厚度与长度按墙身主体，高度以设计要求的砌筑高度确定。墙身主体的计算高度相应扣减。

（14）砖地沟不分沟壁砖基础与砖砌沟壁，按设计图示尺寸以沟壁砖基础和砖砌沟壁体积之和合并算。

（15）砖砌台阶（不包括梯带）按设计图示尺寸包括最上一层踏步外沿加 300 mm，以水平投影面积算。

2. 其他砌体工程量计算规则

（1）花池按设计图示尺寸以体积计算。

（2）风帽按设计要求以数量"个"计算。

（3）烟道按设计长度以"m"计算。

（4）沟篦子按设计图示尺寸以面积计算。

（5）柔性材料嵌缝按设计（规范）要求，以轻质砌块（加气砌块）隔墙与钢筋混凝土梁或楼板、柱墙之间的缝隙长度计算。

（6）附墙烟囱、通风道、垃圾道应按设计图示尺寸以体积（扣除孔洞所占体积）计算并入所依附的墙体积内。当设计规定孔洞内需抹灰时，另按本标准"第十二章墙柱面装饰与隔断幕墙工程"相应项目算。

（7）轻质墙板按设计图示尺寸以面积计算，不扣除 0.3 m² 以内孔洞所占面积。

（8）沟篦子按设计图示尺寸以平方米计算，规格不同时可以调整，但人工不作调整；钢筋篦子设计与项目含量不同时，可按钢材用量调整项目含量。

3. 零星砌体工程量计算规则

零星砌体按设计图示尺寸以体积计算。

4. 石砌体工程量计算规则

（1）石基础、石墙的工程量计算规则参照砖砌体相应规定。
（2）石勒脚按设计图示尺寸以体积计算，扣除单个面积>0.3 m² 的孔洞所占的体积。
（3）石挡土墙、石护坡、石台阶按设计图示尺寸以体积计算。
（4）石坡道按设计图示尺寸以面积计算。

任务 5.3　砌筑工程量计算

1. 砌体基础工程量计算

砌体基础主要包括砖砌体基础和毛石砌体基础，一般砌体基础多为条形基础。

砌体基础工程量按图示尺寸以体积（立方米）计算。条形基础砌体工程量计算公式为：

$$V_{基础}=L \times S_{断}+V_{增}-V_{扣} \tag{5-1}$$

式中　L——条形基础规定计算长度，外墙按外墙中心线长度 $L_{外中}$，内墙基顶净长线 $L_{内净}$，如图 5-3 所示；

$S_{断}$——基础断面面积（$S_{断}$=基础墙高×基础墙厚+放大脚增加面积）；

$V_{增}$——应增加的砌体体积；

$V_{扣}$——应扣除的砌体体积。

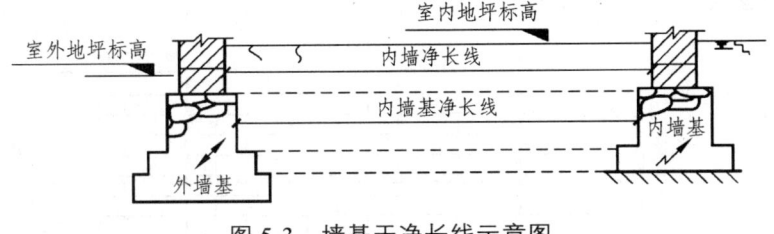

图 5-3　墙基干净长线示意图

2. 砌体工程量计算

$$V_{墙}=(L \times H - S_{门窗}) \times h + V_{增} - V_{扣} \tag{5-2}$$

式中　L——砌体计算长度，外墙按外墙中心线长度 $L_{外中}$，内墙基顶净长线 $L_{内净}$；

H——砌体计算高度；

$S_{门窗}$——砌体上门窗洞口面积；

h——砌体计算厚度；

$V_{增}$——应增加的砌体体积；

$V_{扣}$——应扣除的砌体体积。

3. 框架间砌体工程量计算

$$V_{墙}=(L_{净} \times H - S_{门窗}) \times h \tag{5-3}$$

式中 $L_{净}$——砌体计算净长度；

H——砌体计算高度；

$S_{门窗}$——砌体上门窗洞口面积；

h——砌体计算厚度。

4. 零星砌体工程量计算

零星砌体工程量，按设计图示尺寸注记以立方米计算。

任务 5.4　砌筑工程量计算技能实训

1. 实训资料

已知图 5-4 中的（清水墙）砖砌体，砖墙长度为 5.4 m，砖墙厚度为 0.24 m，砖墙高为 4.15 m，（在砖墙中有一道门，门框大小为 2.4 m×1.6 m），每根梁钢砖过梁钢筋为 0.006 8 t，某工程有这样的砖墙共 12 个。

2. 实训要求

（1）计算出该砖墙的清单工程量。

（2）完成砖墙项目的综合单价分析表的计算。

（3）计算出该砖墙项目清单与计价表。

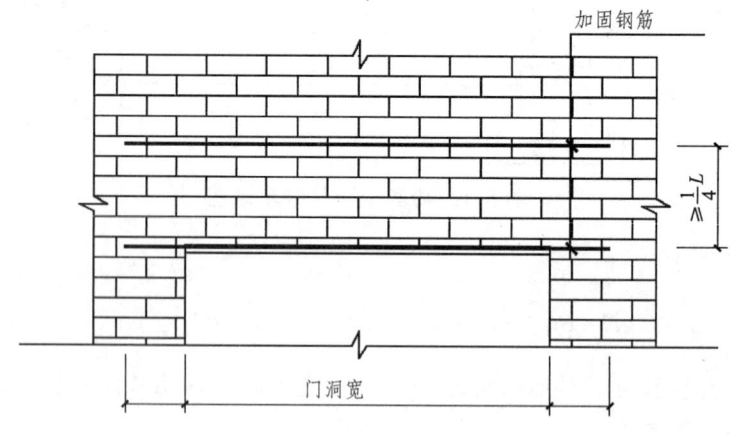

图 5-4　1 砖清水墙示意图

3. 实训方法步骤

（1）砖墙清单工程列项，列项项目见表 5-3。

（2）砖墙清单工程量计算，计算详见表 5-3。

表 5-3 砖墙分部分项工程清单工程量计算表

序号	项目编号	项目名称	定额编号	定额名称	计量单位	工程量	计算式
1		门窗洞口面积			m²	46.08	2.4 m×1.6 m×12=46.08 m²
2	010401003001	1 实心砖墙		清单量	m³	53.48	（5.4×4.15-3.84）×0.24 m×12-2.66 =53.48 m³
			1-4-4	1 砖清水墙	m³	50.82	（5.4×4.15-3.84）×0.24 m×12-2.66 =53.482 m³-2.66 m³=50.82 m³
			1-4-30	钢筋砖过梁	m³	2.66	（1.600 m+0.500）×0.440×0.24×12 =0.222 m³×12=2.66 m³
3	010515001001	砌体加固钢筋制安	1-5-227	砌体加固钢筋制安	t	0.082	0.006 8×12=0.082 t
4	011701002001	外脚手架	1-18-1	外墙钢管脚手架	m²	268.92	5.4×4.15×12=268.92 m²
			1-18-4	安全网	m²	268.92	5.4×4.15×12=268.92 m²
5	011702002001	过梁模板	1-18-155	同前	m²	4.61	1.6×0.24×12=4.61 m²

（3）选择计价依据。

根据某省《建筑工程计价标准》中与砌筑工程相关的消耗量定额，完成该砖墙砌筑的有关消耗量定额见表 5-4 所示。

表 5-4 某某省砌筑工程相关消耗量定额表

定额编号				1-4-4	1-4-30	1-5-227	1-18-1	1-18-44	1-18-155
项目名称				单面清水墙 1 砖（10 m³）	钢筋砖过梁 10 m³	砌体加固钢筋/t	钢管外脚手架 单排 100 m² 100 m² 100 m²	安全网 100 m²	过梁模板 100 m²
基价/元				5 134.64	5 986.66	7 643.38	1 172.06	266.18	8 428.23
其中	人工费/元			2 143.78	2 041.54	3 487.26	575.75	30.89	4 821.00
	其中	定额人工费/元		1 786.48	1 701.29	2 906.05	479.79	25.74	4 017.50
		规费/元		357.30	240.25	581.21	95.96	5.15	803.50
	材料费/元			2 924.93	3 814.40	4 140.60	528.06	235.29	3 393.50
	机械费/元			65.93	130.72	45.52	68.25	—	213.73
	名称	单位	单价/元	数量					
人工	综合工日12	工日	154.44	13.881	13.219	22.580	3.728		31.216

续表

	定额编号			1-4-4	1-4-30	1-5-227	1-18-1	1-18-44	1-18-155
	项目名称			单面清水墙 1砖（10 m³）	钢筋砖过梁 10 m³	砌体加固钢筋/t	钢管外脚手架 单排 100 m²	安全网 100 m²	过梁模板 100 m²
材料	标准砖	千块	383.04	5.337	5.330	—	—		
	砌筑水泥砂浆 M10	m³	375.74	2.313					
	焊接钢管	t·天	3.43						149.795
	直角扣件	百套·天	1.40						223.781
	对接扣件		1.40						41.577
	回转扣件	百套·天	1.40						12.840
	底座		1.60						6.787
	复合模板	m²	62.93						24.675
	1∶2 水泥砂浆	m³	317.72	—	—				0.012
	钢筋 Φ10 以内	kg	4 030.00	—	0.110	1.020	—		—
	铁钉圆钉（各种）规格	kg	4.92	—	4.600	—	1.050		1.528
	水	m³	5.94	1.060	1.060				
	木模板	m³	1 532.16	—	0.172				0.601
	木支撑	m³	1 550.40						0.029
	防锈漆	kg	12.71	—	—				0.056
	镀锌铁丝 Φ0.7	kg	4.65						0.180
	镀锌铁丝 22#	kg	6.55	—	—		0.086	9.690	
	安全网	m²	5.93	—	—			32.080	
	塑料粘胶带	卷	1.55						4.500
	其他材料	元	1.00	5.20					
机械	砂浆搅拌机 200 L	台班	284.17	0.232	0.460	—	—		—
	电动单筒慢速卷扬机	台班	112.70	—					
	钢筋调直机	台班	32.77			0.690			
	钢筋切断机	台班	33.20			0.690			
	木工圆锯机 Φ500 mm								0175
	载重汽车 6 t								0.310
	汽车式起重机 8 t	台班	487.48	—	—	—	0.140		0.072

（4）砖墙工程综合单价表的计算，见表5-5。根据表5-4中查出的项目定额单位，人工费（包括定额人工费、规费）、材料费、机械费的单价，分别填入砖墙工程综合单价计算表中定额人工费、规费、材料费、机械费的相应单价栏内，并计算出该分项工程的定额人工费、规费、材料费、机械费台班费的合价、管理费和利润、综合单价，详见表5-5。

（5）砖墙工程施工技术措施项目综合单价计算表的计算，见表5-6。根据表5-4中查出的施工技术措施项目的定额人工费、规费、材料费、机械费的单价，分别填入砖墙工程施工技术措施项目综合单价计算表中的定额人工费、规费、材料费、机械费的相应单价栏内，并计算出该分项工程施工技术措施项目的定额人工费、规费、材料费、机械台班费的合价、施工技术措施项目的管理费和利润、施工技术措施项目的综合单价，详见表5-6。砖墙工程施工技术措施项目包括定额中的钢管外脚手架、安全网、过梁模板3项。

（6）砖墙工程清单与计价表的计算，见表5-7。根据工程量、综合单价，计算出合价，其中的定额人工费、规费、机械费（可根据工程量和表5-5中定额人工费合价、规费合价、机械费的合价相乘计算）、暂估价，详见表5-7。

（7）砖墙工程施工技术措施项目清单与计价表的计算，见表5-8。根据工程量、综合单价，计算出砖墙合价、定额人工费、规费、机械费、暂估价，详见表5-8。

（8）根据砖墙工程和施工技术措施项目清单与计算表中的定额人工费之和加上机械费之和×0.08，乘上施工组织措施费的费率[（定额人工费+机械费×0.08）×费率（%）]，即得到砖墙工程的施工组织措施费，计算结果详见表5-9。

表 5-5 砖墙工程综合单价计算表

序号	项目编码	项目名称	计量单位	工程量	定额编号	定额名称	定额单位	数量	单价/元 基价 人工费 DR 规费		单价/元 材料费	单价/元 机械费	合价/元 人工费 DR 规费		合价/元 材料费	合价/元 机械费	合价/元 管理费	合价/元 利润	合价/元 风险费	综合单价
1	010302001001	实心砖墙	m³	53.48	1-4-4	1砖清水墙	10 m³	5.082	1 786.48	357.30	2 924.93	65.93	169.76	33.95	277.95	6.27	38.79	23.51		550.23
					1-4-30	钢筋砖过梁	10 m³	0.266	1 701.29	240.25	3 814.40	130.72	8.46	1.20	18.97	0.65	1.94	1.18		32.40
						合计							178.22	35.15	296.92	6.92	40.73	24.69		582.63
2	010515001001	砌体加固钢筋制安	t	0.082	1-5-227	砌体加固钢筋制安	t	0.082	2 906.05	581.21	4 140.60	45.52	2 906.05	581.21	4 140.60	45.52	662.83	401.83		8 738.04

注：DR 代表定额人工费

工程数量=定额工程量/（清单工程量×定额单位）（也可用此式先求出工程量再计算各合价）

合价=单价×数量÷清单工程量：

定额人工费合价=1 786.48×5.082÷53.48=169.76

规费合价=357.30×5.082÷53.48=33.95

材料费合价=2 924.93×5.082÷53.48=277.95

机械费合价=65.93×5.082÷53.48=6.27

管理费=（定额人工费+机械费×0.08）×0.227 8=38.79

利润=（定额人工费+机械费×0.08）×0.138 1=23.51

综合单价=人工费+材料费+机械费+管理费+利润

=169.76+33.95+277.95+6.27+38.79+23.51

=550.23 元

表 5-6 砖墙工程施工技术措施项目综合单价计算表

清单综合单价组成明细

序号	项目编码	项目名称	计量单位	工程量	定额编号	定额名称	定额单位	数量	单价/元				合价/元						综合单价
									人工费		材料费	机械费	人工费		材料费	机械费	管理费	利润	风险费
									DR	规费			DR	规费					
1	011701002001	外脚手架	m²	268.92	1-18-1	外墙钢管脚手架	100 m²	268.92	479.79	95.96	528.06	68.25	4.80	0.96	5.28	0.68	1.11	0.67		13.50
					1-18-4	安全网	100 m²	268.92	25.74	5.15	235.29	0	0.26	0.05	2.35	0	0.06	0.04		2.76
					合计								5.06	1.01	7.63	0.68	1.17	0.71		16.26
2	011702002001	过梁模板	m²	4.61	1-18-155	同前	100 m²	4.61	4 017.50	803.50	3 393.50	213.73	40.18	8.04	33.94	2.14	9.19	5.57		99.06

注：本表清单量与定额量相同，只是单位不同，此时合价的定额人工费、规费、材料费、机械合班费只要将单价中的小数点前后移动两位即可。

表 5-7 砖墙工程清单与计价表

序号	项目编号	项目名称	项目特征描述	计量单位	工程量	金额/元					
						综合单价	合价	其中			暂估价
								人工费		机械费	
								DR	规费		
1	010302001001	实心砖墙	1. 砖品种、规格、强度等级 2. 墙体类型 3. 砂浆强度等级、配合比	m³	53.48	582.63	31 159.05	9 531.21	1 879.82	370.08	
2	010515002001	预制钢筋制安	钢筋种类规格	t	0.082	8 738.04	716.52	238.30	47.66	3.73	
		合计					31 875.57	9 769.51	1 927.48	373.81	

砖墙工程的材料费=296.92×53.48+4 140.60×0.082
=16 218.81 元

表 5-8 砖墙工程施工技术措施项目清单与计价表

序号	项目编号	项目名称	项目特征描述	计量单位	工程量	金额/元					
						综合单价	合价	其中			暂估价
								人工费		机械费	
								DR	规费		
1	011701002001	综合脚手架	外墙脚手架、高 4.15 m	m²	268.92	16.26	4 372.64	1 360.74	271.61	182.87	
2	011702002001	过梁模板	钢筋砖过梁模板、高度 2.4 m	m²	4.61	99.06	456.67	185.23	37.06	9.87	
		合计					4 829.31	1 545.97	308.67	192.74	

注：DR 代表定额人工费
  合价=综合单价×数量
  规费=规费单价×数量
  机械费=机械单价×数量

表 5-9 施工组织措施费计算表

序号	项目编号	项目名称	计算基础	费率/%	金额/元	调整费率/%	调整后金额/元	备注
1		绿色施工安全文明措施费						
1.1		安全文明施工及环境保护费	定额人工费+机械费×0.08 =11 315.48+566.55 ×0.08 =11 360.81	5.12	581.67			
1.2		临时设施费		2.76	313.56			
1.3		绿化施工措施费		5.94	674.83			
2		冬雨季施工增加费、工程定位复测费、工程交点，场地清理费		3.72	422.62			

续表

序号	项目编号	项目名称	计算基础	费率/%	金额/元	调整费率/%	调整后金额/元	备注
3		夜间施工增加费		0.50	56.80			暂无
4		压缩工期增加费	定额人工费+机械费					暂无
5		行车,行人干扰增加费	定额人工费+机械费×0.08	8.85 4.20 4.20				暂无
6		已完工程及设备保护费						暂无
7		特殊地区施工增加费						暂无
8		其他施工组织措施费						暂无
		合　计			2 049.44			

注：1."其他施工组织措施费"在计价时需要列出具体费用名称。
　　2. 工程结算时按合同约定（或投标报价）调整费率和金额。

（9）完成砖墙工程其他规费项目计算表的计算，根据砖墙工程中的工程定额人工费和施工技术措施项目中的定额人工费，计算出墙砖工程的有关其他规费，详见表 5-10。

5-2　其他项目费计算表

表 5-10　砖墙工程其他规费项目计算表

序号	工程名称		计算基础	计算费率	金额/元	备注
1	规　费		定额人工费（包括工程定额人工费+技术措施项目定额人工费）	20%		
1.1	其中	社会保险费 养老保险费		9.01%	1 019.53	计入人工费内
		社会保险费 医疗保险费		6.39%	723.06	计入人工费内
1.2		住房公积金		4.60%	520.51	
	其他规费	工伤保险（单独计列）		0.50%	56.58	计入税前费用
1.3		工程排污费	按有关部门规定计算			
2		环境保护税	按有关部门规定计算			
		合　计			2 319.68	

注：工程排污费按工程用水量计算。

（10）完成砖墙工程税金项目的计算。根据砖墙工程中的工程定额人工费、规费、材料费、机械费和施工技术措施项目中的定额人工费、规费、材料费、机械费，计算出墙砖工程的税金，详见表5-11。

5-3　税率计算方法

项目小结

本项目主要介绍砌体的基础工程，砌体工程包括砖砌体、砌石工程、轻质墙和其他零星砌体四部分。学生应熟悉砖墙的一般规定，掌握砖基础工程量计算规则，熟悉计算砖基础工程量的计算。重点掌握砖基础的计算公式、计算规则，砌体工程的清单工程量计算、工程定额的正确应用、砖墙工程综合单价计算表计算方法，各种费用的计算。难点：识图、列项、工程量计算（清单项目与定额项目中间的关系，如清单中没有的定额项目的归并，如钢筋砖过梁、安全网的归并）、套价、定额应用、定额换算及工程费用的计算。通过本项目任务的学习，学生应熟悉砌筑工程的相关定额，不能直接套用定额的换算方法，对砌筑工程的消耗定额内容有一定的认识，并能正确应用。

复习思考题

5-1 砖基础与墙身如何划分？
5-2 如何确定砖基础长？
5-3 如何计算基础放脚部分的体积？
5-4 完成该砖墙工程招标控制价表的计算，见表5-12。

表5-12 砖墙工程招标控制价/投标报价汇总表

序号	费用名称	计算基数或计算表达式	费率计算标准	费用金额
1	分部分项工程费	∑（分部分项工程量×综合单价）		
1.1	人工费	（R）=<1.1.1>+<1.1.2>		
1.1.1	定额人工费	∑（定额人工费）		
1.1.2	规费	∑（规费）		
1.2	材料费	∑（材料费）（C）		
1.3	设备费	∑（设备费）（S）		
1.4	机械费	∑（机械费）（J）=		
1.5	管理费	∑（DR+J×0.08）×22.78%	22.78%	
1.6	利润	∑（DR+J×0.08）×13.81%	13.81%	
1.7	风险费	∑（风险费）		
2	措施项目费	(<2.1>+<2.2>)		
2.1	技术措施项目	∑(技术措施项目清单工程量×综合单价)		
2.1.1	人工费	（R）=<2.1.1.1>+<2.1.1.2>		
2.1.1.1	定额人工费	∑（定额人工费）		
2.1.1.2	规费	∑（规费）		
2.1.2	材料费	∑（材料费）（C）		

续表

序号	费用名称	计算基数或计算表达式	费率计算标准	费用金额
2.1.3	机械费	∑（机械费）(J)=		
2.1.4	管理费	∑（DR+J×0.08）×22.78%	22.78%	
2.1.5	利润	∑（DR+J×0.08）×13.81%	13.81%	
2.2	组织措施项目费	∑（组织措施项目费）		
2.2.1	绿色施工安全文明措施项目费	∑（DR+J×0.08）×11.06%	11.06	
2.2.1.1	临时设施费	∑（DR+J×0.08）×2.76%	2.76	
2.2.2	其他组织措施项目费	∑（DR+J×0.08）× %	3.72%	
3	其他项目费			
3.1	暂列金额			
3.2	暂估价			
3.3	计日工			
3.4	总承包服务费			
3.5	其他			
3.5.1				
3.5.2				
4	其他规费			
4.1	工伤保险	∑（定额人工费）×费率	0.50%	
4.2	工程排污费			
4.3	环境保护税		%	
5	税前工程造价	（1+2+3+4）		
6	税金	（1+2+3+4）×税率%		
7	工程总造价（招标控制价/投标报价合计）=<5>+<6>			

注：1. 数字内均为表中对应的序号。

2. DR 代表定额人工费。

5-4 砌筑工程造价计算实训资料

项目 6

混凝土及钢筋混凝土工程

混凝土工程是指由胶凝材料、颗粒状集料（也称为骨料）、水以及必要时加入的外加剂和掺合料按一定比例配制，经均匀搅拌，密实成型，养护硬化而成的一种人工石材的构件。钢筋混凝土工程是指用配有钢筋增强的混凝土制成的结构。工程量清单价计中，混凝土及钢筋混凝土工程划分为现场搅拌混凝土、商品混凝土、预制混凝土、预应力混凝土、混凝土泵送、构件运输、构件安装、钢筋制安、橡胶隔震支座、其他十个部分，其中包含了基础垫层、基础、柱、梁、板、钢筋等清单子目，本项目以现浇钢筋混凝土基础、柱、墙、梁、板讲述为主。

【学习目标】

◎ 知识目标

1. 熟悉混凝土及钢筋混凝土工程项目的划分。
2. 熟悉混凝土及钢筋混凝土工程量计算的规则。
3. 熟悉混凝土及钢筋混凝土工程项目的列项及套价计算方法。

◎ 技能目标

1. 掌握混凝土及钢筋混凝土工程量清单计算方法。
2. 掌握混凝土及钢筋混凝土工程量清单编制步骤和方法。
3. 掌握混凝土及钢筋混凝土工程综合单价分析表计算。

任务 6.1 混凝土及钢筋混凝土工程量计算说明

6.1.1 混凝土

（1）现浇混凝土分现场搅拌混凝土和商品混凝土。
（2）混凝土构件未含模板，模板另按模板工程分部相应规定计算。
（3）定额中的混凝土按常用强度等级列入，若设计不同时，可按设计要求换算。
（4）商品混凝土泵送按建筑物檐高计算。
（5）定额中综合普通混凝土养护费用，大体积混凝土及特殊混凝土的养护可根据批准的施工组织设计或施工方案另行计算。

6.1.2 钢 筋

1. 环境类别的划分

不同的环境类别对混凝土和钢筋的破坏程度和机理是不一样的,环境越恶劣,对混凝土的要求越高,对钢筋要更加地保护,让钢筋不至于锈蚀被破坏,环境类别具体规定如表6-1。

表6-1 混凝土结构的环境类别划分表

环境类别		条 件
一		室内干燥环境; 无侵蚀性静水浸没环境
二	a	室内潮湿环境; 非严寒和非严寒冷地区的露天环境; 非严寒和非严寒冷地区与无侵蚀性的水或土壤直接接触的环境; 严寒和寒冷地区的冰冻线以下与无侵蚀性的水或土壤直接接触的环境
	b	干湿交替环境; 水位频繁变动环境; 严寒和寒冷地区的露天环境; 严寒和寒冷地区冰冻线以上与无侵蚀性的水或土壤直接接触的环境
三	a	严寒和寒冷地区冬季水位变动区环境; 受除冰盐影响环境; 海风环境
	b	盐渍土环境; 受除冰盐作用环境; 海岸环境
四		海水环境
五		受人为或自然的侵蚀性物质影响的环境

注:1. 室内潮湿环境是指构件表面经常处于结露或湿润状态的环境。
  2. 严寒和寒冷地区的划分应符合现行国家标准《民用建筑热工设计规范》(GB 50176)的有关规定。
  3. 海岸环境和海风环境宜根据当地情况,考虑主导风向及结构所处迎风、背风部位等因素的影响,由调查研究工程经验确定。
  4. 受除冰盐影响环境是指受到除冰盐盐雾影响的环境;受除冰盐作用环境是指被除冰盐溶液溅射时的环境以及用除冰盐地区的洗车房、停车楼等建筑。
  5. 暴露的环境是指混凝土结构表面所处的环境。

2. 混凝土保护层的厚度

所谓混凝土的保护层,就是构件中钢筋距离构件边缘的距离,如图6-1所示。钢筋是一种会锈蚀的材料,不能裸露在空气中,因此,构件中的钢筋距离构件边缘必须有一定的距离,此乃保护层。

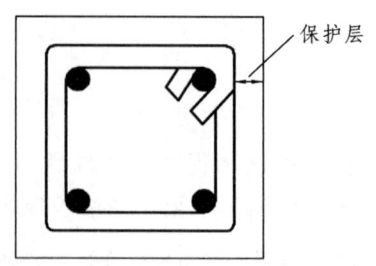

图 6-1 钢筋混凝土保护层示意图

在 16G101 中规定：混凝土保护层厚度是指最外层钢筋外边缘至混凝土表面的距离，关于构件保护层，有如下规定：

表 6-2 混凝土保护层的最小厚度　　　　　　　　单位：mm

环境类别	板、墙	梁、柱
一	15	20
二 a	20	25
二 b	25	35
三 a	30	40
三 b	40	50

注：1. 表中混凝土保护层厚度指最外层钢筋外边缘至混凝土表面的距离，适用于设计使用年限为 50 年的混凝土结构。
2. 构件中受力钢筋的保护层厚度不应小于钢筋的公称直径。
3. 设计使用年限为 100 年的混凝土结构，一类环境中，最外层钢筋的保护层厚度不应小于表中数值的 1.4 倍；二、三类环境中，应采取专门的有效措施。
4. 混凝土强度等级不大于 C25 时，表中保护层厚度数值应增加 5。
5. 基础底面钢筋的保护层厚度，有混凝土垫层时应从垫层顶面算起，且不应小于 40 mm。

3. 钢筋的标注方法

钢筋的标注方法如图 6-2 所示。

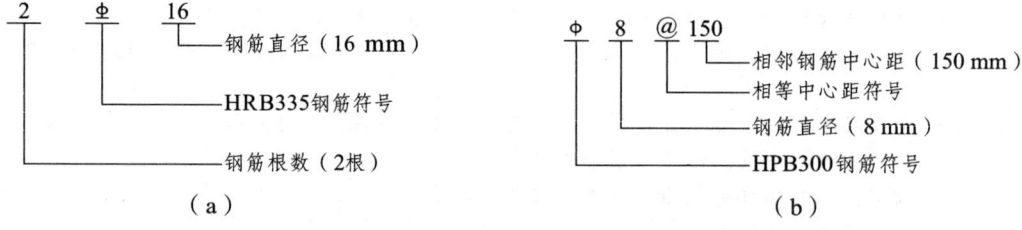

图 6-2 钢筋的标注方法

图 6-2（a）中标注钢筋的根数和直径，钢筋根数（2 根），钢筋直径（16 mm）。图 6-2（b）中标注钢筋的直径钢筋直径（8 mm）和相邻钢筋中心距（150 mm）。

4. 钢筋的作用和分类

钢筋混凝土构件中的钢筋，有的是因为受力需要而配置，有的则是因为构造需要而配置，这些钢筋的形状和作用各不相同，一般分为以下几种：

（1）受力钢筋（主筋）：在构件中以承受拉应力和压应力为主的钢筋称为受力钢筋。受力钢筋用于梁、板、柱等各种钢筋混凝土构件中，分为直筋和弯起筋，还可分为正筋（拉应力）和负筋（压应力）两种。

（2）箍筋：承受一部分斜拉应力（剪应力），并为固定受力筋、架立筋的位置所设的钢筋称为箍筋，箍筋一般用于梁和柱中。

（3）架立钢筋：架立钢筋又叫架立筋，用以固定梁内钢筋的位置，把纵向的受力钢筋和箍筋绑扎成骨架。架立筋主要功能是当梁上部纵筋的根数少于箍筋上部的转角数目时使箍筋的角部有支承。所以架立筋就是将箍筋架立起来的纵向构造钢筋，架立钢筋是根据构造要求设置，通常直径较细、根数较少。

（4）分布钢筋：分布钢筋简称分布筋，用于各种板内。分布筋与板的受力钢筋垂直设置，其作用是将承受的荷载均匀地传递给受力筋，并固定受力筋的位置以及抵抗热胀冷缩所引起的温度变形。

（5）其他钢筋：除以上常用的四种类型的钢筋外，还会因构造要求或者施工安装需要而配置构造钢筋，如：腰筋，用于高断面的梁中；预埋锚固筋，用于钢筋混凝土柱上与墙砌在一起，起拉结作用，又叫拉结筋；吊环在吊装预制构件时使用。

5. 钢筋连接长度的相关规定

钢筋连接是指钢筋混凝土构件中，为了满足钢筋的长度需要，将两根相互平行较短的钢筋在端部错开一定长度连接在一起。

（1）钢筋连接方式有绑扎搭接、焊接和机械连接三种。

（2）绑扎搭接有两种：一是受力搭接，按规定计取；二是构造搭接，一般可取 150 mm。

（3）钢筋的接头，如果设计有规定的，按设计要求设置接头；如果设计没有要求时，一般钢筋直径 12 mm 以内的，按每 12 m 计算一个接头，钢筋直径在 12 mm 以外的，按每 8 m 计算一个接头。

6. 钢筋的理论重量

钢筋的理论重量见表 6-3。

表 6-3 钢筋的理论重量

直径/mm	6	6.5	8	10	12	14
每米重量/kg	0.222	0.260	0.395	0.617	0.888	1.21
直径/mm	18	20	22	25	28	32
每米重量/kg	2.00	2.47	2.98	3.85	4.83	6.13

6.1.3 预制、预应力混凝土构件及构件内钢筋损耗计算

定额中未包括预制、预应力混凝土构件及构件内钢筋的制作废品率、运输堆放损耗及打桩、安装损耗。构件净用量按施工图计算，工程量按下列公式计算：

制作工程量=图纸工程量×（1+总损耗率）

运输工程量=图纸工程量×（1+运输堆放损耗率+安装或打桩损耗率）

安装或打桩工程量=图纸工程量

构件内钢筋工程量除按钢筋制安有关规定计算外,再按表6-4计算预制、预应力构件的钢筋损耗。

表6-4 各类预制应力钢筋混凝土构件损耗率表

构件名称	制作废品率/%	运输堆放损耗率/%	安装(打桩)损耗率/%	总计/%
预制钢筋混凝土桩	0.1	0.4	1.5	2
其他各类预制应力混凝土构件	0.1	0.8	0.5	1.4

6.1.4 构件运输及安装

(1)构件运输适用于构件堆放场地或构件加工厂至施工现场的运输。运距以30 km为限,运距在30 km以上时,自30 km起,按照构件运输方案和市场运价计算。

(2)构件运输基本运距按场内运输1 km内,场外运输10 km内分别列项,实际运距不同时,按场内每增减0.5 km、场外每增减1 km定额调整,场内运距不足0.5 km按0.5 km计算,大于0.5 km不足1 km按1 km计算;场外运距不足1 km按1 km计算。

(3)构件运输不包括桥梁、涵洞、道路加固、管线、路灯迁移及因限载、限高而发生的加固、扩宽、公交管理部门要求的措施等因素,发生时另行处理。

(4)预制混凝土构件运输,按表6-5预制混凝土构件分类。分类表中1、2类构件的单体体积、面积、长度三个指标中,以符合其中一项指标为准的就高不就低的原则执行。

表6-5 预制混凝土构件分类

构件分类	构件名称
1	桩、柱、梁、板、墙单体体积≤1 m³、面积≤4 m²、长度≤5 m
2	桩、柱、梁、板、墙单体体积>1 m³、面积>4 m²、5 m<长度≤6 m
3	6 m以上的桩、柱、梁、板、屋架、桁架、托架
4	天窗架、侧板、壁端板、天窗上下档及小型构件

任务6.2 混凝土及钢筋混凝土工程量计算规则

6.2.1 混凝土清单项目划分

(1)现浇混凝土工程清单项目划分为010501~010508,详见表6-6。

表 6-6　现浇混凝土工程清单项目表（编号：010501～010508）

项目编码	项目名称	项目特征	计量单位	工程量计算规则	工作内容
010501001	垫层	混凝土种类 混凝土强度等级	m³	按设计图示尺寸以体积计算。不扣除伸入承台基础的桩头所占体积	1. 模板及支撑制作、安装、拆除、堆放、运输及清理模内杂物、刷隔离剂等 2. 混凝土制作、运输、浇筑、振捣、养护
010501002	带形基础				
010501003	独立基础				
010501004	满堂基础				
010501005	桩承台基础				
010501006	设备基础	混凝土种类 混凝土强度等级 灌浆材料及其强度等级			
010502001	矩形柱	混凝土种类 混凝土强度等级	m³	按设计图示尺寸以体积计算 柱高： 1. 有梁板的柱高，应自柱基上表面（或楼板上表面）至一层楼板上表面之间的高度计算 2. 无梁板的柱高，应自柱基上表面（或楼板上表面）至柱帽下表面之间的高度计算 3. 框架柱的柱高，应自柱基上表面至柱顶高度计算 4. 构造柱按全高计算，嵌接墙体部分（马牙槎）并入柱身体积 5. 依附柱上的牛腿和升板的柱帽，并入柱身体积计算	
010502002	构造柱				
010502003	异形柱	柱形状 混凝土种类 混凝土强度等级			
010503001	基础梁	混凝土种类 混凝土强度等级	m³	按设计图示尺寸以体积计算。伸入墙内的梁头、梁垫并入梁体积内 梁长： 1. 梁与柱连接时，梁长算至柱侧面 2. 主梁与次梁连接时，次梁长算至主梁侧面	
010503002	矩形梁				
010503003	异形梁				
010503004	圈梁				
010503005	过梁				

续表

项目编码	项目名称	项目特征	计量单位	工程量计算规则	工作内容
010503006	弧形、拱形梁		m^3	按设计图示尺寸以体积计算。伸入墙内的梁头、梁垫并入梁体积内 梁长： 1.梁与柱连接时，梁长算至柱侧面 2.主梁与次梁连接时，次梁长算至主梁侧面	
010504001	直形墙		m^3	按设计图示尺寸以体积计算扣除门窗洞口及单个面积>0.3 m^2 的孔洞所占体积，墙垛及突出墙面部分并入墙体体积计算内	
010504002	弧形墙				
010504003	短肢剪力墙				
010504004	挡土墙				
010505001	有梁板	混凝土种类 混凝土强度等级	m^3	按设计图示尺寸以体积计算，不扣除单个面积≤0.3 m^2 的柱、垛以及孔洞所占体积压形钢板混凝土楼板扣除构件内压形钢板所占体积有梁板（包括主、次梁与）按梁、板体积之和计算，无梁板按板和柱帽体积之和计算，各类板伸入墙内的板头并入板体积内，薄壳板的肋、基梁并入薄壳体积内计算	
010505002	无梁板				
010505003	平板				
010505005	薄壳板				
010505006	栏板				
010505007	天沟（檐沟）、挑檐板		m^3	按设计图示尺寸以体积计算	
010505008	雨篷、悬挑板、阳台板		m^3	按设计图示尺寸以墙外部分体积计算。包括伸出墙外的牛腿和雨篷反挑檐的体积	
010505009	空心板		m^3	按设计图示尺寸以体积计算。空心板（GBF高强薄壁蜂果芯板等）应扣除空心部分体积	

续表

项目编码	项目名称	项目特征	计量单位	工程量计算规则	工作内容
010505010	其他板	混凝土种类 混凝土强度等级	m^3	按设计图示尺寸以体积计算	
010506001	直形楼梯	混凝土种类 混凝土强度等级	m^3	1. 以平方米计量,按设计图示尺寸以水平投影面积计算。不扣除宽度≤500 mm 的楼梯井,伸入墙内部分不计算 2. 以立方米计量,按设计图示尺寸以体积计算	
010506002	弧形楼梯				
010507001	散水、坡道	1. 垫层材料种类、厚度 2. 面层厚度 3. 混凝土种类 4. 混凝土强度等级 5. 变形缝填塞材料种类	m^3	按设计图示尺寸以水平投影面积计算。不扣除单个≤0.3 m^2 的孔洞所占面积	1. 地基夯实 2. 铺设垫层 3. 模板及支撑制作、安装、拆除、堆放、运输及清理模内杂物、刷隔离剂等 4. 混凝土制作、运输、浇筑、振捣、养护 5. 变形缝填塞
010507002	室外地坪	1. 地坪厚度 2. 混凝土强度等级			
010507004	台阶	1. 踏步高、宽 2. 混凝土种类 3. 混凝土强度等级	m^3	1. 以平方米计量,按设计图示尺寸水平投影面积计算 2. 以立方米计量,按设计图示尺寸以体积计算	1. 模板及支撑制作、安装、拆除、堆放、运输及清理模内杂物、刷隔离剂等 2. 混凝土制作、运输、浇筑、振捣、养护
010508001	后浇带	1. 混凝土种类 2. 混凝土强度等级	m^3	按设计图示尺寸以体积计算	

(2) 钢筋工程清单项目划分为010515,详见表6-7。

表6-7 现浇混凝土工程清单项目表(编号:010515)

项目编码	项目名称	项目特征描述	计量单位	工程量计算规则	工作内容
010515001	现浇构件钢筋	钢筋种类、规格	t	按设计图示钢筋(网)长度(面积)乘以单位理论质量计算	1. 钢筋制作、运输 2. 钢筋安装 3. 焊接(绑扎)
010515002	预制构件钢筋				
010515003	钢筋网片				1. 钢筋网制作、运输 2. 钢筋网安装 3. 焊接(绑扎)
010515004	钢筋笼				1. 钢筋网制作、运输 2. 钢筋笼安装 3. 焊接(绑扎)

续表

项目编码	项目名称	项目特征描述	计量单位	工程量计算规则	工作内容
010515005	先张法预应力钢筋	1. 钢筋种类、规格 2. 锚具种类		按设计图示钢筋长度乘以单位理论质量计算	1. 钢筋制作、运输 2. 钢筋张拉
010515006	后张法预应力钢筋			按设计图示钢筋(丝束,绞线)长度乘单位理论质量计算 1. 低合金钢筋两端均采用螺杆锚具时,钢筋长度按孔道长度减0.35 m计算,螺杆另行计算 2. 低合金钢筋一端采用镦头插片,另一端采用螺杆锚具时,钢筋长度按孔道长度计算,螺杆另行计算 3. 低合金钢筋一端采用镦头插片,另一端采用帮条锚具时,钢筋增加0.15 m计算;两端均采用帮条锚具时,钢筋长度按孔道长度增加0.3 m计算 4. 低合金钢筋采用后张混凝土自锚时,钢筋长度按孔道长度增加0.35 m计算 5. 低合金钢筋(钢绞线)采用 JM、XM、QM 型锚具,孔道长度≤20 m时,钢筋长度增加1 m计算,孔道长度>20 m时,钢筋长度增加1.8 m计算 6. 碳素钢丝采用锥形锚具,孔道长度≤20 m时,钢丝束长度按孔道长度增加1 m计算,孔道长度>20 m时,钢丝束长度按孔道长度增加1.8 m计算 7. 碳素钢丝采镦头锚具时,钢丝束长度按孔道长度增加0.35 m计算	
010515007	预应力钢丝				
010515008	预应力钢绞线	1. 钢筋种类、规格 2. 钢丝种类、规格 3. 钢绞线种类、规格 4. 锚具种类 5. 砂浆强度等级			1. 钢筋、钢丝、钢绞线制作、运输 2. 钢筋、钢丝、钢绞线安装 3. 预埋管孔道铺设 4. 锚具安装 5. 砂浆制作、运输 6. 孔道压浆、养护

续表

项目编码	项目名称	项目特征描述	计量单位	工程量计算规则	工作内容
010515009	支撑钢筋（铁马）	1. 钢筋种类 2. 规格		按钢筋长度乘以单位理论质量计算	钢筋制作、焊接、安装
010515010	声测管	1. 材质 2. 规格型号		按设计图示尺寸以质量计算	1. 检测管截断、封头 2. 套管制作、焊接 3. 定位、固定

6.2.2 混凝土及钢筋混凝土工程计量规则

1. 混凝土

1）现浇混凝土

（1）混凝土工程量除另有规定外，均按设计图示尺寸以体积计算。应扣除劲性混凝土结构中型钢所占体积，不扣除构件内钢筋、预埋铁件及墙、板中 0.3 m² 以内的孔洞所占体积。劲性混凝土结构中的型钢所占体积按 7 850 kg/m³ 计算。

（2）基础：按设计图示尺寸以体积计算，不扣除伸入承台基础的桩头所占体积。

① 带形基础：不分有肋式与无肋式均按带形基础计算，有肋式带形基础肋高（指基础扩大顶面至梁顶面的高）≤1.2 m 时，合并计算；肋高 > 1.2 m 时，扩大顶面以下的基础部分，按带形基础计算，扩大顶面以上部分，按墙计算。

② 箱式基础：分别按基础、柱、墙、梁、板等的有关规定计算。

③ 设备基础：块体设备基础按不同体积分别计算；框架式设备基础分别按基础、柱、墙、梁、板等的有关规定计算。楼层上的非框架式设备基础按有梁板定额执行。

④ 无肋式满堂基础有扩大或角锥形柱墩时，扩大或角锥形柱墩体积并入无肋式满堂基础计算。有肋式满堂基础肋高（指凸出基础底板上表面至肋顶面间的高度）≤1.2 m 时，基础底板、肋合并计算执行有肋式满堂基础定额；有肋式满堂基础肋高 > 1.2 m 时，底板按无肋式满堂基础定额执行，凸出基础底板肋的体积执行墙定额。

（3）柱：按设计图示尺寸以体积计算。

① 有梁板的柱高，应自柱基上表面（或楼板上表面）至上一层楼板上表面之间的高度计算[如图 6-3（a）所示]。

② 框架柱的柱高，自柱基上表面至柱顶面高度计算[如图 6-3（b）所示]。

③ 无梁板的柱高，自柱基上表面（或楼板上表面）至柱帽下表面之间的高度计算[如图 6-3（c）所示]。

④ 构造柱按全高计算，嵌接墙体部分（马牙槎）并入柱身体积。

⑤ 依附柱上的牛腿，并入柱身体积内计算。

⑥ 钢管混凝土柱以钢管高度按照钢管内径计算混凝土体积。

⑦ 斜柱按柱截面乘以斜长计算。

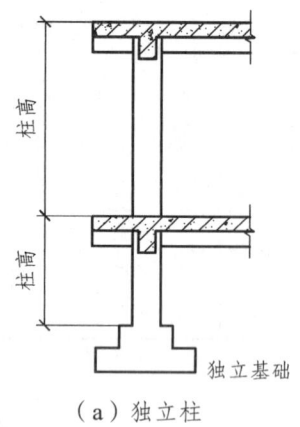 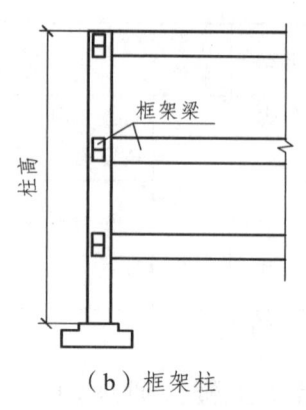 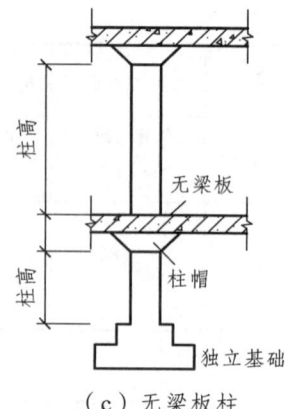

（a）独立柱　　　　　　（b）框架柱　　　　　　（c）无梁板柱

图 6-3　柱高尺寸示意图

（4）梁：按设计图示尺寸以体积计算，伸入砖墙内的梁头，梁垫并入梁体积内计算。
① 梁与柱连接时，梁长算至柱侧面。
② 主梁与次梁连接时，次梁长算至主梁侧面。
（5）墙：按设计图示尺寸以体积计算，扣除门窗洞口及 0.3 m² 以外孔洞所占体积。

墙与凸出墙面的柱连接时，墙长算至柱边；墙与未凸出墙面的柱连接时，墙、柱合并执行墙定额；墙与凸出墙面的梁连接时，墙高算至梁底，墙与未凸出墙面的梁连接时，墙高算至梁顶；墙与板连接时板算至墙侧。

大模内置保温板墙按钢筋混凝土结构图纸尺寸以体积计算，不考虑内置保温板体积。
（6）板：按设计图示尺寸以体积计算，不扣除单个面积 0.3 m² 以内的孔洞所占体积。
① 有梁板指现浇带梁（包括主、次梁但不包括圈梁、过梁）的钢筋混凝土板。包括梁与板，按梁（主、次梁）、板体积之和计算。有梁板中带有弧形梁时，弧形梁算至板底执行弧形梁定额，板执行相应的有梁板定额。
② 无梁板（指现浇不带梁，直接由柱支撑的板）按板和柱帽体积之和计算。
③ 平板（指不带梁由墙或预制梁承重的板）按体积计算。
④ 各类板伸入砖墙内的板头并入板体积内计算，薄壳板的肋、基梁并入薄壳体积内计算。
⑤ 空心板按扣除空心部分的设计图示尺寸以体积计算。
⑥ 钢筋桁架楼承板计算体积时，按扣除压型钢板所占体积后的体积计算。
（7）栏板、扶手按设计图示尺寸以体积计算，伸入砖墙内的部分并入栏板，扶手体积计算。
（8）挑檐、天沟按设计图示尺寸以墙外部分体积计算。挑檐，天沟板与板连接时，以外墙外边线为分界线；与梁（包括圈梁等）连接时，以梁外边线为分界线；外墙外边线以外为挑檐、天沟。
（9）凸阳台按挑出墙外的梁板体积合并计算；阳台栏板，压顶分别按栏板，压顶项目计算。
（10）雨篷按梁，板体合并计算，高度≤400 mm 的栏板并入雨篷体积内计算，栏板高度>400 mm 时，全高按栏板计算。
（11）楼梯（包括休息平台，平台梁、斜梁及楼梯的连接梁）按设计图示尺寸以不重叠的水平投影面积累计计算，不扣除宽度小于 500 mm 楼梯井，入墙内部分不计算。当整体楼梯与现浇楼板无梯梁连接时，以楼梯的最后一个踏步边缘加 300 mm 为界。整体楼梯不包括基础，楼梯基础另按相应定额计算。

（12）散水、台阶按设计图示尺寸以水平投影面积计算。台阶与平台连接时其投影面积应以最上层踏步外沿加 300 mm 计算，架空式混凝土台阶按楼梯计算。

（13）场馆看台，地沟、混凝土后浇带按设计图示尺寸以体积计算。

（14）二次灌浆、空心砖内灌注混凝土，按实际灌注混凝土体积计算。

（15）空心楼板筒芯，箱体按所安装的筒芯，箱体体积计算。

（16）现场搅拌混凝土调整工程量按混凝土构件设计图示尺寸以体积计算。

（17）集中搅拌的混凝土拌和，运输及混凝土泵送工程量按混凝土构件设计图示尺寸以体积计算。

2）预制混凝土

成品预制混凝土构件按图示尺寸以体积计算；现场制作或工企业附属加工厂制作的预制混凝土构件按成品构件计算；均不扣除构件内钢筋、铁件及小于 0.3 m² 以内孔洞所占体积。

预制混凝土构件接头灌缝，按预制混凝土构件体积计算。

2. 钢筋制安

钢筋工程量区别现浇、预制构件、预应力、钢种和规格，按设计图示钢筋长度乘以单位理论质量，以吨计算。

3. 预埋铁件、钢筋接头、植筋

（1）预埋铁件、预埋螺栓按设计图示尺寸重量以吨计算，钢牛腿执行铁件定额，均不计算焊条重量。

（2）钢筋的电渣压力焊接、锥螺纹连接、直螺纹连接、冷挤压接头、钢筋气压力焊接头以个计算。

（3）植筋区别不同规格以根计算，设计孔深不同时按每增减 10 mm 定额调整。

4. 混土构件运输与安装

1）预制混凝土构件运输

（1）外购成品预制混凝土构件运输已包括在成品价内不另计算。

（2）现场制作或施工企业附属加工厂制作的预制混凝土构件运输工程量，按设计图示尺寸加计运输堆放损耗及安装或打桩损耗后以体积计算。

2）预制混凝土构件安装

（1）预制混凝土矩形柱、工形柱、双肢柱、空格柱、管道支架等安装，均按柱安装计算。

（2）组合屋架安装，以混凝土部分体积计算，钢杆件部分不计算。

（3）预制板安装，按不扣除单个面积≤0.3 m² 的孔洞所占体积计算；预制空心板按扣除空心板孔洞所占体积计算。

任务 6.3　混凝土及钢筋混凝土工程量计算

6.3.1　混凝土及钢筋混凝土工程量计算

1. 混凝土基础工程量计算

1）基础垫层（工程量按设计图示尺寸以体积计算）

（1）带形基础垫层工程量的计算公式为：

$$V = b \times h \times L_{中} \tag{6-1}$$

式中　b——基础垫层的截面长度（基础底宽+2×100）；

　　　h——基础垫层的厚度；

　　　$L_{中}$——条形基础垫层规定计算长度，外墙基础按外墙基础中心线长度 $L_{外中}$，内墙基础垫层按净长线 $L_{内净}$。

（2）独立基础垫层和满堂基础垫层，按设计图示尺寸乘以平均厚度计算。其计算公式为：

$$V = (a+200) \times (b+200) \times h \tag{6-2}$$

式中　a——独立基础的长；

　　　b——独立基础的宽；

　　　h——垫层的厚度。

2）独立基础

按图示尺寸以体积计算。几种常见独立基础的工程量计算公式见表 6-8。

表 6-8　常见独立基础工程量计算公式表

独立基础形式	阶形基础	四棱台基础	四棱锥台形基础	杯形基础
独立基础图样式	（图）	（图）	（图）	（图）
计算式	$V_1 = a \times b \times h_1$	$V_2 = \dfrac{1}{3}(S_上 + S_下 + \sqrt{S_上 \cdot S_下}) \times h_2$	$V = V_1 + V_2$	$V = V_1 + V_2 + V_1' - V_2'$

3）带形基础

按带形基础断面面积乘以长度以体积计算。其计算公式为：

$$V = L \times F \tag{6-3}$$

式中　L——基础计算长度：外墙基础为中心线长度 $L_{外中}$，内墙基础为基础净长线 $L_{内净}$；

F——带形基础断面面积。

2. 混凝土柱工程量计算

1）矩形柱

按柱截面面积乘以柱高以体积计算。其计算公式为：

$$V = S_{柱断面面积} \times H \tag{6-4}$$

式中　H——柱高。

2）构造柱

按全高计算，嵌接墙体部分（马牙槎）并入柱身体积。其计算公式为：

$$V = abH + V_{马牙槎} \tag{6-5}$$

式中　a——构造柱断面长；

　　　b——构造柱断面宽；

　　　H——构造柱高；

　　　$V_{马牙槎}$——构造柱马牙槎体积，计算公式为：

$$V_{马牙槎} = \sum(0.03 \times 墙厚 \times n \times H) \tag{6-6}$$

式中　n——马牙槎水平投影的个数；

　　　H——构造柱高；

　　　0.03——马牙槎断面宽度。

3. 混凝土梁工程量计算

按梁截面面积乘以梁长以体积计算。其计算公式为：

$$V = S_{图示梁断面面积} \times L \tag{6-7}$$

式中　L——梁长。

4. 混凝土板工程量计算

（1）有梁板，按梁板体积合并计算，其计算公式为：

$$V = L_{图示长度} \times B_{图示宽度} \times h + 主梁及次梁体积 \tag{6-8}$$

式中　$L_{图示长度}$——板的图示长度；

　　　$B_{图示宽度}$——板的图示宽度；

　　　h——板的厚度。

（2）无梁板，按板和柱帽体积之和计算，其计算公式为：

$$V = L_{图示长度} \times B_{图示宽度} \times h + 柱帽体积 \tag{6-9}$$

式中　$L_{图示长度}$——板的图示长度；

　　　$B_{图示宽度}$——板的图示宽度；

　　　h——板的厚度。

（3）其他混凝土板，按板的图示尺寸以体积计算，其计算公式为：

$$V = L_{图示长度} \times B_{图示宽度} \times h \tag{6-10}$$

式中　$L_{图示长度}$——板的图示长度；

　　　$B_{图示宽度}$——板的图示宽度；

　　　h——板的厚度。

5. 混凝土墙工程量计算

按设计图示尺寸以体积计算，扣除门窗洞口及单个面积>0.3 m² 的孔洞所占体积，墙垛及突出墙面部分并入墙体体积计算。其计算公式为：

$$V = (L \times H - S_{门窗洞口}) \times d + V_{增} - V_{扣} \tag{6-11}$$

式中　L——墙长；

　　　H——墙高；

　　　$S_{门窗洞口}$——门窗洞口的面积；

　　　d——墙厚；

　　　$V_{增}$——应增加的体积；

　　　$V_{扣}$——应扣除的体积。

6.3.2　钢筋工程量计算

1. 钢筋工程量计算公式

钢筋工程应区别现浇、预制构件以及不同钢种和规格，分别按设计图示钢筋长度乘单位理论质量计算，其计算公式为：

$$G = L \times \partial \tag{6-12}$$

式中　L——钢筋的计算长度；

　　　∂——钢筋的线密度为 $0.006\ 17\ d^2$（d 为钢筋直径，取单位 mm）。

2. 一般钢筋长度计算公式

$$L = l - 2a + l_{弯钩} + l_{弯起} + l_{搭接} + l_{锚固} \tag{6-13}$$

式中　l——构件长度；

　　　a——混凝土保护层厚度；

　　　$l_{弯钩}$——弯钩增加长度；

　　　$l_{弯起}$——弯起钢筋增加长度；

　　　$l_{搭接}$——钢筋的搭接长度；

　　　$l_{锚固}$——钢筋的锚固长度。

1）弯钩增加长度（$l_{弯钩}$）计算

如图 6-4 所示。

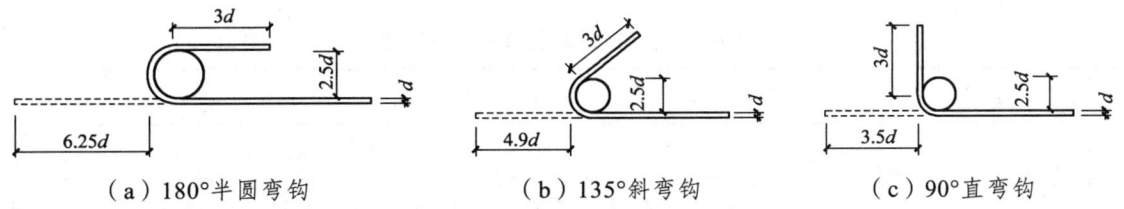

（a）180°半圆弯钩　　　　（b）135°斜弯钩　　　　（c）90°直弯钩

图 6-4　钢筋弯钩计算示意图

$$弯钩长度计算 = \begin{cases} 180°\text{半圆弯钩增加} 2\times 6.25d，\text{抗震时} 2\times 13.25d \\ 135°\text{弯钩增加} 2\times 4.9d，\text{抗震时} 2\times 11.9d \\ 90°\text{弯钩增加} 2\times 3.5d，\text{抗震时} 2\times 10.5d \end{cases} \quad (6\text{-}14)$$

2）弯起钢筋增加长度（$l_{弯起}$）计算

弯起钢筋增加长度按表 6-9 计算。

表 6-9　弯起钢筋长度及增加长度计算表

形　状		30°	45°	60°
计算方法	斜边长	$2h$	$1.414h$	$1.55h$
	增加长度 $\Delta l = S - L$	$0.268h$	$0.414h$	$0.577h$

3）钢筋搭接长度（$l_{搭接}$）计算

纵向受拉钢筋最小搭接长度如表 6-10 所示。

表 6-10　受拉钢筋搭接长度说明表

纵向受拉钢筋绑扎搭接长度 l_l、l_{lE}				说　明
抗震		非抗震		1. 当不同直径的钢筋搭接时，l_l、l_{lE} 按直径较小的钢筋计算。 2. 在任何情况下 l_l 不得小于 300 mm。 3. 式中 ζ_l 为纵向受拉钢筋搭接长度修正系数，当纵向钢筋搭接接头百分率为表的中间值时，可按内插取值
$l_{lE} = \zeta_l l_{aE}$		$l_l = \zeta_l l_a$		
纵向受拉钢筋搭接长度修正系数 ζ_l				
纵向钢筋搭接接头面积百分率/%	≤25	50	100	
ζ_l	1.2	1.4	1.6	

4）钢筋锚固长度（$l_{锚固}$）计算

钢筋的锚固长度一般指梁、板、柱等构件的受力钢筋伸入支座或基础中的总长度，可以直线锚固和弯折锚固。弯折锚固长度包括直线段和弯折段。其中受拉钢筋基本锚固长度 l_{ab}、l_{aE} 可以通过表 6-11 查到。

表 6-11 受拉钢筋基本锚固长度表

钢筋种类	抗震等级	混凝土强度等级							
		C20	C25	C30	C35	C40	C45	C50	C55	≥C60
HPB300	一、二级（l_{aE}）	45d	39d	35d	32d	29d	28d	26d	25d	24d
	三级（l_{aE}）	41d	36d	32d	29d	26d	25d	24d	23d	22d
	四级（l_{aE}）非抗震（l_{ab}）	39d	34d	30d	28d	25d	24d	23d	22d	21d
HRB335 HRBF335	一、二级（l_{aE}）	44d	38d	33d	31d	29d	26d	25d	24d	24d
	三级（l_{aE}）	40d	35d	31d	28d	26d	24d	23d		
	四级（l_{aE}）非抗震（l_{ab}）	38d	33d	29d	27d	25d	23d	22d	21d	21d
HRB400 HRBF400 RRB400	一、二级（l_{aE}）	—	46d	40d	37d	33d	32d	31d	30d	29d
	三级（l_{aE}）	—	42d	37d	34d	30d	29d	28d	27d	26d
	四级（l_{aE}）非抗震（l_{ab}）	—	40d	35d	32d	29d	28d	27d	26d	25d
HRB500 HRBF500	一、二级（l_{aE}）	—	55d	49d	45d	41d	39d	37d	36d	35d
	三级（l_{aE}）	—	50d	45d	41d	38d	36d	34d	33d	32d
	四级（l_{aE}）非抗震（l_{ab}）	—	48d	43d	39d	36d	34d	32d	31d	30d

3. 箍筋长度计算公式

$$L_{箍筋} = L_{单根箍筋} \times n \tag{6-15}$$

（1）单根箍筋长度计算公式：

$$L_{单根箍筋} = (b + h - 4a) \times 2 + l_{弯钩} \tag{6-16-1}$$

式中 b——构件的宽度；

h——构件的高度；

a——构件混凝土保护层厚度；

$l_{弯钩}$——钢筋弯钩增加长度。

（2）箍筋根数计算公式：

$$n = l \div @ + 1 \tag{6-16-2}$$

式中 l——布筋长度；

@——箍筋的间距。

4. 拉筋长度计算公式

$$L_{拉筋} = B - 2a + 2 \times 11.9d + 2d \tag{6-17}$$

式中　B——梁的宽度；
　　　a——保护层厚度；
　　　d——拉筋的直径。

5. 吊筋长度计算公式

$$L_{吊筋} = b + (50 + 斜段长度 + 20d) \times 2 \tag{6-18}$$

式中　b——次梁的宽度；
　　　d——吊筋的直径。

任务 6.4　现浇混凝土及钢筋工程量计算技能实训

6.4.1　现浇混凝土工程量计算技能实训

1. 现浇混凝土实训资料

已知某楼层为现浇混凝土框架结构，框架柱及有梁板平面图如图 6-5 所示，层高 3.8 m，基础顶面标高为 -0.6 m，现浇 C30 框架柱 KZ 截面 600×600。梁除 LL（200×500）外，其余梁均为 KL1（200×500）外，梁高均包括板厚，板厚为 110 mm，有梁板混凝土强度为 C25。（预拌混凝土：C30 单价为 380 元/m³、C25 单价为 361 元/m³）

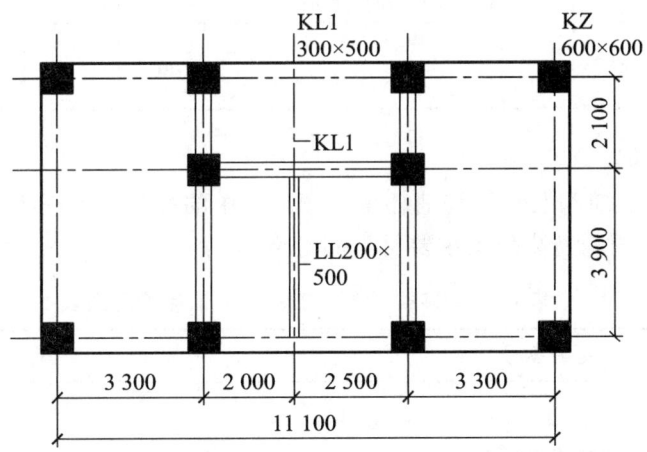

图 6-5　现浇框架结构柱及有梁板平面示意图

2. 实训要求

（1）计算出图中 KZ 混凝土工程量和现浇有梁板混凝土工程量。
（2）完成图中 KZ 混凝土工程量和现浇有梁板混凝土工程项目的综合单价分析表计算。

（3）计算出该图中 KZ 和现浇有梁板混凝土工程项目清单与计价表。

3．实训方法步骤

（1）KZ 柱混凝土工程量和现浇有梁板混凝土清单工程量计算，计算详见表 6-12。

表 6-12　KZ 柱混凝土工程量和现浇有梁板混凝土清单工程量计算表

序号	项目编号	项目名称	计量单位	工程量	计算式
1	010502001001	矩形框架柱	m³	15.84	1. 柱断面积：0.6×0.6×10=3.60 m² 2. V=3.60×（0.6+3.8）=15.84 m³
2	010505002001	有梁板	m³	16.20	1. 梁：[（2.700×4+3.900×3+5.400×2+4.800×2）×0.3+3.750×0.2]×0.4=8.15 2. 板：[（11.100+2×0.300）×（6.000+2×0.300）−3.600]×0.110=8.10 3. 有梁板：8.15+8.10=16.20 m³

（2）KZ 柱混凝土工程量和现浇有梁板混凝土清单工程列项，列项项目详见表 6-13。

表 6-13　分部分项工程清单与计价表

序号	项目编码	项目名称	项目特征描述	计量单位	工程量	金额/元		
						综合单价	合价	其中：暂估价
1	010502001001	矩形框架柱	1. 混凝土种类：预拌混凝土 2. 混凝土强度等级：C30 3. 柱截面：600×600	m³	15.84			
2	010505002001	有梁板	1. 混凝土种类：预拌混凝土 2. 混凝土强度等级：C25	m³	16.20			

（3）选择计价依据。

根据某省《房屋建筑与装饰工程消耗量定额》表中的混凝土工程相关消耗量定额表，见表 6-14 所示（本表中材料费未包括主要材料的价格）。

表 6-14　某省混凝土工程相关消耗量定额表　　　　单位：10 m³

定额编号		1-5-16	1-5-27
项目名称		矩形柱 断面周长/m 2.4 以内	矩形梁
基价/元		4 759.70	4 151.91
其中	人工费/元	1 115.21	465.95

续表

定额编号				1-5-16	1-5-27
项目名称				矩形柱 断面周长/m 2.4 以内	矩形梁
其中		定额人工费/元		929.34	388.29
		规费/元		185.87	77.66
		材料费/元		3 644.49	3 685.96
		机械费/元		—	—
	名称		单位	单价/元	数量
人工	综合日工 12		工日	154.44	6.486	3.017
材料	预拌混凝土 C25		m³	361.00	9.797	10.100
	预拌水泥砂浆		m³	296.67	0.303	
	电		kW·h	0.47	3.750	3.750
	水		m³	5.94	0.911	3.090
	土工布		m²	5.95	1.200	2.720
	塑料薄膜		m²	0.12		29.750

（4）混凝土工程综合单价分析表的计算，见表 6-15。根据表 6-14 中查出的项目定额单位、人工费、材料费、机械费的单价，分别填入砖墙工程综合单价分析计算表中人、材、机的相应单价栏内，并计算出该分项工程的人工费，材料费，机械台班费的合价、管理费和利润、综合单价，详见表 6-15。

6.4.2 钢筋工程量计算技能实训

1. 柱钢筋实训资料

已知某楼层为现浇混凝土框架结构，一层层高 3.9 m，基础顶面标高为-0.5 m，现浇 C30 框架柱 KZ1 截面 500×500。KZ1 的配筋见图 6-6 和图 6-7，钢筋连接采用焊接连接。

圆钢筋 HPB300 直径 $\phi 8$ mm 单价按 5 520.00 元/t 计算，热轧带肋钢筋 HRB400E $\phi 25$ mm 单价按 4 940 元/t 计算。

表 6-15 混凝土工程综合单价分析表

编号	项目编码	项目名称	计量单位	工程量	定额编号	定额名称	定额单位	数量	清单综合单价组成明细								
									单价/元				合价/元				综合单价
									人工费		材料费	机械费	人工费		材料费	机械费	管理费	利润	风险费	
									定额人工费	规费			定额人工费	规费						
1	010502001001	矩形框架柱	m³	15.84	1-5-16	矩形柱（2.4以内）	10 m³	0.100	929.34	185.83	3 644.49−9.797×361+9.797×380=3 830.63	—	83.475	16.695	383.063	—	19.02	11.53	0	513.78
2	010505002001	有梁板	m³	16.20	1-5-27	矩形梁	10 m³	0.100	388.29	77.66	3 685.96	—	38.829	7.766	368.596	—	8.85	5.36	0	429.40

注：数量=清单工程量/（定额工程量×定额单位）
合价=单价×数量
管理费和利润=（人工费+机械费×0.08）×（0.227 8+0.138 1）
风险费=（人工费+材料费+机械费+管理费+利润）×0%
综合单价=人工费+材料费+机械费+管理费+利润+风险费

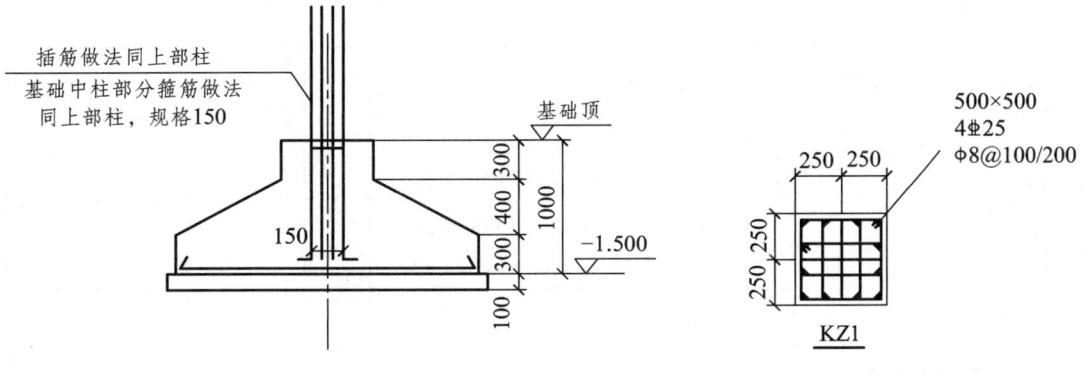

图 6-6 KZ1 配筋图　　　　图 6-7 KZ1 箍筋构成示意图

1）实训要求

（1）计算出图中 KZ1 钢筋工程量。

（2）完成图中 KZ1 钢筋工程项目的综合单价分析表的计算。

（3）计算出该图中 KZ1 钢筋工程项目清单与计价表。

2）实训方法步骤

（1）KZ1 柱钢筋工程量计算，计算详见表 6-16。

表 6-16 钢筋工程量计算表

筋号	直径	钢筋图形	计算公式描述	计算公式	根数	总根数	单长/m	总长/m	总重/kg
B 边插筋.1	20	150⌐2 260	上层露出长度+基础厚度-保护层+计算设置设定的弯折	3 900/3+1000-40+max（6×d,150）	2	2	2.41	38.56	11.905
B 边插筋.2	20	150⌐2 960	上层露出长度+错开距离+基础厚度-保护层+计算设置设定的弯折	3 900/3+max（35×d,500）+1 000-40+max（6×d,150）	2	2	3.11	49.76	15.363
H 边插筋.1	25	150⌐3 135	上层露出长度+错开距离+基础厚度-保护层+计算设置设定的弯折	3 900/3+1×max（35×d,500）+1 000-40+max（6×d,150）	2	2	3.285	105.12	25.294
H 边插筋.2	25	150⌐2 260	上层露出长度+基础厚度-保护层+计算设置设定的弯折	3 900/3+1000-40+max（6×d,150）	2	2	2.41	77.12	18.557

续表

筋号	直径	钢筋图形	计算公式描述	计算公式	根数	总根数	单长/m	总长/m	总重/kg
角筋插筋.1	25	150└ 3 135	上层露出长度+错开距离+基础厚度-保护层+计算设置设定的弯折	3 900/3+1×max（35×d，500）+1 000-40+max（6×d，150）	2	2	3.285	105.12	25.294
角筋插筋.2	24	150└ 2 260	上层露出长度+基础厚度-保护层+计算设置设定的弯折	3 900/3+1 000-40+max（6×d，150）	2	2	2.41	77.12	18.557
箍筋.1	8	460 460	箍筋根数=max（(960-100)/500）+1，2）	2×[（500-2×20）+（500-2×20）]+2×（11.9×d）	3	3	2.03	48.72	2.406
B边纵筋.1	20	3 600	层高-本层的露出长度+上层露出长度+错开距离	4 400-2 000+max（2 800/6，500，500）+1×max（35×d，500）	2	2	3.6	115.2	17.784
B边纵筋.2	20	3 600	层高-本层的露出长度+上层露出长度	4 400-1 300+max（2 800/6，500，500）	2	2	3.6	115.2	17.784
H边纵筋.1	25	3 600	层高-本层的露出长度+上层露出长度+错开距离	4 400-2 175+max（2 800/6，500，500）+1×max（35×d，500）	2	2	3.6	230.4	27.72
H边纵筋.2	25	3 600	层高-本层的露出长度+上层露出长度	4 400-1 300+max（2 800/6，500，500）	2	2	3.6	230.4	27.72
角筋.1	25	3 600	层高-本层的露出长度+上层露出长度	4 400-1 300+max（2 800/6，500，500）	2	2	3.6	230.4	27.72
角筋.2	25	3 600	层高-本层的露出长度+上层露出长度+错开距离	4 400-2 175+max（2 800/6，500，500）+1×max（35×d，500）	2	2	3.6	230.4	27.72
箍筋.1	8	460 460	（650/100）+1+（1 250/100）+1+（500/100）+（1 950/200）-1	2×[（500-2×20）+（500-2×20）]+2×（11.9×d）	36	36	2.03	584.64	28.867

续表

筋号	直径	钢筋图形	计算公式描述	计算公式	根数	总根数	单长/m	总长/m	总重/kg
箍筋.2	8	460 181	（650/100）+1+（1 250/100）+1+（500/100）+（1 950/200）-1	2×{[（500-2×20-2×d-25）/3×1+25+2×d]+（500-2×20）}+2×（11.9×d）	72	72	1.472	847.872	41.864
合计									334.555

（2）KZ1钢筋清单工程列项，列项项目详见表6-17、6-18。

表6-17 ZK1钢筋工程清单工程量列项表

序号	项目编号	项目名称	计量单位	工程量	计算式
1	010515001001	现浇构件钢筋	t	0.261	261.418 kg≈0.261 t
定额项目	1-5-191	现浇构件带肋钢筋 HRB400 以内直径≤25 mm	t	0.261	Φ20：11.905+15.363+17.784+17.784=62.836 kg Φ24：18.557 kg Φ25：25.294+18.557+25.294+27.72×4 =180.025 kg 总：62.836+18.557+180.025=261.418 kg=0.261 t
2	010515001002	现浇构件钢筋	t	0.073	73.137 kg≈0.073 t
定额项目	1-5-216	箍筋 HPB300 直径≤10 mm	t	0.073	Φ8：2.406+28.867+41.864=73.137 kg=0.073 t

表6-18 分部分项工程清单与计价表

序号	项目编码	项目名称	项目特征描述	计量单位	工程量	金额/元		
						综合单价	合价	其中：暂估价
1	010515001001	现浇构件钢筋	1. 钢筋的种类和规格：带肋钢筋 HRB400	t	0.261			
2	010515001002	现浇构件钢筋	1. 钢筋的种类和规格：圆钢 HPB30 2. 钢筋部位：箍筋	t	0.073			

（3）选择计价依据。

根据某省《房屋建筑与装饰工程消耗量定额》表中的混凝土工程相关消耗量定额表，见表6-19所示（本表中材料费未包括主要材料的价格）。

表 6-19 某省钢筋工程相关消耗量定额表　　　　　　　　　　　　单位：t

定额编号					1-5-191	1-5-216
项目名称					现浇构件 带肋钢筋 HRB400 以内 直径≤25 mm	箍筋 圆钢 HPB300 直径≤10 mm
基价/元					4 804.57	6 687.32
其中	人工费/元				694.98	2 475.83
	其中	定额人工费/元			579.15	2 063.19
		规费/元			115.83	412.64
	材料费/元				4 070.75	4 167.81
	机械费/元				38.84	43.68
	名称		单位	单价/元	数量	
人工	综合工日12		工日	154.44	4.500	16.031
材料	热轧光圆钢筋 HPB300Φ10 以内		t	4 030.00	—	1.02
	热轧带肋钢筋 HRB400Φ20-25		t	3 930.00	1.025	—
	镀锌铁丝 Φ0.7		kg	5.70	1.600	15.670
	水		m³	5.94	0.093	—
	低合金钢焊条 E43 系列		kg	6.84	4.800	—
机械	钢筋调直机 直径：14 mm		台班	32.77	—	0.300
	钢筋切断机 直径：40 mm		台班	33.20	0.090	0.160
	钢筋弯曲机 直径：40 mm		台班	21.79	0.180	1.310
	直流弧焊机 容量：32 kV·A		台班	66.39	0.400	—
	对焊机 容量：75 kV·A		台班	79.71	0.060	—
	电焊条烘干箱 容量：45×35×45 cm³		台班	14.79	0.040	—

（4）现浇构件钢筋工程综合单价分析表的计算，见表 6-20。根据表 6-19 中查出的项目定额单位，人工费、材料费、机械费的单价，分别填入钢筋工程综合单价分析计算表中人、材、机的相应单价栏内，并计算出该分项工程的人工费，材料费，机械台班费的合价、管理费和利润、综合单价，详见表 6-20。

表 6-20 **KZ1 钢筋工程综合单价分析表**

编号	项目编码	项目名称	计量单位	工程量	定额编号	定额名称	定额单位	数量	清单综合单价组成明细 单价/元					合价/元						综合单价
									人工费 定额人工费	规费	材料费	机械费	人工费 定额人工费	人工费 材料未计价材料费 规费	材料费	机械费	管理费(22.78)	利润(13.81)	风险费(0%)	
1	010515001001	现浇构件钢筋	t	0.261	1-5-191	现浇构件带助钢筋 HRB400 以内直径 ≤25 mm	t	1.000	579.15	115.83	4 070.75+1.025×(4 940−3 930) =5 160.00	38.84	579.15	115.83	5 160.00	38.84	132.64	80.41	0.00	6 106.87
2	010515001002	现浇构件钢筋	t	0.073	1-5-216	箍筋 HPB300 直径 ≤10 mm	t	1.000	2 063.19	412.64	4 167.81+1.020×(5 520−4 030) =5 687.61	43.68	2 063.19	412.64	5 687.61	43.68	470.79	285.41	0.00	8 963.32

注：数量＝清单工程量/(定额工程量×定额单位)
合价＝单价×数量
管理费和利润＝(人工费＋机械费×0.08)×(0.227 8＋0.138 1)
风险费＝(人工费＋材料费＋机械费＋管理费＋利润)×0%
综合单价＝人工费＋材料费＋机械费＋管理费＋利润＋风险费

2. 梁钢筋实训资料

已知某楼层为现浇混凝土框架结构，一层层高 3.9 m。框架梁的配筋见图 6-8，钢筋连接采用焊接连接。

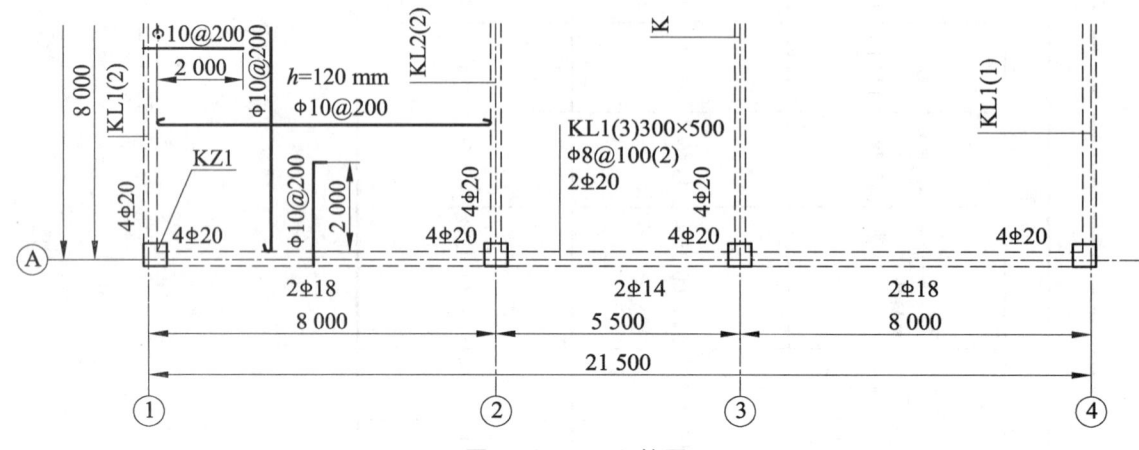

图 6-8 KL1 配筋图

1）实训要求

计算出图中 KL1 钢筋工程量。

2）实训方法步骤

KZ1 柱钢筋工程量计算，详见表 6-21。

表 6-21 KL1 钢筋工程量计算表

筋号	直径	钢筋图形	计算公式	根数	总根数	单长/m	总长/m	总重/kg
1跨.上通长筋1	20	300⌐ 21 660 ⌐300	500−20+15×d+20 700+ 500−20+15×d	2	2	22.26	22.26	109.964
1跨.左支座筋1	20	300⌐ 2 930	500−20+15×d+7 350/3	2	2	3.23	3.23	15.956
1跨.右支座筋1	20	5 400	7 350/3+500+7 350/3	2	2	5.4	5.4	26.676
1跨.下部钢筋1	18	270⌐ 8 568	500−20+15×d+7 350+ 41×d	2	2	8.838	8.838	35.352
2跨.右支座筋1	20	5 400	7 350/3+500+7 350/3	2	2	5.4	5.4	26.676
2跨.下部钢筋1	14	6 148	41×d+5 000+41×d	2	2	6.148	6.148	14.878
3跨.右支座筋1	20	300⌐ 2 930	7 350/3+500−20+15×d	2	2	3.23	3.23	15.956

续表

筋号	直径	钢筋图形	计算公式	根数	总根数	单长/m	总长/m	总重/kg
3跨.下部钢筋1	18	270 | 8 568	$41×d+7\ 350+500-20+15×d$	2	2	8.838	8.838	35.352
1号箍筋	8	460 |260|	$2×[(300-2×20)+(500-2×20)]+2×(11.9×d)$	74	74	1.630	1.630	47.645
2号箍筋	8	460 |260|	$2×[(300-2×20)+(500-2×20)]+2×(11.9×d)$	50	50	1.630	1.630	32.193
3号箍筋	8	460 |260|	$2×[(300-2×20)+(500-2×20)]+2×(11.9×d)$	74	74	1.630	1.630	47.645

3．板钢筋实训资料

如图6-9所示为实训楼标准层的结构平面图。已知框架梁的截面尺寸为250×600，梁板的混凝土强度等级为C30，板厚为120 mm，在室内干燥环境中使用。（板中未注明分布钢筋按Φ6@200计算）

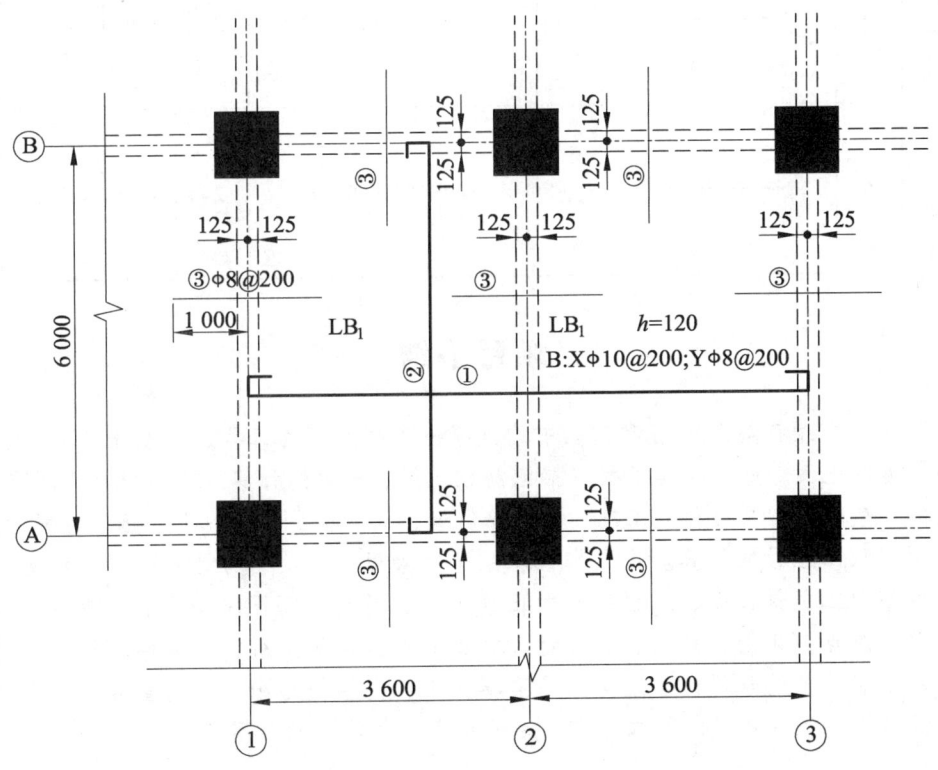

图6-9　现浇板LB1配筋图

1）实训要求

试计算图 6-9 中现浇板 LB_1 内钢筋清单工程量。

2）实训方法步骤

现浇板的钢筋工程量计算，详见表 6-22。

表 6-22 板钢筋工程量计算表

筋号	直径	钢筋图形	计算公式	根数	单长/m	总长/m	总重/kg
底部受力筋 -X10@200	10	⊓	（3.6+3.6-0.125×2）+2×max（5×0.01,0.25/2）+2×6.25×0.01	30	7.3	219.75	135.59
底部受力筋 -Y8@200	8	⊓	（6-0.125×2）+2×max（5×0.008,0.25/2）+2×6.25×0.008]×[（3.6-0.125×2-0.05×2）/0.2+1]×2	36	6.10	219.60	86.74
支座负弯矩 -8@200	8	⊔	1×2+（0.12-0.015×2）×2	162	2.18	353.16	139.50
支座负弯矩钢筋下分布钢筋 -X6@200	6	─	3.6-1×2+0.15×2	24	1.90	45.60	10.12
支座负弯矩钢筋下分布钢筋 -Y6@200	6	─	6-1×2+0.15×2	24	4.30	103.20	22.91

项目小结

本项目主要介绍钢筋及钢筋混凝土中的混凝土工程及钢筋工程，混凝土工程包括现浇混凝土、预制混凝土两部分，钢筋工程包括钢筋柱、梁、板钢筋计算。学生应熟悉现浇混凝土、钢筋算量的一般规定，掌握独立基础、柱、墙、梁、板工程量计算规则，熟悉计算独立基础、柱、墙、梁、板工程量的计算。重点掌握基础、有梁板、柱及钢筋计算公式、计算规则；混凝土工程的清单工程量计算、工程定额的正确应用、混凝土工程综合单价分析表计算，各种费用的计算。难点：识图、列项、工程量计算、套价、定额应用、定额换算及工程费用的计算。通过本项目任务的学习，学生应熟悉混凝土工程的相关定额，不能直接套用定额的换算方法，对混凝土工程的消耗定额内容有一定的认识，并能正确应用。

综合案例分析

复习思考题

6-1 混凝土钢筋及钢筋工程综合案例

6-1 带形基础肋高确定，肋高是否应该归入到基础部分计算？
6-2 有梁板工程量包括哪些内容？
6-3 如何确定主次梁的长度？
6-4 请根据本项目内容完成工程量的计算：

（1）某现浇构件混凝土带形基础，如图 6-10 所示，基础采用 C20 的商品混凝土，试计算现浇钢筋混凝土带形基础的混凝土清单工程量。

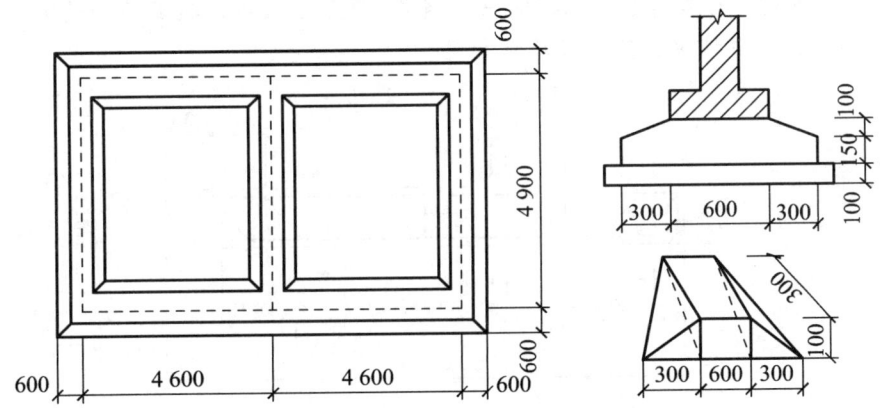

图 6-10 现浇混凝土带形基础示意图

（2）某学校资料室结构图，如图 6-11 所示，现浇混凝土框架，首层层高 4.2 m；柱梁板混凝土的强度等级均为 C20。试计算该资料室柱、梁、板混凝土的清单工程量。

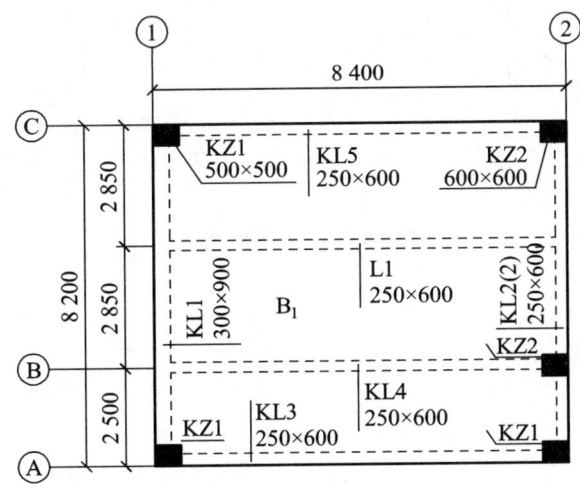

图 6-11 某资料室结构图

（3）某四层住宅楼梯平面如图 6-12 所示，计算整体楼梯混凝土清单工程量。

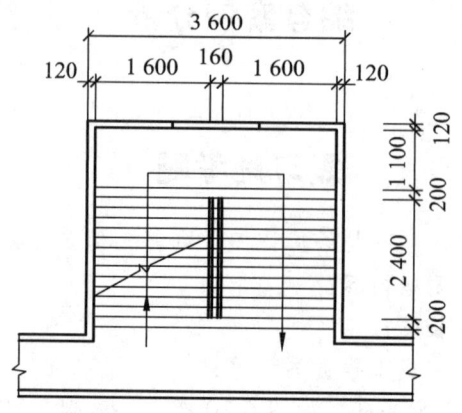

图 6-12　某四层住宅楼梯平面图

（4）在某钢筋混凝土结构中，现在取一跨钢筋混凝土梁 L-1，其配筋均按Ⅰ级钢筋考虑，如图 6-13 所示。试计算该梁钢筋的清单工程量。

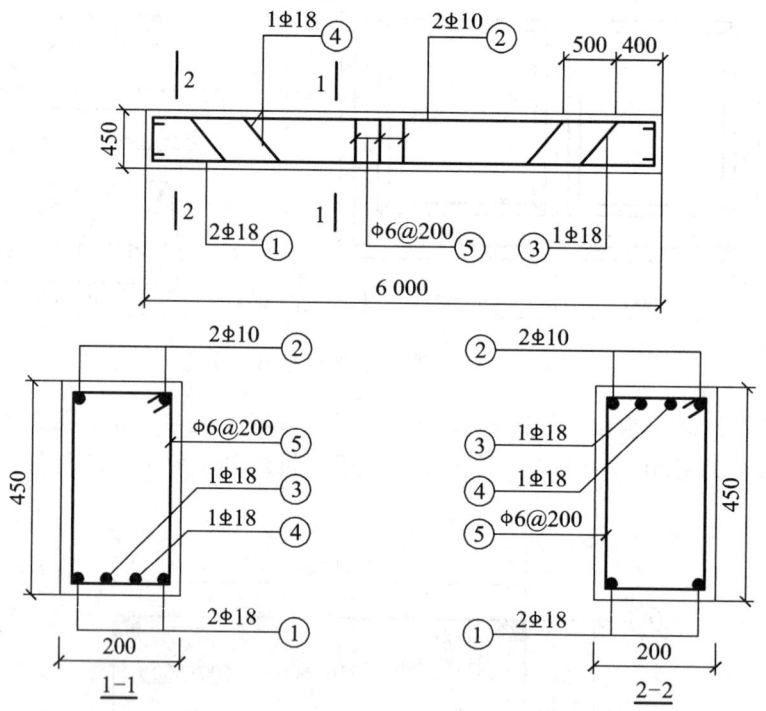

图 6-13　L-1 的断面图

项目 7

木结构及门窗工程

　　木结构工程是指单纯由木材或主要由木材承受荷载的结构，通过各种金属连接件或榫卯手段进行连接和固定。工程量清单价计中，木结构工程划分为木屋架、木结构、屋面木基层三个部分，木屋架、木柱、木梁，檩木、椽子、屋面木基层和木楼梯四部分，其中包含了木屋架，木柱、木梁，檩木、椽子、屋面木基层，木楼梯等定额子目。

　　门窗工程是指木门窗的制作安装和其他类门窗的安装工程。工程量清单价计中，门窗工程划分为木门窗，钢门窗，厂库门、特种门，铝合金、全玻璃门窗，其他成品门窗安装，门窗装饰，五金安装七部分，其中包含了木门、木窗、钢门安装、钢窗安装、厂库门制作安装、特种门成品安装、铝合金门制作安装、塑钢门窗（成品）安装、不锈钢窗套、玻璃安装、五金安装等定额子目。

　　本项目以门窗工程讲述为主。

【学习目标】

◎ 知识目标

1. 熟悉木结构及门窗工程项目的划分。
2. 熟悉木结构及门窗工程工程量计算的规则。
3. 熟悉木结构及门窗工程项目的列项及套价计算方法。

◎ 技能目标

1. 掌握木结构及门窗工程工程量清单计算方法。
2. 掌握木结构及门窗工程工程量清单编制步骤和方法。
3. 掌握木结构及门窗工程工程综合单价分析表计算。

7-1　塑钢窗安装视频

任务 7.1　木结构及门窗工程量计算说明

7.1.1　木结构工程

1. 木材木种分类

木材木种分类见表 7-1。

表 7-1　木材木种分类

类别	木　种
一类	红松、水桐木、樟子松
二类	白松（方杉、冷杉）、杉木、杨木、柳木、椴木
三类	青松、黄花松、秋子木、马尾松、东北榆木、柏木、苦楝木、梓木、黄菠萝、椿木、楠木、柚木、樟木
四类	栎木（柞木）、檀木、色木、槐木、荔木、麻栗木（麻栎、青冈）、桦木、荷木、水曲柳、华北榆木

2. 板、枋材规格分类

板、枋材规格分类见表 7-2。

表 7-2　板、枋材规格分类

项目	按宽厚尺寸比例分类	按板材厚度，枋材宽、厚乘积			
板材	宽≥3×厚	名称	薄板	中板	厚板	特厚板
		厚度/mm	≤18	19～35	36～65	≥66
枋材	宽<3×厚	名称	小枋	中枋	大枋	特大枋
		宽×厚/cm×cm	≤54	55～100	101～225	≥226

3. 木结构其他说明

本项目包括木屋架、木结构、屋面木基层三个部分。

（1）木材木种均以一、二类木种取定。传统木结构如采用三、四类木种时，相应定额制作人工、机械乘以系数 1.2。

（2）设计刨光的木构件应增加刨光损耗，设计要求现场刨光的木材，板方木单面刨光边长加 25 mm，双面刨光边长加 4 mm；圆木全刨光直径加 5 mm。

（3）木屋架：屋架跨度是指屋架两端上、下弦中心线交点之间的距离。

（4）木屋架、钢木屋架定额项目中的钢板、型钢、圆钢用量与设计不同时，可按设计数量另加 8%损耗进行换算，其余不再调整。

（5）木屋架、檩条定额项目中的檩托木、檩垫木已包括在定额项目内，不另计算。

（6）钢木屋架定额项目中的钢构件的用量已包括在定额内，不另计算；木地楞中的平撑、剪刀撑、沿油木的用量已包括在定额内，不另计算；屋面板制作厚度不同时可进行调整。

（7）如木结构施工位置，现场已设置塔吊且吊装范围可覆盖，即该塔吊可用于木结构吊装，则扣除定额项目中的起重机台班。

（8）预制木构件安装执行《云南省装配式建筑工程计价标准》相应定额项目。

7.1.2 门窗工程

7-2 工程图片

1. 木门窗

（1）成品套装木门安装包括门套和门扇的安装。

（2）木窗、木百叶窗安装套用木固定窗项目。木门连窗，门、窗应分别按相应项目执行。

2. 金属门窗

（1）铝合金成品门窗安装项目按隔热断桥铝合金型材考虑，当设计为普通铝合金型材时，按相应项目执行，其中人工乘以系数 0.8。

（2）金属门连窗，门、窗应分别执行相应项目。

（3）彩板钢窗附框安装执行彩板钢门附框安装项目。

（4）钢质防盗门、防火门如用聚氨酯发泡密封胶（750 mL/支）填缝，则扣除项目中的水泥砂浆，增加聚氨酯发泡密封胶 81.48 支/100 m²，人工不变。

（5）钢质防盗门、防火门安装项目未包括门框灌浆，设计要求时需另外计算。

（6）阳台封闭窗、转角窗安装执行相应飘凸窗安装项。

（7）质门窗定额均不含纱窗，纱扇另执行相应定额项目。

（8）钢门、钢窗安装按成品考虑（包括五金配件和铁件在内）。

（9）地弹门、平开门、推拉门中，侧亮高度不超过 2.2 m 的，按固定窗套用相应定额；超过 2.2 m 的，套用本标准"墙柱面装饰与隔断幕墙工程"相应定额。

3. 金属卷帘（闸）

（1）金属卷帘（闸）项目是按卷帘侧装（即安装在洞口内侧或外侧）考虑的，当设计为中装（即安装在洞口中）时，按相应项目执行，其中人工乘以系数 1.1。

（2）金属卷帘（闸）项目是按不带活动小门考虑的，当设计为带活动小门时，按相应项目执行，其中乘以系数 1.07，材料调整为带活动小门金属卷帘（闸）。

（3）防火卷帘（闸）（无机布基防火卷帘除外）按镀锌钢板卷帘（闸）项目执行，并将材料中的镀锌钢板卷帘换为相应的防火卷帘。

4. 厂库房大门、特种门

（1）厂库房大门及特种门已包括门扇所用铁件，除成品门附件以外，墙、柱、楼地面等部位的预埋铁按设计要求另按本标准"第五章混凝土及钢筋混凝土工程"中相应项目执行。

（2）特种门安装项目按成品门考虑。

5. 其他门

（1）全玻璃门扇安装项目按地弹门考虑，其中地弹簧消耗量可按实际调整。

（2）全玻璃门门框、横梁、立柱钢架的制作安装及饰面装饰，按门钢架相应项目执行。

（3）全玻璃门有亮子安装按全玻璃有框门扇安装项目执行人工乘以系数 0.75，地弹簧换为膨胀螺栓，消耗量调整为 277.55 个/100 m²；无框亮子安装按固定无框玻窗制作安装项目执行。

（4）电子感应自动门传感装置、伸缩门电动装置安装已包括调试用工。

6．门钢架、门窗套

（1）门钢架基层、面层项目未包括封边线条，设计要求时，另按本标准"第十五章其他装饰工程"中相应项目执行。

（2）门窗套、门窗筒子板均执行门窗套（筒子板）项目。

（3）门窗贴脸为成品线条时，按本标准"第十五章其他装饰工程"中相应项目执行。

（4）门窗套（筒子板）项目未包括封边线条，设计要求时，按本标准"第十五章其他装饰工程"中相应执行。

7．窗台板

（1）窗台板与暖气罩相连时，窗台板并入暖气罩，按本标准"第十五章其他装饰工程"中相应暖气罩项目执行。

（2）石材窗台板安装项目按成品窗台板考虑。实际为非成品需现场加工时，石材加工另按本标准"第十五章其他装饰工程"中石材相应项目执行。

8．门特殊五金

（1）成品套装木门、木门扇安装项目中五金配件的安装仅包括合页安装人工和合页材料费，设计要求的其他五金另按本章"门特殊五金"相应定额执行。

（2）木质防火门、金属门窗、金属卷帘（闸）、特种门、其他门（全玻璃门扇除外）安装定额包括五金安装人工，五金材料费包括在成品门窗价格中。

（3）全玻璃门扇安装项目中仅包括地弹簧安装的人工和材料费，设计要求的按本章"门特殊五金"相应项目执行。

任务 7.2 木结构及门窗工程量计算规则

7.2.1 木结构及门窗工程清单项目划分

木结构及门窗工程清单项目划分为 010701～010703，010801～010810，详见表 7-3、表 7-4。

表 7-3 木结构工程清单项目表（编号：010701～010703）

序号	项目编码	项目名称	项目特征描述	计量单位	工程量计算规则	工作内容
1	010701001001	木屋架	1. 跨度 2. 材料品种、规格 3. 刨光要求 4. 拉杆及夹板种类 5. 防护材料种类	1. 榀 2. m³	1. 以榀计量，按设计图示数量计算 2. 按设计图示的规格尺寸以体积计算	1. 制作 2. 运输 3. 安装 4. 刷防护材料

续表

序号	项目编码	项目名称	项目特征描述	计量单位	工程量计算规则	工作内容
2	010701002001	钢木屋架	1. 跨度 2. 木材品种、规格 3. 刨光要求 4. 钢材品种、规格 5. 防护材料种类	榀	以榀计量,按设计图示数量计算	
3	010702001001	木柱	1. 构件规格尺寸 2. 木材种类 3. 刨光要求 4. 防护材料种类	m^3	按设计图示尺寸以体积计算	
4	010702002001	木梁				
5	010702003001	木檩		1. m^3 2. m	1. 以立方米计量,按设计图示尺寸以体积计算 2. 以米计量,按设计图示尺寸以长度计算	
6	010702004001	木楼梯	1. 楼梯形式 2. 木材种类 3. 刨光要求 4. 防护材料种类	m^2	按设计图示尺寸以水平投影面积计算,不扣除宽度≤300 mm的楼梯井,伸入墙内部分不计算	1. 制作 2. 运输 3. 安装 4. 刷防护材料
7	010702005001	其他木构件	1. 构件名称 2. 构件规格尺寸 3. 木材种类 4. 刨光要求 5. 防护材料种类	1. m^3 2. m	1. 以体积计量,按设计图示尺寸以体积计算 2. 以米计量,按设计图示尺寸以长度计算	
8	010703001001	屋面木基层	1. 椽子断面尺寸及椽距 2. 望板材料种类、厚度 3. 防护材料种类	1. m^2 2. m	1. 以立方米计量,按设计图示尺寸以体积计算 2. 以米计量,按设计图示尺寸以长度计算	1. 椽子制作、安装 2. 望板制作、安装 3. 顺水条和挂瓦条制作、安装 4. 刷防护材料

表7-4 门窗工程清单项目表(编号:010801~010810)

序号	项目编码	项目名称	项目特征描述	计量单位	工程量计算规则	工作内容
1	010801001001	木质门	1. 门代号及洞口尺寸 2. 镶嵌玻璃品种、厚度	1. 樘 2. m^2	1. 以樘计量,按设计图示以数量计算 2. 以平方米计量,按设计图示洞口尺寸以面积计算	1. 门安装 2. 玻璃安装 3. 五金安装
2	010801002001	木质门带套				
3	010801003001	木质连窗门				
4	010801004001	木质防火门				

续表

序号	项目编码	项目名称	项目特征描述	计量单位	工程量计算规则	工作内容
5	010801005001	木门框	1. 门代号及洞口尺寸 2. 框截面尺寸 3. 防护材料种类	1. 樘 2. m	1. 以樘计量,按设计图示数量计算 2. 以米计量,按设计图示框的中心线以延长米计算	1. 木门框制作、安装 2. 运输 3. 刷防护材料
6	010801006001	门锁安装	1. 锁品种 2. 锁规格	个(套)	按设计图示数量计算	安装
7	010802001001	金属(塑钢)门	1. 门代号及洞口尺寸 2. 门框或扇外围尺寸 3. 门框、扇材质 4. 玻璃品种、厚度	1. 樘 2. m²	1. 以樘计量,按设计图示数量计算 2. 以平方米计量,按设计图示洞口尺寸以面积计算	1. 门安装 2. 五金安装 3. 玻璃安装
8	010802002001	彩板门	1. 门代号及洞口尺寸 2. 门框或扇外围尺寸 3. 门框、扇材质	1. 樘 2. m²	1. 以樘计量,按设计图示数量计算 2. 以平方米计量,按设计图示洞口尺寸以面积计算	
9	010802003001	钢质防火门				
10	010702004001	防盗门				
11	010803001001	金属卷帘(闸)门	1. 门代号及洞口尺寸 2. 门材质 3. 启动装置品种、规格	1. 樘 2. m²	1. 以樘计量,按设计图示数量计算 2. 以平方米计量,按设计图示洞口尺寸以面积计算	1. 门运输、安装 2. 启动装置、活动小门、五金安装
12	010803002001	防火卷帘(闸)门				
13	010804001001	木板大门	1. 门代号及洞口尺寸 2. 门框或扇外围尺寸 3. 门框、扇材质 4. 五金种类、规格 5. 防护材料种类	1. 樘 2. m²	1. 以樘计量,按设计图示数量计算 2. 以平方米计量,按设计图示洞口尺寸以面积计算	1. 门(骨架)制作、运输 2. 门、五金配件安装 3. 刷防护材料
14	010804002001	钢木大门				
15	010804003001	全钢板大门				
16	010804004001	防护铁丝门			1. 以樘计量,按设计图示数量计算 2. 以平方米计量,按设计图示框的中心线以延长米计算	
17	010804005001	金属格栅门	1. 门代号及洞口尺寸 2. 门框或扇外围尺寸 3. 门框、扇材质 4. 启动装置的品种、规格	1. 樘 2. m²	1. 以樘计量,按设计图示数量计算 2. 以平方米计量,按设计图示洞口尺寸以面积计算	1. 门安装 2. 启动装置、五金配件安装

续表

序号	项目编码	项目名称	项目特征描述	计量单位	工程量计算规则	工作内容
18	010804006001	钢质花饰大门	1. 门代号及洞口尺寸 2. 门框或扇外围尺寸 3. 门框、扇材质	1. 樘 2. m²	1. 以樘计量，按设计图示数量计算 2. 以平方米计量，按设计图示门框或扇以面积计算	1. 门安装 2. 五金配件安装
19	010804007001	特种门			1. 以樘计量，按设计图示数量计算 2. 以平方米计量，按设计图示洞口尺寸以面积计算	
20	010805001001	平开电子感应门	1. 门代号及洞口尺寸 2. 门框或扇外围尺寸 3. 门框、扇材质 4. 玻璃品种、厚度 5. 启动装置的品种、规格 6. 电子配件品种、规格	1. 樘 2. m²	1. 以樘计量，按设计图示数量计算 2. 以平方米计量，按设计图示洞口尺寸以面积计算	1. 门安装 2. 启动装置、五金、电子配件安装
21	010805002001	旋转门				
22	010805003001	电子对讲门	1. 门代号及洞口尺寸 2. 门框或扇外围尺寸 3. 门材质 4. 玻璃品种、厚度 5. 启动装置的品种、规格 6. 电子配件品种、规格	1. 樘 2. m²	1. 以樘计量，按设计图示数量计算 2. 以平方米计量，按设计图示洞口尺寸以面积计算	1. 门安装 2. 启动装置、五金、电子配件安装
23	010805004001	电动伸缩门				
24	010805005001	全玻自由门	1. 门代号及洞口尺寸 2. 门框或扇外围尺寸 3. 框材质 4. 玻璃品种、厚度	1. 樘 2. m²	1. 以樘计量，按设计图示数量计算 2. 以平方米计量，按设计图示洞口尺寸以面积计算	1. 门安装 2. 五金安装
25	010805006001	镜面不锈钢饰面门	1. 门代号及洞口尺寸 2. 门框或扇外围尺寸 3. 框、扇材质 4. 玻璃品种、厚度			
26	010806001001	木质窗	1. 窗代号及洞口尺寸 2. 玻璃品种、厚度 3. 防护材料种类	1. 樘 2. m²	1. 以樘计量，按设计图示数量计算 2. 以平方米计量，按设计图示洞口尺寸以面积计算	1. 门安装 2. 五金安装

续表

序号	项目编码	项目名称	项目特征描述	计量单位	工程量计算规则	工作内容
27	010806002001	木飘（凸）窗	1. 窗代号 2. 框截面及外围展开面积 3. 玻璃品种、厚度	1. 樘 2. m²	1. 以樘计量，按设计图示数量计算 2. 以平方米计量，按设计图示尺寸以框外围展开面积计算	1. 窗制作、运输、安装 2. 五金、玻璃安装 3. 刷防护材料
28	010806003001	木橱窗	防护材料种类			
29	010806004001	木纱窗	1. 窗代号及框的外围尺寸 2. 纱窗材料品种、规格	1. 樘 2. m²	1. 以樘计量，按设计图示数量计算 2. 以平方米计量，按框的外围尺寸以面积计算	1. 窗安装 2. 五金安装
30	010807001001	金属（塑钢、断桥）窗	1. 窗代号及洞口尺寸 2. 框、扇材质 3. 玻璃品种、厚度	1. 樘 2. m²	1. 以樘计量，按设计图示数量计算 2. 以平方米计量，按设计图示洞口尺寸以面积计算	1. 窗安装 2. 五金、玻璃安装
31	010807002001	金属防火窗				
32	010807003001	金属百叶窗				
33	010807004001	金属纱窗	1. 窗代号及洞口尺寸 2. 框材质 3. 窗纱材料品种、规格	1. 樘 2. m²	1. 以樘计量，按设计图示数量计算 2. 以平方米计量，按框的外围尺寸以面积计算	1. 窗安装 2. 五金安装
34	010807005001	金属格栅窗	1. 窗代号及洞口尺寸 2. 框外围尺寸 3. 框、扇材质	1. 樘 2. m²	1. 以樘计量，按设计图示数量计算 2. 以平方米计量，按设计图示洞口尺寸以面积计算	
35	010807006001	金属（塑钢、断桥）橱窗	1. 窗代号 2. 框外围展开面积 3. 框、扇材质 4. 玻璃品种、厚度 5. 防护材料种类	1. 樘 2. m²	1. 以樘计量，按设计图示数量计算 2. 以平方米计量，按设计图示尺寸以框外围展开面积计算	1. 窗制作、运输、安装 2. 五金、玻璃安装 3. 刷防护材料

续表

序号	项目编码	项目名称	项目特征描述	计量单位	工程量计算规则	工作内容
36	010807007001	金属（塑钢、断桥）飘（凸）窗	1. 窗代号 2. 框外围展开面积 3. 框、扇材质 4. 玻璃品种、厚度	1. 樘 2. m²	1. 以樘计量，按设计图示数量计算 2. 以平方米计量，按设计图示尺寸以框外围展开面积计算	1. 窗安装 2. 五金、玻璃安装
37	010807008001	彩板窗	1. 窗代号及洞口尺寸 2. 框外围尺寸 3. 框、扇材质 4. 玻璃品种、厚度	1. 樘 2. m²	1. 以樘计量，按设计图示数量计算 2. 以平方米计量，按设计图示洞口尺寸或框外围以面积计算	
38	010808001001	木门窗套	1. 窗代号及洞口尺寸 2. 门窗套展开宽度 3. 基层材料种类 4. 面层材料品种、规格 5. 线条品种、规格 6. 防护材料种类	1. 樘 2. m² 3. m	1. 以樘计量，按设计图示数量计算 2. 以平方米计量，按设计图示尺寸以展开面积计算 3. 以米计量，按设计图示中心以延长米计算	1. 清理基层 2. 立筋制作、安装 3. 基层板安装 4. 面层铺贴 5. 线条安装 6. 刷防护材料
39	010808002001	木筒子板	1. 筒子板宽度 2. 基层材料种类 3. 面层材料品种、规格 4. 线条品种、规格 5. 防护材料种类			
40	010808003001	饰面夹板筒子板				
41	010808004001	金属门窗套	1. 窗代号及洞口尺寸 2. 门窗套展开宽度 3. 基层材料种类 4. 面层材料品种、规格 5. 防护材料种类			1. 清理基层 2. 立筋制作、安装 3. 基层板安装 4. 面层铺贴 5. 刷防护材料
42	010808005001	石材门窗套	1. 窗代号及洞口尺寸 2. 门窗套展开宽度 3. 底层厚度、砂浆配合比 4. 面层材料品种、规格 5. 线条品种、规格			1. 清理基层 2. 立筋制作、安装 3. 基层抹灰 4. 面层铺贴 5. 线条安装

续表

序号	项目编码	项目名称	项目特征描述	计量单位	工程量计算规则	工作内容
43	010808006001	门窗木贴脸	1. 门窗代号及洞口尺寸 2. 贴脸板宽度 3. 防护材料种类	1. 樘 2. m	1. 以樘计量，按设计图示数量计算 2. 以米计量，按设计图示尺寸以延长米计算	贴脸板安装
44	010808007001	成品木门窗套	1. 窗代号及洞口尺寸 2. 门窗套展开宽度 3. 门窗套材料品种、规格	1. 樘 2. m² 3. m	1. 以樘计量，按设计图示数量计算 2. 以平方米计量，按设计图示尺寸以展开面积计算 3. 以米计量，按设计图示中心以延长米计算	1. 清理基层 2. 立筋制作、安装 3. 板安装
45	010809001001	木窗台板	1. 基层材料种类 2. 窗面板材质、规格、颜色 3. 防护材料种类	m²	按设计图示尺寸以展开面积计算	1. 基层清理 2. 基层制作、安装 3. 窗台板制作、安装 4. 刷防护材料
46	010809002001	铝塑窗台板				
47	010809003001	金属窗台板				
48	010809004001	石材窗台板	1. 粘结层厚度、砂浆配合比 2. 窗台板材质、规格、颜色	m²	按设计图示尺寸以展开面积计算	1. 基层清理 2. 抹找平层 3. 窗台板制作、安装
49	010810001001	窗帘（杆）	1. 窗帘材质 2. 窗帘高度、宽度 3. 窗帘层数 4. 带幔要求	1. m 2. m²	1. 以米计量，按设计图示中心以成活后长度计算 2. 以平方米计量，按设计图示尺寸以成活后展开面积计算	1. 制作、运输 2. 安装
50	010810002001	木窗帘盒	1. 窗帘盒材质、规格 2. 防护材料种类	m	按设计图示尺寸中心以长度计算	1. 制作、运输、安装 2. 刷防护材料
51	010810003001	饰面夹板、塑料窗帘盒				
52	010810004001	铝合金窗帘盒				
53	010810005001	窗帘轨	1. 窗帘轨材质、规格 2. 防护材料种类			

7.2.2 木结构及门窗工程量计算规则

1. 木结构工程量计算规则

（1）木门框按设计图示框的中心线长度计算。
（2）木门扇按设计图示扇面积计算。
（3）成品套装木门按设计图示数量计算。
（4）木质防火门按设计图示洞口面积计算。
（5）木窗按设计图示窗洞口面积计算。门连窗按设计图示洞口面积分别计算门、窗面积，其中门的宽度算至门框的外边线。

7-3 门窗油漆系数表

2. 金属门窗

（1）门连窗按设计图示洞口面积分别计算门、窗面积，其中门的宽度算至门框的外边线。
（2）钢门、钢窗安装按设计图示洞口面积计算。
（3）铝合金门窗、塑钢门窗（飘窗、阳台封闭窗除外）均按设计图示洞口面积计算。
（4）纱门、纱窗扇按设计图示扇外割面积计算。
（5）飘窗、阳台封闭窗按设计图示框型材外边线尺寸以展开面积计算。
（6）钢质防火门、防盗门按设计图示门洞口面积计算。
（7）防盗窗按设计图示窗框外围面积计算。
（8）彩板钢门窗按设计图示门、窗洞口面积计算，彩板钢门窗附框按外框中心线长度计算。
（9）门带窗上亮与侧亮面积之和不超过地弹门、平开门、推拉门的，并入门内面积计算 超过时，门算至其立挺外边线，门扇上的上亮面积并入门内面积。
（10）一樘窗子（同一洞口）中由百叶窗和其他窗型组合而成时，百叶窗算至其窗框外边线。

3. 金属卷帘（闸）

（1）金属卷帘（闸）按设计图示卷帘门宽度乘以卷帘门高度（包括卷帘箱高度）以面积计算，依附于卷筒上的卷帘按设计高度计算，设计无要求的增加 600 mm 计算。
（2）电动装置安装按设计图示套数计算。

4. 厂库房大门、特种门

厂库房大门、特种门按设计图示门洞口面积计算。

5. 其他门窗

（1）全玻有框门扇按设计图示扇边框外边线尺寸以扇面积计算。
（2）全玻无框（条夹）门扇按设计图示扇面积计算，高度算至条夹外边线、宽度算至玻璃外边线。
（3）全玻无框（点夹）门扇按设计图示玻璃外边线尺寸以扇面积计算。
（4）无框亮子按设计图示门框与横梁或柱内边缘尺寸玻璃面积计算。
（5）全玻转门按设计图示数量计算。
（6）不锈钢伸缩门按设计图示以长度计算。

（7）传感和电动装置按设计图示套数计算。

（8）防鼠网按边框外边线尺寸以面积计算。

（9）固定无框玻窗制作安装按设计图示门窗洞口面积计算。

6. 钢架、门窗套

（1）门钢架按设计图示尺寸以质量计算。

（2）门钢架基层、面层按设计图示饰面外围尺寸展开面积计算。

（3）门窗套（筒子板）龙骨、面层、基层均按设计图示饰面外围尺寸展开面积计算。

（4）成品门窗套按设计图示饰面外围尺寸展开面积计算。

7. 窗台板、窗帘盒、窗帘轨

（1）窗台板按设计图示长度乘宽度以面积计算。图纸未注明尺寸的，窗台板长度按窗框的外围宽度两边共加 100 mm 计算。窗台板凸出墙面的宽度按墙面外加 50 mm 计算。设计有要求的按设计图示尺寸计算。

（2）窗帘盒、窗帘轨按设计图示长度计算。

任务 7.3　门窗工程量计算

1. 门窗工程量计算

门窗制作、运输、安装工程量均按门窗洞口尺寸以面积计算。门窗工程量计算公式为：

$$S_{门窗} = (L \times H) \times N \tag{7-1}$$

式中　L——门窗洞口设计长度；

　　　H——门窗洞口设计高度；

　　　N——门窗设计樘数。

成品门窗工程量可按"樘"计算。

2. 门窗油漆工程量计算

$$S_{门窗油漆} = (L \times H) \times \zeta \times N \tag{7-2}$$

式中　ζ——木门窗油漆工程量计算系数（详见项目 13）。

3. 窗帘盒、窗帘轨工程量计算

$$L_{窗帘盒、窗帘轨} = L_长 \times N \tag{7-3}$$

式中　$L_长$——单个长度。

4. 门窗特殊五金工程量计算

门窗特殊五金工程量，按设计图示内容以数量计算。

任务 7.4 门窗工程量计算技能实训

1. 实训资料

某建筑物门窗工程已经陈旧，存在不安全的因素，现在拟对建筑物的门窗进行改造，对原来的门窗进行拆除，安装新的门窗，其门窗洞口尺寸如表 7-5 所示。新门除安装 4 道无框双扇全玻门外，其余全部更换为带门套的实木门，门套的截面尺寸按 240 mm+120 mm+120 mm，门套的高度按门高+120 mm 计算。原有简易钢窗拆除后，全部换为塑钢（带纱）窗，塑钢窗带木制窗帘盒及窗帘轨；窗帘盒、窗帘轨每边比窗尺寸增加 300 mm；窗帘盒的断面高宽高尺寸分别为 150 mm，200 mm，150 mm，塑钢（带纱）窗上安装防盗扣。塑钢窗洞口尺寸如表 7-5 所示，塑钢窗如图 7-1 所示。

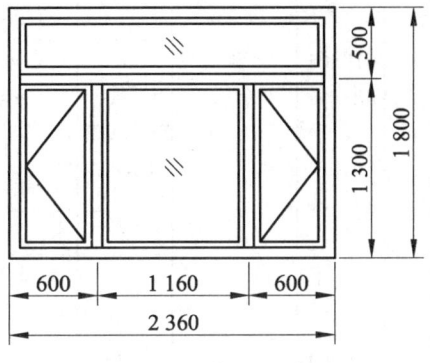

7-4　塑钢窗施工视频

图 7-1　塑钢窗示意图

2. 实训要求

（1）计算出门窗的拆除工程量。
（2）计算出新安装门窗的工程量。
（3）计算出门窗项目清单与计价表。
（4）完成门窗项目的综合单价分析表的计算。
（5）完成该门窗项目的措施项目费、其他项目费、规费计算。
（6）完成该门窗工程的投标报价计算。

3. 实训方法步骤

（1）门窗工程列项，列项项目见表 7-6。
（2）门窗工程量计算，详见表 7-6。

表 7-5　某门窗改造工程门窗统计表

类别	门窗编号	洞口尺寸		数量	说明	备注
		宽/mm	高/mm			
门	M-1	900	2 100	45	单扇带套实木门	原为简易木门
	M-2	1 500	2 700	3	双扇带套实木门	原为简易木门
	M-3	1 800	2 400	4	双扇全玻门	原为简易木门
	门锁			52	安装 L 门锁	
窗	C-1	2 380	1 800	45	安装塑钢带纱窗	原为简易钢窗
	C-2	1 800	1 800	10	安装塑钢带纱窗	原为简易钢窗

表 7-6 门窗改造清单工程量计算表

序号	项目编号	项目名称	定额编号	项目名称	计算单位	工程量	
1	010801002001	木质门带套	清单量	木质门带套	樘	48	$N=45+3=48$ 樘
			1-8-2	成品木质门框安装	100 m	250.20	$L=(2.100\times2+0.900)\times45+(2.7000\times2+1.500)\times3=229.500+20.700=250.200$ m
			1-8-3	成品木质门扇安装	樘	45	$N=45$
			1-8-4	双扇木质门安装	樘	3	$N=3$
			1-8-87	成品门套制安	m²	120.10	$S=L\times B_{展开宽}=250.2\times(0.24+0.12\times2)=120.096$ m²
			1-16-73	木质门拆除	樘	48	
			1-16-74	木质门框拆除	樘	4	$N=4$
2	010801006001	门锁安装	清单量 1-8-100	门锁安装	套	52	$N=52$
3	010805005001	全玻自由门	清单量	双扇全玻门	樘	4	$N=4$
			1-8-65	无框全玻门	m²	17.28	$S=1.800\times2\,400\times4=17.28$ m²
			1-8-102	管子拉手	个	8	$N=4\times2=8$
			1-16-73	木质门拆除	10 樘	0.4	$N=4$
			1-16-74	木质门框拆除	10 樘	0.4	$N=4$
4	010807001001	金属（塑钢、断桥）窗	清单量	塑钢窗安装	樘	55	$N=45+10$
			1-8-40	塑钢窗安装	m²	225.18	$S=2.380\times1.800\times45+1.800\times1.800\times10=192.78+32.40=225.18$ m²
			1-8-44	塑钢纱扇安装	m²	84.60	$S=1.300\times0.600\times2\times45+1.200\times0.600\times2\times10=70.20+14.40=84.60$ m²
			1-8-94	窗帘盒制作安装	m	158.10	$S=(2.380+0.3\times2)\times45+(1.800+0.3\times2)\times10=134.10+24.00=158.10$ m
			1-8-97	窗帘轨安装	m	158.10	$S=(2.380+0.3\times2)\times45+(1.800+0.3\times2)\times10=134.10+24.00=158.10$ m
			1-8-106	窗搭扣安装	个	110	$N=(45+10)\times2$
			1-16-75	旧窗拆除	樘	45	$N=45$（$2.38\times1.8=4.28$ m²）
			1-16-75	旧窗框拆除	樘	10	$N=10$（$1.8\times1.8=3.24$ m²）
			1-16-91	旧窗帘盒拆除	m	158.10	$S=(2.380+0.3\times2)\times45+(1.800+0.3\times2)\times10=134.10+24.00=158.10$ m
			1-16-92	旧窗帘轨拆除	m	158.10	$S=(2.380+0.3\times2)\times45+(1.800+0.3\times2)\times10=134.10+24.00=158.10$ m

续表

序号	项目编号	项目名称	定额编号	项目名称	计算单位	工程量	
5	011401001001	木门油漆	清单量	木门油漆	樘	48	$N=45+3=48$ 樘
			1-14-37	木门油漆	m²	97.20	$L=(2.100×0.900)×45+(2.7000×1.500)×3$ =97.20 m²
			1-14-38	门套油漆	m²	91.43	$S=L×B=[(2.100×2+0.900)×45+(2.70×2+1.500)×3]×(0.24+0.12×2)×0.83$ =250.200×0.48×0.83 =91.43 m²
6	011403002001	窗帘盒油漆	清单量	窗帘盒油漆	m²	65.61	$S=[(2.38+0.6)×(0.15+0.2+0.15)×45+(1.80+0.6)×(0.15+0.2+0.15)×10]×0.83$ =[67.05+12.00]×0.83 =65.61 m²
			1-14-38	窗帘盒油漆	m²	65.61	$S=[(2.38+0.6)×(0.15+0.12+0.15)×45+(1.80+0.6)×(0.15+0.12+0.15)×10]×0.83$ =[56.32+10.08]×0.83 =65.61 m²

（3）选择计价依据。

根据某省《建筑工程计价标准》表中的门窗工程相关消耗量定额表，见表 7-7-1、7-7-2 所示。

表 7-7-1 某省门窗工程相关计价标准表

定额编号				1-8-3	1-8-2	1-8-4	1-8-87	1-8-100	1-8-114	1-8-65	1-16-73
项目名称				成品木门扇安装	成品木门框安装	双扇木质门安装	门套安装	门锁安装	门拉手	全玻璃门扇安装	门窗拆除
				10 樘	100 m	10 樘	10 m²	10 个	10 个	100 m²	10 樘
基价/元				16 241.51	3 149.25	42 823.49	2 002.25	637.87	2 265.57	50 105.72	229.67
其中		人工费/元		568.80	732.51	835.37	207.57	278.61	193.05	6 418.53	229.67
	其中	定额人工费/元		474.00	610.42	696.14	172.97	232.17	160.88	5 348.77	191.39
		规费/元		94.8	122.09	139.23	34.60	46.44	32.17	1 069.76	38.28
	材料费/元			15 672.71	2 416.74	41 988.12	1 794.68	359.26	2 072.52	43 677.53	
	机械费/元			—						9.66	
	名称	单位	单价/元				数量				
人工	综合工日	工日	154.44	3.681	4.743	5.409	1.344	1.502	33.606	3.702	1.945

续表

定额编号			1-8-3	1-8-2	1-8-4	1-8-87	1-8-100	1-8-114	1-8-65	1-16-73
项目名称			成品木门扇安装	成品木门框安装	双扇木质门安装	门套安装	门锁安装	门拉手	全玻璃门扇安装	门窗拆除
			10樘	100 m	10樘	10 m²	10个	10个	100 m²	10樘
材料	单扇套装平开实木门	樘	1 504.80	10.000					1.55	
	成品木门框	m	14.59		102					
	杉木锯材	m³	1 824.00	0.003	0.106					
	聚氨酯发泡密封胶	支	18.24		37.57	20.664				
	镀锌沉头木螺丝 L32	10个	0.55	12.600	25.200					
	木砂纸	张	2.55	24.510	5.000					
	圆钉（综合）	kg	4.92		1.040					
	防腐油	kg	6.68		6.71					
	不锈钢合页	副	13.50	20.000	40.00					
	全玻无框（条夹）门	m²	360.24						100.00	
	木质门窗套	m²	166.90			10.600				
	双扇套装平开实木门	樘			10.000					
	其他材料费	元	1.00	0.620						

表 7-7-2 某省门窗工程相关计价标准表

定额编号			1-16-74	1-16-75	1-16-91	1-16-92	1-8-40	1-8-44	1-8-94	1-8-97
项目名称			门窗框拆除	钢门窗拆除	窗帘盒拆除	窗帘轨拆除	塑钢窗安装	塑钢窗纱扇	窗帘盒安装	窗帘轨安装
			10樘	10樘	10 m	10 m	100 m²	100 m²	10 m	10 m
基价/元			206.99	344.44	18.42	11.34	25 776.34	10 611.80	486.08	208.35
其中	人工费/元		206.99	344.44	18.42	11.34	2 296.83	1 547.80	236.29	73.05
	其中	定额人工费/元	172.50	287.03	15.35	9.45	1 914.03	2 990.93	196.91	60.88
		规费/元	34.49	57.41	3.07	1.89	382.80	598.19	39.83	12.17
	材料费/元						23 479.51	9 064.00	231.79	135.30
	机械费/元		—							

续表

定额编号				1-16-74	1-16-75	1-16-91	1-16-92	1-8-40	1-8-44	1-8-94	1-8-97
项目名称				门窗框拆除	钢门窗拆除	窗帘盒拆除	窗帘轨拆除	塑钢窗安装	塑钢纱扇	窗帘盒安装	窗帘轨安装
				10 樘	10 樘	10 m	10 m	100 m²	100 m²	10 m	10 m
	名称	单位	单价/元	数量							
人工	综合工日	工日	118.08	1.753	4.743	5.409	1.344	1.502	33.606	1.530	1.945
材料	单扇套装平开实木门	m²	1 504.80						1.55		
	成品木门框	m	14.59		102						
	杉木锯材	m³	1 824.00		0.106						
	聚氨酯发泡密封胶	支	18.24		37.57	20.664					
	镀锌沉头木螺丝L32	10 个	0.55			25.200					
	木砂纸	张	2.55			5.000					
	圆钉（综合）	kg	4.92		1.040						
	防腐油	kg	6.68		6.71						
	不锈钢合页	副	13.50			40.00					
	全玻无框（条夹）门	m²	360.24							100.00	
	木质门窗套	m²	166.90				10.600				
	双扇套装平开实木门					10.000					
	其他材料费	元	1.00								

表 7-7-3 某省门窗工程相关计价标准表

定额编号				1-14-37	1-14-38	1-8-100	1-8-106
项目名称				润水粉、满刮腻子、硝酸清漆五遍、磨退出亮		执手锁	铁搭扣
				单层木门	其他油漆面		
				100 m²	100 m²	10 个	10 个
基价/元				10 814.79	7 814.11	637.87	71.75
其中	其中	人工费/元		8 839.48	6 819.15	278.61	23.17
		定额人工费/元		7 366.23	5 682.62	232.17	19.31
		规费/元		1 473.25	1 136.53	64.44	3.86
	材料费/元			1 975.31	994.96	359.23	48.58
	机械费/元			—	—	—	—
	名称	单位	单价/元	数量			

续表

	定额编号		1-14-37	1-14-38	1-8-100	1-8-106
	项目名称		润水粉、满刮腻子、硝酸清漆五遍、磨退出亮		执手锁	铁搭扣
			单层木门	其他油漆面		
			100 m²	100 m²	10 个	10 个
人工	综合工日	工日	188.64	46.859	36.149	
			154.44			1.804	0.15
材料	硝基清漆	kg	20.063	48.263	24.332		
	硝基漆稀释剂	kg	6.72	99.840	50.336		
	酒精工业用 99.5%	kg	4.01	5.931	2.990		
	地蜡砂纸	kg	8.66	3.672	1.851		
	水砂纸	张	2.55	84.000	42.000		
	光蜡	kg	22.63	1.212	0.611		
	石膏粉	kg	0.60	3.647	1.839		
	骨胶	kg	10.03	0.881	0.444		
	氧化铁红	kg	7.30	2.252	1.136		
	钛白粉	kg	0.14	27.994	14.113		
	木质门窗套	m²	166.90				10.600
	其他材料	元	1.00	19.750	9.940	10.000	
	其他材料费	元	1.00				
	执手锁	把	35.75			10.100	
	铁搭扣	个	4.81				10.100

（4）门窗工程综合单价分析表的计算，见表 7-8。根据表 7-7-1、7-7-2、7-7-3 中查出的项目定额单位，人工费（包括定额人工费、规费），材料费、机械费的单价，分别填入门窗工程综合单价分析计算表中人、材、机的相应单价栏内，并计算出该分项工程的定额人工费、规费、材料费、机械费台班费的合价、管理费和利润、综合单价，详见表 7-8。

（5）门窗工程清单与计价表的计算，见表 7-9。根据工程量、综合单价，计算出合价，其中的人工费、机械费（可根据工程量和表 7-8 中人工费、机械费的合价相乘计算）、暂估价，详见表 7-9。

（6）根据门窗工程和施工技术措施项目清单与计算表中的定额人工费之和加上机械费之和×0.08，再乘上施工组织措施费的费率[（定额人工费+机械费×0.08）×费率（%）]，即得到门窗工程的施工组织措施费，计算结果详见表 7-10。

表7-8 门窗工程综合单价分析表

序号	项目编码	项目名称	计量单位	工程量	定额编号	定额名称	定额单位	数量	单价/元 人工费 DR	单价/元 人工费 规费	单价/元 材料费	单价/元 机械费	合价/元 人工费 DR	合价/元 人工费 规费	合价/元 材料费	合价/元 机械费	管理费	利润	风险费	综合单价
1	010801002001	木质门带套	樘	48	1-8-2	成品木质门框安装	100 m	2.502	610.42	122.09	2 416.74	—	31.82	6.36	125.97	—	7.25	4.39		175.79
					1-8-3	成品木质门扇安装	10樘	4.5	474.00	94.80	15 672.71	—	44.44	8.89	1 469.32	—	10.12	6.14		1 538.91
					1-8-4	双扇木质门套制安	10樘	0.3	696.14	139.23	41 988.12	—	4.35	0.87	262.43	—	0.99	0.60		269.24
					1-8-87	成品门套安装	10 m²	12.010	172.97	34.60	1 794.68	—	43.28	8.66	449.04	—	9.86	6.02		516.82
					1-16-73	门扇拆除	10樘	4.5	191.39	38.28	—	—	17.94	3.59			4.09	2.48		28.10
					1-16-73	门扇拆除	10樘	0.3	191.39	38.28	—	—	1.79	0.36			0.41	0.25		2.81
					1-16-74	门框拆除 M-1	10樘	4.5	172.50	34.49	—	—	16.17	3.23			3.68	2.23		25.31
					1-16-74	门框拆除 M-2	10樘	0.3	172.50	34.49	—	—	1.61	0.32			0.37	0.22		2.52
					合 计								161.40	32.28	2 306.76	—	36.77	22.29		2 559.50
2	010801006001	门锁安装	套	52	1-8-100	门锁安装	10个	5.2	232.17	46.44	359.26	—	23.22	4.64	35.93	—	5.29	3.21		72.29
3	010805005001	全玻门安装	套	4	1-8-65	无框全玻门	100 m²	0.1728	5 348.77	1 069.76	43 677.53	9.66	231.07	46.21	1 886.87	0.42	52.65	31.92		2 249.14
					1-8-102	管子拉手	10个	0.8	64.35	12.87	442.18		12.87	2.57	88.44		2.93	1.78		108.59

续表

序号	项目编码	项目名称	计量单位	工程量	定额编号	定额名称	定额单位	数量	单价/元 人工费 DR	单价/元 人工费 规费	单价/元 基价 材料费	单价/元 基价 机械费	合价/元 人工费 DR	合价/元 人工费 规费	合价/元 材料费	合价/元 机械费	合价/元 管理费	合价/元 利润	合价/元 风险费	综合单价
					1-16-73	木质门拆除	10樘	0.4	191.39	38.28			19.14	3.83			4.36	2.64		29.97
					1-16-74	木质门框拆除	10樘	0.4	172.50	34.49			17.25	3.45			3.93	2.38		27.01
						合计							280.33	56.06	1 975.31	0.42	63.87	38.72		2 414.71
4	010807001001	塑钢窗安装	樘	55	1-8-40	塑钢窗安装	100 m²	2.251 8	1 914.03	382.80	23 479.51		78.36	15.67	961.29		17.85	10.82		1 083.99
					1-8-44	塑钢纱扇安装	100 m²	0.846	1 289.83	257.97	9 064.00		19.84	3.97	139.42		4.52	2.74		170.49
					1-8-94	窗帘盒制作安装	10 m	15.810	196.91	39.38	231.79		56.60	11.32	66.63		12.89	7.82		155.26
					1-8-97	窗帘轨安装	10 m	15.810	60.88	12.17	153.30		17.50	3.50	44.07		3.99	2.42		71.48
					1-8-106	窗楂扣安装	10 个	11.0	19.31	3.86	48.58		3.86	0.77	9.72		0.88	0.53		15.76
					1-16-75	钢窗拆除	10樘	4.5	287.03	57.41			35.23	7.05			8.03	4.87		55.18
					1-16-75	钢窗拆除	10樘	1.0	287.03	57.41			6.78	1.36			1.54	0.94		10.62
					1-16-91	旧窗帘盒拆除	10 m	15.810	15.35	3.07			4.41	0.88			1.01	0.61		6.91
					1-16-92	旧窗帘轨拆除	10 m	15.810	9.45	1.89			2.72	0.54			0.62	0.38		4.26
						合计							225.30	45.06	1 221.13		51.33	31.13		1 573.95

续表

清单综合单价组成明细

序号	项目编码	项目名称	计量单位	工程量	定额编号	定额名称	定额单位	数量	单价/元 人工费 DR	单价/元 人工费 规费	单价/元 材料费	单价/元 机械费	合价/元 人工费 DR	合价/元 人工费 规费	合价/元 材料费	合价/元 机械费	合价/元 管理费	合价/元 利润	合价/元 风险费	综合单价
5	011401 001001	清单量 木门油漆	樘	48	1-14-37	木门油漆	100 m²	0.972 0	7 366.23	1 473.25	1 975.31		149.17	29.83	40.00		33.98	20.60		273.58
					1-14-38	门套油漆	100 m²	0.914 3	5 682.62	1 136.53	994.96		108.24	21.65	18.00		24.66	14.95		187.50
					合 计								257.41	51.48	58.00		58.64	35.55		461.80
6	011403 002001	清单量	m²	65.61	1-14-38	窗帘盒油漆	100 m²	0.656 1	5 682.62	1 136.53	994.96		56.83	11.37	9.95		12.95	7.85		98.95
					合 计								56.83	11.37	9.95		12.95	7.85		98.95

注：1. 整樘门窗、门窗框及钢门窗拆除，按每樘面积 2.5 m² 以内考虑。每樘面积超过 2.5 m² 的，面积 4 m² 以内者，人工乘以系数 1.30；面积超过 4 m² 者，人工乘以系数 1.50。

2. 合价=单价×数量÷计价单位÷清单量
管理费=（定额人工费+机械费×0.08）×0.227 8
利润=（定额人工费+机械费×0.08）×0.138 1
综合单价=定额人工费+规费+材料费+机械费+管理费+利润

3. 门框拆除 M-2：定额人工费合价=定额人工费单价×1.5×数量×计价单位÷清单量
=172.50×1.5×3÷10÷48
=1.61
规费合价=规费单价×1.5×数量×计价单位÷清单量
=34.49×1.5×3÷10÷48
=0.32

4. 钢窗拆除 M-3：定额人工费合价=定额人工费单价×1.5×数量×计价单位÷清单量
=287.03×1.5×45×10÷55
=35.23
规费合价=规费单价×1.3×数量×计价单位÷清单量
=57.03×10×1.3÷10÷55
=7.00

表 7-9 门窗工程清单与计价表

序号	项目编号	项目名称	项目特征描述	计量单位	工程量	金额/元				
						综合单价	合价	其中		
								定额人工费	规费	机械费	暂估价
1	010801002001	木质门带套	1. 窗代号及洞口尺寸 2. 门窗套展开宽度 3. 基层材料种类 4. 面层材料品种、规格 5. 线条品种、规格 6. 防护材料种类	樘	48	2 559.50	122 856.00	7 747.20	1 549.44	0	
2	010801006001	门锁安装	1. 锁品种、执手锁 2. 锁规格	套	52	72.29	3 759.08	1 207.44	241.28	0	
3	010805005001	全玻门安装	1. 门代号及洞口尺寸 2. 门框或扇外围尺寸 3. 框材材质 4. 玻璃品种、厚度	套	4	2 414.71	9 658.84	1 121.32	224.24	1.68	
4	010807001001	塑钢窗安装	1. 窗代号及洞口尺寸（2 380×1 800）×45，(1 800×1 800)×10 2. 框、扇（塑钢窗）材质 3. 玻璃品种、厚度玻璃厚 5 mm 4. 旧窗拆除	樘	55	1 573.95	86 567.25	12 391.50	2 478.30	0	
5	011401001001	木门油漆	1. 门类型：套装木门 2. 门代号及洞口尺寸（2 100×900×45），(2 700×1 500×3) 3. 腻子种类：润水粉 4. 刮腻子遍数：满刮腻子 5. 防护材料种类 6. 油漆品种、刷漆遍数、硝酸清漆 5 遍、磨退出亮	樘	48	461.80	22 166.40	12 355.68	3 728.62	0	

续表

序号	项目编号	项目名称	项目特征描述	计量单位	工程量	综合单价	合价	金额/元 定额人工费	其中 规费	机械费	暂估价
6	011403002001	窗油漆	1. 断面尺寸（150+200+150） 2. 腻子种类：润水粉 3. 刮腻子遍数：满刮腻子 4. 防护材料种类 5. 油漆品种、刷漆遍数：硝酸清漆五遍，磨退出亮	m²	65.61	98.95	6 492.11	3 728.62	652.82		
		合计					251 499.68	38 551.76	8 877.70	1.68	

注：合价=综合单价×数量

人工费=单价×数量

机械费=单价×数量

定额人工费、机械费的单价：就是表7-8定额人工费、机械费中的合价

门窗工程材料费的计算：

2 306.76×48+35.93×52+1 975.31×4+1 221.13×55

=110 724.48+1 868.36+7 901.24+67 162.15+2 784.00+652.82

=191 093.05 元

塑钢窗安装：

定额人工费计算：225.30×55=12 391.50 元

规费计算：45.06×55=2 478.30 元

材料费计算：1 221.13×55=67 162.15 元

机械费计算：无

管理费计算：51.33×55=2 823.15 元

利润计算：31.13×55=8 560.75 元，其他各项计算见表7-9

表 7-10　门窗工程施工组织措施费计算表

序号	项目编号	项目名称	计算基础	费率/%	金额/元	调整费率/%	调整后金额/元	备注
1		绿色施工安全文明措施费						
1.1		安全文明施工及环境保护费	定额人工费+机械费×0.08 =38 551.76+1.68×0.08 =38 551.81	5.12	1 973.86			
1.2		临时设施费		2.76	1 064.03			
1.3		绿化施工措施费		5.94	2 289.98			
2		冬雨季施工增加费、工程定位复测费、工程交点，场地清理费		3.72	1 434.13			
3		夜间施工增加费		0.50	192.76			
4		压缩工期增加费	定额人工费+机械费					暂无
5		行车，行人干扰增加费	定额人工费+机械费×0.08	8.85 4.20 4.20				暂无
6		已完工程及设备保护费						暂无
7		特殊地区施工增加费						暂无
8		其他施工组织措施费						暂无
		合　计			6 954.76			

注：1."其他施工组织措施费"在计价时需要列出具体费用名称。
　　2. 工程结算时按合同约定（或投标报价）调整费率和金额。

（7）完成门窗工程其他规费项目计算表的计算。根据门窗工程中的工程定额人工费和施工技术措施项目中的定额人工费，计算出门窗工程的有关规费，详见表 7-11。

表 7-11　门窗工程其他规费项目计算表

序号	工程名称			计算基础	计算费率	金额/元	备注
1	规费						
1.1	其中	社会保险费	养老保险费	定额人工费（包括工程定额人工费+技术措施项目定额人工费）：(38 551.76)×费率	9.01%	3 473.51	计入人工费内
			医疗保险费		6.39%	2 463.46	
1.2		住房公积金			4.60%	1 743.38	
	其他规费	工伤保险（单独计列）			0.50%	192.76	计入税前费用
1.3		工程排污费		按有关部门规定计算			
2	环境保护税			按有关部门规定计算			
	合　计					7 873.11	

注：工程排污费按工程用水量计算。

（8）完成门窗工程税金项目的计算。根据门窗工程中的工程定额人工费、规费、材料费、机械费和施工技术措施项目中的定额人工费、规费、材料费、机械费，计算出墙砖工程的税金，详见表7-12。

项目小结

本项目主要介绍木结构工程及门窗工程：木结构工程包括木屋架、木柱、木梁、檩木、椽子、屋面木基层和木楼梯四部分；门窗工程包括木门窗，钢门窗，厂库门，特种门，铝合金、全玻璃门窗，其他成品门窗安装，门窗装饰，五金安装七部分。学生应熟悉木结构、门窗的一般规定，重点掌握门窗的工程量计算规则、工程定额的正确应用、门窗工程综合单价分析表计算及各种费用的计算。难点：识图、列项、工程量计算、套价、定额应用、定额换算及工程费用的计算。通过本项目任务的学习，学生应熟悉门窗工程的相关定额，不能直接套用定额的换算方法，对门窗工程的消耗定额内容有一定的认识，并能正确应用。

复习思考题

7-1 门窗工程量如何计算？
7-2 各材质门窗套取定额需注意哪些关键点？
7-3 完成门窗工程其他项目计价表的计算，详见表7-12。

表7-12 门窗工程其他项目清单与计价表计算

序号	工程名称		计算基数与方法	金额	结算金额	备注
1	暂列金额		按工程费用合计×（10~15）%或招标文件计算			
2	暂估价					
2.1	材料（设备）暂估价（结算价）		按材料（设备）费×12%			
2.2	专业工程暂估价（结算价）					
3	计日工					
3.1	其中	人工费	按实际发生和签证计算			
3.2		材料费	按实际发生和签证计算			
3.3		机械费	按实际发生和签证计算			
4	总承包服务费		按发包金额×（1.0、2.0、3.0、4.0）%计算			
5	索赔与现场签证费		按实际发生和签证计算			
6	优质工程增加费		按税前造价×（1.6、3.0）%			省、国级
7	提前竣工增加费		按事先约定计算			
8	人工费调差		按相关调差文件计算			
9	机械燃料动力费价差		按相关调差文件计算			
	合计					

7-4 完成该门窗工程招标控制价表的计算，见表 7-13。

表 7-13 门窗工程招标控制价/投标报价汇总表

序号	费用名称	计算基数或计算表达式	费率计算标准	费用金额
1	分部分项工程费	∑(分部分项工程量×综合单价)		
1.1	人工费	(R)=<1.1.1>+<1.1.2>		
1.1.1	定额人工费	∑(定额人工费)		
1.1.2	规费	∑(规费)		
1.2	材料费	∑(材料费)(C)		
1.3	设备费	∑(设备费)(S)		
1.4	机械费	∑(机械费)(J)=		
1.5	管理费	∑(DR+J×0.08)×22.78%	22.78%	
1.6	利润	∑(DR+J×0.08)×13.81%	13.81%	
1.7	风险费	∑(风险费)		
2	措施项目费	(<2.1>+<2.2>)		
2.1	技术措施项目	∑(技术措施项目清单工程量×综合单价)		
2.1.1	人工费	(R)=<2.1.1.1>+<2.1.1.2>		
2.1.1.1	定额人工费	∑(定额人工费)		
2.1.1.2	规费	∑(规费)		
2.1.2	材料费	∑(材料费)(C)		
2.1.3	机械费	∑(机械费)(J)=		
2.1.4	管理费	∑(DR+J×0.08)×22.78%	22.78%	
2.1.5	利润	∑(DR+J×0.08)×13.81%	13.81%	
2.2	组织措施项目费	∑(组织措施项目费)		
2.2.1	绿色施工安全文明措施项目费	∑(DR+J×0.08)×11.06%	11.06	
2.2.1.1	临时设施费	∑(DR+J×0.08)×2.76%	2.76	
2.2.2	其他组织措施项目费	∑(DR+J×0.08)× %	3.72%	
3	其他项目费			
3.1	暂列金额			
3.2	暂估价			
3.3	计日工			
3.4	总承包服务费			
3.5	其他			
3.5.1				
3.5.2				
4	其他规费			

续表

序号	费用名称	计算基数或计算表达式	费率计算标准	费用金额
4.1	工伤保险	∑（定额人工费）×费率	0.50%	
4.2	工程排污费			
4.3	环境保护税		%	
5	税前工程造价	（1+2+3+4）		
6	税金	（1+2+3+4）×税率%		
7	工程总造价（招标控制价/投标报价合计）=<5>+<6>			

注：1. 数字内均为表中对应的序号。

2. DR 代表定额人工费。

项目 8

金属结构工程

金属结构：亦称钢结构，指由金属材料制成的结构。金属结构通常由型钢和钢板制成的钢梁、钢柱、钢桁架等构件组成；各构件是经过截、断、铆、焊组成，构件或部件之间采用焊缝、螺栓或铆钉连接而组成。工程量清单价计中，金属结构工程划分为钢网架，钢屋架、钢托架、钢桁架、钢桥架，钢柱，钢梁，钢板楼板、墙板，钢构件及金属制品七部分，其中包含了钢网架、钢屋架、钢托架、钢桁架、钢桥架、实腹钢柱、空腹钢柱、钢管柱、钢梁、钢吊车梁、钢板楼板、钢板墙板、钢支撑、钢拉条、钢檩条、钢天窗架、钢挡风架、钢墙架、钢平台、钢走道、钢梯、钢护栏、钢漏斗、钢板天沟、钢支架、零星钢构件、成品空调金属百叶护栏、成品栅栏、成品雨篷、金属网栏、砌块墙钢丝网加固、后浇带金属网等共31个子目，本项目以型钢构件、钢板构件、其他小型金属构件制作安装及金属结构构件运输讲述为主。

【学习目标】

◎ 知识目标
1. 熟悉金属结构工程项目的划分。
2. 熟悉金属结构工程工程量的计算规则。
3. 熟悉金属结构工程项目的列项及套价计算方法。

◎ 技能目标
1. 学会金属结构工程工程量清单计算方法。
2. 学会金属结构工程工程量清单编制步骤和方法。
3. 学会金属结构工程综合单价分析表的计算方法。

任务 8.1 金属结构定额说明

8.1.1 金属结构工程适用范围

《某省建筑工程计价标准》中金属结构工程包括金属结构制作、金属结构安装、金属结构运输、金属结构楼（墙）面板及其他。

8.1.2 金属结构制作

（1）金属结构制作项目，仅适用于现场加工制作或施工企业附属加工厂制作。

（2）构件制作项目中钢材按钢号 Q235 编制，构件制作设计使用的型材组成比例与定额不同时，可按设计图纸进行调整，总消耗量不变；构件制作设计使用的钢材强度与定额不同时，可按设计图纸要求的钢材强度等级调整材料，其余不变。

（3）构件制作项目中钢材的切割和制作损耗已包含在定额内，不得调整。

（4）构件制作项目已包括加工厂预装配所需的人工、材料、机械台班用量及预拼装平台摊销费用，不得另计。

（5）钢网架制作项目，本定额是按平面网格结构编制，如设计为筒壳、球壳及其他曲面结构的，其相应的制作项目人工、机械乘以系数 1.3。

（6）钢桁架制作项目，本定额是按直线形桁架编制，如设计为曲线、折线形桁架的，其相应的制作项目人工、机械乘以系数 1.3。

（7）构件制作项目中焊接 H 型钢构件，本定额均按钢板加工焊接编制，如实际采用成品 H 型钢的，主材按成品 H 型钢价格进行换算，其相应定额的人工、机械及扣除主材外的其他材料乘以系数 0.6。

（8）构件制作分别按不同构件种类及截面形式套用相应项目。

（9）轻钢屋架是指单榀质量在 1 t 以内，且用角钢或圆钢、管材作为支撑、拉杆的钢屋架。

（10）实腹钢柱（梁）是指两个中和轴都经过截面，如 H 形、箱形、T 形、L 形、十字形等，空腹钢柱至少有一个中和轴没有经过截面，如格构形等。

（11）制动梁、制动板、车挡制作套用钢吊车梁相应项目。

（12）所有构件单支重量超过 0.2 t 的，套用相应屋架、梁或柱定额；钢支撑包括柱间支撑、屋面支撑、系杆、拉条、撑杆、隅撑等；钢天窗架包括钢天窗架、钢通风气楼、钢风机架。其中钢天窗及钢通风气楼上 C、Z 型钢套用钢檩条定额项目，一次性成型通风架另行定价。

（13）柱间、梁间、屋架间的 H 形或箱形钢支撑制作，套相应的钢柱或钢梁制作相应项目；墙架柱、墙架梁和相配套连接杆件套用钢墙架制作相应项目。

（14）钢支撑（钢拉条）制作不包括花篮螺栓，设计采用时，花篮螺栓按相应定额计算。

（15）钢檩条制作定额未包含表面镀锌费用，发生时另行计算。钢檩条采用成品，制作人工、辅材及机械乘以 0.6。

（16）钢通风气楼、钢风机架制作套用钢天窗架。

（17）钢格栅如果采用成品格栅，制作人工、辅材及机械乘以系数 0.6。

（18）钢平台、钢楼梯上不锈钢、铸铁或其他非钢材类栏杆、扶手执行本标准"其他装饰工程"的相应定额。

（19）型钢混凝土组合结构中的钢构件套用本章制作相应项目，人工、机械乘以系数 1.15。

（20）钢栏杆（钢护栏）定额仅适用于钢楼梯、钢平台及钢走道板等与金属结构相连的栏杆，其他部位的栏杆、扶手应套用本标准"第十五章其他装饰工程"相应项目。

（21）基坑围护中的钢格构柱套用本章相应项目，其中制作项目（除主材外）乘以系数 0.7，同时，应考虑钢格构柱回收残值等的因素。

（22）单件质量在 50 kg 以内的加工铁件套用本章定额中的零星构件。需埋入混凝土中的铁件及螺栓套用本标准"混凝土及钢筋混凝土工程"相应项目。

（23）构件制作项目中未包括除锈工作内容，发生时套用相应项目。其中石英砂或抛丸除锈项目按 Sa2.5 除锈等级编制，如设计为 Sa3 级则定额乘以系数 1.1，设计为 Sa2 级或 Sa1 级则定额乘以系数 0.75；手工及动力工具除锈项目按 St3 除锈等级编制，如设计为 St2 级则定额乘以系数 0.75。

（24）构件制作项目中定额未包括油漆工作内容，如设计有要求时，套用本标准"油漆、涂料、裱糊工程"相应定额及规定执行。

（25）构件制作项目中定额已包括了施工企业按照质量验收规范要求所需的磁粉探伤、超声波探伤等常规检测费用。

8.1.3　金属构件安装

（1）金属构件安装项目适用于工厂制作的成品构件及现场制作构件的安装。

（2）金属构件安装项目已综合了安装现场场内运转水平。

（3）金属构件安装定额中钢构件以成品编制，不考虑施工损耗。

（4）金属结构构件安装按构件种类、重量不同分别套用定额。

（5）构件安装项目中的质量指按设计图纸所确定的构件单元质量。

（6）金属构件安装定额中已包括了施工企业按照质量验收规范要求所需的超声波探伤费用，如设计要求 X 光拍片检测，费用另行计取。

（7）整座网架重量<120 t，定额项目人工、机械乘以系数 1.2。

（8）钢网架安装按分块吊装考虑。

（9）不锈钢螺栓球网架安装套用螺栓球节点网架安装定额，同时扣除定额中油漆及稀释剂含量，人工乘以系数 0.95。

（10）金属的柱间支撑，屋面支撑系杆、撑杆、隔撑、通风器支架、钢天沟支架、钢板天沟等安装套用"钢支撑等其他构件"钢支撑安装定额。钢墙架柱、钢墙架梁和配套连接杆件套用钢墙架（挡风架）安装定额。

（11）所有构件单支重量超过 0.2 t 的，套用相应屋架、梁或柱定额；钢支撑包括柱间支撑、屋面支撑、系杆、拉条、撑杆、隅撑等；钢天窗架包括钢天窗架、钢通风气楼、钢风机架.其中钢天窗及钢通风气楼上 C、Z 型钢套用钢檩条定额项目，一次性成型通风架另行定价。

（12）零星钢构件安装定额适用于本章未列项目且单件重量在 50 kg 以内的小型构件。

（13）组合钢板剪力墙安装套用 3 t 以内钢柱安装定额，相应人工、机械及除预制钢柱外的材料用量乘以系数 1.50。

（14）钢网架安装按平面网格网架安装考虑，如设计为筒壳、球壳及其他曲面结构时，安装人工、机械乘以系数 1.20。

（15）钢桁架安装按直线型桁架安装考虑，如设计为曲线、折线型或其他非直线型桁架，安装人工乘以系数 1.20。

（16）钢桁架单支重量少于 0.2 t 时套用相应的支撑定额项目。

（17）型钢混凝土组合结构中钢构件安装套用本章相应定额，人工、机械乘以系数 1.15。

（18）金属构件安装定额中已考虑现场拼装费用，但未考虑分块或整体吊装的钢网架、钢桁架等施工面平台拼装摊销，如发生套用现场拼装平台摊销定额项目。

（19）金属结构安装机械按常规方案综合考虑，除另有规定或特殊要求者外，实际发生不同时按定额执行，不做调整。

（20）金属构件安装定额中已包含现场施工发生的零星油漆破坏的修补、节点焊接或切制需要的除锈及补漆。金属构件的除锈、油漆及防火涂料费用应在成品价格内包含，若成品价格中未包括除锈、油漆及防火涂料等费用，另按本章及本标准"油漆、涂料、裱糊工程"相应定额及规定执行。

（21）钢结构安装项目按檐高 24 m 以内、跨内吊装编制，实际须采用跨外吊装的，应按施工方案进行调整。

（22）钢结构构件采用塔吊吊装的将钢构件安装项目中的汽车式起重机 20 t，40 t 分别调整为自升式塔式起重机 2 500 kN·m、3 000 kN·m，人工及起重机械乘以系数 1.2。

（23）基坑围护中的格构柱安装套用本章相应项目乘以系数 0.50。

（24）螺栓（高强螺栓、剪力栓钉、花篮螺栓）安装，设计使用的材料强度等级、规格与定额不同时，可按设计图纸进行调整换算，用量不变。

（25）膜结构界定，包括拉索板和索膜主体结构划归金属结构工程，拉索、膜及附件划归屋面工程。

8.1.4 金属构件运输

（1）金属结构构件运输定额仅适用于施工企业附属加工厂制作和因施工现场受限需采取场外加工而产生的场外运输，外购成品和现场加工构件不得计算场外运输费。

（2）金属结构构件运输定额是施工企业附属加工厂或加工场地至施工现场考虑的，运输距离以 30 km 为限，运距在 30 km 以上时按照构件运输方案和市场运价调整。

（3）金属结构构件运输按表 8-1 分为三类，套用相应项目。

表 8-1　金属结构构件分类

类别	构件名称
一	钢柱、屋架、托架、桁架、吊车梁、网架、钢架桥
二	钢梁、檩条、支撑、拉条、栏杆、钢平台、钢走道、钢楼梯、零星构件
三	墙架、挡风架、天窗架、轻型屋架、其他构件

（4）金属结构构件运输过程中，如遇路桥限载（限高），而发生的加固、拓宽等费用及有电车线路和公安交通管理部门的保安护送费用，另行处理。

8.1.5 金属结构楼（墙）面板及其他

（1）金属结构楼面板和墙面板按成品板编制。

（2）钢楼（承）板上混凝土浇捣所需收边板的用量，均已包含在定额消耗量中，不单独计算。

(3) 屋面板、墙面板安装需要的包角、包边、窗台泛水等用量，均已包含在相应定额的消耗量中，不单独计算。

(4) 墙面板安装按竖装考虑，如发生横向铺设，按相应定额项目人工、机械乘以系数 1.20。

(5) 钢楼（承）板如因天棚施工需要拆除，增加拆除用工 0.15 工日。

(6) 钢楼（承）板安装需要增设的临时支撑消耗量定额中未考虑，如有发生另行计算。

(7) 不锈钢天沟、采钢板天沟展开宽度为 600 mm，若实际展开宽度与定额不同时，板材按比例调整。其他不变。

(8) 压型楼面板的收边板未包括在楼面板项目内，应单独计算。

(9) 楼板栓钉另行套用定额计算。

(10) 固定压型钢板楼板的支架费用另行套用定额计算。

(11) 自承式楼层板上钢筋桁架现场加工的列入钢筋定额项目计算。

(12) 天沟支架制作、安装套用相应定额。

(13) 屋脊盖板内已包括屋脊托板含量，若屋脊托板使用其他材料，则屋脊盖板含量应作调整。

(14) 檐口端面也适用于雨棚等处的封边、包角。

(15) 其他封边、包角定额适用于墙面、板面、高低屋面等处需封边、包角的项目。

任务 8.2　金属构件工程清单项目划分及工程量计算规则

8.2.1　金属构件工程清单项目划分

金属结构工程清单项目划分为 010601~010607，详见表 8-2。

表 8-2　金属构件工程清单项目表（编号：010601~010607）

序号	项目编码	项目名称	项目特征描述	计算单位	工程量计算规则	工作内容
1	010601001	钢网架	1. 钢材品种、规格 2. 网架节点形式、连接方式 3. 网架跨度、安装高度 4. 探伤要求 5. 防火要求	t	按设计图示尺寸以质量计算。 不扣除孔眼的质量，焊条、铆钉、螺栓等不另增加质量	1. 拼装 2. 安装 3. 探伤 4. 补刷油漆
2	010602001	钢屋架	1. 钢材品种、规格 2. 单榀质量 3. 屋架跨度、安装高度 4. 螺栓种类 5. 探伤要求 6. 防火要求	1. 榀 2. t	1. 以榀计量，按设计图示数量计算。 2. 以吨计量，按设计图示尺寸以质量计算。不扣除孔眼的质量，焊条、铆钉、螺栓等不另增加质量	

续表

序号	项目编码	项目名称	项目特征描述	计算单位	工程量计算规则	工作内容
3	010602002	钢托架	1. 钢材品种、规格 2. 单榀质量 3. 安装高度 4. 螺栓种类 5. 探伤要求 6. 防火要求	t	按设计图示尺寸以质量计算。 不扣除孔眼的质量，焊条、铆钉、螺栓等不另增加质量	1. 拼装 2. 安装 3. 探伤 4. 补刷油漆
4	010602003	钢桁架				
5	010602004	钢桥架	1. 桥架类型 2. 钢材品种、规格 3. 单榀质量 4. 安装高度 5. 螺栓种类 6. 探伤要求			
6	010603001	实腹钢柱	1. 柱类型 2. 钢材品种、规格 3. 单根柱质量 4. 螺栓种类 5. 探伤要求 6. 防火要求	t	按设计图示尺寸以质量计算。 不扣除孔眼的质量，焊条、铆钉、螺栓等不另增加质量，依附在钢柱上的牛腿及悬臂梁等并入钢柱工程量内	1. 拼装 2. 安装 3. 探伤 4. 补刷油漆
7	010603002	空腹钢柱				
8	010603003	钢管柱	1. 钢材品种、规格 2. 单根柱质量 3. 螺栓种类 4. 探伤要求 5. 防火要求		按设计图示尺寸以质量计算。不扣除孔眼的质量，焊条、铆钉、螺栓等不另增加质量，钢管柱上的节点板、加强环、内衬管、牛腿等并入钢管柱工程量内	
9	010604001	钢梁	1. 梁类型 2. 钢材品种、规格 3. 单根质量 4. 螺栓种类 5. 安装高度 6. 探伤要求 7. 防火要求	t	按设计图示尺寸以质量计算。不扣除孔眼的质量，焊条、铆钉、螺栓等不另增加质量，制动梁、制动板、制动桁架、车挡并入钢吊车梁工程量内	1. 拼装 2. 安装 3. 探伤 4. 补刷油漆

续表

序号	项目编码	项目名称	项目特征描述	计算单位	工程量计算规则	工作内容
10	010604002	钢吊车梁	1. 钢材品种、规格 2. 单根质量 3. 螺栓种类 4. 安装高度 5. 探伤要求 6. 防火要求	t	按设计图示尺寸以质量计算。不扣除孔眼的质量，焊条、铆钉、螺栓等不另增加质量，制动梁、制动板、制动桁架、车挡并入钢吊车梁工程量内	
11	010605001	钢板楼板	1. 钢材品种、规格 2. 钢板厚度 3. 螺栓种类 4. 防火要求	m²	按设计图示尺寸以铺设水平投影面积计算。不扣除单个面积 ≤0.3 m² 柱、垛及孔洞所占面积	1. 拼装 2. 安装 3. 探伤 4. 补刷油漆
12	010605002	钢板墙板	1. 钢材品种、规格 2. 钢板厚度、复合板厚度 3. 螺栓种类 4. 复合板夹芯材料种类、层数、型号、规格 5. 防火要求		按设计图示尺寸以铺挂展开面积计算。不扣除单个面积 ≤0.3 m² 的梁、孔洞所占面积，包角、包边、窗台泛水等不另加面积	
13	010606001	钢支撑、钢拉条	1. 钢材品种、规格 2. 构件类型 3. 安装高度 4. 螺栓种类 5. 探伤要求 6. 防火要求			
14	010606002	钢檩条	1. 钢材品种、规格 2. 构件类型 3. 单根质量 4. 安装高度 5. 螺栓种类 6. 探伤要求 7. 防火要求	t	按设计图示尺寸以质量计算。 不扣除孔眼的质量，焊条、铆钉、螺栓等不另增加质量	1. 拼装 2. 安装 3. 探伤 4. 补刷油漆
15	010606003	钢天窗架	1. 钢材品种、规格 2. 单榀质量 3. 安装高度 4. 螺栓种类 5. 探伤要求 6. 防火要求			

续表

序号	项目编码	项目名称	项目特征描述	计算单位	工程量计算规则	工作内容
16	010606004	钢挡风架	1. 钢材品种、规格 2. 单榀质量 3. 螺栓种类 4. 探伤要求 5. 防火要求			
17	010606005	钢墙架				
18	010606006	钢平台	1. 钢材品种、规格 2. 螺栓种类 3. 防火要求			
19	010606007	钢走道				
20	010606008	钢梯	1. 钢材品种、规格 2. 钢梯形式 3. 螺栓种类 4. 防火要求			
21	010606009	钢护栏	1. 钢材品种、规格 2. 防火要求			
22	010606010	钢漏斗			按设计图示尺寸以质量计算,不扣除孔眼的质量,焊条、铆钉、螺栓等不另增加质量,依附漏斗或天沟的型钢并入漏斗或天沟工程量内	1. 拼装 2. 安装 3. 探伤 4. 补刷油漆
23	010606011	钢板天沟	1. 钢材品种、规格 2. 漏斗、天沟形式 3. 安装高度 4. 探伤要求			
24	010606012	钢支架	1. 钢材品种、规格 2. 单付重量 3. 防火要求		按设计图示尺寸以质量计算,不扣除孔眼的质量,焊条、铆钉、螺栓等不另增加质量	
25	010606013	零星钢构件	1. 构件名称 2. 钢材品种、规格			
26	010607001	成品空调金属百页护栏	1. 材料品种、规格 2. 边框材质	m²	按设计图示尺寸以框外围展开面积计算	1. 安装 2. 校正 3. 预埋铁件及安螺栓
27	010607002	成品栅栏	1. 材料品种、规格 2. 边框及立柱型钢品种、规格			1. 安装 2. 校正 3. 预埋铁件 4. 安螺栓及金属立柱

续表

序号	项目编码	项目名称	项目特征描述	计量单位	工程量计算规则	工作内容
28	010607003	成品雨篷	1. 材料品种、规格 2. 雨篷宽度 3. 晾衣杆品种、规格	1. m 2. m²	1. 以米计量，按设计图示接触边以米计算。 2. 以平方米计量，按设计图示尺寸以展开面积计算	1. 安装 2. 校正 3. 预埋铁件及安螺栓
29	010607004	金属网栏	1. 材料品种、规格 2. 边框及立柱型钢品种、规格	m²	按设计图示尺寸以框外围展开面积计算	1. 安装 2. 校正 3. 安螺栓及金属立柱
30	010607005	砌块墙钢丝网加固	1. 材料品种、规格 2. 加固方式		按设计图示尺寸以面积计算	1. 铺贴 2. 铆固
31	010607006	后浇带金属网				

8.2.2 金属构件工程工程量计算规则

1. 金属构件制作工程量计算规则

（1）金属结构构件现场制作工程量，按设计图示尺寸以质量计算。不扣除单个面积≤0.3 m²的孔洞质量，焊缝、铆钉、螺栓等不另增加质量。

（2）钢网架计算工程量时，不扣除单个面积≤0.3 m²孔眼的质量，焊缝、铆钉等质量不另增加。焊接空心球网架质量包括连接钢管杆件、连接球、支托和网架支座等零件的质量，螺栓球节点网架质量包括连接钢管杆件（含高强螺栓、销子、套筒、锥头或封板）、螺栓球、支托和网架支座等零件的质量。

（3）依附在钢柱上的牛腿及悬臂梁的质量等并入钢柱的质量内，钢柱上的柱脚板、加劲板、柱顶板、隔板和肋板并入钢柱工程量内。

（4）钢管柱上的节点板、加强环、内衬板（管）、牛腿等并入钢管柱的工程量计算。

（5）钢平台的工程量包括钢平台的柱、梁、板、斜撑等的质量，依附于钢平台上的钢扶梯及平台栏杆，应按相应构件另行列项计算。

（6）钢楼梯的工程量包括楼梯平台、楼梯梁、楼梯踏步等的质量，钢楼梯上的扶手、栏杆另行列项计算。

（7）钢栏杆包括扶手的质量，合并套用钢栏杆项目。

（8）机械或手工及动力工具除锈按设计要求以构件需除锈的展开面积计算。

2. 金属结构安装工程量计算规则

（1）构件量按成品构件的设计图示尺寸以质量计算，不扣除单个面积≤0.3 m²的孔洞质量，焊缝、铆钉、螺栓等不另增加质量。

（2）钢网架安装工程量不扣除孔眼的质量，焊缝、铆钉等不另增加质量。焊接空心球网架质量包括连接钢管杆件、连接球、支托和网架支座等零件的质量；螺栓球节点网架质量包括连接钢管杆件（含高强螺栓、销子、套筒、锥头或封板）、螺栓球、支托和网架支座等零件的质量。

（3）依附在钢柱上的牛腿及悬臂梁的质量等并入钢柱的质量内，钢柱上的柱脚板、加劲板、柱顶板、隔板和肋板并入钢柱工程量内。

（4）钢管柱上的节点板、加强环、内衬板（管）、牛腿等并入钢管柱的质量内。

（5）钢吊车梁工程量包含吊车梁、制动梁、制动板、车档等。

（6）钢平台的工程量包括钢平台的柱、梁、板、斜撑等的质量，依附于钢平台上的钢格栅、钢扶梯及平台栏杆并入钢平台工程量内。

（7）钢楼梯的工程量包括楼梯平台、楼梯梁、楼梯踏步等的质量，钢楼梯上的扶手、栏杆并入钢楼梯工程量内。

（8）钢构件现场拼装平台摊销工程量按现场在平台上实施拼装构件的工程量计算。

3．金属结构运输工程量计算规则

金属结构构件运输（指企业自有附属加工厂加工的金属结构构件），其运输工程量等于制作工程量。

4．金属结构楼（墙）面板及其他工程量计算规则

如图 8-1 所示。

（1）钢楼（承）板、屋面板按设计图示尺寸以铺设面积计算，不扣除单个面积≤0.3 m² 的柱、垛及孔洞所占面积，屋面玻纤保温棉面积同单层压型钢板屋面板面积。

（2）压型钢板、彩钢夹心板、采光板墙面板、墙面玻纤保温棉按设计图示尺寸以铺挂面积计算，不扣除单个面积≤0.3 m² 孔洞所占面积，墙面玻纤保温棉面积同单层压型钢板墙面板面积。

（3）钢板天沟按设计图示尺寸以质量计算，依附天沟的型钢并入天沟的质量内计算；不锈钢天沟、彩钢板天沟按设计图示尺寸以长度计算。

（4）金属构件安装使用的高强螺栓、花篮螺栓和剪力栓钉按设计图纸以数量以"套"为单位计算。

（5）槽铝檐口端面封边包角、混凝土浇捣收边板高度按 150 mm 考虑，工程量按设计图示尺寸以延长米计算；其他材料的封边包角、混凝土浇捣收边板按设计图示尺寸以展开面积计算。

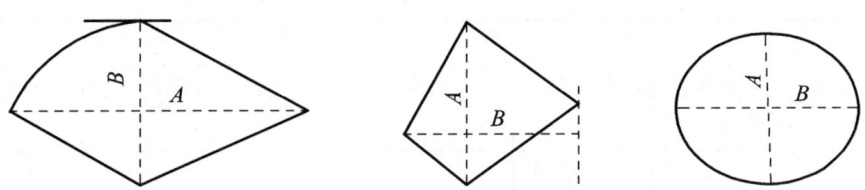

图 8-1 不规则或多边形钢板计算示意图

任务 8.3 金属构件工程量计算

8.3.1 金属结构制作工程量计算

（1）各种型钢的重量计算（型钢的单位理论重量可查阅五金手册或材料手册）方法如下：

$$G = L \times g_{每米理论重量} \quad (8-1)$$

式中　L——型钢计算长度，按设计图示尺寸；

　　　G——每米理论重量。

① 常见热轧等边角钢及钢板每米理论重量可查表 8-3。

表 8-3 热轧等边角钢及钢板的单位重量

热轧等边角钢			钢　板	
尺寸/mm		重量/(kg/m)	厚度/mm	重量/(kg/m²)
边宽（b）	壁厚（d）			
40	4	2.422	2	15.70
	5	2.976	2.2	17.27
50	5	3.770	2.5	19.63
	6	4.465	2.8	21.98
56	5	4.251	3	23.55
	6	5.040	3.2	25.12
63	6	5.721	4	31.40
	8	7.469	5	39.25
	10	9.151	6	47.10
70	5	5.397	8	62.80
	6	6.406	10	78.50
	7	7.398	12	94.20
	8	8.373	16	125.60

② 常见热轧工字钢每米理论重量可查表 8-4。

表 8-4 热轧工字钢的单位重量

型号	尺　寸/mm					理论重量/(kg/m)
	（高度）h	（腿宽度）b	（腰厚度）d	（平均腿厚度）t	（内圆弧半径）r	
20a	200	100	7.0	9.0	9.0	27.929
20b		102	9.0			31.069

续表

型号	尺寸/mm					理论重量/(kg/m)
	（高度） h	（腿宽度） b	（腰厚度） d	（平均腿厚度） t	（内圆弧半径） r	
22a	220	110	7.5	9.5	9.5	33.070
22b		112	9.5			36.524
24a	240	116	8.0	13.0	10.0	37.477
24b		118	10.0			41.245
25a	250	116	8.0			38.105
25b		118	10.0			42.030
27a	270	122	8.5	13.7	10.5	42.825
27b		124	10.5			47.064
28a	280	122	8.5			43.492
28b		124	10.5			47.888
30a	300	126	9.0	14.4	11.0	48.084
30b		128	11.0			52.794
30c		130	13.0			57.504

③ 常见钢筋的线密度可查表 8-5。

表 8-5 钢筋的线密度

直径	光圆钢筋		带肋钢筋	
	截面/cm²	线密度/(kg/m)	截面/cm²	线密度/(kg/m)
5	0.196	0.154		
6	0.283	0.222		
6.5	0.332	0.261		
8	0.503	0.395		
10	0.785	0.617	0.785	0.617
12	1.131	0.888	1.131	0.888
14	1.539	1.21	1.539	1.21
16	2.011	1.58	2.011	1.58
18	2.545	2.00	2.545	2.00
20	3.142	2.47	3.142	2.47
22	3.801	2.99	3.801	2.99
25	4.909	3.86	4.909	3.86
28	6.158	4.84	6.158	4.84
30	7.069	5.55		
32	8.042	6.32	8.042	6.32
40			12.566	9.87

④ 常见普通无缝钢管每米理论重量可查表 8-6。

表 8-6　壁厚 3.0～6.0 普通无缝钢管的单位重量

外径 D/mm	壁厚 t/mm						
	3.0	3.5	4.0	4.5	5.0	5.4	6.0
	单位长度理论重量/（kg/m）						
40	2.74	3.15	3.55	3.94	4.32	4.68	5.03
45	3.11	3.58	4.04	4.49	4.93	5.36	5.77
50	3.48	3.48	4.54	5.05	5.55	5.94	6.51
51	3.55	4.01	4.64	5.16	5.67	6.17	6.66
57	4.00	4.62	5.23	5.83	6.41	6.99	7.55
65	4.59	5.31	6.02	6.71	7.40	8.07	8.73
68	4.81	5.57	6.31	7.05	7.77	8.48	9.17
70	4.96	5.74	6.51	7.27	8.01	8.75	9.47
77	5.47	6.34	7.20	8.05	8.88	9.70	10.51
80	5.70	6.60	7.50	8.38	9.25	10.11	10.95

（2）各种规格钢板的重量计算（理论重量可查五金手册或按下列公式计算）：按公式（8-2）所示钢板的面积乘以钢板理论重量（kg/m²）以 t 为单位计算，钢板如为多边形钢板时，以图示最长边和最宽边尺寸，按矩形计算面积计算（即最大对角线所形成的矩形面积计算），不扣除切边、孔眼的重量。

$$G = a \times b \times g_{每平方米理论重量} \tag{8-2}$$

式中　a——图示钢板最长边尺寸；
　　　b——图示钢板最宽边尺寸；
　　　G——钢板每平方米理论重量。

或

$$G = a \times b \times h \times g \tag{8-3}$$

式中　a——图示钢板最长边尺寸；
　　　b——图示钢板最宽边尺寸；
　　　h——钢板厚度；
　　　g——钢板比重（g=7 850 kg/m³）。

即：$G_{钢板重量} = S_{钢板计算面积} \times t_{钢板厚} \times g_{钢板比重}$
　　　　　　$= S_{钢板计算面积} \times t_{钢板厚} \times 7\,850$（kg/m³） （8-4）

【例 8-1】计算图 8-2 所示两块厚为 8mm 钢板的制作工程量。

【例 8-2】试计算图 8-3 所示的 24 个柱间支撑制作工程量。

【例 8-3】某厂房钢柱如图 8-3 所示，共 8 根，计算其制作工程量。

8-1　例 8-1～例 8-3

（3）实腹柱、H型钢制作工程量计算。

实腹柱、H型钢制作工程量计算规则：按图示尺寸计算。依附在钢柱上的牛腿及悬臂梁的质量等并入钢柱的质量内，钢柱上的柱脚板、加劲板、柱顶板、隔板和肋板并入钢柱工程量内。

【例8-4】H型钢柱断面规格为 400 mm×200 mm×12 mm×16 mm，如图8-5所示。

（4）钢屋架制作工程量计算。

钢屋架制作工程量计算规则：

① 以榀计量，按设计图示数量计算。

② 以吨计量，按设计图示尺寸以质量计算。不扣除孔眼的质量，焊条、铆钉、螺栓等不另增加质量。

8-2　例8-4～例8-6

【例8-5】某工程钢屋架如图8-5所示，计算钢屋架制作工程量。

8.3.2　金属结构安装、运输工程量计算

金属结构构件的安装、运输工程量计算规则：按成品构件的设计图示尺寸以质量计算，不扣除单个面积≤0.3 m² 的孔洞质量，焊缝、铆钉、螺栓等不另增加质量。

金属结构构件的运输，工程量等于制作工程量。

计算方法：

$$金属结构构件的安装、运输工程量=金属构件的制作工程量$$

【例8-6】根据"例8-5"计算钢屋架的运输、安装工程量。

解：金属结构构件的安装工程量=金属结构构件的运输工程量=金属构件的制作工程量

故，该钢屋架的运输、安装工程量=219.30 kg。

8.3.3　金属结构油漆、涂料工程量计算

金属结构构件油漆按"油漆、涂料、裱糊工程"计算。

（1）执行金属面油漆、涂料项目，其工程量按设计图示尺寸以展开面积计算。质量在500 kg以内的单个金属构件，可参考下表中相应的系数，将质量（t）折算为面积。

表8-7　质量折算面积参考系数表

	项　目	系　数
1	钢栅栏门、栏杆、窗棚	64.98
2	钢爬梯	44.84
3	踏步式钢扶梯	39.90
4	轻型屋架	53.20
5	零星铁件	58.00

（2）执行金属平板屋面、镀锌铁皮面（涂刷磷化、锌黄底漆）油漆的项目，其工程量计算规则及相应的系数见表 8-8。

表 8-8 工程量计算规则和系数表

	项　目	系数	工程量计算规则（设计图示尺寸）
1	平板屋面	1.00	斜长×宽
2	瓦垄板屋面	1.20	
3	排水、伸缩缝盖板	1.05	展开面积
4	吸气罩	2.20	水平投影面积
5	包镀锌薄钢板门	2.20	门窗洞口面积

金属结构构件油漆、涂料工程，包括钢门窗、厂库门油漆，金属面其他油漆，金属面防火涂料三个部分。

（1）钢门窗、厂库门油漆的工作内容包括防锈、清洗、擦掉油污、磨光、刷红丹防锈漆、调和漆等。工程量以"100 m²"为单位，执行相应子目。

（2）金属面其他油漆的工作内容包含：① 手工除锈、清扫、刷漆一遍（二遍）等；② 清扫、刷漆一遍等。工程量以"100 m²"为单位，包含常用的红丹防锈漆，调和漆，醇酸磁漆，银粉漆，氟碳漆，环氧富锌底漆，环氧云铁中间漆，磷化、锌黄底漆，执行相应子目。

（3）金属面防火涂料的工作内容包含手工除锈、清扫、打磨、刷喷防火涂料等。工程量以"100 m²"为单位，执行相应子目。

【例 8-7】某工程钢栏杆如图 8-7 所示，计算钢栏杆制作、安装及运输和油漆工程量。

任务 8.4　金属结构构件计量计价综合技能实训

1. 实训资料

某工程有一门式刚架 Z-4 立面图如图 8-8 所示，节点大样如图 8-9 所示。已知 Z-4 为 H400×250×8×10，长 3 569 mm，重 267.5 kg；3—3 剖面板厚 10 mm，肋板 121×10，长 321（见表 8-9）。构件接触面处理方法：喷石英砂后，涂一遍氯磺化聚乙烯漆。防腐涂层：二遍氯磺化聚乙烯漆底漆，一遍氯磺化聚乙烯漆面漆。运距 5 km。

2. 实训要求

（1）计算出该门式刚架 Z-4 的清单工程量。
（2）完成该门式刚架 Z-4 的综合单价分析表的计算。
（3）编制该门式刚架 Z-4 的清单与计价表。

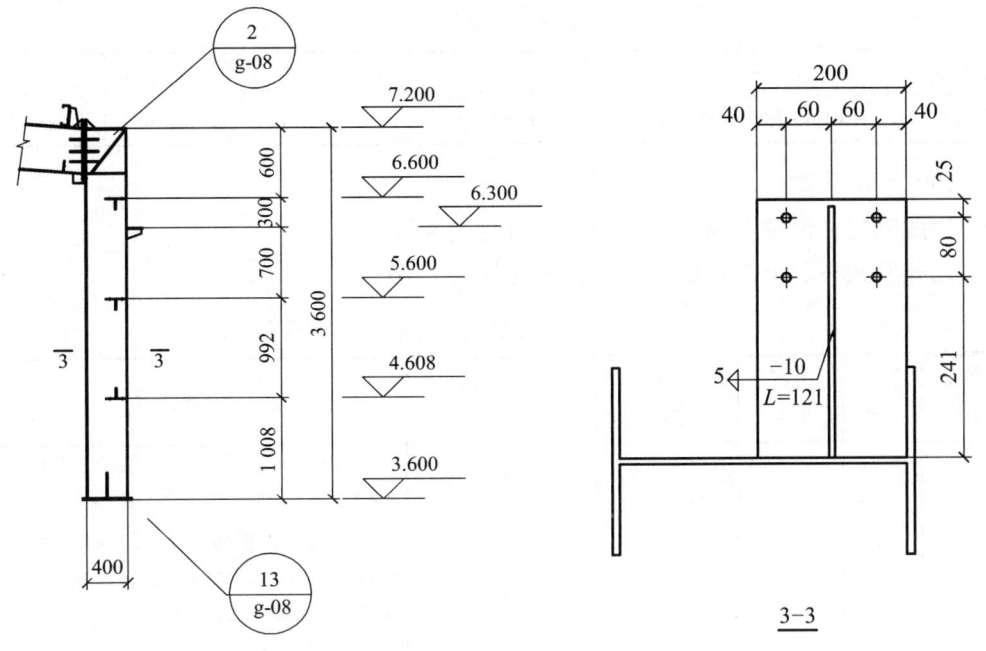

图 8-8 钢柱立面及剖面图

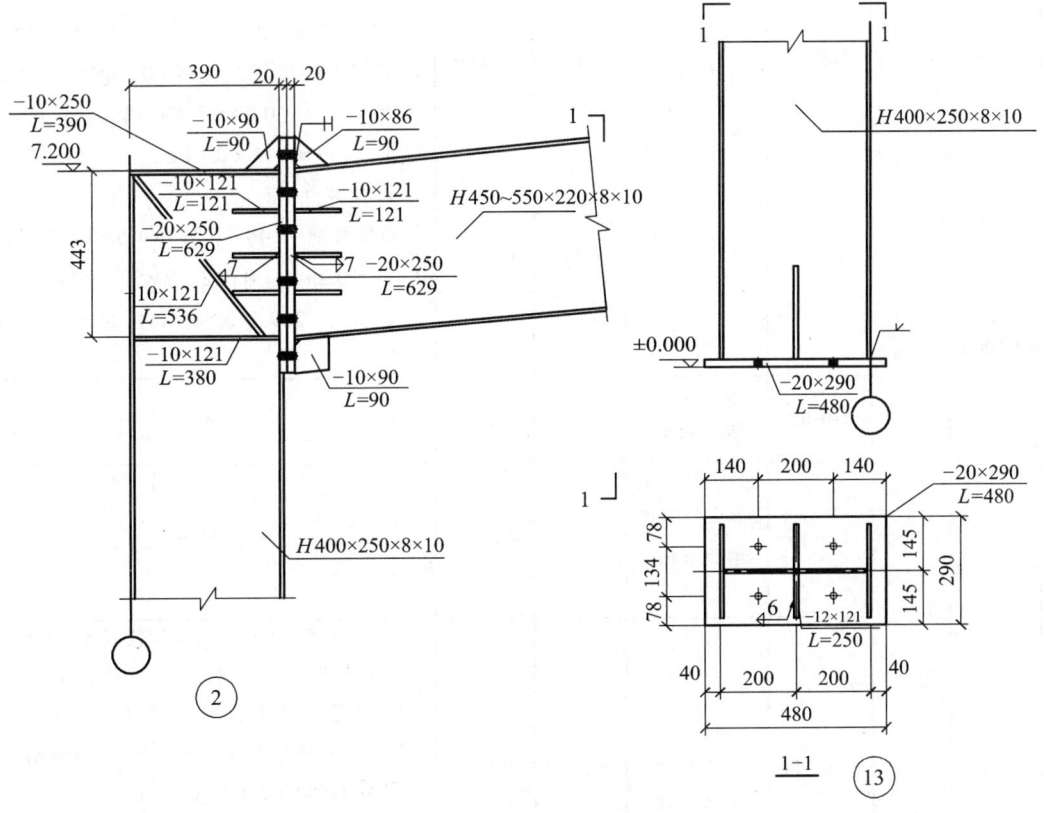

说明：

连接板钢号：Q235 钢

图 8-9 钢柱节点大样示意图

表 8-9 材料表

构件名称	截面规格	长度	数量	单重（毛重）	总重（毛重）
Z-4	H400×250×8×10	3 569 mm	1	267.5 kg	267.5 kg

3．实训方法步骤

（1）门式刚架柱清单工程列项，列项项目见表 8-10。

（2）门式刚架柱清单工程量计算，计算详见表 8-10。

表 8-10　门式刚架柱清单工程量计算表

序号	项目编号	项目名称	定额编号	定额名称	计量单位	工程量	计算式
120 98	010603 001001	实腹钢柱	1-6-13	实腹柱焊接H形钢柱	t	0.378	① 由材料表可知：规格为 H400×250×8×10 的 H 型钢长为 3 569 mm，重 267.5 kg ② 由 3—3 剖面可得：钢板重量=[(0.241+0.08+0.025)×0.2+(0.241+0.08)×0.121]m²×78.5 kg/m²×3=25.4 kg ③ 节点柱梁连接： 钢板重量=(0.25×0.39+0.09×0.09+0.121×0.536×2+0.121×0.121×6+0.121×0.38×2)m²×(0.01×7850)kg/m²+(0.25×0.629)m²×(0.02×7850)kg/m²=0.451×78.5+0.157×157=60.1 kg ④ 柱脚节点： 钢板重量=0.48×0.29×(0.02×7 850)+0.121×0.25×(0.012×7 850)=24.7 kg 小计：267.5+25.4+60.1+24.7=377.7 kg=0.378 t
			1-6-69	钢柱安装质量≤3 t	t	0.378	同上
			1-6-46	金属构件运输 1 类构件运距 5 km 以内	10 t	0.0378	同上
			1-10-280	氯磺化聚乙烯漆底漆一遍	100 m²	0.085	钢柱防腐蚀涂料工程量按设计图示尺寸以展开面积计算，为： ① 查五金手册，可知规格为 H400×250×8×10 的 H 型钢每米表面积为 1.784 m²/m，可得 1.784×3.569=6.37 m² ② 由 3—3 剖面可得：钢板表面积=[(0.241+0.08+0.025)×0.2+(0.241+0.08)×0.121]×3×2=0.648 m²

续表

序号	项目编号	项目名称	定额编号	定额名称	计量单位	工程量	计算式
							③节点柱梁连接： 钢板表面积=（0.25×0.39+0.09×0.09+0.121×0.536×2+0.121×0.121×6+0.121×0.38×2+0.25×0.629）×2=0.572×2=1.144 m^2 ④柱脚节点： 钢板表面积=（0.48×0.29+0.121×0.25）×2=0.339 m^2 小计：6.37+0.648+1.144+0.339 =8.50 m^2 8.5÷100=0.085 m^2
			1-10-282	氯磺化聚乙烯漆每增一遍	100 m^2	0.085	同上
			1-10-283	氯磺化聚乙烯漆面漆一遍	100 m^2	0.085	同上

（3）选择计价依据。

根据云南省《云南省建筑工程计价标准》中与金属结构工程相关的消耗量定额，完成该金属结构工程的有关消耗量定额见表8-11所示。

表8-11 云南省金属构件工程相关消耗量定额表

定额编号				1-6-13	1-6-69	1-6-46	1-10-280	1-10-282	1-10-283
项目名称				实腹柱 焊接H形钢柱	钢柱安装 质量≤3 t（t）	金属构件运输1类构件 运距5 km以内（t）	氯磺化聚乙烯漆 底漆一遍（100 m^2）	氯磺化聚乙烯漆 每增一遍（100 m^2）	氯磺化聚乙烯漆 面漆一遍（100 m^2）
其中	基价/元			6 144.52	5 725.51	605.14	2 436.30	1 992.82	1 880.87
	人工费			1 271.04	532.82	154.44	1 581.00	1 293.44	1 149.81
		其中	定额人工费/元	1 059.20	444.02	128.70	1 317.50	1 077.86	958.17
			规费/元	211.84	88.80	25.74	263.50	215.58	191.64
	材料费/元			4 373.18	5 000.64	70.28	578.55	422.63	454.31
	机械费/元			500.30	192.05	380.41	276.75	276.75	276.75
	名称	单位	单价/元			数 量			
人工	综合工日12	工日	154.44	8.230	3.450	1.000	10.237	8.375	7.445
材料	热轧钢板（综合）	t	3 655.33	0.978	—	—	—	—	—

续表

定额编号			1-6-13	1-6-69	1-6-46	1-10-280	1-10-282	1-10-283
项目名称			实腹柱	钢柱安装	金属构件运输1类构件	氯磺化聚乙烯漆	氯磺化聚乙烯漆	氯磺化聚乙烯漆
			焊接H形钢柱	质量≤3 t（t）	运距5 km以内（t）	底漆一遍（100 m²）	每增一遍（100 m²）	面漆一遍（100 m²）
热轧角钢（综合）	t	4 046.43	0.102	—	—	—	—	—
钢柱	t	4 833.60	—	1.00	—	—	—	—
千斤顶	台	89.38	—	0.02	—	—	—	—
焊丝 Φ3.2	kg	7.57	20.540	1.082	—	—	—	—
碳钢 CO_2 焊丝	kg	7.66	10.787	—	—	—	—	—
二氧化碳气体	m³	2.95	7.191	0.715	—	—	—	—
焊剂	kg	3.26	7.91	—	—	—	—	—
氧气	m³	8.58	5.09	—	—	—	—	—
乙炔气	m³	15.83	2.210	—	—	—	—	—
稀释剂	kg	7.30	—	0.085	—	—	—	—
杉木锯材	m³	1 824.00	—	0.019	—	—	—	—
松木锯材	m³	1 666.20	—	—	0.030	—	—	—
镀锌铁丝 Φ4.0	kg	4.65	—	—	1.80	—	—	—
钢丝绳 Φ12	kg	4.93	—	3.690	0.200	—	—	—
吊装夹具	套	68.86	—	0.02	—	—	—	—
金属结构铁件	kg	5.65	—	10.588	—	—	—	—
低合金钢焊条E43系列	kg	6.84	—	1.236	—	—	—	—
角钢支架	kg	5.47	—	—	2.000	—	—	—
氯磺化聚乙烯底漆底漆	kg	18.46	—	1.06	—	—	—	—
氯磺化聚乙烯底漆	kg	18.46	—	—	—	23.000	—	—
氯磺化聚乙烯中间漆	kg	18.46	—	—	—	—	17.000	—
氯磺化聚乙烯面漆	kg	20.06	—	—	—	—	—	17.000
氯磺化聚乙烯漆稀释剂	kg	19.33	—	—	—	5.400	5.200	5.400
砂纸	张	2.55	—	—	—	15.000	—	—
其他材料费	元	1.00	21.760	7.95	—	11.340	8.290	8.910

续表

	定额编号			1-6-13	1-6-69	1-6-46	1-10-280	1-10-282	1-10-283
	项目名称			实腹柱 焊接H形钢柱	钢柱安装 质量≤3 t （t）	金属构件运输1类构件 运距5 km以内（t）	氯磺化聚乙烯漆 底漆一遍 （100 m²）	氯磺化聚乙烯漆 每增一遍 （100 m²）	氯磺化聚乙烯漆 面漆一遍 （100 m²）
机械	门式起重机 提升质量：20 t	台班	650.62	0.340	—	—	—	—	—
	汽车式起重机 提升质量：20 t	台班	1 109.16	—	0.156	—	—	—	—
	汽车式起重机 提升质量：16 t	台班	1 035.75	—	—	0.160	—	—	—
	轨道平车 载重量：10 t	台班	82.32	0.150	—	—	—	—	—
	板料校平机 厚度×宽度： 16 mm×2 000 mm	台班	1 134.96	0.060	—	—	—	—	—
	剪板机厚度×宽度： 40 mm×3 100 mm	台班	638.50	0.060	—	—	—	—	—
	刨边机 加长宽度： 12 000 mm	台班	589.27	0.070	—	—	—	—	—
	型钢剪断机 剪断宽度：500 mm	台班	309.36	0.010	—	—	—	—	—
	型钢校正机 厚度×宽度： 60 mm×800 mm	台班	280.50	0.010	—	—	—	—	—
	摇臂钻床 钻孔直径：50 mm	台班	18.65	0.080	—	—	—	—	—
	轴流通风机 功率：7.5 kW	台班	30.75	—	—	—	9.000	9.000	9.000
	电焊条烘干箱 容量：45×35× 45 cm³	台班	14.79	0.600	—	—	—	—	—
	超声波量程探伤仪 扫描：0~10 000 mm	台班	94.84	0.300	—	—	—	—	—
	自动埋弧焊机 电流：500 A	台班	81.13	0.690	—	—	—	—	—
	二氧化碳气体 保护焊机 电流：500 A	台班	111.45	0.165	0.110	—	—	—	—
	交流弧焊机 容量：32 A	台班	61.45	—	0.110	—	—	—	—
	载重汽车 装载质量：20 t	台班	933.45	—	—	0.230	—	—	—

（4）门式刚架柱综合单价分析表的计算，见表 8-11。根据表 8-10 中查出的项目定额单位、定额人工费、规费、材料费、机械费的单价，分别填入门式刚架柱综合单价分析计算表中人、材、机的相应单价栏内，并计算出该分项工程的定额人工费，规费，材料费，机械台班费的合价、管理费和利润、综合单价，详见表 8-11。

    注：1. 材料单价按《某省建筑工程计价标准》中相应材料单价计算。
        2. 合价=单价×数量。
        3. 管理费和利润=（定额人工费+机械费×8%）×（管理费费率+利润费率），建筑工程管理费费率为 22.78%，利润费率为 13.81%。
        4. 风险费按 0 考虑。
        5. 综合单价=[∑人工费+∑材料费+∑机械费+∑管理费和利润]÷清单工程量。

（5）门式刚架柱工程清单与计价表的计算，见表 8-12。根据工程量、综合单价，计算出合价，其中的定额人工费、规费、机械费（可根据工程量和表 8-11 中人工费、机械费的合价相乘计算）、暂估价，详见表 8-13。

（6）根据金属结构工程的定额人工费之和加上机械费之和×8%，乘上施工组织措施费的费率[（定额人工费+机械费×0.08）×费率（%）]，即得到金属结构工程的施工组织措施费，计算结果详见表 8-14。

表 8-12 门式刚架柱综合单价计算表

序号	项目编号	项目名称	计量单位	工程量	定额编号	定额名称	定额单位	数量	清单综合单价组成明细											综合单价/元
									单价/元					合价/元						
									人工费		材料费	机械费	人工费		材料费	机械费	管理费	利润	风险费	
									定额人工费	规费			定额人工费	规费						
1	010603001001	实腹钢柱	t	0.378	1-6-13	焊接 H 型钢柱制作	t	0.378	1 059.20	211.84	4 373.18	500.30	400.38	80.08	1 653.06	189.11	94.65	57.38	0.00	14 282.09
					1-6-69	钢柱安装 质量≤3 t	t	0.378	444.02	88.80	5 000.64	192.05	167.84	33.57	1 890.24	72.59	39.56	23.98	0.00	
					1-6-46	金属构件运输 1 类 构件运距 5 km 以内	10 t	0.0378	128.70	25.74	70.28	380.41	4.86	0.97	2.66	14.38	1.37	0.83	0.00	
					1-10-280	氯磺化聚乙烯漆底漆一遍	100 m²	0.085	1 317.50	263.50	716.82	276.75	111.99	22.40	60.93	23.52	25.94	15.73	0.00	
					1-10-282	氯磺化聚乙烯漆每增一遍	100 m²	0.085	1 077.86	215.58	533.43	276.75	91.62	18.32	45.34	23.52	21.30	12.91	0.00	
					1-10-283	氯磺化聚乙烯漆面漆一遍	100 m²	0.085	958.17	191.64	539.34	276.75	81.44	16.29	45.84	23.52	18.98	11.51	0.00	
						合 计							858.13	171.63	3 698.07	346.64	201.8	122.34	0	14 282.09

表 8-13 门式刚架柱清单与计价表

序号	项目编号	项目名称	项目特征描述	计量单位	工程量	金额/元						备注
						综合单价	合价	其中			
								人工费		机械费	暂估价	
								定额人工费	规费			
1	010603001001	实腹钢柱	1. 实腹钢柱 2. 单根柱 0.378 t	t	0.378	14 282.09	5 398.63	858.13	171.63	346.66	—	
合 计							5 398.63	1 029.77	346.66	—	

门式刚架柱工程的材料费=3 698.07 元。

注：
合价=综合单价×数量
人工费=单价×数量
材料费=∑（材料单价×数量）
机械费=单价×数量
人工费、机械费的单价，就是表 8-11 人工费、机械费中的合价。

表 8-14 施工组织措施费计算表

序号	项目编号	项目名称	计算基础	费率/%	金额/元	调整费率/%	调整后金额/元	备注
1		绿色施工安全文明措施费						
1.1		安全文明施工及环境保护费	定额人工费+机械费×8% =4 985.45+1 903.01×8% =5 137.69	5.12	263.05			
1.2		临时设施费		2.76	141.80			
1.3		绿化施工措施费		5.94	305.18			
2		冬雨季施工增加费，工程定位复测费，工程交点、场地清理费		0.372	191.64			
3		夜间施工增加费		0.50	25.69			暂无
4		压缩工期增加费	定额人工费+机械费					暂无
5		行车，行人干扰增加费	定额人工费+机械费×0.08	8.85 4.20 4.20				暂无
6		已完工程及设备保护费						暂无
7		特殊地区施工增加费						暂无
8		其他施工组织措施费						暂无
合 计					927.36			

注：1. "其他施工组织措施费"在计价时需要列出具体费用名称。
2. 工程结算时按合同约定（或投标报价）调整费率和金额。

（7）完成门式刚架柱其他规费、税金项目计价表，详见表8-15。

表8-15 门式刚架柱其他规费、税金项目计价

序号	工程名称			计算基础	计算费率	金额/元	备注
1	其他规费				20%		
1.1	其中	社会保险费	养老保险费	定额人工费（包括工程定额人工费+技术措施项目定额人工费）	9.01%	449.19	计入人工费内
			医疗保险费		6.39%	318.57	
1.2		住房公积金			4.60%	229.33	
	其他规费	工伤保险（单独计列）			0.50%	2.49	计入税前费用
1.3		工程排污费		按有关部门规定计算			
2		环境保护税		按有关部门规定计算			
	合 计					999.58	

注：1. 税金按工程在市区，工程在县、城镇和不在市区及县、城镇三种情况来分别计算。
2. 云南省环境保护税征收标准：自2019年1月起，大气污染物每污染当量2.8元；水污染物每污染当量3.5元。建筑施工扬尘大气污染物应纳税额：
大气污染物应纳税额=大气污染当量数×单位税额
大气污染当量数=排放量÷污染当量值
3. 工程排污费按工程用水量计算。

（8）完成钢柱工程税金项目的计算。根据钢柱工程中的工程定额人工费、规费、材料费、机械费和施工技术措施项目中的定额人工费、规费、材料费、机械费，计算出钢柱工程的税金，详见表8-16。

8-3 例8-7税金费率表

项目小结

本项目主要介绍金属结构的不规则或多边形钢板、实腹柱、H型钢、钢屋架、门式钢架柱。学生应能独立根据清单规范完成金属结构清单列项及清单工程量计算，记住金属结构清单项综合的定额子项及定额工程量计算规则。重点学会金属结构工程综合单价分析表的计算，各项建筑安装工程费的计算。难点：识图、列项、工程量计算、套价、定额应用、定额换算及工程费用的计算。通过本项目任务的学习，学生应学会金属结构工程的相关清单项目和定额子目，并能正确应用。

复习思考题

8-1 各金属结构如何列清单项？各清单工程量如何计算？
8-2 各金属结构清单项综合的定额子项有哪些？
8-3 钢构件制作、运输、安装、油漆涂料定额工程量如何计算？

8-4 完成任务 8.4 中门式刚架柱招标控制价相关表中数据的计算,并完成相关表格的编制,见表 8-17~8-19。

表 8-17 门式钢架柱招标控制价/投标报价汇总表

序号	费用名称	计算基数或计算表达式	费率计算标准	费用金额
1	分部分项工程费	∑(分部分项工程量×综合单价)		
1.1	人工费	(R)=<1.1.1>+<1.1.2>		
1.1.1	定额人工费	∑(定额人工费)		
1.1.2	规费	∑(规费)		
1.2	材料费	∑(材料费)(C)		
1.3	设备费	∑(设备费)(S)		
1.4	机械费	∑(机械费)(J)=		
1.5	管理费	∑(DR+J×0.08)×22.78%	22.78%	
1.6	利润	∑(DR+J×0.08)×13.81%	13.81%	
1.7	风险费	∑(风险费)		
2	措施项目费	(<2.1>+<2.2>)		
2.1	技术措施项目	∑(技术措施项目清单工程量×综合单价)		
2.1.1	人工费	(R)=<2.1.1.1>+<2.1.1.2>		
2.1.1.1	定额人工费	∑(定额人工费)		
2.1.1.2	规费	∑(规费)		
2.1.2	材料费	∑(材料费)(C)		
2.1.3	机械费	∑(机械费)(J)=		
2.1.4	管理费	∑(DR+J×0.08)×22.78%	22.78%	
2.1.5	利润	∑(DR+J×0.08)×13.81%	13.81%	
2.2	组织措施项目费	∑(组织措施项目费)		
2.2.1	绿色施工安全文明措施项目费	∑(DR+J×0.08)×11.06%	11.06	
2.2.1.1	临时设施费	∑(DR+J×0.08)×2.76%	2.76	
2.2.2	其他组织措施项目费	∑(DR+J×0.08)× %	3.72%	
3	其他项目费			
3.1	暂列金额			
3.2	暂估价			
3.3	计日工			
3.4	总承包服务费			
3.5	其他			
3.5.1				

续表

序号	费用名称	计算基数或计算表达式	费率计算标准	费用金额
3.5.2				
4	其他规费			
4.1	工伤保险	∑（定额人工费）×费率	0.50%	
4.2	工程排污费			
4.3	环境保护税		%	
5	税前工程造价	（1+2+3+4）		
6	税金	（1+2+3+4）×税率%		
7	工程总造价（招标控制价/投标报价合计）=<5>+<6>			

注：1. 数字内均为表中对应的序号。

2. DR 代表定额人工费。

表 8-18 《某省建筑工程计价标准》招标控制价/投标报价汇总表

表 8-19 《某省建筑工程计价标准》门式钢架柱单位工程费用汇总表

8-4 例 8-8、例 8-9

项目 9

屋面及防水工程

屋面及防水工程包括了屋面工程、防水工程和变形缝三大主要内容。工程量清单价计中，屋面及防水工程划分为瓦、型材屋面，屋面防水及其他，墙、地面防水、防潮。其中瓦、型材屋面部分为瓦屋面、型材屋面、阳光板屋面、膜结构屋面等子目；屋面防水及其他包含了屋面防水、排水、屋面变形缝等子目；墙、地面防水防潮包含了墙面防水及墙面变形缝等子目。

【学习目标】

◎ 知识目标
1. 熟悉屋面及防水工程项目的划分。
2. 熟悉屋面及防水工程工程量计算的规则。
3. 熟悉屋面及防水工程项目的列项及套价计算方法。

◎ 技能目标
1. 掌握屋面及防水工程工程量清单计算方法。
2. 掌握屋面及防水工程工程量清单编制步骤和方法。
3. 掌握屋面及防水工程综合单价分析表的计算方法。

任务 9.1　屋面及防水工程量计算说明

9.1.1　屋面工程

1. 屋顶的分类

屋顶按屋面坡度及承重形式不同可分为平屋顶、坡屋顶和曲面屋顶三大类。其中平屋顶指屋面坡度小于5%的屋顶，坡屋顶指屋面坡度大于10%的屋顶。

屋顶按不同材质可分为块瓦屋面、金属板屋面、采光屋面及膜结构屋面。

2. 膜结构屋面

膜结构屋面仅指膜布热压胶结及安装，膜结骨架及膜片与骨架、索体之间的钢连接件另行计算。

3. 屋面防水

（1）防水工程量不区分屋面及地下室防水，只区分平面和立面。
（2）屋面卷材消耗量已经综合了卷材搭接、女儿墙泛水搭接、附加层及损耗。
（3）细石混凝土屋面中的钢筋另行计算，执行钢筋混凝土章节子目。
（4）防水工程中涉及找平层项目按本教材"楼地面装饰程工"相应项目计算。
（5）挑檐、雨棚防水执行屋面防水子目。

9.1.2 墙面、地面及地下室工程

（1）墙面、楼地面及地下室卷材消耗量已综合卷材搭接及损耗，不含附加层。
（2）墙面、楼地面及地下室防水、防潮定额子目适用于楼地面、墙基、墙身、构筑物、水池、水塔、浴厕等防水以及建筑物±0.00以下的防水、防潮工程。
（3）满堂基础、阳台防水执行"墙面、楼地面及地下室防水、防潮"相应子目。

任务 9.2 屋面及防水工程清单项目划分及工程量计算规则

9.2.1 砌筑工程清单项目划分

屋面及防水工程清单项目划分为 010901~010904，详见表 9-9。

表 9-1 屋面及防水工程清单项目表（编号：010901~010904）

序号	项目编码	项目名称	项目特征描述	计算单位	工程量计算规则	工作内容
1	010901001001	瓦屋面	1. 瓦品种、规格 2. 粘结层砂浆的配合比	m²	按设计图示尺寸以斜面积计算。 不扣除房上烟囱、风帽底座、风道、小气窗、斜沟等所占面积。小气窗的出檐部分不增加面积	1. 砂浆制作、运输、摊铺、养护 2. 安瓦、作瓦脊
2	010901002001	型材屋面	1. 型材品种、规格 2. 金属檩条材料品种、规格 3. 接缝、嵌缝材料种类			1. 檩条制作、运输、安装 2. 屋面型材安装 3. 接缝、嵌缝
3	010901003001	阳光板屋面	1. 阳光板品种、规格 2. 骨架材料品种、规格 3. 接缝、嵌缝材料种类 4. 油漆品种、刷漆遍数		按设计图示尺寸以斜面积计算。 不扣除屋面面积≤0.3平方米孔洞所占面积	1. 骨架制作、运输、安装、刷防护材料、油漆 2. 阳光板安装 3. 接缝、嵌缝

续表

序号	项目编码	项目名称	项目特征描述	计算单位	工程量计算规则	工作内容
4	010901004001	玻璃钢屋面	1. 玻璃钢品种、规格 2. 骨架材料品种、规格 3. 玻璃钢固定方式 4. 接缝、嵌缝材料种类 5. 油漆品种、刷漆遍数			1. 骨架制作、运输、安装、刷防护材料、油漆 2. 玻璃钢制作、安装 3. 接缝、嵌缝
5	010901005001	膜结构屋面	1. 膜布品种、规格 2. 支柱（网架）钢材品种、规格 3. 钢丝绳品种、规格 4. 锚固基座做法 5. 油漆品种、刷漆遍数		按设计图示尺寸以需要覆盖的水平投影面积计算	1. 膜布热压胶接 2. 支柱（网架）制作、安装 3. 膜布安装 4. 穿钢丝绳、锚头锚固 5. 锚固基座挖土、回填 6. 刷防护材料，油漆
6	010902001001	屋面卷材防水	1. 卷材品种、规格、厚度 2. 防水层数 3. 防水层做法		按设计图示尺寸以面积计算 1. 斜屋顶（不包括平屋顶找坡）按斜面积计算，平屋顶按水平投影面积计算 2. 不扣除房上烟囱、风帽底座、风道、屋面小气窗和斜沟所占面积 3. 屋面的女儿墙、伸缩缝和天窗等处的弯起部分，并入屋面工程量内	1. 基层处理 2. 刷底油 3. 铺油毡卷材、接缝
7	010902002001	屋面涂膜防水	1. 防水膜品种 2. 涂膜厚度、遍数 3. 增强材料种类	m²		1. 基层处理 2. 刷基层处理剂 3. 铺布、喷涂防水层
8	010902003001	屋面刚性层	1. 刚性层厚度 2. 混凝土强度等级 3. 嵌缝材料种类 4. 钢筋规格、型号		按设计图示尺寸以面积计算。不扣除房上烟囱、风帽底座、风道等所占面积	1. 基层处理 2. 混凝土制作、运输、铺筑、养护 3. 钢筋制安

续表

序号	项目编码	项目名称	项目特征描述	计算单位	工程量计算规则	工作内容
9	010902004001	屋面排水管	1. 排水管品种、规格 2. 雨水斗、山墙出水口品种、规格 3. 接缝、嵌缝材料种类 4. 油漆品种、刷漆遍数	m	按设计图示尺寸以长度计算。如设计未标注尺寸,以檐口至设计室外散水上表面垂直距离计算	1. 排水管及配件安装、固定 2. 雨水斗、山墙出水口、雨水篦子安装 3. 接缝、嵌缝 4. 刷漆
10	010902005001	屋面排(透)气管	1. 排(透)气管品种、规格 2. 接缝、嵌缝材料种类 3. 油漆品种、刷漆遍数	m	按设计图示尺寸以长度计算	1. 排(透)气管及配件安装、固定 2. 铁件制作、安装 3. 接缝、嵌缝 4. 刷漆
11	010902006001	屋面(廊、阳台)吐水管	1. 吐水管品种、规格 2. 接缝、嵌缝材料种类 3. 吐水管长度 4. 油漆品种、刷漆遍数	根(个)	按设计图示数量计算	1. 吐水管及配件安装、固定 2. 接缝、嵌缝 3. 刷漆
12	010902007001	屋面天沟、檐沟	1. 材料品种、规格 2. 接缝、嵌缝材料种类	m²	按设计图示尺寸以展开面积计算	1. 天沟材料铺设 2. 天沟配件安装 3. 接缝、嵌缝 4. 刷防护材料
13	010902008001	屋面变形缝	1. 嵌缝材料种类 2. 止水带材料种类 3. 盖缝材料 4. 防护材料种类	m	按设计图示以长度计算	1. 清缝 2. 填塞防水材料 3. 止水带安装 4. 盖缝制作、安装 5. 刷防护材料
14	010903001001	墙面卷材防水	1. 卷材品种、规格、厚度 2. 防水层数 3. 防水层做法	m²	按设计图示尺寸以面积计算	1. 基层处理 2. 刷粘结剂 3. 铺防水卷材 4. 接缝、嵌缝

续表

序号	项目编码	项目名称	项目特征描述	计算单位	工程量计算规则	工作内容
15	010903002001	墙面涂膜防水	1. 防水膜品种 2. 涂膜厚度、遍数 3. 增强材料种类			1. 基层处理 2. 刷基层处理剂 3. 铺布、喷涂防水层
16	010903003001	墙面砂浆防水（防潮）	1. 防水层做法 2. 砂浆厚度、配合比 3. 钢丝网规格			1. 基层处理 2. 挂钢丝网片 3. 设置分格缝 4. 砂浆制作、运输、摊铺、养护
17	010903004001	墙面变形缝	1. 嵌缝材料种类 2. 止水带材料种类 3. 盖缝材料 4. 防护材料种类	m	按设计图示以长度计算	1. 清缝 2. 填塞防水材料 3. 止水带安装 4. 盖缝制作、安装 5. 刷防护材料
18	010904001001	楼（地）面卷材防水	1. 卷材品种、规格、厚度 2. 防水层数 3. 防水层做法	m²	按设计图示尺寸以面积计算。 1. 楼（地）面防水：按主墙间净空面积计算，扣除凸出地面的构筑物、设备基础等所占面积，不扣除间壁墙及单个面积≤0.3 m² 柱、垛、烟囱和孔洞所占面积 2. 楼（地）面防水反边高度≤300 mm 算作地面防水，反边高度>300 mm 算作墙面防水	1. 基层处理 2. 刷粘结剂 3. 铺防水卷材 4. 接缝、嵌缝
19	010904002001	楼（地）面涂膜防水	1. 防水膜品种 2. 涂膜厚度、遍数 3. 增强材料种类			1. 基层处理 2. 刷基层处理剂 3. 铺布、喷涂防水层
20	010904003001	楼（地）面砂浆防水（防潮）	1. 防水层做法 2. 砂浆厚度、配合比			1. 基层处理 2. 砂浆制作、运输、摊铺、养护
21	010904004001	楼（地）面变形缝	1. 嵌缝材料种类 2. 止水带材料种类 3. 盖缝材料 4. 防护材料种类	m	按设计图示以长度计算	1. 清缝 2. 填塞防水材料 3. 止水带安装 4. 盖缝制作、安装 5. 刷防护材料

9.2.2 屋面及防水工程量计算规则

1. 瓦屋面、型材屋面

按设计图示尺寸以斜面积计算。亦可按屋面水平投影面积乘以屋面延尺系数，以平方米计算。不扣除房上烟囱、风帽底座、风道、小气窗、斜沟等所占面积。小气窗的出檐部分不增加面积。

屋面延尺系数（见表 9-2）计算公式：

$$C = \frac{1}{\cos \alpha} \tag{9-1}$$

式中　C——屋面延尺系数；
　　　α——屋面坡度角度。

坡屋面如图 9-1 所示。

表 9-2　屋面坡度系数表

坡度 B（A=1）	坡度 B/2A	坡度角度（α）	延尺系数 C（A=1）	隅延尺系数 D（A=1）
1	1/2	45°	1.414 2	1.732 1
0.75		36°52′	1.250 0	1.600 8
0.7		35°	1.220 7	1.577 9
0.666	1/3	33°40′	1.201 5	1.562 0
0.65		33°01′	1.192 6	1.556 4
0.6		30°58′	1.166 2	1.536 2
0.577		30°	1.154 7	1.527 0
0.55		28°49′	1.141 3	1.517 0
0.5	1/4	26°34′	1.118 0	1.500 0
0.45		24°14′	1.096 6	1.483 9
0.4	1/5	21°48′	1.077 0	1.469 7
0.35		19°17′	1.059 4	1.456 9
0.3		16°42′	1.044 0	1.445 7
0.25		14°02′	1.030 8	1.436 2
0.2	1/10	11°19′	1.019 8	1.428 3
0.15		8°32′	1.011 2	1.422 1
0.125		7°8′	1.007 8	1.419 1
0.100	1/20	5°42′	1.005 0	1.417 7
0.083		4°45′	1.003 5	1.416 6
0.066	1/30	3°49′	1.002 2	1.415 7

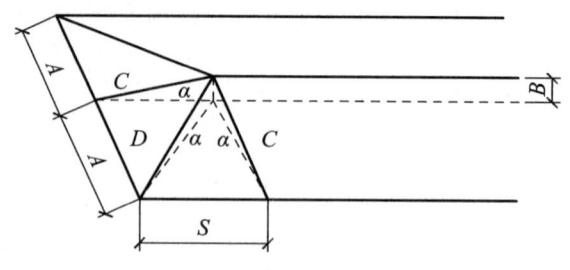

图 9-1 坡屋面示意图

2. 采光屋面工程量计算规则

采光板屋面和玻璃采光顶屋面按设计图示尺寸以面积计算；不扣除面积≤0.3 m² 孔洞所占面积。

3. 膜结构屋面工程量计算规则

结构屋面按设计图示尺寸以膜覆盖的水平投影面积计算。

4. 防水工程量计算规则

（1）屋面防水，按设计图示尺寸以面积计算（斜屋面按斜面面积计算），不扣除房上烟囱、风帽底座、风道、屋面小气窗等所占面积，上翻部分也不另计算；屋面的女儿墙、伸缩缝和天窗等处的弯起部分，按设计图示尺寸计算；弯起部分≤300 mm 时，计入平面工程量内，弯起部分＞300 mm 时，计入立面工程量内；设计无规定时，伸缩缝、女儿墙、天窗的弯起部分按 500 mm 计算，计入立面工程量内。

（2）屋面防水透气膜按铺贴位置的设计图示尺寸以面积计算。

（3）楼地面防水、防潮层按设计图示尺寸以主墙间净面积计算，扣除凸出地面的构筑物、设备基础等所占面积，不扣除间壁墙及单个面积≤0.3 m² 柱、垛、烟囱和孔洞所占面积。平面与立面交接处，上翻高度≤300 mm 时，按展开面积并入平面工程量内计算；高度＞300 mm 时，按立面防水层计算。

（4）墙基防水、防潮层，外墙按外墙中心线长度、内墙按墙体净长度乘以宽度，以面积计算。

（5）墙的立面防水、防潮层，不论内墙、外墙，均按设计尺寸以面积计算。

（6）基础底板的防水、防潮层按设计图示尺寸以面积计算，不扣除桩头所占面积。

（7）桩头处外包防水按桩头投影外扩 300 mm 以面积计算，地沟、电缆沟处防水按展开面积计算，均计入平面工程量。

（8）卷材防水附加层按设计铺贴尺寸以面积计算。

（9）屋面分隔缝按图示设计尺寸以屋面平面面积计算。

（10）屋面泛水禁书压条，以压条延长米计算。

（11）止水带处加强防水层按设计尺寸以面积计算。

5. 屋面排水管工程量计算规则

（1）水落管、锁锌铁皮天沟、檐沟按设计图示尺寸以长度计算。

（2）水斗、下水口、雨水口、弯头、短管等均以设计数量计算。

（3）种植屋面排水按设计铺设排水层面积乘以厚度以体积计算；不扣除房上烟向、风帽底座、风道、屋面小气窗、斜沟和脊瓦等所占面积，以及面积≤0.3 m² 的孔洞所占面积，屋面小气窗的出檐部分也不增加。

6. 变形缝与止水带计算规则

变形缝（嵌填缝与盖板）与止水带按设计图示尺寸，以长度计算。

任务 9.3　屋面及防水工程量计算

1. 平屋面工程量计算

　　　工程量=屋面水平投影面积　　　　　　（9-2）

2. 斜屋面工程量计算

　　　屋面斜铺工程量=屋面水平投影面积×C　　（9-3）

3. 屋面防水工程量计算

　　　屋面防水工程量=屋面水平投影面积×C+弯起部分面积　　　　　　（9-4）

9-1　保温、隔热、防腐工程说明及计算规则

任务 9.4　屋面及防水工程量计算技能实训

1. 实训资料

已知某屋面设计如图 9-2 所示，女儿墙卷材弯起高度为 250 mm，根据图示条件计算屋面防水相应项目工程量并编制工程量清单计算单价。

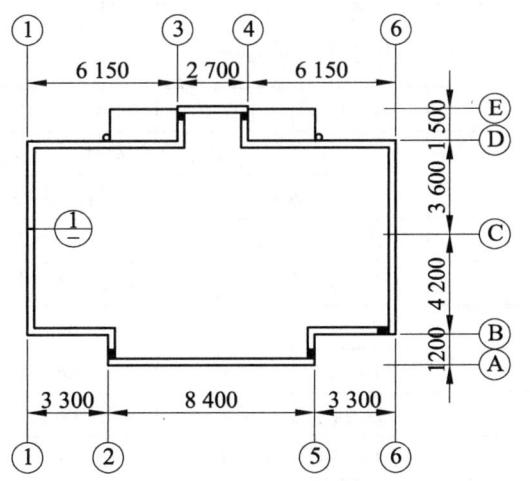

图 9-2　卷材屋面构造示意图

2. 实训要求

（1）计算屋面防水相应项目工程量。
（2）完成卷材防水项目的综合单价分析表的计算。
（3）计算出该项目清单与计价表。

3. 实训方法步骤

（1）卷材防水清单工程量计算，详见表9-3。
（2）卷材防水清单工程列项，详见表9-3。

表9-3 分部分项工程量清单工程量计算表

序号	项目编号	项目名称	定额编号	定额名称	计量单位	工程量	计算式
1	010902001001	屋面卷材防水	1-9-39	改性沥青卷材热熔法一层	m²	137.58	屋面水平投影面积： S_1=（3.3+8.4+3.3-0.24）×（4.2+3.6-0.24）+（8.4-0.24）×1.2+（2.7-0.24）×1.5=125.07 m² 屋面弯起部分面积： S_2=[（3.3+8.4+3.3-0.24）×2+（1.2+4.2+3.6+1.5-0.24）×2]×0.25=12.51 m² 屋面防水面积： S= S_1+S_2=125.07+12.51=137.58 m²
			1-9-41	热熔法每增一层	m²	137.58	137.58 m²
			1-11-15	找平层在混凝土或硬基层上	m²	137.58	137.58 m²

（3）选择计价依据。

根据某省《建筑工程计价标准》表中的相关消耗量定额表，见表9-4所示。

表9-4 某省屋面及防水工程相关消耗量定额表

定额编号				1-9-39	1-9-40	1-9-41	1-9-42
项目名称				改性沥青卷材			
				热熔法一层		热熔法每增一层	
				平面	立面	平面	立面
基价/元				4 979.95	5 075.786	4 574.46	4 813.386
其中	其中		人工费/元	377.61	655.44	323.86	562.78
			定额人工费/元	314.67	546.20	269.88	468.98
			规费/元	62.94	109.24	53.98	93.80
			材料费/元	4 420.34	4 420.34	4 250.60	4 250.60
			机械费/元	—	—	—	—

续表

定额编号				1-9-39	1-9-40	1-9-41	1-9-42
项目名称				改性沥青卷材			
				热熔法一层		热熔法每增一层	
				平面	立面	平面	立面
	名称	单位	单价/元	数量			
人工	综合工日 12	工日	154.44	2.445	4.244	2.097	3.644
材料	SBS 改性沥青防水卷材	m²	35.78	115.635	115.635	115.635	115.635
	SBS 弹性沥青防水胶	kg	6.00	28.92	28.92	—	—
	液化石油气	kg	2.74	26.992	26.992	30.128	30.128
	改姓沥青嵌缝	kg	5.93	5.977	5.977	5.165	5.165

找平层执行楼地面分部的相关定额见表 9-5。

表 9-5 某省楼地面工程相关消耗量定额表

定额编号					1-11-15	1-11-16	1-11-17
项目名称					平面砂浆找平层		
					混凝土或硬基层上	填充材料上	厚度/mm
					厚度 20 mm		每增减 1 mm
基价/元					2 147.72	2 610.29	76.64
其中	人工费/元				1 346.89	1 609.85	36.78
	其中	定额人工费/元			1 122.41	1 341.54	30.65
		规费/元			224.48	268.31	6.13
	材料费/元				742.86	927.98	37.02
	机械费/元				57.97	72.46	2.84
	名称		单位	单价/元	数量		
人工	综合工日 19		工日	188.64	7.14	8.534	0.195
材料	干混地面砂浆 DS M20		m³	362.98	2.040	2.550	0.102
	预拌细石混凝土 C20		m³	374.83	—	—	—
	水		m³	5.94	0.400	0.400	—
机械	干混砂浆罐式搅拌机 公称储量：20 000 L			284.17	0.204	0.255	0.010

（4）屋面及防水工程综合单价表的计算，见表 9-6。根据表 9-4、9-5 中查出的项目定额单位，人工费（包括定额人工费、规费）、材料费、机械费的单价，分别填入防水工程综合单价计算表中定额人工费、规费、材料费、机械费的相应单价栏内，并计算出该分项工程的定额人工费、规费、材料费、机械费台班费的合价、管理费和利润、综合单价，详见表 9-6。

表 9-6 屋面及防水工程综合单价分析表

清单综合单价组成明细

序号	项目编码	项目名称	计量单位	工程量	定额编号	定额名称	定额单位	数量	基价 人工费 DR	基价 人工费 规费	基价 材料费	基价 机械费	人工费 DR	人工费 规费	材料费	机械费	管理费	利润	风险费	综合单价
1	010902001001	屋面卷材防水	m²	137.58	1-9-39	热熔法铺改性沥青卷材一层	100 m²	0.01	314.67	62.94	4 420.34		3.147	0.629	44.203		0.717	0.435		
					1-9-41	热熔法铺改性沥青卷材每增一层	100 m²	0.01	269.88	53.98	4 250.60		2.7	0.54	42.51		0.615	0.373		121.464
					1-11-15	硬基层找平	100 m²	0.01	1 122.41	224.48	742.86	57.97	11.224	2.245	7.429	0.58	2.567	1.556		
合计													17.07	3.414	94.138	0.58	3.9	2.364		

注：合价=单价×数量
管理费=（定额人工费+机械费×0.08）×0.227 8
利润=（定额人工费+机械费×0.08）×0.138 1
综合单价=人工费+材料费+机械费+管理费和利润

（5）屋面与防水工程清单与计价表的计算，见表9-7。根据工程量、综合单价，计算出合价，其中的人工费、机械费（可根据工程量和表9-6中人工费、机械费的合价相乘计算）、暂估价，详见表9-7。

9-2 管理费、利润费率

表9-7 屋面及防水工程清单与计价表

序号	项目编号	项目名称	项目特征描述	计量单位	工程量	综合单价	合价	金额/元			暂估价
								其中			
								人工费		机械费	
								DR	规费		
1	010902001001	屋面卷材防水		m³	137.58	121.464	16 711.017	2 348.436	469.698	79.755	
合计							16 711.017	2 348.436	469.698	79.755	

注：DR代表定额人工费
  合价=综合单价×数量
  规费=规费单价×数量
  机械费=机械单价×数量

（6）根据屋面及防水工程和施工技术措施项目清单与计算表中的定额人工费之和加上机械费之和×0.08，乘上施工组织措施费的费率[（定额人工费+机械费×0.08）×费率（%）]，即得到屋面及防水工程的施工组织措施费，计算结果详见表9-8。

表9-8 屋面及防水工程施工组织措施费计算表

序号	项目编号	项目名称	计算基础	费率/%	金额/元	调整费率/%	调整后金额/元	备注
1		绿色施工安全文明措施费						
1.1		安全文明施工及环境保护费	定额人工费+机械费×0.08=2 348.436+79.755×0.08=2 354.816	5.12	120.57			
1.2		临时设施费		2.76	64.99			
1.3		绿化施工措施费		5.94	139.88			
2		冬雨季施工增加费、工程定位复测费、工程交点，场地清理费		3.72	87.60			
3		夜间施工增加费		0.50	11.77			暂无
4		压缩工期增加费	定额人工费+机械费					暂无
5		行车、行人干扰增加费	定额人工费+机械费×0.08	8.85 4.20 4.20				暂无
6		已完工程及设备保护费						暂无
7		特殊地区施工增加费						暂无
8		其他施工组织措施费						暂无
合计					424.81			

注：1."其他施工组织措施费"在计价时需要列出具体费用名称。
  2. 工程结算时按合同约定（或投标报价）调整费率和金额。

（7）完成防水工程规费项目计算表的计算。根据屋面及防水工程中的工程定额人工费和施工技术措施项目中的定额人工费，计算出屋面及防水工程的有关规费，详见表9-9。

表9-9 屋面及防水工程规费项目计算表

序号	工程名称			计算基础	计算费率	金额	备注
1	规费				20%		
1.1	其中	社会保险费	养老保险费	定额人工费（包括工程定额人工费+技术措施项目定额人工费）	9.01%	211.59	计入人工费内
			医疗保险费		6.39%	150.07	
1.2		住房公积金			4.60%	108.03	
	其他规费	工伤保险（单独计列）			0.50%	11.74	计入税前费用
1.3		工程排污费		按有关部门规定计算			
2		环境保护税		按有关部门规定计算			
合计						481.43	

注：工程排污费按工程用水量计算。

（8）完成屋面及防水工程税金项目的计算。根据屋面及防水工程中的工程定额人工费、规费、材料费、机械费和施工技术措施项目中的定额人工费、规费、材料费、机械费，计算出屋面及防水工程的税金，详见表9-10。

9-3 施工组织措施费费率

项目小结

本项目主要介绍屋面及防水工程中的工程量计算及定额运用。学习时应掌握屋面及防水工程量计算规则，熟悉清单组价方式并熟练的运用定额，能编制综合单价及清单计价表。重点是屋面及防水工程量计算规则；难点是综合单价及清单计价表的计算方法。

复习思考题

9-1 坡屋面斜面积如何计算？

9-2 屋面防水、楼地面防水、墙柱面防水、地下室防水，在定额使用上有何差异？

9-3 根据图9-3所给的屋面做法，完成：

（1）清单工程列项。

（2）清单工程计算。

（3）综合单价计算。

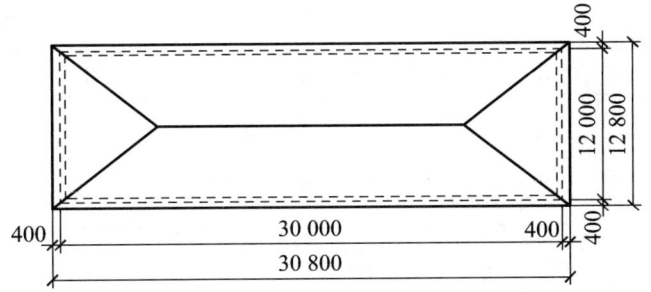
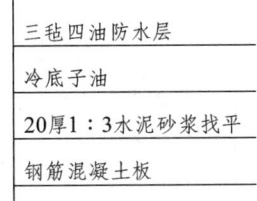

图 9-3 屋面平面及构造示意图

9-4 完成该屋面及防水工程招标控制价表的计算,见表 9-11。

表 9-11 屋面及防水工程招标控制价/投标报价汇总表

序号	费用名称	计算基数或计算表达式	费率计算标准	费用金额
1	分部分项工程费	∑(分部分项工程量×综合单价)		
1.1	人工费	(R)=<1.1.1>+<1.1.2>		
1.1.1	定额人工费	∑(定额人工费)		
1.1.2	规费	∑(规费)		
1.2	材料费	∑(材料费)(C)		
1.3	设备费	∑(设备费)(S)		
1.4	机械费	∑(机械费)(J)=		
1.5	管理费	∑(DR+J×0.08)×22.78%	22.78%	
1.6	利润	∑(DR+J×0.08)×13.81%	13.81%	
1.7	风险费	∑(风险费)		
2	措施项目费	(<2.1>+<2.2>)		
2.1	技术措施项目	∑(技术措施项目清单工程量×综合单价)		
2.1.1	人工费	(R)=<2.1.1.1>+<2.1.1.2>		
2.1.1.1	定额人工费	∑(定额人工费)		
2.1.1.2	规费	∑(规费)		
2.1.2	材料费	∑(材料费)(C)		
2.1.3	机械费	∑(机械费)(J)=		
2.1.4	管理费	∑(DR+J×0.08)×22.78%	22.78%	
2.1.5	利润	∑(DR+J×0.08)×13.81%	13.81%	
2.2	组织措施项目费	∑(组织措施项目费)		
2.2.1	绿色施工安全文明措施项目费	∑(DR+J×0.08)×11.06%	11.06	
2.2.1.1	临时设施费	∑(DR+J×0.08)×2.76%	2.76	
2.2.2	其他组织措施项目费	∑(DR+J×0.08)× %	3.72%	

续表

序号	费用名称	计算基数或计算表达式	费率计算标准	费用金额
3	其他项目费			
3.1	暂列金额			
3.2	暂估价			
3.3	计日工			
3.4	总承包服务费			
3.5	其他			
3.5.1				
3.5.2				
4	其他规费			
4.1	工伤保险	∑（定额人工费）×费率	0.50%	
4.2	工程排污费			
4.3	环境保护税		%	
5	税前工程造价	（1+2+3+4）		
6	税金	（1+2+3+4）×税率%		
7	工程总造价（招标控制价/投标报价合计）=<5>+<6>			

注：1. 数字内均为表中对应的序号。

2. DR 代表定额人工费。

项目 10

楼地面工程

楼地面主要由面层、技术构造层（填充层、找平层、结合层等）、垫层、基层组成。楼地面装饰工程包括楼地面垫层、找平层、整体面层、块料面层、橡塑面层、其他材料面层、踢脚线、楼梯面层、台阶装饰及零星装饰项等部分组成。

◎ 学习目标
1. 掌握楼地面工程工程量清单计算方法。
2. 掌握楼地面工程工程量清单编制步骤和方法。
3. 掌握楼地面工程综合单价分析表的计算方法。

◎ 知识目标
1. 了解楼地面工程的主要内容和项目划分。
2. 熟悉楼地面工程工程量计算的规则。
3. 熟悉楼地面工程项目的列项及套价计算方法。

◎ 技能目标
1. 通过楼地面工程工程量计算规则计算的学习，计算出给定工程案例的工程量。
2. 通过楼地面工程工程量清单编制步骤和方法的学习，编制所给案例的工程量清单。
3. 通过楼地面工程综合单价分析表计算方法的学习，编制所给案例的综合单价分析。

任务 10.1　楼地面工程量计算说明

10.1.1　楼地面工程的相关知识

1. 楼地面的概念

楼地面是楼面和地面的总称。

地面装饰的主要构造层次一般为面层、找平层、垫层、基层。

楼层地面装饰的主要构造层次一般为面层、找平层、结构层，必要时可增设填充层、隔离层、找平层、结合层等。

10-1　瓷砖铺设视频

《房屋建筑与装饰工程工程量计算规范》将楼地面工程划分为整体面层、块料面层、橡塑面层、其他材料面层、踢脚线、楼梯装饰、阶装饰及零星装饰等项目。

2. 楼地面各构造层次的材料种类及其作用

楼地面各构造层次如图 10-1 所示。

（1）基层，指楼板、夯实土基。

（2）垫层，指承受地面荷载并均匀传递给基层的构造层。常采用三合土、素混凝土、毛石混凝土等材料。

10-2　木地板铺设视频

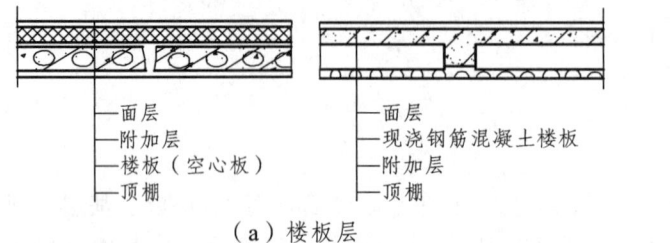

（a）楼板层　　　　　　　　　　　（b）地坪层

图 10-1　楼地面组成示意图

（3）填充层，指在建筑楼地面上起隔音、保温、找坡或敷设暗管、暗线等作用的构造层。

（4）隔离层，指起防水、防潮作用的构造层。

（5）找平层，指在垫层、楼板或填充层上起找平、找坡或加强作用的构造层，一般为水泥砂浆找平层。

（6）结合层，是指面层与下层相结合的中间层。

（7）楼地面面层，在结构层上表面起护面、隔音、防水、装饰作用。

3. 楼地面各种辅助材料或工序及其作用

（1）嵌条材料，是指用于水磨石的分格、做图案等的嵌条，有铜嵌条、玻璃嵌条、铝合金嵌条、不锈钢嵌条等。

（2）酸洗、打蜡、磨光，是指水磨石、菱苦土、陶质块料等用酸（草酸）清洗油渍、污渍，然后打蜡（蜡脂、松香水、鱼油、煤油等按设计要求配合）和磨光。

（3）颜料，是指用于水磨石地面、踢脚线、楼梯、台阶和块料面层勾缝所需配置石子浆或砂浆内加添的材料（耐碱的矿物颜料）。

（4）压线条，是指地毯、橡胶板、橡胶卷材铺设的压线条。常用的有铝合金、铜、不锈钢压线条等。

（5）地毯固定配件，是指用于固定地毯的压棍脚和压棍。

（6）防滑条，是用于楼梯、台阶踏步的防滑设施，有铜、铁防滑条等。

（7）扶手固定配件是，指用于楼梯、台阶的栏杆柱、栏杆、栏板与扶手相连接的固定件，靠墙扶手与墙相连接的固定件。

（8）防护材料，是指耐酸、耐碱、耐臭氧、耐老化、防火、防油渗等材料。

10.1.2　楼地面工程分部说明

1. 面层的分类

按使用材料和施工方法的不同分为整体面层和块料面层。

（1）整体面层地面，指在现场用浇筑的方法做成整片的地面。

10-3　楼地面相关图片

整体面层包括水泥砂浆地面、水磨石地面、细石混凝土地面、菱苦土地面等。块料面层地面，指利用各种人造的或天然的预制块材、板材镶铺在基层上面的楼地面。

（2）块料地面包括人工块料地面和天然块料地面。橡塑面层包括橡胶板地面、橡胶卷材地面、塑料板楼地面和塑料卷材楼地面。

2．楼地面装饰划分

（1）按照所处部位不同可以分为：楼（地）面、楼梯、台阶、踢脚线等。

（2）按照装修的面积大小可以分为：零星项目装饰、一般项目装饰。

3．楼地面装饰施工顺序

（1）地面装饰施工顺序：

清理基层⇨垫层⇨隔离层⇨找平层⇨结合层⇨面层

（2）楼面装饰施工顺序：

清理基层⇨找平层⇨隔离层⇨找平层⇨结合层⇨面层

任务 10.2　楼地面工程工程量计算规则

10.2.1　楼地面工程清单项目划分

楼地面工程清单项目划分见表 10-1～10.8。

表 10-1　整体面层及找平层（编码：011101）

项目编码	项目名称	项目特征	计量单位	工程量计算规则	工作内容
011101001	水泥砂浆楼地面	1. 找平层厚度、砂浆配合比 2. 素水泥浆遍数 3. 面层厚度、砂浆配合比 4. 面层做法要求	m^2	按设计图示尺寸以面积计算。扣除凸出地面构筑物、设备基础、室内铁道、地沟等所占面积，不扣除间壁墙及<0.3 m 柱、垛、附墙烟囱及孔洞所占面积。门洞、空圈、暖气包槽、壁龛的开口部分不增加面积	1. 基层清理 2. 抹找平层 3. 抹面层 4. 材料运输
011101002	现浇水磨石楼地面	1. 找平层厚度、砂浆配合比 2. 面层厚度、水泥石子浆配合比 3. 嵌条材料种类、规格 4. 石子种类、规格、颜色 5. 颜料种类、颜色 6. 图案要求 7. 磨光、酸洗、打蜡要求			1. 基层清理 2. 抹找平层 3. 面层铺设 4. 嵌缝条安装 5. 磨光、酸洗打蜡 6. 材料运输

续表

项目编码	项目名称	项目特征	计量单位	工程量计算规则	工作内容
011101003	细石混凝土楼地面	1. 找平层厚度、砂浆配合比 2. 面层厚度、混凝土强度等级			1. 基层清理 2. 抹找平层 3. 面层铺设 4. 材料运输
011101004	菱苦土楼地面	1. 找平层厚度、砂浆配合比 2. 面层厚度 3. 打蜡要求			1. 基层清理 2. 抹找平层 3. 面层铺设 4. 打蜡 5. 材料运输
011101005	自流坪楼地面	1. 找平层砂浆配合比、厚度 2. 界面剂材料种类 3. 中层漆材料种类、厚度 4. 面漆材料种类、厚度 5. 面层材料种类	m^2	按设计图示尺寸以面积计算。扣除凸出地面构筑物、设备基础、室内铁道、地沟等所占面积，不扣除间壁墙及<0.3 m柱、垛、附墙烟囱及孔洞所占面积。门洞、空圈、暖气包槽、壁龛的开口部分不增加面积	1. 基层处理 2. 抹找平层 3. 涂界面剂 4. 涂刷中层漆 5. 打磨、吸尘 6. 拌和自流平浆料 7. 铺面层
011101006	平面砂浆找平层	找平层厚度、砂浆配合比		按设计图示尺寸以面积计算	1. 基层清理 2. 抹找平层 3. 材料运输

表 10-2 块料面层（编码：011102）

项目编码	项目名称	项目特征	计量单位	工程量计算规则	工作内容
011102001	石材楼地面	1. 找平层厚度、砂浆配合比 2. 结合层厚度、砂浆配合比 3. 面层材料品种、规格、颜色 4. 嵌缝材料种类 5. 防护层材料种类 6. 酸洗、打蜡要求	m^2	按设计图示尺寸以面积计算。门洞、空圈、暖气包槽、壁龛的开口部分并入相应的工程量内	1. 基层清理 2. 抹找平层 3. 面层铺设、磨边 4. 嵌缝 5. 刷防护材料 6. 酸洗、打蜡
011102002	碎石材楼地面				
011102003	块料楼地面	1. 找平层厚度、砂浆配合比 2. 结合层厚度、砂浆配合比 3. 面层材料品种、规格、颜色 4. 嵌缝材料种类 5. 防护层材料种类 6. 酸洗、打蜡要求	m^2	按设计图示尺寸以面积计算。门洞、空圈、暖气包槽、壁龛的开口部分并入相应的工程量内	1. 基层清理 2. 抹找平层 3. 面层铺设、磨边 4. 嵌缝 5. 刷防护材料 6. 酸洗、打蜡 7. 材料运输

表 10-3 橡塑面层（编码：011103）

项目编码	项目名称	项目特征	计量单位	工程量计算规则	工作内容
011103001	橡胶板楼地面	1. 粘结层厚度、材料种类 2. 面层材料品种、规格、颜色 3. 压线条种类	m²	按设计图示尺寸以面积计算。门洞、空圈、暖气包槽、壁龛的开口部分并入相应的工程量内	1. 基层清理 2. 面层铺贴 3. 压缝条装钉 4. 材料运输
011103002	橡胶板卷材楼地面				
011103003	塑料板楼地面				
011103004	塑料卷材楼地面				

表 10-4 其他材料面层（编码：011104）

项目编码	项目名称	项目特征	计量单位	工程量计算规则	工作内容
011104001	地毯楼地面	1. 面层材料品种、规格、颜色 2. 防护材料种类 3. 粘结材料种类 4. 压线条种类	m²	按设计图示尺寸以面积计算。门洞、空圈、暖气包槽、壁龛的开口部分并入相应的工程量内	1. 基层清理 2. 铺贴面层 3. 刷防护材料 4. 装钉压条 5. 材料运输
011104002	竹、木（复合）地板	1. 龙骨材料种类、规格、铺设间距 2. 基层材料种类、规格 3. 面层材料品种、规格、颜色 4. 防护材料种类			1. 基层清理 2. 龙骨铺设 3. 基层铺设 4. 面层铺贴 5. 刷防护材料 6. 材料运输
011104003	金属复合地板				
011104004	防静电活动地板	1. 支架高度、材料种类 2. 面层材料品种、规格、颜色 3. 防护材料种类			1. 基层清理 2. 固定支架安装 3. 活动面层安装 4. 刷防护材料 5. 材料运输

表 10-5 踢脚线（编码：011105）

项目编码	项目名称	项目特征	计量单位	工程量计算规则	工作内容
011105001	水泥砂浆踢脚线	1. 踢脚线高度 2. 底层厚度、砂浆配合比 3. 面层厚度、砂浆配合比	1. m² 2. m	1. 以平方米计量，按设计图示长度乘高度以面积计算 2. 以米计量，按延长米计算	1. 基层清理 2. 底层和面层抹灰 3. 材料运输

续表

项目编码	项目名称	项目特征	计量单位	工程量计算规则	工作内容
011105002	石材踢脚线	1. 踢脚线高度 2. 粘贴层厚度、材料种类 3. 面层材料品种、规格、颜色 4. 防护材料种类	1. m² 2. m	1. 以平方米计量,按设计图示长度乘高度以面积计算 2. 以米计量,按延长米计算	1. 基层清理 2. 底层抹灰 3. 面层铺贴、磨边、擦缝磨光、酸洗、打蜡刷防护材料材料运输
011105003	块料踢脚线				
011105004	塑料板踢脚线	1. 踢脚线高度 2. 粘结层厚度、材料种类 3. 面层材料种类、规格、颜色			1. 基层清理 2. 基层铺贴 3. 面层铺贴 4. 材料运输
011105005	木质踢脚线	1. 踢脚线高度 2. 基层材料种类、规格 3. 面层材料品种、规格、颜色			
011105006	金属踢脚线				
011105007	防静电踢脚线				

表 10-6 楼梯面层（编码：011106）

项目编码	项目名称	项目特征	计量单位	工程量计算规则	工作内容
011106001	石材楼梯面层	1. 找平层厚度、砂浆配合比 2. 粘结层厚度、材料种类 3. 面层材料品种、规格、颜色 4. 防滑条材料种类、规格 5. 勾缝材料种类 6. 防护材料种类 7. 酸洗、打蜡要求	m²	按设计图示尺寸以楼梯（包括踏步、休息平台及 500 mm 的楼梯井）水平投影面积计算。楼梯与楼地面相连时,算至梯口梁内侧边沿；无梯口梁者,算至最上一层踏步边沿加 300 mm	1. 基层清理 2. 抹找平层 3. 面层铺贴、磨边 4 贴嵌防滑条 5. 勾缝 6. 刷防护材料 7. 酸洗、打蜡 8. 材料运输
011106002	块料楼梯面层				
011106003	拼碎块料面层				
011106004	水泥砂浆楼梯面层	1. 找平层厚度、砂浆配合比 2. 面层厚度、砂浆配合比 3. 防滑条材料种类、规格	m²	按设计图示尺寸以楼梯（包括踏步、休息平台及 500 mm 内的楼梯井）水平投影面积计算。楼梯与楼地面相连时,算至梯口梁内侧边沿；无梯口梁者,算至最上一层踏步边沿加 300 mm	1. 基层清理 2. 抹找平层 3. 抹面层 4. 抹防滑条 5. 材料运输
011106005	现浇水磨石楼梯面层	1. 找平层厚度、砂浆配合比 2. 面层厚度、水泥石子浆配合比 3. 防滑条材料种类、规格 4. 石子种类、规格、颜色 5. 颜料种类、颜色 6. 磨光、酸洗打蜡要求			1. 基层清理 2. 抹找平层 3. 抹面层 4. 抹防滑条 5. 磨光、酸洗、打蜡 6. 材料运输

续表

项目编码	项目名称	项目特征	计量单位	工程量计算规则	工作内容
011106006	地毯楼梯面层	1. 基层种类 2. 面层材料品种、规格、颜色 3. 防护材料种类 4. 粘结材料种类 5. 固定配件材料种类、规格			1. 基层清理 2. 铺贴面层 3. 固定配件安装 4. 刷防护材料 5. 材料运输
011106007	木板楼梯面层	1. 基层材料种类、规格 2. 面层材料品种、规格、颜色 3. 粘结材料种类 4. 防护材料种类			1. 基层清理 2. 基层铺贴 3. 面层铺贴 4. 刷防护材料 5. 材料运输
011106008	橡胶板楼梯面层	1. 粘结层厚度、材料种类 2. 面层材料品种、规格、颜色 压线条种类			1. 基层清理 2. 面层铺贴 3. 压缝条装钉 4. 材料运输
011106009	塑料板楼梯面层				

表 10-7 台阶装饰（编码：011107）

项目编码	项目名称	项目特征	计量单位	工程量计算规则	工作内容
011107001	石材台阶面	1. 找平层厚度、砂浆配合比 2. 粘结材料种类 3. 面层材料品种、规格、颜色 4. 勾缝材料种类 5. 防滑条材料种类、规格 6. 防护材料种类	m²	按设计图示尺寸以台阶（包括最上层踏步边沿加300mm）水平投影面积计算	1. 基层清理 2. 抹找平层 3. 面层铺贴 4. 贴嵌防滑条 5. 勾缝 6. 刷防护材料 7. 材料运输
011107002	块料台阶面				
011107003	拼碎块料台阶面				
011107004	水泥砂浆台阶面	1. 找平层厚度、砂浆配合比 2. 面层厚度、砂浆配合比 3. 防滑条材料种类			1. 基层清理 2. 抹找平层 3. 抹面层 4. 抹防滑条 5. 材料运输
011107005	现浇水磨石台阶面	1. 找平层厚度、砂浆配合比 2. 面层厚度、水泥石子浆配合比 3. 防滑条材料种类、规格 4. 石子种类、规格、颜色 5. 颜料种类、颜色 6. 磨光、酸洗、打蜡要求			1. 清理基层 2. 抹找平层 3. 抹面层 4. 贴嵌防滑条 5. 打磨、酸洗、打蜡 6. 材料运输
011107006	剁假石台阶面	1. 找平层厚度、砂浆 配合比 2. 面层厚度、砂浆 配合比 3. 剁假石要求			1. 清理基层 2. 抹找平层 3. 抹面层 4. 剁假石 5. 材料运输

注：1. 在描述碎石材项目的面层材料特征时可不用描述规格、颜色。
2. 石材、块料与粘结材料的结合面刷防渗材料的种类在防护材料种类中描述。

表 10-8 零星装饰项目（编码：011108）

项目编码	项目名称	项目特征	计量单位	工程量计算规则	工作内容
011108001	石材零星项目	1. 工程部位 2. 找平层厚度、砂浆配合比 3. 贴结合层厚度、材料种类 4. 面层材料品种、规格、颜色 5. 勾缝材料种类 6. 防护材料种类 7. 酸洗、打蜡要求	m²	按设计图示尺寸以面积计算	1. 清理基层 2. 抹找平层 3. 面层铺贴、磨边 4. 勾缝 5. 刷防护材料 6. 酸洗、打蜡 7. 材料运输
011108002	拼碎石材零星项目	^	^	^	^
011108003	块料零星项目	^	^	^	^
011108004	水泥砂浆零星项目	1. 工程部位 2. 找平层厚度、砂浆配合比 3. 面层厚度、砂浆厚度	^	^	1. 清理基层 2. 抹找平层 3. 抹面层 4. 材料运输

注：1. 楼梯、台阶牵边和侧面镶贴块料面层，不大于 0.5 m² 的少量分散的楼地面镶贴块料面层，应按本表执行。
2. 石材、块料与粘结材料的结合面刷防渗材料的种类在防护材料种类中描述。

10.2.2 楼地面工程工程量定额计算规则

1. 垫层的计算规则

垫层按设计图示尺寸以体积计算。

2. 整体面层的工程量计算规则

楼地面找平层及整体面层按设计图示结构尺寸以面积计算（图 10-2）。扣除凸出地面构筑物、设备基础、室内铁道、地沟等所占面积，不扣除间壁墙及单个面积≤0.3 m² 柱、垛、附墙烟囱及孔洞所占面积。门洞、空圈、暖气包槽、壁龛的开口部分不增加面积。

图 10-2 整体面层示意图

3. 块料面层的工程量计算规则

（1）块料面层按镶贴表面积计算。如图 10-3 所示。

（2）石材拼花按最大外围尺寸以矩形面积计算。有拼花的石材地面，按镶贴表面积扣除拼花的最大外围矩形面积计算面积。

（3）点缀按设计数量计算，计算主体铺贴地面面积时，不扣除点缀所占面积。

（4）石材底面刷养护液包括侧面涂刷，工程量按设计图示尺寸以底面积计算。

（5）石材表面刷保护液按设计图示尺寸以表面积计算。

（6）石材勾缝按石材设计图示尺寸以面积计算。

图 10-3　块料面层示意图

4. 其他材料面层的工程量计算规则

（1）木地板及复合地板面层按镶贴表面积计算（图 10-4）。门洞、空圈、暖气包槽、壁龛的开口部分并入相应的工程量内。

（2）运动场地面按设计图示尺寸以面积计算。

图 10-4　复合木地板示意图

（3）橡塑面层按镶贴表面积计算。门洞、空圈、暖气包槽、壁龛的开口部分并入相应的工程量内。

（4）其他材料面层按镶贴表面积计算。门洞、空圈、暖气包槽、壁龛的开口部分并入相应的工程量内。

5. 踢脚线的工程量计算规则

踢脚线按设计图示长度乘以高度以面积计算。楼梯靠墙踢脚线（含锯齿形部分）贴块料按设计图示面积计算。

6. 楼梯、台阶面层及其他工程的工程量计算规则

（1）楼梯面层按设计图示尺寸以楼梯（包括踏步、休息平台及小于 500 mm 的楼梯井）水平投影面积以平方米计算。楼梯与楼地面相连时，算至梯口梁内侧边沿；无梯口梁的，算至最上一层踏步外沿加 300 mm。

（2）台阶面层按设计图示尺寸以台阶（包括踏步最上一层外沿加 300 mm）水平投影面积以平方米计算。

7. 零星及其他项目计算规则

（1）零星项目按设计图示尺寸以面积计算。
（2）分格嵌条按设计图示尺寸以"延长米"计算。
（3）楼梯、台阶踏步金刚砂防滑条按设计图示尺寸以"延长米"计算。
（4）酸洗打蜡，按设计图示尺寸以表面积计算。
（5）标线按设计图示尺寸以面积计算。
（6）广角镜、防撞护角，按设计数量计算。
（7）盲道钉按设计数量计算。

任务 10.3　楼地面工程量计算

1. 楼地面面层工程量计算

1）整体面层工程量计算

整体面层按设计图示尺寸以面积计算，其计算公式为：

$$S = L_{主墙净空长} \times B_{主墙净空宽} - S_{扣} + S_{不规则面积} \tag{10-1}$$

式中　L——主墙间净空长度；

　　　B——主墙间净空宽度；

　　　$S_{扣}$——凸出地面构筑物、设备基础、室内铁道、地沟等所占的面积；

　　　$S_{不规则面积}$——除规则面积之外的面积。

注：楼地面嵌金属分隔条的工程量按图示尺寸以长度（m）计算。

2）块料面层工程量计算

块料面层工程量计算为：

$$S = L_{主墙净空长} \times B_{主墙净空宽} - S_{扣} + S_{其他} + S_{不规则面积} \tag{10-2}$$

式中　L——主墙间净空长度；

　　　B——主墙间净空宽度；

　　　$S_{扣}$——凸出地面构筑物、设备基础、室内铁道、地沟等所占的面积；

　　　$S_{其他}$——门洞，空圈等开口部分并入计算的面积；

　　　$S_{不规则面积}$——除规则面积之外的面积。

但值得注意的是，在同一铺贴面上，有不同种类、材质的材料时应分别计算。

注：（1）楼地面有点缀的，点缀的工程量按"个"计算，计算块料面层工程量时不扣除点缀所占面积。

（2）石材拼花按最大外围尺寸以矩形面积计算。有拼花的石材地面，按镶贴表面积扣除拼花的最大外围矩形面积计算面积。

（3）石材底面刷养护液包括侧面涂刷，工程量按设计图示尺寸以底面积计算。

（4）石材表面刷保护液按设计图示尺寸以表面积计算。

（5）石材勾缝按石材设计图示尺寸以面积计算。

3）橡胶面层、其他材料面层的工程量计算

橡胶面层、其他材料面层的工程量计算，按图示尺寸以实铺面积计算与（10-2）式相同。

2. 垫层工程量计算

地面垫层工程量，按地面面积扣除沟道所占面积乘以垫层厚度以 m^3 计算，其公式为：

$$V = (L_{主墙净空长} \times B_{主墙净空宽} - S_{扣} + S_{不规则面积}) \times h \tag{10-3}$$

式中 L——主墙间净空长度；

B——主墙间净空宽度；

$S_{扣}$——>0.3 m^2 孔洞所占的面积及墙体所占面积，沟道所占面积；

$S_{不规则面积}$——除规则面积之外的面积。

3. 找平层工程量计算

楼地面找平层及整体面层按设计图示结构尺寸以面积计算。扣除凸出地面构筑物、设备基础、室内铁道、地沟等所占面积，不扣除间壁墙及单个面积≤0.3 m^2 柱、垛、附墙烟囱及孔洞所占面积。门洞、空圈、暖气包槽、壁龛的开口部分不增加面积。

找平层工程量=地面面层工程量。

4. 防潮层工程量计算

1）地面防潮层

工程量同地面面积。

2）墙面防潮层

按图示尺寸以面积计算，不扣除 0.3 m^2 以内的孔洞所占面积。墙面防潮层高度在 300 mm 以内者，并入地面防潮层基价。高度在 300 mm 以外者，按墙面防潮层基价执行。

5. 踢脚线工程量计算

踢脚线工程量按设计图示长度乘以高度以面积计算。金属踢脚线、防静电踢脚线均按成品考虑。

6. 楼梯装饰工程量计算

楼梯装饰按设计图示尺寸以楼梯（包括踏步、休息平台及 500 mm 以内楼梯井）水平投影面积计算。楼梯与楼地面相连时,算至梯口梁内侧边沿;无梯口梁者,算至最上一层踏步边沿加 300 mm。如图 10-5 所示。

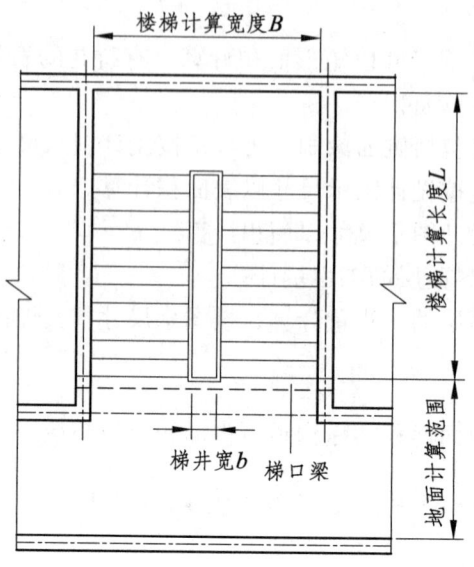

楼梯、楼地面装修区分图

图 10-5 扶手、栏杆、栏板示意图

工程量计算公式:

(1)当 $b > 500$ 时:

$$S = (L \times B - S_{楼梯井}) \times (n-1) \tag{10-4}$$

式中　L——楼梯净长度;

　　　B——楼梯净宽度;

　　　$S_{楼梯井}$——宽度 > 500 mm 的楼梯井面积;

　　　n——有楼梯间的建筑物的层数。

(2)当 $b \leqslant 500$ 时:

$$S = (L \times B) \times (n-1) \tag{10-5}$$

式中　L——楼梯净长度;

　　　B——楼梯净宽度;

　　　n——有楼梯间的建筑物的层数。

7. 零星装饰工程工程量计算

适用于小便槽、蹲位、池槽等地面零星项目。
其工程量按设计图示尺寸以面积计算。

8. 楼地面、楼梯、台阶面酸洗打蜡

按设计图示的水平投影面积计算。

9. 石材底面刷养护液

按底面积计算。

10. 台阶装饰工程量计算

台阶装饰工程量按设计图示尺寸以台阶（包括最上层踏步边沿加 300 mm）水平投影面积计算，不包括翼墙、花池等。300 mm 以外部分面积套用相应面层材料的楼地面工程定额子目。

10-4 台阶工程量计算

任务 10.4　楼地面工程量计算技能实训

1. 实训资料

某建筑平面如图 10-6 所示，墙厚 240 mm，室内铺设 800 mm×800 mm 中国红大理石，贴相同材质的踢脚线（高 150 mm），试计算大理石地面及踢脚线的工程量。

门窗表

M-1	1 000 mm×2 000 mm	C-1	1 500 mm×1 500 mm
M-2	1 200 mm×2 000 mm	C-2	1 800 mm×1 500 mm
M-3	900 mm×2 400 mm	C-3	3 000 mm×1 500 mm

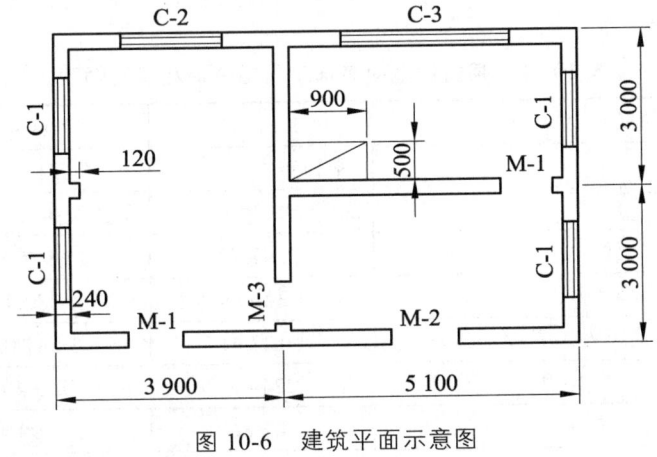

图 10-6　建筑平面示意图

2. 实训要求

（1）计算出楼地面装饰工程项目的工程量。
（2）完成楼地面工程装饰项目的综合单价分析表的计算。
（3）计算出该楼地面装饰工程项目清单与计价表。

3. 实训方法步骤

（1）楼地面装饰工程的工程项目列项，列项项目详见表 10-10。
（2）楼地面装饰工程量计算，计算工程详见表 10-10。

表 10-10 楼地面工程大理石地面及踢脚线工程量计算表

序号	项目编号	项目名称	定额编号	定额名称	计量单位	工程量	计算式
1	011102001001	石材楼地面	1-11-15	水泥砂浆找平层	m²	47.46	找平层工程量 =[（3.9-0.24）×（6-0.24）+（5.1-0.24）×（3-0.24）×2]-0.5×0.9 =47.46 m²
			1-11-47	大理石楼地面	m²	48.41	地面工程量 =[（3.9-0.24）×（6-0.24）+（5.1-0.24）×（3-0.24）×2]-0.5×0.9+[（0.9+1×2+1.2）×0.24]-0.12×0.24 =48.41 m²
2	011105002001	石材踢脚线	1-11-95	大理石踢脚线	m²	6.68	踢脚线的长度 =（3.9-0.24+3×2-0.24）×2+（5.1-0.24+3-0.24）×2×2-（0.9+1）×2-（1.2+1）+0.24×4+0.12×2 =9.42×2+7.62×4-1.9×2-2.2+0.96+0.24 =44.52 m 踢脚线工程量=44.52×0.15=6.68 m²

（3）选择计价依据：根据某省《建筑工程计价标准》表中的楼地面装饰工程相关消耗量定额表，见表 10-11。

表 10-11 某省楼地面装饰工程相关消耗量定额表

定额编号				1-11-15	1-11-41	1-11-95
项目名称				平面砂浆找平层	石材楼地面	石材踢脚线
				混凝土或硬基层上	每块面积在 0.64 m²	大理石
基价/元				2 147.72	21 925.85	28 147.28
其中		人工费/元		1 346.89	4 280.43	7 218.72
	其中	定额人工费/元		1 122.41	3 567.03	6 015.10
		规费/元		224.48	713.40	1 203.02
	材料费/元			742.86	17 590.45	20 926.32
	机械费/元			57.97	57.97	2.84
	名称		单位	单价/元	数量	
人工	综合工日 12		工日	188.64	7.140	22.691	38.264
材料	干混地面砂浆		m³	362.98	2.04	—	—
	水		m³	5.94	0.400	2.300	2.200
	天然石材饰面板 800×800		m³			102.000	—
	石材饰面板						104.000

续表

定额编号			1-11-15	1-11-41	1-11-95
项目名称			平面砂浆找平层	石材楼地面	石材踢脚线
			混凝土或硬基层上	每块面积在 0.64 m²	大理石
材料	电	kW·h		20.080	12.060
	棉纱	kg		—	
	干混陶瓷砖粘结砂浆	m³		0.100	
	锯木屑	m³		2.300	
	其他材料	元			0.090
机械	干混砂浆罐式搅拌机	台班	284.17	0.204	0.204	0.010

（4）楼地面装饰工程综合单价分析表计算，见表10-12。根据表10-11查出的人工费、材料费、机械费的单价，分别计算出该分项工程的人工费，材料费，机械台班费的合价、管理费和利润、综合单价，详见表10-12。

综合单价计算方法：

$$综合单价 = \frac{\sum 人工合价 + \sum 材料合价 + \sum 机械合价 + \sum 管理费和利润}{清单工程量}$$

（5）大理石地砖工程清单与计价表的计算，见表10-13。根据工程量、综合单价，计算出合价，其中的定额人工费、规费、机械费（可根据工程量和表10-11中定额人工费、规费、机械费的合价相乘计算）、暂估价，详见表10-13。

（6）根据石材楼地面工程和施工技术措施项目清单与计算表中的定额人工费之和加上机械费之和×0.08，乘上施工组织措施费的费率[（定额人工费+机械费×0.08）×费率（%）]，即得到石材楼地面工程的施工组织措施费，计算结果详见表10-14。

（7）完成石材楼地面工程规费项目计算表的计算。根据楼地面工程中的工程定额人工费和施工技术措施项目中的定额人工费，计算出楼地面工程的有关规费，详见表10-15。

（8）完成石材楼地面工程税金项目的计算。根据石材楼地面工程中的工程定额人工费、规费、材料费、机械费和施工技术措施项目中的额人工费、规费、材料费、机械费；计算出石材楼地面工程的税金，详见表10-16。

表 10-12 楼地面装饰工程综合单价计算表

清单综合单价组成明细

序号	项目编码	项目名称	计量单位	工程量	定额编号	定额名称	定额单位	数量	单价/元 人工费 DR	单价/元 人工费 规费	单价/元 基价 材料费	单价/元 基价 机械费	合价/元 人工费 DR	合价/元 人工费 规费	合价/元 材料费	合价/元 机械费	合价/元 管理费	合价/元 利润	合价/元 风险费	综合单价/元
1	011102001001	石材楼地面（中国红大理石）	m²	48.41	1-11-15	水泥砂浆找平层	100 m²	0.01	1 122.41	224.48	742.86	57.97	11.224	2.245	7.429	0.58	2.567	1.556	0	25.601
					1-11-41	石材楼地面	100 m²	0.01	3 567.03	713.40	17 590.45	57.97	35.670	7.134	175.905	0.58	8.136	4.932	0	232.357
					合计								46.894	9.379	183.334	1.16	10.703	6.488	0	257.958
2	011105002001	石材踢脚线	m²	6.68	1-11-95	石材踢脚线	100 m²	0.010	6 015.10	1 203.02	20 926.32	2.84	60.15	12.03	209.263	0.028	13.703	8.307	0	303.481

注：DR 代表定额人工费
合价=单价×数量÷清单工程量
管理费=（定额人工费+机械费×0.08）×0.227 8
利润=（定额人工费+机械费×0.08）×0.138 1
综合单价=人工费+材料费+机械费+管理费+利润

表 10-13 大理石地砖工程清单与计价表

序号	项目编号	项目名称	项目特征描述	计量单位	工程量	金额/元					
						综合单价	合价	其中				暂估价
								人工费		机械费	
								DR	规费		
1	011102001001	石材楼地面	1. 找平层厚度、砂浆配合比：1∶3 2. 面层材料品种、规格、品牌、颜色：500 mm×500 mm 中国红大理石	m²	48.41	257.958	12 487.747	2 270.139	454.037	56.156	0
2	011105002001	石材踢脚线	1. 找平层厚度、砂浆配合比：1∶3 2. 面层材料品种、规格、品牌、颜色：500 mm×500 mm 中国红大理石	m²	6.68	303.481	2 027.253	401.802	80.360	0.187	0
			合　计				14 514.779	2 671.941	534.397	56.343	0

表 10-14 楼地面工程施工组织措施费计算表

序号	项目编号	项目名称	计算基础	费率/%	金额/元	调整费率/%	调整后金额/元	备注
1		绿色施工安全文明措施费						
1.1		安全文明施工及环境保护费	定额人工费+机械费×0.08	5.12	137.034			
1.2		临时设施费		2.76	73.869			
1.3		绿化施工措施费		5.94	158.981			
2		冬雨季施工增加费、工程定位复测费、工程交点，场地清理费	定额人工费+机械费×0.08	3.72	99.832			
3		夜间施工增加费		0.50				暂无
4		压缩工期增加费	定额人工费+机械费					暂无
5		行车、行人干扰增加费	定额人工费+机械费×0.08					暂无
6		已完工程及设备保护费						暂无
7		特殊地区施工增加费						暂无
8		其他施工组织措施费						暂无
		合　计			469.717			

注：1. "其他施工组织措施费"在计价时需要列出具体费用名称。
　　2. 工程结算时按合同约定（或投标报价）调整费率和金额。

表 10-15 楼地面工程规费项目计算表

序号	工程名称			计算基础	计算费率	金额/元	备注
1	规费			定额人工费（包括工程定额人工费+技术措施项目定额人工费）			
1.1	其中	社会保险费	养老保险费		9.01%	240.74	计入人工费内
			医疗保险费		6.39%	170.74	
1.2		住房公积金			4.60%	122.91	
	其他规费	工伤保险（单独计列）			0.50%	13.36	计入税前费用
1.3		工程排污费		按有关部门规定计算			
2	环境保护税			按有关部门规定计算			
合计						547.75	

注：工程排污费按工程用水量计算。

表 10-16 楼地面工程招标控制价/投标报价汇总表

序号	费用名称	计算基数或计算表达式	费率计算标准	费用金额
1	分部分项工程费	∑（分部分项工程量×综合单价）		14 514.779
1.1	人工费	（R）=<1.1.1>+<1.1.2>		3 206.338
1.1.1	定额人工费	∑（定额人工费）		2 671.941
1.1.2	规费	∑（规费）		534.397
1.2	材料费	∑（材料费）(C)		10 272.855
1.3	设备费	∑（设备费）(S)		
1.4	机械费	∑（机械费）(J)		56.343
1.5	管理费	∑（定额人工费+机械费×0.08）×22.78%	22.78%	609.695
1.6	利润	∑（定额人工费+机械费×0.08）×13.81%	13.81%	369.618
1.7	风险费	∑（风险费）		
2	措施项目费	(<2.1>+<2.2>)		469.717
2.1	技术措施项目	∑（技术措施项目清单工程量×综合单价）		0
2.1.1	人工费	（R）=<2.1.1.1>+<2.1.1.2>		
2.1.1.1	定额人工费	∑（定额人工费）		
2.1.1.2	规费	∑（规费）		
2.1.2	材料费	∑（材料费）(C)		
2.1.3	机械费	∑（机械费）(J)=		
2.1.4	管理费	∑（定额人工费+机械费×0.08）×22.78%	22.78%	

续表

序号	费用名称	计算基数或计算表达式	费率计算标准	费用金额
2.1.5	利润	∑（定额人工费+机械费×0.08）×13.81%	13.81%	
2.2	组织措施项目费	∑（组织措施项目费）		469.717
2.2.1	绿色施工安全文明措施项目费	∑（定额人工费+机械费×0.08）×13.82%	13.82	369.885
2.2.1.1	临时设施费	∑（定额人工费+机械费×0.08）×2.76%	2.76	73.869
2.2.2	其他组织措施项目费	∑（定额人工费+机械费×0.08）×3.72%	3.72%	99.832
3	其他项目费			0
3.1	暂列金额			
3.2	暂估价			
3.3	计日工			
3.4	总承包服务费			
3.5	其他			
3.5.1				
3.5.2				
4	其他规费			13.36
4.1	工伤保险		0.50%	13.36
4.2	工程排污费			
4.3	环境保护税		%	
5	税前工程造价	（1+2+3+4）		14 997.856
6	税金	（1+2+3+4）×税率%	10.08%	1511.784
7	工程总造价（招标控制价/投标报价合计）=<5>+<6>			16 509.64

注：数字内均为表中对应的序号。

项目小结

本项目主要介绍楼地面的装饰工程，楼地面装饰工程包括整体面层，块料面层，楼梯、台阶等其他零星项目组成。学生应熟悉楼地面装饰的一般规定，掌握楼地面装饰相关工程量计算规则，熟悉计算楼地面装饰工程量。重点掌握块料楼地面工程的计算公式、计算规则，楼地面工程的清单工程量计算、工程定额的正确应用、楼地面工程综合单价分析表计算，各种费用的计算。难点：识图、列项、工程量计算、套价、定额应用、定额换算及工程费用的计算。通过本项目任务的学习，学生应熟悉楼地面工程的相关定额，不能直接套用定额的换算方法，对楼地面工程的消耗定额内容有一定的认识，并能正确应用。

复习思考题

10-1 计算如图 10-7 所示某 6 层建筑物楼梯贴花岗岩面层工程量并计价。

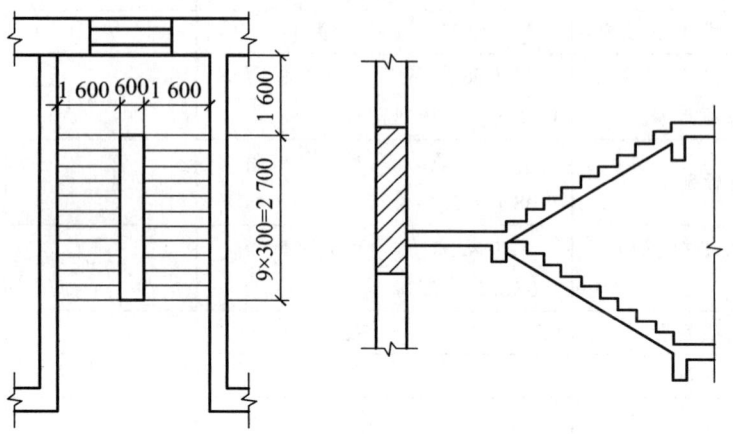

图 10-7 建筑物楼梯贴花岗岩示意图

10-2 计算如图 10-8 所示房间镶贴大理石地面和踢脚板的工程量,柱子处均贴大理石踢脚板。注:门的尺寸为 2 000×2 100。

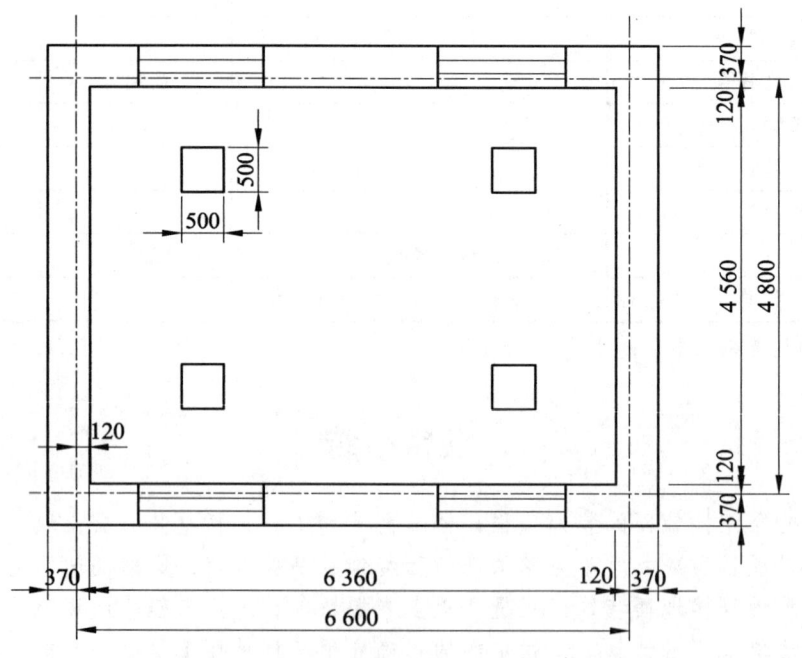

图 10-8 房间镶贴大理石地面和踢脚板示意图

10-3 如图 10-9 所示，地面做法为：80 mm 厚碎石垫层，60 mm 厚 C10 砼垫层，20 mm 厚水泥砂浆找平层，厕所铺设同质地砖。其他铺设企口木地板。试计算楼地面工程量并计价。

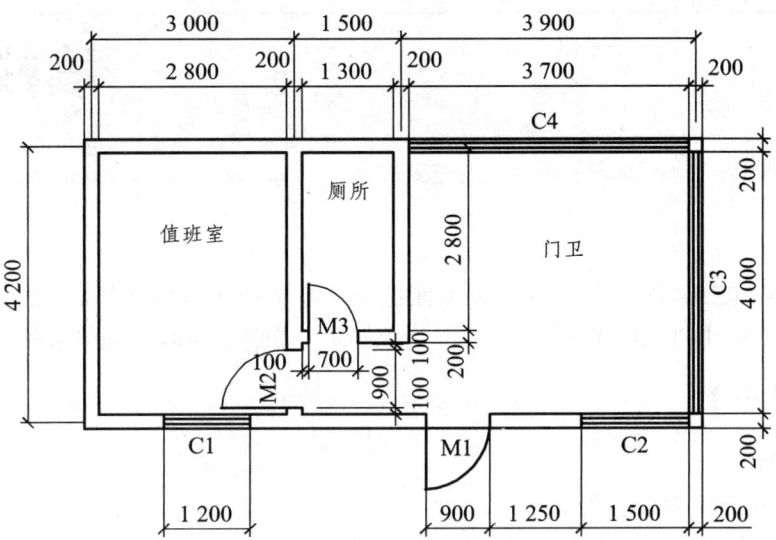

图 10-9 楼地面示意图

项目 11

墙柱面工程

墙柱面工程包括墙面抹灰、柱（梁）面抹灰、零星抹灰、墙面块料面层、柱（梁）面镶贴块料、镶贴零星块料、墙饰面、柱（梁）面饰面、隔断、幕墙工程等装饰等项目。

【学习目标】

◎ 知识目标
1. 熟悉墙柱面工程项目的划分。
2. 熟悉墙柱面工程工程量计算的规则。
3. 熟悉墙柱面工程项目的列项及套价计算方法。

◎ 技能目标
1. 掌握墙柱面工程工程量清单计算方法。
2. 掌握墙柱面工程工程量清单编制步骤和方法。
3. 掌握墙柱面工程综合单价分析表的计算方法。
4. 能根据施工图进行墙柱面工程量的计算。

任务 11.1　墙柱面工程计算说明

11.1.1　墙柱面及零星抹灰说明

墙柱面及零星抹灰部分包括一般抹灰、装饰抹灰和勾缝三部分内容。

（1）一般抹灰指石灰砂浆、水泥砂浆、水泥混合砂浆、聚合物水泥砂浆、麻刀石灰、纸筋石灰、石膏灰等的抹灰。

（2）装饰抹灰指水刷石、斩假石、干粘石、假面砖、拉条灰、拉毛灰、甩毛灰、扒拉石、喷涂、滚涂等的抹灰。

（3）勾缝指清水砖墙、砖柱的加浆勾缝，不是原浆勾缝。勾缝类型主要有平缝、平凹缝、平凸缝、半圆凹缝、半圆凸缝和三角凸缝等。

（4）水刷石：也称汰石子，指用水泥、细石子、颜料，加水搅拌后，抹在墙面或柱面上，待水泥浆初凝时，洗刷去面层的水泥，使细石子半露，结硬后似天然石料的方法。

（5）斩假石：也称剁假石、剁斧石，指将掺有小石子及颜料的水泥砂浆涂抹在混凝土或砖墙、柱面上，经抹压达到表面平整，待硬化后再凿，使之成为石料表面式样的方法。

（6）干粘石：也称甩石子，指在抹好底层、垫层后，随抹粘结层随用拍子把石子或砂子往粘结层上甩，必须随甩随拍平压实，粘结牢固但不能拍出或压出浆水的方法。

（7）喷涂、滚涂：这是采用聚合物水泥沙浆，通过挤压沙浆泵及喷枪（喷斗）将沙浆喷涂于墙体表面的为喷涂；通过橡皮辊子将抹在墙体表面的聚合物水泥沙浆滚出花纹的为滚涂。

（8）假面砖：这是一种在水泥沙浆中掺入氧化铁黄或氧化铁红等颜料，通过手工操作达到模仿面砖装饰效果的一种做法。

（9）拉毛：在抹平的基层上用刷子沾着砂浆拉成花纹的墙面。

11.1.2 墙柱面及零星镶贴块料说明

墙柱面及零星镶贴块料主要包括石材（大理石、花岗岩）和块料（彩釉砖、瓷砖等）的墙面、柱面和零星项目的镶贴。碎拼石材是指采用碎块材料在水泥砂浆结合层上铺设而成，碎块间缝填嵌水泥砂浆或水泥石粒等。

块料墙面的施工方法有镶贴、挂贴、干挂等方式。

（1）镶贴块料：如图 11-1 所示。

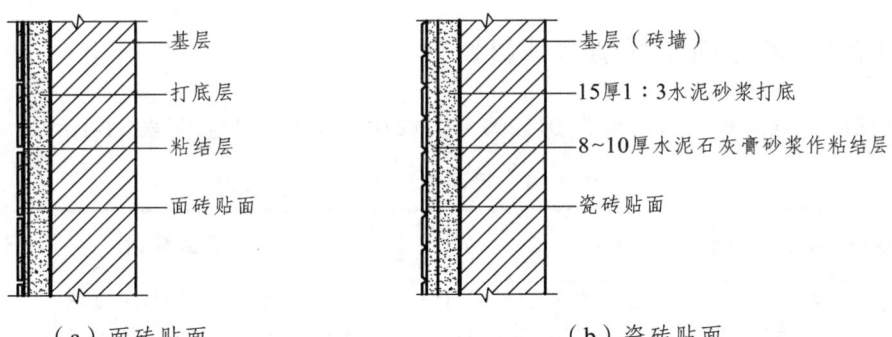

图 11-1 镶贴块料示意图

（2）挂贴方式：对大规格的石材使用先挂后灌浆的方式固定于墙、柱面的施工方法如图 11-2 所示。

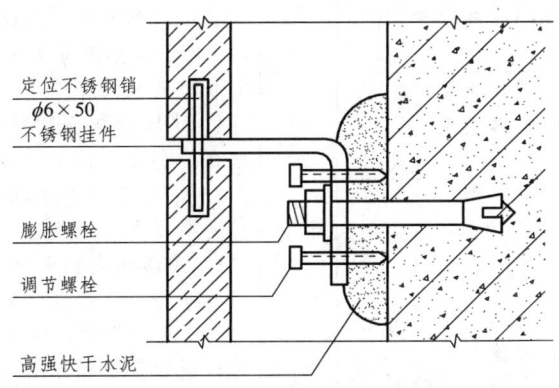

图 11-2 块料挂贴示意图

（3）干挂方式：直接干挂法，是指通过不锈钢膨胀螺栓、不锈钢挂件、不锈钢钢针等，将外墙饰面板连接在外墙墙面；间接干挂法，是指通过固定的墙、柱、梁上的龙骨，再通过各种挂件固定外墙饰面板。

11.1.3 墙柱面饰面、隔断与幕墙说明

（1）墙柱面饰面包括：装饰板墙面、柱（梁）面装饰，装饰板墙面，柱（梁）面装饰的基层清理；砂浆制作、运输；底层抹灰；龙骨制作、运输、安装；钉隔离层；基层铺钉；面层铺贴；刷防护材料、油漆。

（2）隔断与幕墙包括：隔断、带骨架幕墙和全玻幕墙组成。

① 隔断包括：骨架及边框制作、运输、安装；隔板制作、运输、安装；嵌缝、塞口；装钉压条；刷防护材料、油漆。

② 带骨架幕墙包括：骨架制作、运输、安装；面层安装；嵌缝、塞口；清洗。

③ 全玻幕墙包括：幕墙安装；嵌缝、塞口；清洗。

任务 11.2 墙柱面工程清单项目划分及工程量计算规则

11.2.1 墙柱面工程清单项目划分

墙柱面工程清单项目划分为 011201～011210，详见表 11-1～表 11-10。

表 11-1 墙面抹灰（编码：011201）

项目编码	项目名称	项目特征	计量单位	工程量计算规则	工作内容
011201001	墙面一般抹灰	1. 墙体类型 2. 底层厚度、砂浆配合比 3. 面层厚度、砂浆配合比 4. 装饰面材料种类 5. 分格缝宽度、材料种类	m^2	按设计图示尺寸以面积计算。扣除墙裙、门窗洞口及单个>0.3 m^2 的孔洞面积，不扣除踢脚线、挂镜线和墙与构件交接处的面积，门窗洞口和孔洞的侧壁及顶面不增加面积。附墙柱、梁、垛、烟囱侧壁并入相应的墙面面积内。 1. 外墙抹灰面积按外墙垂直投影面积计算 2. 外墙裙抹灰面积按其长度乘以高度计算 3. 内墙抹灰面积按主墙间的净长乘以高度计算 （1）无墙裙的，高度按室内楼地面至天棚底面计算 （2）有墙裙的，高度按墙裙顶至天棚底面计算 4. 内墙裙抹灰面按内墙净长乘以高度计算	1. 基层清理 2. 砂浆制作、运输 3. 底层抹灰 4. 抹面层 5. 抹装饰面，勾分格缝
011201002	墙面装饰抹灰				
011201003	墙面勾缝	1. 墙体类型 2. 勾缝类型 3. 勾缝材料种类			1. 基层清理 2. 砂浆制作、运输，勾缝
011201004	立面砂浆找平层	1. 墙体类型 2. 勾缝类型 3. 勾缝材料种类			1. 基层清理 2. 砂浆制作、运输 3. 勾缝

表 11-2 柱（梁）面抹灰（编码：011202）

项目编码	项目名称	项目特征	计量单位	工程量计算规则	工作内容
011202001	柱（梁）面一般抹灰	1. 柱体类型 2. 底层厚度、砂浆配合比 3. 面层厚度、砂浆配合比 4. 装饰面材料种类 5. 分格缝宽度、材料种类	m²	1. 柱面抹灰：按设计图示柱断面周长乘高度以面积计算 2. 梁面抹灰：按设计图示梁断面周长乘长度以面积计算	1. 基层清理 2. 砂浆制作、运输 3. 底层抹灰 4. 抹面层 5. 抹装饰面，勾分格缝
011202002	柱面装饰抹灰				
011202004	柱面勾缝	1. 勾缝类型 2. 勾缝材料种类			1. 基层清理 2. 砂浆制作、运输 3. 勾缝

表 11-3 零星抹灰（编码：011203）

项目编码	项目名称	项目特征	计量单位	工程量计算规则	工作内容
011203001	零星项目一般抹灰	1. 墙体类型 2. 底层厚度、砂浆配合比 3. 面层厚度、砂浆配合比 4. 装饰面材料种类 5. 分格缝宽度、材料种类	m²	按设计图示尺寸以面积计算	1. 基层清理 2. 砂浆制作、运输 3. 底层抹灰 4. 抹面层 5. 抹装饰面，勾分格缝
011203002	零星项目装饰抹灰				

表 11-4 墙面镶贴块料（编码：011204）

项目编码	项目名称	项目特征	计量单位	工程量计算规则	工作内容
011204001	石材墙面	1. 墙体材料 2. 底层厚度、砂浆配合比 3. 贴结层厚度、材料种类 4. 挂贴方式 5. 干挂方式（膨胀螺栓、钢龙骨） 6. 面层材料品种、规格、品牌、颜色 7. 缝宽、嵌缝材料种类 8. 防护材料种类 9. 磨光、酸洗、打蜡要求	m²	按镶贴表面积计算	1. 基层清理 2. 砂浆制作、运输 3. 底层抹灰 4. 结合层铺贴 5. 面层铺贴 6. 面层干挂 7. 嵌缝 8. 刷防护材料 9. 磨光、酸洗、打蜡
011204002	碎拼石材墙面				
011204003	块料墙面				
011204004	干挂石材钢骨架	1. 骨架种类、规格 2. 油漆品种、刷油遍数		按设计图示以质量计算	1. 骨架制作、运输、安装 2. 骨架油漆

表 11-5 柱面镶贴块料（编码：011205）

项目编码	项目名称	项目特征	计量单位	工程量计算规则	工作内容
011205001	石材柱面	1. 柱体材料 2. 柱截面类型、尺寸 3. 底层厚度、砂浆配合比 4. 粘结层厚度、材料种类 5. 挂贴方式 6. 干贴方式 7. 面层材料品种、规格、品牌、颜色 8. 缝宽、嵌缝材料种类 9. 防护材料种类 10. 磨光、酸洗、打蜡要求	m²	按镶贴表面积计算	1. 基层清理 2. 砂浆制作、运输 3. 底层抹灰 4. 结合层铺贴 5. 面层铺贴 6. 面层挂贴 7. 面层干挂 8. 嵌缝 9. 刷防护材料 10. 磨光、酸洗、打蜡
011205002	拼碎石材柱面				
011205003	块料柱面				
011205004	石材梁面	1. 底层厚度、砂浆配合比 2. 粘结层厚度、材料种类 3. 面层材料品种、规格、品牌、颜色 4. 缝宽、嵌缝材料种类 5. 防护材料种类 6. 磨光、酸洗、打蜡要求			
011205005	块料梁面				

表 11-6 零星镶贴块料（编码：011206）

项目编码	项目名称	项目特征	计量单位	工程量计算规则	工作内容
011206001	石材零星项目	1. 柱、墙体材料 2. 底层厚度、砂浆配合比 3. 粘结层厚度、材料种类 4. 挂贴方式 5. 干挂方式 6. 面层材料品种、规格、品牌、颜色 7. 缝宽、嵌缝材料种类 8. 防护材料种类 9. 磨光、酸洗、打蜡要求	m²	按镶贴表面积计算	1. 基层清理 2. 砂浆制作、运输 3. 底层抹灰 4. 结合层铺贴 5. 面层铺贴 6. 面层挂贴面层干挂 7. 嵌缝,刷防护材料 8. 磨光、酸洗、打蜡
011206002	拼碎石材零星项目				
011206003	块料零星项目				

表 11-7 墙饰面（编码：011207）

项目编码	项目名称	项目特征	计量单位	工程量计算规则	工作内容
011207001	装饰板墙面	1. 墙体材料 2. 底层厚度、砂浆配合比 3. 龙骨材料种类、规格、中距 4. 隔离层材料种类、规格 5. 基层材料种类、规格 6. 面层材料品种、规格、品牌、颜色 7. 压条材料种类、规格 8. 防护材料种类 9. 油漆品种、刷油遍数	m²	按设计图示墙净长乘净高以面积计算。扣除门窗洞口及单个>0.3 m²的孔洞所占面积	1. 基层清理 2. 砂浆制作、运输 3. 底层抹灰 4. 龙骨制作、运输、安装 5. 钉隔离层 6. 基层铺钉 7. 面层铺贴 8. 刷防护材料、油漆

表 11-8 柱（梁）饰面（编码：011208）

项目编码	项目名称	项目特征	计量单位	工程量计算规则	工作内容
011208001	柱（梁）面装饰	1. 柱（梁）体材料 2. 底层厚度、砂浆配合比 3. 龙骨材料种类、规格、中距 4. 隔离层材料种类 5. 基层材料种类、规格 6. 面层材料品种、规格、品种、颜色 7. 压条材料种类、规格 8. 防护材料种类 9. 油漆品种、刷漆遍数	m²	按设计图示饰面外围尺寸以面积计算。柱帽、柱墩并入相应柱饰面工程量内	1. 基层清理 2. 砂浆制作、运输 3. 底层抹灰 4. 龙骨制作、运输、安装 5. 钉隔离层 6. 基层铺钉 7. 面层铺贴 8. 刷防护材料、油漆

表 11-9 幕墙（编码：011209）

项目编码	项目名称	项目特征	计量单位	工程量计算规则	工作内容
011209001	带骨架幕墙	1. 骨架材料种类、规格、中距 2. 面层材料品种、规格、品种、颜色 3. 面层固定方式 4. 嵌缝、塞口材料种类	m²	按设计图示框外围尺寸以面积计算。与幕墙同种材质的窗所占面积不扣除	1. 骨架制作、运输、安装 2. 面层安装 3. 隔离带、边框封闭 4. 嵌缝、塞口 5. 清洗
011209002	全玻（无框玻璃）幕墙	1. 玻璃品种、规格、品牌、颜色 2. 粘结塞口材料种类 3. 固定方式	m²	按设计图示尺寸以面积计算。带肋全玻幕墙按展开面积计算	1. 幕墙安装 2. 嵌缝、塞口 3. 清洗

表 11-10 隔断（编码：011210）

项目编码	项目名称	项目特征	计量单位	工程量计算规则	工作内容
011210001	木隔断	1. 骨架、边框材料种类、规格 2. 隔板材料品种、规格、品牌、颜色 3. 嵌缝、塞口材料品种 4. 压条材料种类 5. 防护材料种类 6. 油漆品种、刷漆遍数	m²	按设计图示框外围尺寸以面积计算。不扣除单个≤0.3 m²的孔洞所占面积；浴厕门的材质与隔断相同时，门的面积并入隔断面积内	1. 骨架及边框制作、运输、安装 2. 隔板制作、运输、安装 3. 嵌缝、塞口 4. 装钉压条 5. 刷防护材料、油漆

11.2.2 墙柱面工程工程量计算规则

1. 墙面抹灰

抹灰长度：外墙内壁抹灰按主墙间图示净长计算，内墙面抹灰按内墙净长线计算。

抹灰高度：按室内地坪面或楼面至楼屋面板底面，a. 无墙裙的，高度按室内楼地面至天棚底面计算；b. 有墙裙的，高度按墙裙顶至天棚底面计算；c. 有吊顶天棚时，高度算至天棚底加 100 mm。

（1）外墙抹灰面积，按其垂且投影面积计算，应扣除门窗洞口、外墙裙（墙面和墙裙抹灰种类相同者应合并计符）和单个面积>0.3 m²的孔洞所占面积，不扣除单个面积≤0.3 m²的孔洞所占面积，门窗洞口及孔洞侧壁面积亦不增加。

（2）内墙面、墙裙抹灰按设计图不结构尺寸以面积计算，扣除门饲洞门和单个面积>0.3 m²以上的孔洞所占的面积，不扣除踢脚线、挂镜线及单个面积≤0.3 m²的孔洞和墙与构件交接处的面积已且门窗洞口、空圈、孔洞的侧壁面积亦不增加，附墙柱的侧面抹灰应并入墙面、墙裙抹灰工程量内计算。

（3）女儿墙（包括泛水、挑砖）内侧、阳台栏板（不扣除花格所占孔洞面积）内侧与阳台栏板外侧抹灰上程址按其垂直投影旧积计算。女儿墙外侧并入外墙计算。

（4）"零星项目"按设计图示尺寸以展开面积计算。阳台、雨篷抹灰套用零星抹灰项目。

2. 块料面层

（1）镶贴块料面层，按设计图示镶贴表面积计算；有吊顶天棚时，设计无规定的，高度算至天棚底 100 mm。

（2）独立柱（梁）镶贴块料面层按设计图示饰面外围尺寸乘以高度以面积计算。

3. 墙饰面、柱（梁）饰面

（1）龙骨、基层、面层墙饰面项目按设计图示饰面尺寸以面积计算，扣除门窗洞口及单个面积>0.3 m²以上的孔洞所占面积，不扣除单个面积≤0.3 m²的孔洞所占面积，门窗洞口及孔洞侧壁面积亦不增加。

（2）柱（梁）饰面的龙骨、基层、面层按设计图示饰面尺寸以面积计算，柱帽、柱墩并入相应柱面积计算。

（3）型钢龙骨按设计图示尺寸以重量计算。

4．幕墙、隔断

（1）玻璃幕墙、铝板幕墙以框外围面积计算；半玻璃隔断、全玻璃幕墙如有加强肋者，程量按其展开面积计算。

（2）幕墙防火隔离带安装工程量按设计图示尺寸以延长米计算。

（3）幕墙与建筑物的封顶、封边按设计图示尺寸以面积计算。

（4）幕墙铝骨架洞整按铝骨架的设计图示尺寸以理论质量计算后，扣除原幕墙定额项目中的铝骨架质量（不含施工损耗）计算。

（5）隔断按设计图示框外围尺寸以面积计算，扣除门窗洞及单个面积>0.3 m²的孔洞所占面积。

任务 11.3　墙柱面工程量计算

1．墙面抹灰工程量计算

墙面抹灰按设计图示尺寸以面积计算，其计算公式为：

$$S = L \times H - S_{扣} + S_{增加} \tag{11-1}$$

式中　L——外墙净长，内墙为净长线；

　　　H——墙高度，内墙为净高；

　　　$S_{扣}$——>0.3 m² 孔洞所占的面积；

　　　$S_{增加}$——附墙柱、梁、垛、烟囱侧壁并入的面积。

2．柱、梁面抹灰工程量计算

柱面抹灰，按设计图示柱断面周长乘以高度以面积计算，其计算公式为：

$$S = L_{柱断面周长} \times H \tag{11-2}$$

式中　$L_{柱断面周长}$——柱断面周长，$L=2(a+b)$；

　　　H——墙高，内墙为净高。

3．块料镶贴面层、墙柱面、幕墙装饰工程量计算

墙面块料面层，柱（梁）面贴块料面层可分别按（11-1）式和（11-2）式计算。

$$墙面贴块料工程量 = 图示长度 \times 装饰高度 \tag{11-3}$$

4．其他装饰工程量计算

其他装饰包括隔断、装饰抹灰分格、嵌缝等装饰，其工程量按设计图示尺寸以面积 m² 计算。

任务 11.4　墙柱面工程量计算技能实训

1．实训资料

（1）某工程如图 11-3 所示，外墙面抹水泥砂浆，底层为 14 mm 厚 1∶3 水泥砂浆打底，面层为 6 mm 厚 1∶2.5 水泥砂浆抹面；外墙裙水刷石，14 mm 厚 1∶3 水泥砂浆打底，素水泥浆二遍，10 mm 厚 1∶2.5 水泥白石子，计算外墙面抹灰和外墙裙装饰抹灰工程量。M：1 000 mm×2 500 mm；C：1 200 mm×1 500 mm。

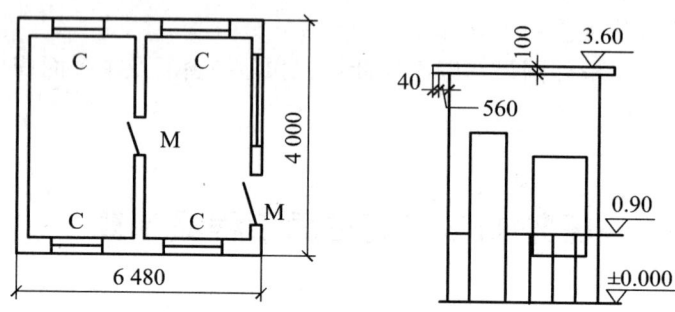

图 11-3　外墙面抹装饰示意图

（2）某工程如图 11-4 所示，内墙面抹水泥砂浆，底层为 14 mm 厚 1∶3 水泥砂浆打底，面层为 6 mm 厚 1∶2.5 水泥砂浆抹面；内墙裙采用 1∶3 水泥砂浆打底（13 厚），1∶2.5 水泥砂浆面层（6 厚），计算内墙面及内墙裙抹灰工程量。

M：1 000 mm×2 700 mm，共 3 个。

C：1 500 mm×1 800 mm，共 6 个。

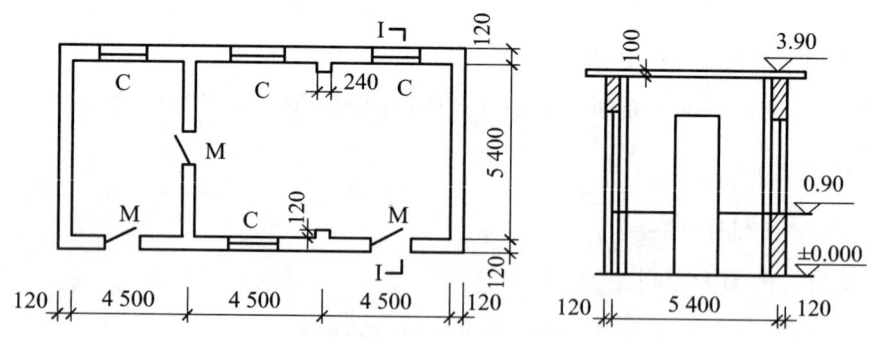

图 11-4　外墙面装饰示意图

（3）间壁墙采用轻钢龙骨双面镶嵌石膏板如图 11-5 所示，门洞尺寸为 900 mm×2 000 mm，计算隔断的工程量。

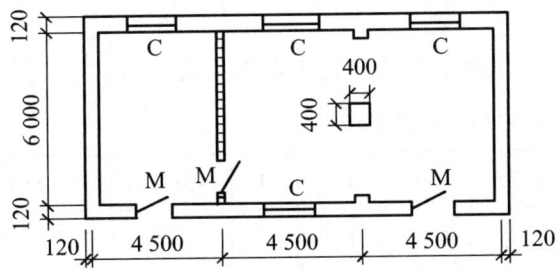 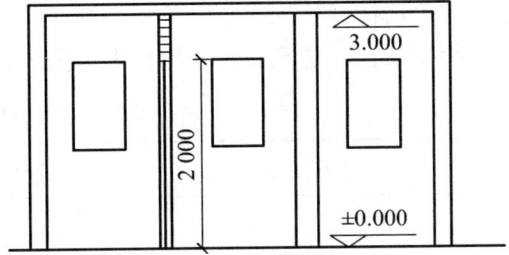

图 11-5 隔断装饰示意图

2．实训要求

（1）计算出墙柱面工程项目的工程量。
（2）完成墙柱面工程项目的综合单价分析表的计算。
（3）计算出该墙柱面项目清单与计价表。

3．实训方法步骤

（1）墙柱面工程的工程项目列项，列项项目详见表 11-11。
（2）墙柱面工程清单工程量计算，计算工程详见表 11-11。

表 11-11 墙柱面装饰工程清单工程量计算表

序号	项目编号	项目名称	定额编码	定额名称	计量单位	工程量	计算式
1	011201001001	外墙面一般抹灰	1-12-2	一般抹灰（外墙）	m²	43.9	外墙面水泥砂浆抹灰工程量 =（6.48+4.00）×2×（3.6-0.10-0.90） -1.00×（2.50-0.90）-1.20×1.50×5 =43.90 m²
2	011201002001	墙裙水刷石装饰	1-12-25	水刷石装饰抹灰	m²	17.96	外墙裙水刷白石子工程量 =[（6.48+4.00）×2-1.00]×0.90 =17.96 m²
3	011201001002	内墙面一般抹灰	1-12-1	一般抹灰（内墙）	m²	118.76	内墙面抹灰工程量 =[（4.50×3-0.24×2+0.12×2）×2+（5.40-0.24）×4]×（3.90-0.10-0.90） -1.00×（2.70-0.90）×4-1.50×1.80×4 =118.76 m²
4	011201002003	墙裙抹灰	1-12-1	一般抹灰（内墙）	m²	38.84	内墙裙工程量 =[（4.50×3-0.24×2+0.12×2）×2+（5.40-0.24）×4-1.00×4]×0.90=38.84 m²
5	011207001001	双面石膏板隔断定额工程量同上	1-12-154	石膏板墙面	m²	30.96	隔断工程量： =（6.00-0.24）×3-0.9×2=15.48 m² 双面石膏板=15.48×2=30.96 m²
		轻钢龙骨定额（定额工程量）	1-12-134	轻钢龙骨	m²	17.80	[（6.00-0.24）×3－0.9×2]×1.15= 17.80 m²

（3）选择计价依据。

根据某省《建筑工程计价标准》完成该墙柱面工程的有关消耗量定额见表 11-12 所示。

表 11-12　某省墙柱面工程相关消耗量定额表

定额编号				1-12-2	1-12-25	1-12-1	1-12-3	1-12-134	1-12-154
项目名称				墙面一般抹灰	水刷石	墙面一般抹灰	墙面一般抹灰	轻钢龙骨	石膏板墙面
				外墙(14+6)mm	墙面装饰抹灰	内墙(14+6)mm	每增减1 mm	中距竖603 横1 500 mm	
基价/元				4 527.25	5 993.52	3 156.24	111.59	4 103.63	3 286.86
其中	人工费/元			3 491.54	4 745.81	2 145.21	59.42	1 474.22	1 916.02
	其中	定额人工费/元		2 909.61	3 954.84	1 786.68	49.52	1 228.52	1 596.68
		规费/元		581.93	790.97	357.53	9.90	245.70	319.34
	材料费/元			926.02	1 172.81	901.34	46.77	2 589.34	1 370.84
	机械费/元			109.69	74.90	109.69	5.40	40.07	—
	名称	单位	单价/元	数量					
人工	综合工日 19	工日	188.64	18.509	25.158	11.372	0.315	7.815	10.157
材料	干混普通抹灰砂浆 DP M15	m³	393.98	1.624	1.740	—	—	—	—
	干混普通抹灰砂浆 DP M20	m³	402.19	0.696	—	0.696	0.116	—	—
	水泥白石子浆 1:2	m³	450.50	—	1.040	—	—	—	—
	干混普通抹灰砂浆 DP M5	m³	378.78	—	—	1.624	—	—	—
	镀锌轻钢龙骨 75×40	m	7.32	—	—	—	—	106.000	—
	镀锌轻钢龙骨 75×50	m	7.85	—	—	—	—	198.750	—
	膨胀螺栓 M8	10 套	4.20	—	—	—	—	23.271	—
	合金刚钻头（综合）	个	16.42	—	—	—	—	6.280	—
	抽芯铆钉 M4×13	百个	11.220	—	—	—	—	—	

续表

定额编号				1-12-2	1-12-25	1-12-1	1-12-3	1-12-134	1-12-154
项目名称				墙面一般抹灰	水刷石	墙面一般抹灰	墙面一般抹灰	轻钢龙骨	石膏板墙面
				外墙 (14+6)mm	墙面装饰抹灰	内墙 (14+6)mm	每增减 1 mm	中距竖 603 横 1 500 mm	
	水	m³	5.94	1.057	3.159	1.057	0.020	—	—
	电	kW·h	0.47	—	—	—	—	2.580	—
	纸面石膏板	m²	12.76	—	—	—	—	—	105.000
	圆钉（综合）	kg	4.92	—	—	—	—	—	5.080
	嵌缝膏	kg	3.10	—	—	—	—	—	1.950
机械	干混砂浆罐式搅拌机	台班	284.17	0.174	—	0.386	0.019	—	—
	灰浆搅拌机	台班	244.70	—	0.104	—	—	—	—
	砂轮切割机直径 500 mm	台班	45.02	—	—	—	—	0.890	—

（4）墙柱面工程综合单价表的计算，见表 11-13。根据表 11-12 中查出的项目定额单位，人工费（包括定额人工费、规费）、材料费、机械费的单价，分别填入砖墙工程综合单价计算表中定额人工费、规费、材料费、机械费的相应单价栏内，并计算出该分项工程的定额人工费、规费、材料费、机械费台班费的合价、管理费和利润、综合单价，详见表 11-13。

$$综合单价 = \frac{\sum 人工合价 + \sum 材料合价 + \sum 机械合价 + \sum 管理费和利润}{清单工程量}$$

（5）墙柱面工程工程清单与计价表的计算，见表 11-14。根据表 11-13 中的工程量、综合单价，计算出合价，其中的定额人工费、规费、机械费（可根据工程量和表 11-12 中定额人工费、规费、机械费的合价相乘计算）、暂估价，详见表 11-14。

（6）根据墙柱面工程清单与计算表中的定额人工费之和加上机械费之和×0.08，乘上施工组织措施费的费率[（定额人工费+机械费×0.08）×费率（%）]，即得到墙柱面工程的施工组织措施费，计算结果详见表 11-15。

11-1　管理费、利润费率表　　　　　　　　11-2　施工组织措施费费率表

表 11-13 墙柱面工程综合单价计算表

序号	项目编码	项目名称	计量单位	工程量	定额编号	定额名称	定额单位	数量	清单综合单价组成明细										综合单价/元
									单价/元				合价/元						
									人工费		基价		人工费						
									DR	规费	材料费	机械费	DR	规费	材料费	机械费	管理费	利润	风险费	
1	11201001001	墙面一般抹灰（外墙面）	m²	43.9	1-12-2	墙面一般抹灰外墙	100 m²	0.01	2 909.61	581.93	926.02	109.69	29.10	5.82	9.26	1.10	6.65	4.03		55.95
2	11201002001	墙面装饰抹灰（墙裙水刷石）	m²	17.96	1-12-25	水刷石墙面装饰抹灰	100 m²	0.01	3 954.84	790.97	1 172.81	74.90	39.55	7.91	11.73	0.75	9.02	5.47		74.43
3	11201001002	墙面一般抹灰（内墙面）	m²	118.76	1-12-1	墙面一般抹灰内墙	100 m²	0.01	1 787.68	357.53	901.34	109.69	17.88	3.58	9.01	1.10	4.09	2.48		38.14
4	11201001003	墙面一般抹灰（内墙裙）	m²	38.84	1-12-3	一般抹灰内墙每增减1 mm	100 m²	0.01	1 787.68	357.53	901.34	109.69	17.88	3.58	9.01	1.10	4.09	2.48		39.43
									49.52	9.9	46.77	5.40	0.50	0.10	0.47	0.05	0.11	0.07		
5	11207001001	墙面装饰板	m²	30.96	1-12-134	轻钢龙骨	100 m²	0.006	1 228.52	245.7	2 589.34	40.07	7.37	1.47	15.54	0.24	1.68	1.02		27.33
					1-12-154	石膏板墙面	100 m²	0.01	1 596.68	319.34	1 370.84	—	15.97	3.19	13.71		3.64	2.21		
合计													127.24	25.45	67.79	4.23	29.06	17.62		235.27

表 11-14 墙柱面工程清单与计价表

序号	项目编号	项目名称	项目特征描述	计量单位	工程量	金额/元					
						综合单价	合价	其中			暂估价
								人工费		规费	机械费
								DR			
1	011201001001	墙面一般抹灰（外墙面）	①墙体类型：砖墙面 ②材料种类、配合比、厚度：底层为1:3水泥砂浆打底14 mm厚，面层为1:2水泥砂浆抹面6 mm厚	m²	43.9	55.95	2 456.24	1 277.32		255.47	48.15
2	011201002001	墙面装饰抹灰（墙裙水刷石）	①墙体类型：砖墙面 ②材料种类、配合比、厚度：1:3水泥砂浆打底12 mm厚，素水泥浆一遍，1:2.5水泥白石子10 mm厚	m²	17.96	74.43	1 336.72	710.29		142.06	13.45
3	011201001002	墙面一般抹灰（内墙面）	①墙体类型：砖墙面 ②材料种类、配合比、厚度：1:2水泥砂浆底，1:3石灰砂浆找平层，麻刀灰砂浆面层，共20 mm厚	m²	118.76	38.14	4 528.99	2 123.05		424.60	130.27
4	011201001003	墙面一般抹灰（内墙裙）	①墙体类型：砖墙裙 ②材料种类、配合比、厚度：1:3水泥砂浆打底(19厚),1:2.5水泥砂浆面层（6厚）	m²	38.84	39.43	1 031.63	694.33		138.86	42.60
5	011207001001	墙面装饰板	隔板材料种类：双面石膏板	m²	30.96	27.33	846.01	228.21		45.64	7.44
		合计					10 699.59	5 033.20		1 006.63	241.92

表 11-15 墙柱面工程施工组织措施费计算表

序号	项目编号	项目名称	计算基础	费率/%	金额/元	调整费率/%	调整后金额/元	备注
1		绿色施工安全文明措施费						
1.1		安全文明施工及环境保护费	定额人工费+机械费×0.08 =5 033.20+241.92×0.08 =5 052.55	5.12	25.87			
1.2		临时设施费		2.76	13.95			
1.3		绿化施工措施费		5.94	30.01			
2		冬雨季施工增加费、工程定位复测费、工程交点，场地清理费		3.72	18.85			
3		夜间施工增加费		0.50	25.26			暂无
4		压缩工期增加费	定额人工费+机械费					暂无
5		行车、行人干扰增加费	定额人工费+机械费×0.08	8.85 4.20 4.20				暂无
6		已完工程及设备保护费						暂无
7		特殊地区施工增加费						暂无
8		其他施工组织措施费						暂无
		合 计			113.94			

注：1. "其他施工组织措施费"在计价时需要列出具体费用名称。
2. 工程结算时按合同约定（或投标报价）调整费率和金额。

（7）完成墙柱面工程规费项目计算表的计算。根据墙柱面工程中的工程定额人工费和施工技术措施项目中的定额人工费，计算出墙柱面工程的有关规费，详见表 11-16。

表 11-16 墙柱面工程规费项目计算表

序号	工程名称			计算基础	计算费率	金额	备注
1	规费				20%		
1.1	其中	社会保险费	养老保险费	定额人工费（包括工程定额人工费+技术措施项目定额人工费）	9.01%	453.49	计入人工费内
			医疗保险费		6.39%	321.62	
1.2		住房公积金			4.60%	231.53	
	其他规费	工伤保险（单独计列）			0.50%	25.17	计入税前费用
1.3		工程排污费		按有关部门规定计算			
2		环境保护税		按有关部门规定计算			
		合 计				1 031.81	

(8)完成墙柱面工程税金项目的计算。根据墙柱面工程中的工程定额人工费、规费、材料费、机械费和施工技术措施项目中的定额人工费、规费、材料费、机械费,计算出墙柱面工程的税金。

项目小结

本项目主要介绍墙柱面的基础工程,包括墙面抹灰,柱、梁面抹灰,零星抹灰、墙面块料面层、柱面块料面层,墙、柱、梁饰面、幕墙、隔断等内容。学生应熟悉墙柱面工程的清单,定额的计价规范,掌握墙柱面工程量计算规则,墙柱面工程的清单工程量计算、工程定额的正确应用、墙柱面工程综合单价分析表计算,各种费用的计算。

复习思考题

11-1 完成该墙柱面工程招标控制价表的计算,见表11-17。

表11-17 墙柱面工程招标控制价/投标报价汇总表

序号	费用名称	计算基数或计算表达式	费率计算标准	费用金额
1	分部分项工程费	∑(分部分项工程量×综合单价)		
1.1	人工费	(R)=<1.1.1>+<1.1.2>		
1.1.1	定额人工费	∑(定额人工费)		
1.1.2	规费	∑(规费)		
1.2	材料费	∑(材料费)(C)		
1.3	设备费	∑(设备费)(S)		
1.4	机械费	∑(机械费)(J)=		
1.5	管理费	∑(DR+J×0.08)×22.78%	22.78%	
1.6	利润	∑(DR+J×0.08)×13.81%	13.81%	
1.7	风险费	∑(风险费)		
2	措施项目费	(<2.1>+<2.2>)		
2.1	技术措施项目	∑(技术措施项目清单工程量×综合单价)		
2.1.1	人工费	(R)=<2.1.1.1>+<2.1.1.2>		
2.1.1.1	定额人工费	∑(定额人工费)		
2.1.1.2	规费	∑(规费)		
2.1.2	材料费	∑(材料费)(C)		
2.1.3	机械费	∑(机械费)(J)=		
2.1.4	管理费	∑(DR+J×0.08)×22.78%	22.78%	
2.1.5	利润	∑(DR+J×0.08)×13.81%	13.81%	
2.2	组织措施项目费	∑(组织措施项目费)		

续表

序号	费用名称	计算基数或计算表达式	费率计算标准	费用金额
2.2.1	绿色施工安全文明措施项目费	∑（DR+J×0.08）×11.06%		
2.2.1.1	临时设施费	∑（DR+J×0.08）×2.76%	2.76	
2.2.2	其他组织措施项目费			
3	其他项目费			
3.1	暂列金额			
3.2	暂估价			
3.3	计日工			
3.4	总承包服务费			
3.5	其他			
3.5.1				
3.5.2				
4	规费			
4.1	工伤保险	∑（定额人工费）×费率	0.50%	
4.2	工程排污费			
4.3	环境保护税		%	
5	税前工程造价	（1+2+3+4）		
6	税金	（1+2+3+4）×税率		
7	工程总造价（招标控制价/投标报价合计）=<5>+<6>			

注：数字内均为表中对应的序号。

11-2 如图 11-6 所示，内墙面为 1∶2 水泥砂浆，外墙面为普通水泥白石子水刷石，门窗尺寸分别为：M-1：900 mm×2 000 mm；M-2：1 200 mm×2 000 mm；M-3：1 000 mm×2 000 mm；C-1：1 500 mm×1 500 mm；C-2：1 800 mm×1 500 mm；C-3：3 000 mm×1 500 mm。试计算外墙面抹灰工程量。

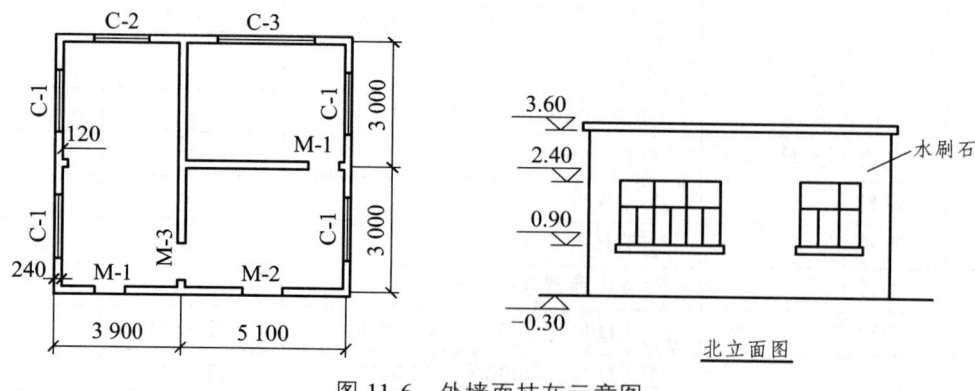

图 11-6 外墙面抹灰示意图

11-3 某银行营业大楼设计为铝合金挂式全玻璃幕墙,幕墙上带铝合金窗。如图 11-7 所示,为该幕墙立面简图。试计算工程量。

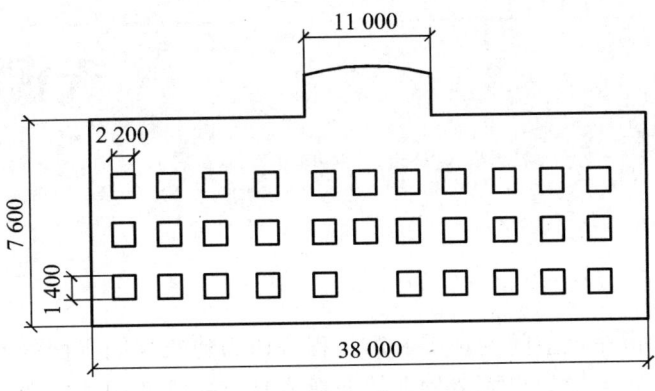

图 11-7 玻璃幕墙立面示意图

项目 12

天棚装饰工程

天棚装饰工程是指建筑空间的顶部装饰工程。作为建筑空间界面的天棚，可通过各种材料和构造技术组成形式各异的界面造型，从而形成具有一定使用功能和装饰效果的建筑装修构件。工程量清单价计中，天棚装饰工程划分为天棚抹灰、天棚吊顶、采光天棚和天棚其他装饰四部分，其中包含了抹灰面层、天棚龙骨、基层和面层、龙骨和饰面、送风口、回风口等定额子目，本项目以天棚抹灰、天棚吊顶讲述为主。

【学习目标】

◎ 知识目标

1. 熟悉天棚装饰工程项目的划分。
2. 熟悉天棚装饰工程量计算的规则。
3. 熟悉天棚装饰工程项目的列项及套价计算方法。

◎ 技能目标

1. 掌握天棚装饰工程工程量清单计算方法。
2. 掌握天棚装饰工程量清单编制步骤和方法。
3. 掌握天棚装饰工程综合单价分析表的计算方法。

任务 12.1　天棚装饰工程量计算说明

12.1.1　基础知识

1. 天棚的含义

天棚在建筑装饰装修中又称顶棚、天花，是建筑空间的顶部。作为建筑空间界面的天棚，可通过各种材料和构造技术组成形式各异的界面造型，从而形成具有一定使用功能和装饰效果的建筑装修构件。

2. 天棚的作用

1）美化、美观

天棚是空间围合的重要元素，在室内装饰中占有重要的地位，它和墙面、地面构成了室内空间的基本要素，通过运用不同的材料和构造手法，是各类管线设备的隐蔽层，给空间的整体视觉带来美的享受。

2）保温、隔热、隔音、吸声

天棚装修能调节和改善室内热环境、光环境、声环境。

3. 天棚的分类

天棚的形式多种多样，随着新材料、新技术的广泛应用，产生了多种新的吊顶形式。

$$\begin{cases} 按不同功能划分：隔声、吸音天棚，保温、隔热天棚，\\ \qquad\qquad\qquad 防火天棚，防辐射天棚\\ 按不同形式划分：平滑式、井字格式、分层式、浮云式\\ 按不同材料划分：胶合板天棚、石膏板天棚、金属板天棚、玻璃天棚、\\ \qquad\qquad\qquad 塑料天棚、织物天棚\\ 按承受荷载划分：上人天棚、不上人天棚\\ 按施工工艺划分：抹灰类天棚、裱糊类天棚、贴面类天棚、装配式天棚\\ 按构造技术划分：直接式、悬吊式 \end{cases}$$

4. 天棚装饰材料

选用何种天棚材料及构造方式，应根据室内空间尺度、建筑构造、设计要求来决定。室内装修工程常用吊顶材料分骨架材料和覆面材料两大类。

1）骨架材料

骨架材料在室内装饰装修中主要用于天棚、墙体、棚架、造型、家具的骨架，起支撑、固定和承重的作用，主要有木质和金属两大类。

（1）木骨架材料

① 内藏式木骨架

隐藏在天棚内部，其支撑、承重的作用，其表面覆盖有基面或饰面材料。用针叶木加工成截面为方形或长方形的木条。

② 外露式木骨架

直接悬吊在楼板或装饰面层上，骨架上没有任何覆面材料，如外露式格栅、栅架、支架及外露式家具骨架，属于结构式天棚吊顶。主要起装饰、美化的作用，常用阔叶木加工而成。

（2）金属骨架材料

① 轻钢龙骨

轻钢龙骨是以镀锌钢板或冷轧钢板经冷弯、滚轧、冲压等工艺制成的，根据断面形状分为U、T、C、V形四种龙骨。

U形龙骨：用来做室内吊顶，有35、50、60系列，35系列为不上人龙骨，50、60系列是上人龙骨。

T形龙骨：用来做室内吊顶。

C形龙骨：用于室内隔墙，有50和75系列。

V形龙骨：又叫直卡式V形龙骨，是新型吊顶材料。

轻钢龙骨自重轻，刚性强度高，防火、防腐性好，安装方便，可装配化施工，适应多种覆面材料的安装，应用范围广。

② 铝合金龙骨

铝合金龙骨是铝材通过挤（冲）压技术成型，表面施以烤漆、阳极氧化、喷塑等工艺处理而成，根据断面形状分为T和LT形龙骨。

铝合金龙骨质轻有较强的抗腐蚀、耐酸碱能力，防火性好，加工方便，安装简单，适用于公共建筑空间的顶棚装饰。

2）覆面材料

（1）胶合板

特点：胶合板又叫木夹板，是将原木蒸煮，按奇数层纵横交错黏合、压制而成，故又称三层板、五层板、七层板、九层板等。胶合板一般作普通基层使用，多用于吊顶、隔墙、造型、家具的结构层。

规格：胶合板常见规格有915 mm×915 mm、1 220 mm×1 830 mm、1 220 mm×2 440 mm。厚度有3 mm、3.5 mm、5 mm、5.5 mm、6 mm、7 mm、8 mm。

（2）石膏板

① 纸面石膏板

分类：普通纸面石膏板、防火纸面石膏板、防潮纸面石膏板。

特点：质轻、强度高、阻燃、防潮、隔声、隔热、抗震、不变形。

规格：长度有1 800 mm、2 100 mm、2 400 mm、2 700 mm、3 000 mm、3 300 mm、3 600 mm；宽度有900 mm、1 200 mm；厚度有9.5 mm、12 mm、15 mm、18 mm、21 mm。

② 装饰石膏板

特点：装饰石膏板强度高且经久耐用，防火、防潮、不变形、抗下陷、吸声、隔音，健康安全。施工安装方便，可锯、可刨、可粘贴。

种类：装饰石膏板品种类型较多，有压制浮雕板、穿孔吸声板、涂层装饰板、聚乙烯复合粘膜板等不同系列。

应用：结合铝合金T形龙骨广泛用于公共空间的顶棚装饰，常用规格为600 mm×600 mm，厚度为7~13 mm。

（3）矿棉装饰吸声板

特点：质轻、阻燃、保温、隔热、吸声、表面效果美观。长期使用不变形，施工安装方便。

分类：

按功能划分：普通型矿棉板、特殊功能型矿棉板。

按矿棉板边角造型结构划分：直角边、切角边、裁口边。

按矿棉板吊顶龙骨划分：明架矿棉板、暗架矿棉板、复合插贴矿棉板、复合平贴矿棉板。

按矿棉板表面花纹划分：平板、滚花板、浮雕板、印刷板、立体板。

规格：495 mm×495 mm、595 mm×595 mm、595 mm×1 195 mm，厚度为9~25 mm。

（4）金属装饰板

特点：自重轻、刚性大、阻燃、防潮、色泽鲜艳、气派、线型刚劲明快。

分类：铝合金条形板、铝合金方形板、铝合金格栅天花、铝合金挂片天花、铝合金藻井天花，表面分有空和无孔。

应用：多用于候车厅、候机厅、办公室、商场、展览馆、游泳馆、浴室、厨房、地铁等天棚、墙面装饰。

（5）埃特装饰板

特点：质轻，强度高，保温隔热性能好，隔音、吸声性能好，使用寿命长、防水、防霉、防蛀、耐老化、阻燃。安装快捷、可锯、可刨、可用螺钉固定。

规格：600 mm×600 mm，1 220 mm×2 440 mm，厚度4～18 mm。

（6）硅钙板

特点：强度高、隔声、隔热、防水。

规格：500 mm×500 mm、600 mm×600 mm。

12.1.2 相关说明

（1）本章包括天棚抹灰、平面、跌级天棚、其他天棚三节。

（2）抹灰项目中砂浆强度等级或配合比与设计不同时，可按设计要求予以换算；如设计厚度与定额取定厚度不同时，按相应"每增减"的定额调整。

（3）楼梯底板抹灰按本章天棚抹灰相应项目执行，其中锯齿形楼梯按相应项目人工乘以系数1.35。

（4）吊顶天棚：

① 平面与跌级天棚、艺术造型天棚定额项目中均按天棚龙骨、基层、面层分别列项。烤漆龙骨天棚以龙骨、面层合并列项。设计要求折边的计入材料价中。

② 龙骨的种类、间距、规格和基层、面层材料的型号、规格是按常用材料和常用做法考虑的，如设计要求与定额不同时，材料可按设计调整，人工、机械不变。

③ 天棚面层在同一平面者为平面天棚，天棚面层不在同一平面者为跌级天棚。跌级天棚跌级部分面层按相应定额项目人工乘以系数1.30。

④ 轻钢龙骨、铝合金龙骨项目中龙骨按双层双向结构考虑，即中、小龙骨紧贴大龙骨底面吊挂，如为单层结构时，即大、中龙骨底面在同一水平面上者，人工乘以系数0.85。

⑤ 轻钢龙骨、铝合金龙骨项目中，如龙骨间距与定额不同时，按相近间距的项目执行。

⑥ 轻钢龙骨和铝合金龙骨不上人型吊杆长度为0.6 m，上人型吊杆长度为1.4 m。吊杆长度与定额不同时可按实际调整，人工不变。

⑦ 平面天棚和跌级天棚指一般直线形天棚，不包括灯光槽的制作安装，灯光槽制作安装应按本章相应项目执行。艺术造型天棚项目中包括灯光槽的制作安装。

⑧ 天棚面层不在同一标高，且高差在400 mm以下、跌级三级以内的一般直线形平面天棚按跌级天棚相应项目执行；高差在400 mm以上或跌级超过三级，以及圆弧形、拱形等造型天棚按艺术造型天棚相应项目执行。

⑨ 天棚检查孔的工料已包括在定额内，不另行计算。

⑩ 龙骨、基层、面层的防火处理及天棚龙骨的刷防腐油，石膏板刮嵌缝膏、贴绷带，按本标准"第十四章 油漆、涂料、裱糊工程"相应项目执行。

⑪ 天棚压条、装饰线条按本标准"第十五章 其他装饰工程"相应项目执行。

⑫ 天棚龙骨材料凡以"m²"为计量单位的龙骨材料均含配件。

（5）格栅吊顶、吊筒吊顶、藤条造型悬挂吊顶、织物软雕吊顶、装饰网架吊顶，龙骨、面层合并列项编制。

（6）天棚吊顶定额中，以综合考虑了开孔单个面积在 0.3 m² 以内的人工，单个面积在 0.3 m² 以上的后开孔按本标准"第十六章 拆除及运输"天棚拆除项目执行。

（7）天棚抹灰装饰线为抹灰凸起线，形突且有棱角，线角的道数以一个突出的棱角为一道线为界，大于五道按天棚抹灰以面积计算。

（8）穹顶天棚按设计或已批准的施工方案另行计算。

任务 12.2　天棚装饰工程清单项目划分及工程量计算规则

12.2.1　天棚装饰工程清单项目划分

天棚装饰工程清单项目划分为 011301～011304，详见表 12-1。

表 12-1　天棚工程清单项目表（编号：011301～011304）

项目编码	项目名称	项目特征描述	计量单位	工程量计算规则	工作内容
011301001001	天棚抹灰	1. 基础类型 2. 抹灰厚度、材料种类 3. 砂浆配合比	m²	按设计图示尺寸以水平投影面积计算。不扣除间壁墙、垛、柱、附墙烟囱、检查口和管道所占的面积，带梁天棚的梁两侧抹灰面积并入天棚面积内，板式楼梯底面抹灰按斜面积计算，锯齿形楼梯底板抹灰按展开面积计算	1. 基层清理 2. 底层抹灰 3. 抹面层
011302001001	天棚吊顶	1. 吊顶形式、吊杆规格、高度 2. 龙骨材料种类、规格、中距 3. 基层材料种类、规格 4. 面层材料种类、规格 5. 压条材料种类、规格 6. 嵌缝材料种类 7. 防护材料种类	m²	按设计图示尺寸以水平投影面积计算，天棚面中的灯槽及跌级、锯齿形、吊挂式、藻井式天棚面积不展开计算。不扣除间壁墙、检查口、附墙烟囱、柱垛和管道所占面积，扣除单个 >0.3 m² 的孔洞，独立柱及与天相连的窗帘盒所占的面积	1. 基层清理、吊杆安装 2. 龙骨安装 3. 基层板铺贴 4. 面层板铺贴 5. 嵌缝 6. 刷防护材料

续表

项目编码	项目名称	项目特征描述	计量单位	工程量计算规则	工作内容
011302002001	格栅吊顶	1. 吊顶形式、吊杆规格、高度 2. 基层材料种类、规格 3. 面层材料种类、规格 4. 防护材料种类	m²	按设计图示尺寸以水平投影面积计算	1. 基层清理 2. 安装龙骨 3. 基层板铺贴 4. 面层板铺贴 5. 刷防护材料
011302003001	吊筒吊顶	1. 吊筒形状、规格 2. 吊筒材料种类 3. 防护材料种类	m²	按设计图示尺寸以水平投影面积计算	1. 基层清理 2. 吊筒制作安装 3. 刷防护材料
011302004001	藤条造型悬挂吊顶	1. 骨架材料种类、规格 2. 面层材料品种、规格			1. 基层清理 2. 龙骨安装 3. 铺贴面层
011302005001	织物软吊顶				
011302005001	装饰网架吊顶	1. 网架材料品种、规格			1. 基层清理 2. 网架制作安装
011303001001	采光天棚	1. 骨架类型 2. 固定类型、固定材料品种、规格 3. 面层材料品种、规格 4. 嵌缝、塞口材料品种	m²	按框外围展开面积计算	1. 基层清理 2. 面层制作 3. 嵌缝、塞 4. 清洗
011304001001	灯带（槽）	1. 灯带形式、尺寸 2. 格栅片材料品种、规格 3. 安装固定方式	m²	按设计图示尺寸以框外围面积计算	1. 安装、固定
011304002001	送风口、回风口	1. 风口材料品种、规格 2. 安装固定方式 3. 防护材料种类	个	按设计图示数量计算	1. 安装、固定 2. 刷防护材料

12.2.2 天棚装饰工程计算规则

1. 天棚抹灰工程量计算规则

按设计图示结构尺寸以展开面积计算。不扣除间壁墙、垛、柱、附墙烟囱、检查口和管道所占的面积，带梁天棚的梁两侧抹灰面积并入天棚面积内，板式楼梯底面抹灰面积（包括踏步、休息平台以及≤500 mm 宽的楼梯井）按水平投影面积乘以系数 1.15 计算，锯齿形楼梯底板抹灰面积（包括踏步、休息平台以及≤500 mm 宽的楼梯井）按水平投影面积乘以系数 1.37 计算。

2. 天棚吊顶工程量计算规则

（1）天棚龙骨按主墙间水平投影面积计算，不扣除间壁墙、垛、柱、附墙烟囱、检查口和管道所占的面积，扣除单个>0.3 m² 以上的孔洞、独立柱、天棚相连的窗帘盒所占的面积。斜面龙骨按斜面计算。

（2）天棚吊顶的基层和面层均按设计图示饰面尺寸以展开面积计算。天棚面中的灯槽及跌级、阶梯式、锯齿形、吊挂式天棚面积按展开计算。不扣除间壁墙、垛、柱、附墙烟囱、检查口和管道所占的面积，扣除单个 > 0.3 m² 以上的孔洞、独立柱及与天棚相连的窗帘盒所占的面积。吊顶的基层和面层工程量应扣除灯箱所占面积。

（3）格栅吊顶、藤条造型悬挂吊顶、织物软雕吊顶和装饰网架吊顶，按主墙间水平投影面积计算。吊筒吊顶以最大外围水平投影尺寸，以外接矩形面积计算。

（4）挂片天棚吊顶，按设计图示尺寸以面积计算。

（5）铝扣板收口线、天棚装饰线抹灰，按设计图示尺寸以长米计算。

（6）天棚石膏板灯箱，按设计图示尺寸以展开面积计算。

3. 其他工程量计算规则

灯带（槽）按设计图示尺寸以框外围面积计算。

任务 12.3　天棚装饰工程量计算

1. 天棚抹灰工程量计算

（1）当天棚抹灰工程为矩形和不规则形状时按（12-1）式计算：

$$S = L_净 \times B_净 + S_{不规则} - S_扣 \tag{12-1}$$

式中　　$L_净$——天棚抹灰净长度；

　　　　$B_净$——天棚抹灰净宽度；

　　　　$S_{不规则}$——不规则的天棚抹灰面积；

　　　　$S_扣$——单个>0.3 m² 以上的孔洞、独立柱、天棚相连的窗帘盒所占的面积。

（2）当天棚抹灰工程为矩形时按（12-2）式计算：

$$S = L_净 \times B_净 - S_扣 \tag{12-2}$$

式中　　$L_净$——天棚抹灰净长度；

　　　　$B_净$——天棚抹灰净宽度；

　　　　$S_扣$——单个 > 0.3 m² 以上的孔洞、独立柱、天棚相连的窗帘盒所占的面积。

2. 天棚吊顶工程量计算

天棚吊顶工程按材质可分为木质吊顶和轻钢龙骨吊顶；按承载方式可分为上人吊顶和不上人吊顶。

（1）当天棚吊顶工程为矩形和不规则形状组成时按（12-3）式计算：

$$S = L_{净} \times B_{净} + S_{不规则} - S_{扣} \tag{12-3}$$

式中　$L_{净}$——天棚吊顶净长度；

　　　$B_{净}$——天棚吊顶净宽度；

　　　$S_{不规则}$——不规则的天棚吊顶面积；

　　　$S_{扣}$——单个>0.3 m² 以上的孔洞面积。

（2）当天棚吊顶工程为矩形时按（12-4）式计算：

$$S = L_{净} \times B_{净} - S_{扣} \tag{12-4}$$

式中　$L_{净}$——天棚吊顶净长度；

　　　$B_{净}$——天棚吊顶净宽度；

　　　$S_{扣}$——单个>0.3 m² 以上的孔洞面积。

3．天棚其他装饰工程量计算

灯带（槽）按设计图示尺寸以框外围面积计算。

任务 12.4　天棚装饰工程量计算技能实训

1．实训资料

某办公室顶棚装修，平面图如图 12-1 所示，剖面图如 12-2 所示。天棚设检查孔 1 个，窗帘盒宽 200 mm，高 400 mm，通长。吊顶做法：跌级不上人，装配式轻钢龙骨，中距 400 mm×600 mm，石膏板面层。

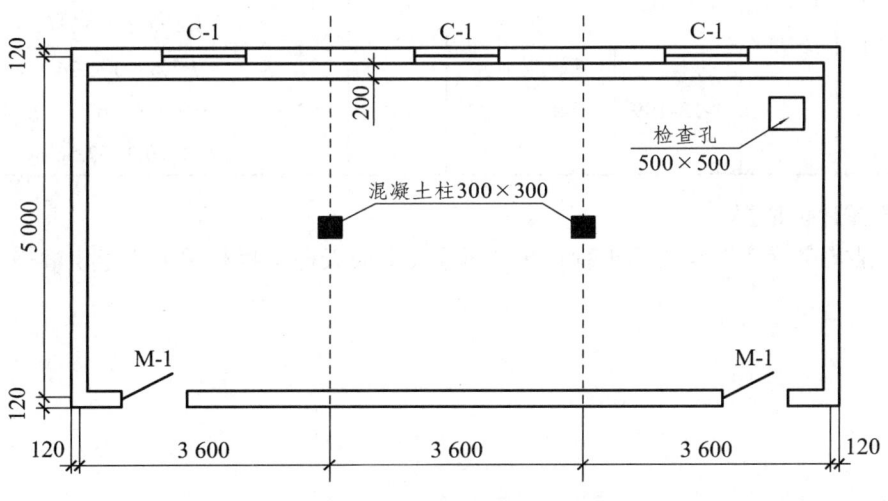

图 12-1　某办公室顶棚装修平面图

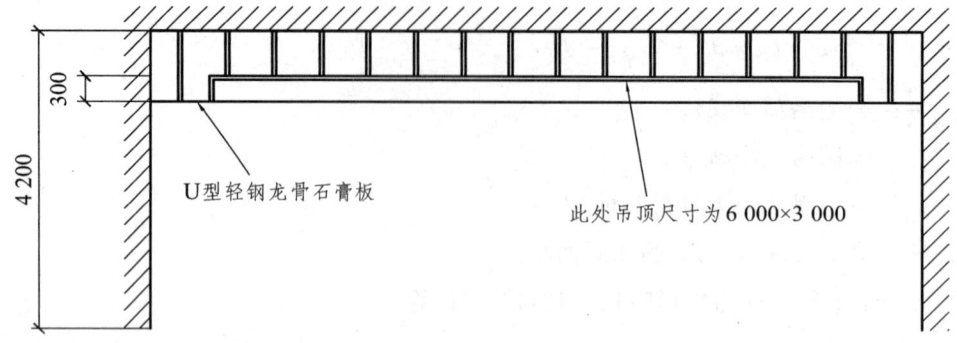

图 12-2 某办公室顶棚装修剖面图

2. 实训要求

（1）计算出该天棚吊顶的清单及定额工程量。

（2）完成天棚吊顶项目的综合单价分析表的计算。

（3）计算出该天棚吊顶项目清单与计价表。

3. 实训方法步骤

（1）天棚清单及定额工程列项，列项项目见表12-2。

（2）天棚清单及定额工程量计算，计算详见表12-2。

表 12-2 天棚清单工程量计算表

序号	项目编号	项目名称	定额编号	定额名称	计量单位	工程量	计算式
1	011302001001	1天棚吊顶		清单量	m²	48.16	（3.6×3-0.24）×（5-0.24）-0.2×（3.6×3-0.24）=48.16 m²
			1-13-35	不上人装配式轻钢龙骨	m²	48.16	（3.6×3-0.24）×（5-0.24）-0.2×（3.6×3-0.24）=48.16 m²
			1-13-109	石膏板面层安在轻钢龙骨上	m²	53.56	（3.6×3-0.24）×（5-0.24）-0.2×（3.6×3-0.24）+（6+3）×2×0.3=53.56 m²

（3）选择计价依据。

根据某省《房屋建筑与装饰工程计价标准》表中的天棚工程相关消耗量定额表，见表12-3所示。

表 12-3　某省天棚工程相关消耗量定额表

定额编号					1-13-35	1-13-109
项目名称					装配式轻钢天棚龙骨（不上人型） 龙骨间距/mm 300×600 跌级 100 m²	石膏板 安在轻钢龙骨上 100 m²
基价/元					6 417.49	3 490.32
其中	其中	人工费/元			2 826.02	1 573.45
		定额人工费/元			2 355.01	1 311.21
		规费/元			471.01	262.24
	材料费/元				3 434.77	1 916.87
	机械费/元				156.70	—
	名称		单位	单价/元	数量	
人工	综合工日 19		工日	188.64	14.981	8.341
材料	轻钢龙骨不上人型（跌级）400×600		m²	29.00	105.000	—
	吊杆		kg	3.74	36.000	—
	杉木板		m³	2 188.80	0.070	—
	电		kW·h	0.47	7.180	—
	方钢管 25×25×2.5		m	7.66	6.120	—
	低合金钢焊条 E43 系列		kg	6.84	2.580	—
	其他材料费		元	1.00	34.010	—
	纸质石膏板		m²	12.76	—	105.000
	镀锌自攻螺钉		10 个	1.64	—	351.870
机械	交流弧焊机容量：32kV·A		台班	61.45	2.550	—

（4）天棚工程综合单价分析表的计算，见表 12-4。根据表 12-3 中查出的项目定额单位、定额人工费、规费、材料费、机械费的单价，分别填入天棚工程综合单价分析计算表中的定额人工费、规费、材料费、机械费的相应单价栏内，并计算出该分项工程的定额人工费、规费、材料费、机械费、管理费、利润、风险费和综合单价，详见表 12-4。

表 12-4 天棚工程综合单价分析表

编号	项目编码	项目名称	计量单位	清单工程量	定额编号	定额名称	定额单位	数量	单价/元 人工费 定额人工费	单价/元 人工费 规费	单价/元 材料费	单价/元 机械费	合价/元 人工费 定额人工费	合价/元 人工费 规费	合价/元 材料费	合价/元 机械费	合价/元 管理费	合价/元 利润	合价/元 风险费	综合单价
1	011302001001	吊顶天棚	m²	48.16	1-13-35	装配式轻钢天棚龙骨（不上人型）400×600跌级	100 m²	0.010	2 355.01	471.01	3 434.77	156.70	23.55	4.71	34.35	1.57	5.39	3.27	0	121.30
					1-5-27	石膏板安在轻钢龙骨上	100 m²	0.011	1 311.21×1.3=1 704.57	262.24×1.3=304.91	1 916.87	—	18.75	3.35	21.09	—	3.28	1.99	0	
						小计							42.30	8.06	55.44	1.57	8.67	5.26	0	

注：跌级吊顶面层人工乘以系数 1.3
数量 = 定额工程量 / 清单工程量 ÷ 定额单位
合价 = 单价 × 数量
管理费 = （人工费 + 材料费 + 机械费 × 0.08）×（0.227 8+0.138 1）
合价和利润 = （人工费 + 材料费 + 机械费 + 管理费 + 利润）× 风险费费率
风险费 = （人工费 + 材料费 + 机械费 + 管理费 + 利润）× 风险费费率
综合单价 = 人工费 + 材料费 + 机械费 + 管理费 + 利润 + 风险费
跌级吊顶面层人工乘以系数 1.3

（5）天棚工程清单与计价表的计算，见表 12-5。根据工程量、综合单价，计算出合价，其中的定额人工费、规费、机械费（可根据工程量和表 12-4 中人工费、机械费的合价相乘计算）、暂估价，详见表 5-7。

表 12-5　天棚工程清单与计价表

序号	项目编号	项目名称	项目特征描述	计量单位	工程量	综合单价	合价	其中			暂估价
								人工费 DR	规费	机械费	
1	011302001001	吊顶天棚	1. 吊顶形式、吊杆规格、高度：跌级不上人吊顶天棚 2. 龙骨材料种类、规格、中距：装配式轻钢龙骨，中距 400 mm×600 mm 3. 面层材料种类、规格：耐火纸面石膏板面层	m²	48.16	121.30	5 841.81	2 037.17	388.17	75.61	
			合计				5 841.81	2 037.17	388.17	75.61	

天棚工程的材料费=55.44×48.16=2 669.99 元

项目小结

本项目主要介绍天棚装饰工程的工程量计算，天棚装饰工程包括天棚抹灰、天棚吊顶和其他天棚装修。学生应熟悉天棚工程的一般规定，掌握天棚抹灰和天棚吊顶工程量计算规则，熟悉计算天棚抹灰和天棚吊顶工程量的计算。重点掌握天棚抹灰和天棚吊顶计算规则、天棚工程的清单工程量计算、工程定额的正确应用、天棚工程综合单价分析表计算、各种费用的计算。难点：识图、列项、工程量计算、套价、定额应用、定额换算及工程费用的计算。通过本项目任务的学习，学生应熟悉天棚工程的相关定额，不能直接套用定额的换算方法，对天棚工程的消耗定额内容有一定的认识，并能正确应用。

综合案例分析

复习思考题

12-1　天棚装饰工程可以分为几类？
12-2　天棚吊顶定额与清单计算规则差异有哪些？
12-3　某办公室顶棚装修如图 12-3 所示，吊顶做法为跌级不上人装配式轻钢龙骨，中距 600×400，基层为九夹板，面层为红榉拼花，红榉面板刷硝基清漆，试计算该吊顶天棚工程量。

12-1　天棚工程综合案例

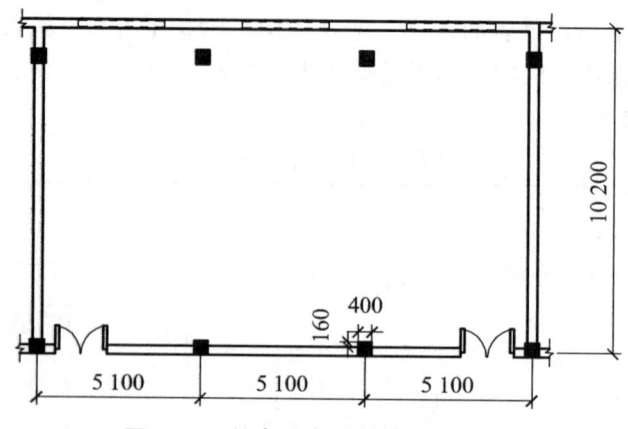

图 12-3 某办公室顶棚装修平面图

12-4 完成实训案例图 12-1、12-2 中天棚工程招标控制价表的计算，见表 12-9。

表 12-9 天棚工程招标控制价/投标报价汇总表

序号	费用名称	计算基数或计算表达式	费率计算标准	费用金额
1	分部分项工程费	$\sum$（分部分项工程量×综合单价）		
1.1	人工费	（R）=<1.1.1>+<1.1.2>		
1.1.1	定额人工费	$\sum$（定额人工费）		
1.1.2	规费	$\sum$（规费）		
1.2	材料费	$\sum$（材料费）(C)		
1.3	设备费	$\sum$（设备费）(S)		
1.4	机械费	$\sum$（机械费）(J)=		
1.5	管理费	$\sum$（DR+J×0.08）×22.78%	22.78%	
1.6	利润	$\sum$（DR+J×0.08）×13.81%	13.81%	
1.7	风险费	$\sum$（风险费）		
2	措施项目费	（<2.1>+<2.2>）		
2.1	技术措施项目	$\sum$（技术措施项目清单工程量×综合单价）		
2.1.1	人工费	（R）=<2.1.1.1>+<2.1.1.2>		
2.1.1.1	定额人工费	$\sum$（定额人工费）		
2.1.1.2	规费	$\sum$（规费）		
2.1.2	材料费	$\sum$（材料费）(C)		
2.1.3	机械费	$\sum$（机械费）(J)=		
2.1.4	管理费	$\sum$（DR+J×0.08）×22.78%	22.78%	
2.1.5	利润	$\sum$（DR+J×0.08）×13.81%	13.81%	

续表

序号	费用名称	计算基数或计算表达式	费率计算标准	费用金额
2.2	组织措施项目费	∑（组织措施项目费）		
2.2.1	绿色施工安全文明措施项目费	∑（DR+J×0.08）×11.06%	11.06	
2.2.1.1	临时设施费	∑（DR+J×0.08）×2.76%	2.76	
2.2.2	其他组织措施项目费	∑（DR+J×0.08）× %	3.72%	
3	其他项目费			
3.1	暂列金额			
3.2	暂估价			
3.3	计日工			
3.4	总承包服务费			
3.5	其他			
3.5.1				
3.5.2				
4	其他规费			
4.1	工伤保险	∑（定额人工费）×费率	0.50%	
4.2	工程排污费			
4.3	环境保护税		%	
5	税前工程造价	（1+2+3+4）		
6	税金	（1+2+3+4）×税率%		
7	工程总造价（招标控制价/投标报价合计）=<5>+<6>			

注：1. 数字内均为表中对应的序号。
  2. DR 代表定额人工费。

项目 13

油漆、涂料、裱糊工程

油漆、涂料工程是指将涂料涂敷于物体表面的工程；裱糊工程是指将墙纸或墙布粘贴在室内墙面、柱面、天棚面的装饰工程。工程量清单价计中，油漆、涂料、裱糊工程划分为木材面油漆，钢门窗、厂库门油漆，抹灰面油漆，涂料、裱糊和零星五部分，其中包含了木门油漆、木窗油漆、木扶手油漆、木地板油漆、金属面油漆、抹灰面油漆、墙面喷刷涂料、天棚喷刷涂料、墙纸裱糊等定额子目。本项目以抹灰面油漆、涂料讲述为主。

【学习目标】

◎ 知识目标
1. 熟悉油漆、涂料、裱糊工程项目的划分。
2. 熟悉油漆、涂料、裱糊工程工程量计算的规则。
3. 熟悉油漆、涂料、裱糊工程项目的列项及套价计算方法。

◎ 技能目标
1. 掌握油漆、涂料、裱糊工程工程量清单计算方法。
2. 掌握油漆、涂料、裱糊工程量清单编制步骤和方法。
3. 掌握油漆、涂料、裱糊工程综合单价分析表计算。

13-1 油漆、涂料、裱糊工程施工图片

任务 13.1 油漆、涂料、裱糊工程量计算说明

13.1.1 油漆、涂料、裱糊工程

1. 油 漆

（1）油漆浅、中、深各种颜色已在定额中综合考虑。颜色不同时，不另调整。

（2）定额综合考虑了在同一平面上的分色，但美术图案应另行计算。

（3）木材面聚酯清漆、聚酯色漆项目，当设计与定额取定的底漆遍数不同时，可按每增加聚酯清漆（或聚酯色漆）一遍项目进行调整，其中聚酯清漆（或聚酯色漆）调整为聚酯底漆，消耗量不变。

（4）木材面刷底油一遍、清油一遍可按相应底油一遍、熟桐油一遍项目执行，其中熟桐油调整为清油，消耗量不变。

（5）木门、木扶手、其他木材面等刷漆，执行单层木门油漆的项目，定额消耗量中已综合考虑多面涂刷的因素，工程量按单面计算；单层木窗油漆执行单层木门油漆的项目，其中材料乘以系数 0.84，人工不变。

（6）钢门窗、厂库房门等油漆，执行单层门窗油漆项目。

（7）当设计要求金属面刷二遍防锈漆时，按金属面刷防锈漆一遍项目执行，其中人工乘以系数 1.74，材料均乘以系数 1.90。

（8）金属面油漆项目均考虑了手工除锈，如实际为机械除锈，另按云南省建筑工程计价标准"第六章金属结构工程"中相应项目执行，油漆项目中的除锈用工亦不扣除。

（9）环氧富锌漆、环氧云铁漆与氯磺化聚乙烯漆或氯化橡胶漆配合使用时，面漆可按氯磺化聚乙烯面漆或氯化橡胶面漆执行。

（10）喷塑（一塑三油）：底油、装饰漆、面油。其规格划分如下：

① 大压花：喷点压平，点面积在 1.2 cm^2 以上。

② 中压花：喷点压平，点面积在 1~1.2 cm^2。

③ 喷中点、幼点：喷点面积在 1 cm^2 以下。

（11）墙面真石漆、氟碳漆项目分格嵌缝。当设计要求做分格嵌缝时按图示尺寸以延长米计算，分格嵌缝条的损耗率按 5% 计算，人工按 2.76 工日/100 m 计算。

2. 涂　料

（1）木龙骨刷防火涂料按四面涂刷考虑，木龙骨刷防腐涂料按一面（接触结构基层面）涂刷考虑。

（2）金属面防火涂料项目中注明的涂刷厚度，当设计与定额取定的涂刷厚度不同时，可按相应每增减厚度项目进行调整。

（3）金属面防火涂料项目中超薄型防火涂料涂层厚度不大于 3 mm，薄型防火涂料涂层厚度不大于 7 mm，厚型防火涂料涂层厚度不大于 45 mm。

（4）艺术造型天棚吊顶、墙面装饰的基层板缝粘贴胶带，按相应项目执行，人工乘以系数 1.2。

3. 其他说明

（1）木材面、金属面、抹灰面、涂料项目中注明的涂（喷）刷遍数设计与定额不同时，可按相应每增加一遍项目进行调整。相对封闭的密闭空间涂（喷）刷油漆、涂料需强制通风时，机械使用费另计。

（2）除双飞粉面乳胶漆定额项目外，油漆、涂料定额中均已包括刮腻子。当抹灰面油漆、喷刷涂料设计与定额取定的刮腻子遍数不同时，可按刮腻子每增减一遍项目进行调整。刮腻子项目仅适用于单独刮腻子的工程。

（3）门窗套、窗台板、腰线、压顶、扶手（栏板上扶手）等抹灰面刷油漆、涂料，与整体墙面同色者，并入墙面计算；与整体墙面分色者，单独计算，按墙面相应项目执行，其中人工乘以系数 1.43。

（4）纸面石膏板等装饰板材面刮腻子刷油漆、涂料，按抹灰面刮腻子刷油漆、涂料相应项目执行。

（5）附墙柱抹灰面喷刷油漆、涂料、裱糊，按墙面相应项目执行；独立柱抹灰面喷刷油漆、涂料、裱糊，按墙面相应项目执行，其中人工乘以系数1.2。

任务 13.2 油漆、涂料、裱糊工程量计算规则

13.2.1 油漆、涂料、裱糊工程清单项目划分

油漆、涂料、裱糊工程清单项目划分为011401～011408，详见表13-1。

表13-1 油漆、涂料、裱糊工程清单项目表（编号：011401～011408）

序号	项目编码	项目名称	项目特征描述	计算单位	工程量计算规则	工作内容
1	011401001001	木门油漆	1. 门类型 2. 门代号及洞口尺寸 3. 腻子种类 4. 刮腻子遍数 5. 防护材料种类 6. 油漆品种、刷漆遍数	1. 樘 2. m²	1. 以樘计量，按设计图示数量计量。 2. 以平方米计量，按设计图示洞口尺寸以面积计算	1. 基层清理 2. 刮腻子 3. 刷防护材料、油漆
2	011401002001	金属门油漆				1. 除锈、基层清理 2. 刮腻子 3. 刷防护材料、油漆
3	011402001001	木窗油漆	1. 窗类型 2. 窗代号及洞口尺寸 3. 腻子种类 4. 刮腻子遍数 5. 防护材料种类 6. 油漆品种、刷漆遍数	1. 樘 2. m²	1. 以樘计量，按设计图示数量计量。 2. 以平方米计量，按设计图示洞口尺寸以面积计算	1. 基层清理 2. 刮腻子 3. 刷防护材料、油漆
4	011402002001	金属窗油漆				1. 除锈、基层清理 2. 刮腻子 3. 刷防护材料、油漆
5	011403001001	木扶手油漆	1. 断面尺寸 2. 腻子种类 3. 刮腻子遍数 4. 防护材料种类 5. 油漆品种、刷漆遍数	m	按设计图示尺寸以长度计算	1. 基层清理 2. 刮腻子 3. 刷防护材料、油漆
6	011403002001	窗帘盒油漆				
7	011403003001	封檐板、顺水板油漆				
8	011403004001	挂衣板、黑板框油漆				
9	011403005001	挂镜线、窗帘棍、单独木线油漆				

续表

序号	项目编码	项目名称	项目特征描述	计算单位	工程量计算规则	工作内容
10	011404001001	木护墙、木墙裙油漆			按设计图示尺寸以面积计算	
11	011404002001	窗台板、筒子板、盖板、门窗套、踢脚线油漆				
12	011404003001	清水板条天棚、檐口油漆				
13	011404004001	木方格吊顶天棚油漆				
14	011404005001	吸音板墙面、天棚面油漆				
15	011404006001	暖气罩油漆	1. 腻子种类 2. 刮腻子遍数 3. 防护材料种类 4. 油漆品种、刷漆遍数	m²		1. 基层清理 2. 刮腻子 3. 刷防护材料、油漆
16	011404007001	其他木材面				
17	011404008001	木间壁、木隔断油漆			按设计图示尺寸以单面外围面积计算	
18	011404009001	玻璃间壁露明墙筋油漆				
19	011404010001	木栅栏、木栏杆（带扶手）油漆				
20	011404011001	衣柜、壁柜油漆			按设计图示尺寸以油漆部分展开面积计算	
21	011404012001	梁柱饰面油漆				
22	011404013001	零星木装修油漆				
23	011404014001	木地板油漆			按设计图示尺寸以面积计算。空洞、空圈、暖气包槽、壁龛的开口部分并入相应的工程量内	
24	011404015001	木地板烫硬蜡面	1. 硬蜡品种 2. 面层处理要求			1. 基层清理 2. 烫蜡
25	011405001001	金属面油漆	1. 构件名称 2. 腻子种类 3. 刮腻子要求 4. 防护材料种类 5. 油漆品种、刷漆遍数	1. t 2. m²	1. 以 t 计量，按设计图示尺寸以质量计算 2. 以 m² 计量，按设计展开面积计算	1. 基层清理 2. 刮腻子 3. 刷防护材料、油漆

续表

序号	项目编码	项目名称	项目特征描述	计算单位	工程量计算规则	工作内容
26	011406001001	抹灰面油漆	1. 基层类型 2. 腻子种类 3. 刮腻子遍数 4. 防护材料种类 5. 油漆品种、刷漆遍数	m²	按设计图示尺寸以面积计算	1. 基层清理 2. 刮腻子 3. 刷防护材料、油漆
27	011406002001	抹灰线条油漆	1. 线条宽度、道数 2. 腻子种类 3. 刮腻子遍数 4. 防护材料种类 5. 油漆品种、刷漆遍数	m	按设计图示尺寸以长度计算	
28	011406003001	满刮腻子	1. 基层类型 2. 腻子种类 3. 刮腻子遍数	m²	按设计图示尺寸以面积计算	1. 基层清理 2. 刮腻子
29	011407001001	墙面喷刷涂料	1. 基层类型 2. 喷刷涂料部位 3. 腻子种类 4. 刮腻子要求 5. 涂料品种、喷刷遍数	m²	按设计图示尺寸以面积计算	1. 基层清理 2. 刮腻子 3. 刷、喷涂料
30	011407002001	天棚喷刷涂料				
31	011407003001	空花格、栏杆刷涂料	1. 腻子种类 2. 刮腻子遍数 3. 涂料品种、刷喷遍数	m²	按设计图示尺寸以单面外围面积计算	1. 基层清理 2. 刮腻子 3. 刷、喷涂料
32	011407004001	线条刷涂料	1. 基层清理 2. 线条宽度 3. 刮腻子遍数 4. 刷防护材料、油漆	m	按设计图示尺寸以长度计算	
33	011407005001	金属构件刷防火涂料	1. 喷刷防火涂料构件名称 2. 防火等级要求 3. 涂料品种、喷刷遍数	1. t 2. m²	1. 以 t 计量，按设计图示尺寸以质量计算 2. 以 m² 计量，按设计展开面积计算	1. 基层清理 2. 刷防护材料、油漆

续表

序号	项目编码	项目名称	项目特征描述	计量单位	工程量计算规则	工作内容
34	011407006001	木材构件喷刷防火涂料		1. m² 2. m³	1. 以 m² 计量，按设计图示尺寸以面积计算 2. 以 m³ 计量，按设计结构尺寸以体积计算	1. 基层清理 2. 刷防火材料
35	011408001001	墙纸裱糊	1. 基层类型 2. 裱糊部位 3. 腻子种类 4. 刮腻子遍数 5. 粘结材料种类 6. 防护材料种类 7. 面层材料品种、规格、颜色	m²	按设计图示尺寸以面积计算	1. 基层清理 2. 刮腻子 3. 面层铺粘 4. 刷防护材料
36	011408002001	织锦缎裱糊				

13.2.2 油漆、涂料、裱糊工程量计算规则

1．抹灰面油漆、涂料工程工程量计算规则

（1）抹灰面油漆、涂料（另做说明的除外）按设计图示尺寸以面积计算。

（2）踢脚线刷耐磨漆按设计图示尺寸以长度计算。

（3）槽形底板、混凝土折瓦板、有梁板底、密肋梁板底、井字梁板底刷油漆、涂料按设计图示尺寸以展开面积计算。

（4）墙面及天棚面刷石灰油浆、白水泥、石灰浆、石灰大白浆、普通水泥浆、可赛银浆、大白浆等涂料工程量按抹灰面积工程量计算规则计算。

（5）混凝土花格窗刷（喷）油漆、涂料按设计图示尺寸以窗洞口面积计算。

（6）混凝土栏杆、花饰刷（喷）油漆、涂料按设计图示尺寸垂直投影面积计算。

（7）天棚、墙、柱面基层板缝粘贴胶带纸按相应天棚、墙、柱面基层板面积计算。

2．油漆、涂料、裱糊工程其他工程量计算规则

（1）木线条油漆按设计图示尺寸以中心线长度计算。

（2）木地板油漆按设计图示尺寸以面积计算，空洞、空圈、暖气包槽、壁龛的开口部分并入相应的工程量内；木楼梯面油漆按展开面积计算。

（3）木龙骨刷防火、防腐涂料按设计图示尺寸以龙骨架投影面积计算。

（4）基层板刷防火、防腐涂料按实际涂刷面积计算。

（5）油漆面抛光打蜡按相应刷油部位油漆工程量计算规则计算。

（6）金属面油漆、涂料项目工程量按设计图示尺寸以展开面积计算。

（7）墙面、天棚面裱糊按设计图示尺寸以面积计算。

3. 木门油漆工程，楼地面、天棚、墙、柱、梁面的喷（刷）涂料，室内抹灰面油漆及裱糊工程工程量计算规则

（1）木门油漆工程。详见表13-2。

表13-2 执行单层木门油漆定额工程量系数表

	项目名称	系数	工程量计算规则
1	单层木门	1.00	门洞口面积
2	单层半玻门	0.85	
3	单层全玻门	0.75	
4	半截百叶门	1.50	
5	全百叶门	1.70	
6	厂库房大门	1.10	
7	纱门窗	0.80	
8	特种门（包括冷藏门）	1.00	
9	装饰门扇	0.90	扇外围尺寸面积
10	间壁、隔断	1.00	单面外围面积
11	玻璃间壁露明墙筋	0.80	
12	木栅栏、木栏杆（带扶手）	0.90	

注：多面涂刷按单面计算工程量。

（2）木扶手及其他条板油漆工程。详见表13-3。

表13-3 执行木扶手（不带托板）油漆定额工程量系数表

	项目名称	系数	工程量计算规则
1	木扶手（不带托板）	1.00	延长米
2	木扶手（带托板）	2.50	
3	封檐板、博风板	1.70	
4	黑板框、生活园地框	0.50	

（3）其他木材面油漆工程。详见表13-4。

表13-4 执行其他木材面定额工程量系数表

	项目名称	系数	工程量计算规则
1	木板、胶合板天棚	1.00	长×宽
2	屋面板带檩条	1.10	斜长×宽
3	清水板条檐口天棚	1.10	长×宽
4	吸音板（墙面或天棚）	0.87	
5	鱼鳞板墙	2.40	
6	木护墙、木墙裙、木踢脚	0.83	

续表

	项目名称	系数	工程量计算规则
7	窗台板、窗帘盒	0.83	
8	出入口盖板、检查口	0.87	
9	壁橱	0.83	展开面积
10	木屋架	1.77	跨度（长）×中高×1/2
11	以上未包括的其余木材面油漆	0.83	展开面积

（4）钢门窗、厂库门面等油漆工程。详见表13-5。

表13-5 执行单层门窗定额工程量系数表

	项目名称	系数	工程量计算规则
1	单层钢门窗	1.00	按洞口面积
2	双层（一玻一纱）钢门窗	1.48	
3	钢百叶钢门	2.74	
4	半截百叶钢门	2.22	
5	满钢门或包铁皮门	1.63	
6	钢折叠门	2.30	
7	射线防护门	2.96	框（扇）外围面积
8	厂库房平开、推拉门	1.70	
9	铁丝网大门	0.81	
10	间壁	1.85	长×宽
11	平板屋面	0.74	斜长×宽
12	瓦笼板屋面	0.89	
13	排水、伸缩缝盖板	0.78	展开面积
14	吸气罩	1.63	展开面积

（5）质量在500 kg以内的单个金属构件，质量（t）折算面积系数。详见表13-6。

表13-6 质量折算面积参考系数表

	项目名称	系数
1	钢栅栏门、栏杆、窗栅	64.98
2	钢爬梯	44.84
3	踏步式钢扶梯	39.90
4	轻型屋架	53.20
5	零星铁件	58.00

（6）金属平板屋面、锁锌铁皮面（涂刷磷化、锌黄底漆）油漆工程。详见表13-7。

表13-7 执行金属平板屋面、锁锌铁皮面（涂刷磷化、锌黄底漆）油漆定额工程量系数表

	项目名称	系数	工程量计算规则
1	平板屋面	1.00	斜长×宽
2	瓦垄板屋面	1.20	
3	排水、伸缩缝盖板	1.05	展开面积
4	吸气罩	2.20	水平投影面积
5	包镀锌薄钢板门	2.20	门窗洞口面积

任务 13.3 油漆、涂料、裱糊工程量计算

1. 内墙油漆、涂料工程量计算

内墙油漆、喷（刷）涂料，按相应抹灰工程量计算规则计算，按抹灰长度乘以高度以平方米计算。内墙油漆、喷（刷）涂料工程量计算公式为：

$$S_{内油、内涂} = (L_{内} \times H_{净}) - S_{门窗} \quad (13-1)$$

式中　　$L_{内}$——内墙抹灰长度；

$H_{净}$——内墙净高。

2. 外墙油漆、涂料及裱糊工程量计算

计算公式为：

$$S_{外油、外涂及裱糊} = (L_{外} \times H) - S_{门窗} + S_{门窗侧壁} \quad (13-2)$$

式中　　$L_{外}$——外墙外边线；

H——层高。

3. 混凝土楼梯（板式）工程量计算

计算公式为：

$$S_{板式楼梯} = S_{投} \times \zeta \quad (13-3)$$

式中　　ζ——定额工程量计算系数。

任务 13.4 油漆、涂料、裱糊工程量计算技能实训

1. 实训资料

已知某工程为砖混结构，平面布置图如图13-1所示。内外墙均为240 mm，轴线居中。楼层层高3700 mm，板厚100。门窗表如图13-1所示，门窗框厚60 mm，居中布置。

此工程内墙面装修做法如下：

（1）墙体。

（2）7厚1:3水泥砂浆打底扫毛。

（3）6厚1:3水泥砂浆垫层。

（4）5厚1∶2.5水泥砂浆罩面压光。

（5）满刮腻子一道砂磨平。

（6）刷乳胶漆。

外墙面为多彩花纹涂料，其装修做法如下：

（1）12厚1∶3水泥砂浆打底，两次成活。

（2）扫毛或划出纹道。

（3）6厚1∶2.5水泥砂浆找平。

（4）刷（喷）涂料面层2遍。

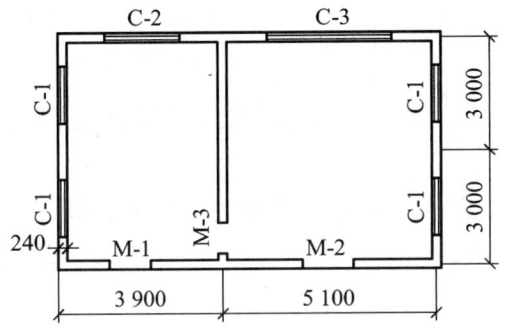

门窗表	
M-1	1 000 mm×2 000 mm
M-2	1 200 mm×2 000 mm
M-3	900 mm×2 400 mm
C-1	1 500 mm×1 500 mm
C-2	1 800 mm×1 500 mm
C-3	3 000 mm×1 500 mm

图13-1 某工程平面布置图及门窗

2．实训要求

（1）计算出内墙面、外墙面装修工程量。

（2）计算出内墙面、外墙面装修项目清单与计价表。

（3）完成内墙面、外墙面装修项目的综合单价计算表的计算。

3．实训方法步骤

（1）内墙面、外墙面装修工程列项，列项项目见表13-8。

（2）内墙面、外墙面工程量计算，详见表13-8。

表13-8 油漆、涂料、裱糊分部分项工程清单工程量计算表

序号	项目编号	项目名称	定额编号	定额名称	计量单位	工程量	计算式
1	011201001001	墙面一般抹灰（乳胶漆内墙面）	1-12-1	抹灰砂浆内墙厚度（mm）14+6	m²	119.37	{（3.9+5.1+3+3）×2-4×2×0.12-0.24×2+[（3+3）-2×0.12]×2}×（3.7-0.1）-（1×2+1.2×2+0.9×2.4×2）-（1.5×1.5×4+1.8×1.5+3×1.5）=119.368 m²
			1-12-3	抹灰砂浆内墙厚度（mm）每增减1	m²	119.37	
			1-12-3	抹灰砂浆内墙厚度（mm）每增减1	m²	119.37	
2	011407001001	墙面喷刷涂料（乳胶漆内墙面）	1-14-211	室内刮腻子墙面满刮二遍	m²	119.37	{（3.9+5.1+3+3）×2-4×2×0.12-0.24×2+[（3+3）-2×0.12]×2}×（3.7-0.1）-（1×2+1.2×2+0.9×2.4×2）-（1.5×1.5×4+1.8×1.5+3×1.5）=119.368 m²
			1-14-212	室内刮腻子墙面每增减一遍	m²	119.37	
			1-14-174	乳胶漆室内墙面二遍	m²	119.37	

续表

序号	项目编号	项目名称	定额编号	定额名称	计量单位	工程量	计算式
3	011201001002	墙面一般抹灰（多彩花纹涂料外墙面）	1-12-2	抹灰砂浆外墙厚度（mm）14+6	m²	93.95	[（3.9+5.1+3+3）×2+4×2×0.12]×3.7-（1×2+1.2×2）-（1.5×1.5×4+1.8×1.5+3×1.5）=93.952 m²
			1-12-4	抹灰砂浆外墙厚度（mm）每增减1	m²	93.95	
4	011407001002	墙面喷刷涂料（多彩花纹涂料外墙面）	1-14-156	乳胶漆二遍室外墙面	m²	98.43	93.952+（1+2×2+1.2+2×2）×0.09+[（1.5+1.5）×2×4+（1.8+1.5）×2+（3+1.5）×2]×0.09=98.434 m²

（3）选择计价依据。

根据某省《建筑工程计价标准》表中的油漆、涂料、裱糊工程相关消耗量定额，完成该油漆、涂料、裱糊的有关消耗量定额见表13-9所示。

表13-9 某省油漆、涂料、裱糊工程相关消耗量定额表

定额编号				1-12-1	1-12-2	1-12-3	1-12-4	1-14-156	1-14-174	1-14-211	1-14-212
项目名称				抹灰砂浆				乳胶漆二遍	乳胶漆	刮腻子	
				内墙	外墙	内墙	外墙	室外墙面	室内墙面	墙面	
				厚度/mm					二遍	满刮二遍	每增减一遍
				14+6		每增减1					
				100 m²	100 m²	100 m²	100 m²	100 m²	100 m²	100 m²	100 m²
基价/元				3 156.24	4 527.25	111.59	148.75	2 509.23	2 217.12	1 125.71	562.76
其中	人工费/元			2 145.21	3 491.54	59.42	96.58	1 829.43	1 471.01	892.46	446.13
	其中	定额人工费/元		1 787.68	2 909.61	49.52	80.49	1 524.53	1 225.85	743.71	371.78
		规费/元		357.53	581.93	9.90	16.09	304.90	245.16	148.75	74.35
	材料费/元			901.34	926.02	46.77	46.77	679.80	746.11	233.25	116.63
	机械费/元			109.69	109.69	5.40	5.40	—	—	—	—
	名称	单位	单价/元	数量							
人工	综合工日19	工日	188.64	11.372	18.509	0.315	0.512	9.698	7.798	4.731	2.365
材料	干混普通抹灰砂浆DP M5	m³	378.78	1.624	—	—	—	—	—	—	—
	干混普通抹灰砂浆DP M15	m³	393.98	—	1.624	—	—	—	—	—	—

续表

	定额编号			1-12-1	1-12-2	1-12-3	1-12-4	1-14-156	1-14-174	1-14-211	1-14-212
	项目名称			抹灰砂浆				乳胶漆二遍	乳胶漆	刮腻子	
				内墙	外墙	内墙	外墙	室外墙面	室内墙面	墙面	
				厚度/mm							
				14+6		每增减1			二遍	满刮二遍	每增减一遍
				100 m²	100 m²	100 m²	100 m²	100 m²	100 m²	100 m²	100 m²
材料	干混普通抹灰砂浆DPM20	m³	402.19	0.696	0.696	0.116	0.116	—	—	—	—
	成品腻子粉内墙用	kg	1.09	—	—	—	—	—	198.450	204.120	102.060
	成品腻子粉外墙用	kg	1.35	—	—	—	—	204.120	—	—	—
	水	m³	5.94	1.057	1.057	0.020	0.020	0.100	0.100	0.095	0.047
	溶剂汽油200#	kg	6.11	—	—	—	—	1.291	—	—	—
	砂纸	张	2.55	—	—	—	—	10.100	10.100	4.000	2.000
	苯丙清漆	kg	13.68	—	—	—	—	11.620	11.620	—	—
	苯丙乳胶漆内墙用	kg	11.86	—	—	—	—	—	27.810	—	—
	苯丙乳胶漆外墙用	kg	7.30	—	—	—	—	28.080	—	—	—
	油漆溶剂油	kg	6.20	—	—	—	—	—	1.291	—	—
	其他材料费	元	1.00	—	—	—	—	6.060	6.660	—	—
机械	干混砂浆罐式搅拌机公称储量：20 000 L	台班	284.17	0.386	0.386	0.019	0.019	—	—	—	—

（4）油漆、涂料、裱糊工程综合单价计算表的计算，见表13-10。根据表13-9中查出的项目定额单位，人工费、定额人工费、规费、材料费、机械费的单价，分别填入油漆、涂料、裱糊工程综合单价计算表中定额人工费、规费、材料费、机械费的相应单价栏内，并计算出该分项工程的定额人工费、规费、材料费、机械台班费的合价、管理费和利润、综合单价，详见表13-10。

（5）油漆、涂料、裱糊工程清单与计价表的计算，见表13-11。根据工程量、综合单价，计算出合价，其中的定额人工费、规费、机械费（可根据工程量和表13-10中定额人工费、规费、机械费的合价相乘计算）、暂估价，详见表13-11。

表 13-10 油漆、涂料、裱糊工程综合单价计算表

序号	项目编码	项目名称	计量单位	工程量	定额编号	定额名称	定额单位	数量	单价/元				合价/元					综合单价/元
									基价				人工费	材料费	机械费	管理费	利润	风险费
									人工费		材料费	机械费	DR	规费					
									DR	规费									
1	011201001001	墙面一墙面抹灰（乳胶漆室内墙面）	m²	119.37	1-12-1	抹灰砂浆内墙厚度（mm）14+6	100 m²	1.193 7	1 787.68	357.53	901.34	109.69	17.88	3.58	9.01	1.1	4.08	2.48	38.13
					1-12-3*-1	抹灰砂浆内墙厚度每增减1单价*-1	100 m²	1.193 7	-49.52	-9.9	-46.77	-5.4	-0.5	-0.1	-0.47	-0.05	-0.11	-0.07	-1.3
					1-12-3换	抹灰砂浆内墙厚度每增减1单价*-1换为[干混普通抹灰砂浆DP M5]	100 m²	1.193 7	-49.52	-9.9	-44.06	-5.4	-0.5	-0.1	-0.44	-0.05	-0.11	-0.07	-1.27
						合计							16.88	3.38	8.1	1	3.86	2.34	35.56
2	011407001001	墙面喷刷涂料（乳胶漆室内墙面）	m²	119.37	1-14-211	室内刮腻子墙面满刮二遍	100 m²	1.193 7	743.71	148.75	233.25		7.44	1.49	2.33		1.7	1.03	13.99
					1-14-212*-1	室内刮腻子墙面每增减一遍单价*-1	100 m²	1.193 7	-371.78	-74.35	-116.63		-3.72	-0.74	-1.17		-0.85	-0.51	-6.99
					1-14-174	乳胶漆室内墙面二遍	100 m²	1.193 7	1 225.85	245.16	746.11		12.26	2.45	7.46		2.79	1.69	26.65
						合计							15.98	3.2	8.62		3.64	2.21	33.65

续表

清单综合单价组成明细

序号	项目编码	项目名称	计量单位	工程量	定额编号	定额名称	定额单位	数量	单价/元				合价/元					综合单价/元
									人工费			机械费	材料费	人工费			机械费	材料费	机械费	管理费	利润	风险费	
									DR	基价	规费			DR	规费							
3	011201 001002	墙面一般抹灰（多彩花纹涂料墙面）	m²	93.95	1-12-2	抹灰砂浆 外墙 厚度（mm）14+6	100 m²	0.939 5	2 909.61	581.93	926.02	109.69		29.1	5.82	9.26	1.1	6.65	4.03		55.96
					1-12-4*-2	抹灰砂浆 外墙 厚度（mm）每增减1 单价*-2	100 m²	0.939 5	-160.97	-32.19	-93.54	-10.8		-1.61	-0.32	-0.94	-0.11	-0.37	-0.22		-3.57
						合计								27.49	5.5	8.32	0.99	6.28	3.81		52.39
4	011407 001002	墙面喷刷涂料（多彩花纹涂料外墙面）	m²	98.43	1-14-156	乳胶漆二遍 室外墙面	100 m²	0.984 3	1 524.53	304.9	679.8			15.25	3.05	6.8		3.47	2.11		30.68

注：DR 代表定额人工费

合价=单价×数量÷清单工程量

定额人工费合价=1 787.68×1.193 7÷119.37=17.88

规费合价=357.53×1.193 7÷119.37=3.58

材料费合价=901.34×1.193 7÷119.37=9.01

机械费合价=109.69×1.193 7÷119.37=1.1

管理费=（定额人工费+机械费）×0.08）×0.227 8=4.08

利润=（定额人工费+机械费）×0.08）×0.138 1=2.48

综合单价=人工费+材料费+机械费+管理费+利润
=17.88+3.58+9.01+1.1+4.08+2.48
=38.13（元）

表 13-11 油漆、涂料、裱糊工程清单与计价表

序号	项目编号	项目名称	项目特征描述	计量单位	工程量	综合单价	金额/元			暂估价
							合价	其中		
								人工费 DR	规费	机械费
1	011201001001	墙面一般抹灰(乳胶漆内墙面)	1. 墙体 2. 7厚1:3水泥砂浆打底扫毛 3. 6厚1:3水泥砂浆垫层 4. 5厚1:2.5水泥砂浆罩面压光 5. 满刮腻子一道砂磨平 6. 刷乳胶漆	m²	119.37	35.56	4 244.8	2 014.97	403.47	119.37
2	011407001001	墙面喷刷涂料(乳胶漆内墙面)	1. 墙体 2. 7厚1:3水泥砂浆打底扫毛 3. 6厚1:3水泥砂浆垫层 4. 5厚1:2.5水泥砂浆罩面压光 5. 满刮腻子一道砂磨平 6. 刷乳胶漆	m²	119.37	33.65	4 016.8	1 907.53	381.98	
3	011201001002	墙面一般抹灰(多彩花纹涂料外墙面)	1. 12厚1:3水泥砂浆打底出纹道 2. 扫毛或划出纹道 3. 6厚1:2.5水泥面层二遍 4. 刷(喷)涂料面层二遍	m²	93.95	52.39	4 922.04	2 582.69	516.73	93.01
4	011407001002	墙面喷刷涂料(多彩花纹涂料外墙面)	1. 12厚1:3水泥砂浆打底出纹道 2. 扫毛或划出纹道 3. 6厚1:2.5水泥面层二遍 4. 刷(喷)涂料面层二遍	m²	98.43	30.68	3 019.83	1 501.06	300.21	
			合计				16 203.47	8 006.25	1 602.39	212.38

注：DR 代表定额人工费
合价=综合单价×数量
规费=规费单价×数量
机械费=机械单价×数量

（6）根据油漆、涂料、裱糊工程和施工技术措施项目清单与计算表中的定额人工费之和加上机械费之和×0.08，乘上施工组织措施费的费率[（定额人工费+机械费×0.08）×费率（%）]，即得到油漆、涂料、裱糊工程的施工组织措施费，计算结果详见表13-12。

表13-12 油漆、涂料、裱糊工程施工组织措施费计算表

序号	项目编号	项目名称	计算基础	费率/%	金额/元	调整费率/%	调整后金额/元	备注
1		绿色施工安全文明措施费						
1.1		安全文明施工及环境保护费	定额人工费+机械费×0.08 =8 006.25+212.38×0.08 =8 023.24	5.12	410.79			
1.2		临时设施费		2.76	221.44			
1.3		绿化施工措施费		5.94	476.58			
2		冬雨季施工增加费、工程定位复测费、工程交点，场地清理费		3.72	298.46			
3		夜间施工增加费		0.50	40.12			暂无
4		压缩工期增加费	定额人工费+机械费					暂无
5		行车，行人干扰增加费	定额人工费+机械费×0.08	8.85 4.20 4.20				暂无
6		已完工程及设备保护费						暂无
7		特殊地区施工增加费						暂无
8		其他施工组织措施费						暂无
		合计			1 447.39			

注：1."其他施工组织措施费"在计价时需要列出具体费用名称。
2. 工程结算时按合同约定（或投标报价）调整费率和金额。

（7）完成油漆、涂料、裱糊工程规费项目计算表的计算。根据油漆、涂料、裱糊工程中的工程定额人工费和施工技术措施项目中的定额人工费，计算出油漆、涂料、裱糊工程的有关规费，详见表13-13。

表13-13 油漆、涂料、裱糊工程规费项目计算表

序号	工程名称			计算基础	计算费率	金额	备注
1	规费			定额人工费（包括工程定额人工费+技术措施项目定额人工费）	20%		
1.1	其中	社会保险费	养老保险费		9.01%	721.36	计入人工费内
			医疗保险费		6.39%	511.60	
1.2		住房公积金			4.60%	368.29	
		其他规费	工伤保险（单独计列）		0.50%	40.03	计入税前费用
1.3		工程排污费		按有关部门规定计算			
2	环境保护税			按有关部门规定计算			
	合计					1 641.28	

注：工程排污费按工程用水量计算。

（8）完成油漆、涂料、裱糊工程税金项目的计算。根据油漆、涂料、裱糊工程中的工程定额人工费、规费、材料费、机械费和施工技术措施项目中的额人工费、规费、材料费、机械费；计算出油漆、涂料、裱糊工程的税金，详见表13-14。

13-2　税率计算方法

表13-14　油漆、涂料、裱糊工程税金项目计算表

序号	税目		计算基础	计算基础金额	计算费率（工程在市区）	金额	备注
1	增值税	一般计税方法	分部分项工程费+措施项目费+其他项目费+其他规费-不计税工程设备费	17 690.89	9%	1 592.18	市区税金费率合计为10.08%
2	附加费	城市维护建设税	增值税税额	1 592.18	7%	111.45	
		教育费附加			3%	47.77	
		地方教育附加			2%	31.84	
合　计						1 783.24	

项目小结

本项目主要介绍油漆、涂料、裱糊工程，油漆、涂料、裱糊工程包括木材面油漆，钢门窗、厂库门油漆，抹灰面油漆，涂料、裱糊和零星五部分。学生应熟悉油漆、涂料、裱糊工程的一般规定，重点掌握油漆、涂料、裱糊工程的工程量计算规则、工程定额的正确应用、综合单价计算表计算，各种费用的计算。难点：工程项目列项、工程量计算、套价、定额应用、定额换算及工程费用的计算。通过本项目任务的学习，学生应熟悉油漆、涂料、裱糊工程的相关定额，不能直接套用定额的换算方法，对油漆、涂料、裱糊工程的消耗定额内容有一定的认识，并能正确应用。

复习思考题

13-1　油漆、涂料、裱糊工程量如何计算？

13-2　油漆、涂料、裱糊工程套取定额需注意哪些关键点？

13-3　完成该油漆、涂料、裱糊工程招标控制价的计算，见表13-15。

表 13-15 油漆、涂料、裱糊工程招标控制价/投标报价汇总表

序号	费用名称	计算基数或计算表达式	费率计算标准	费用金额
1	分部分项工程费	∑（分部分项工程量×综合单价）		
1.1	人工费	（R）=<1.1.1>+<1.1.2>		
1.1.1	定额人工费	∑（定额人工费）		
1.1.2	规费	∑（规费）		
1.2	材料费	∑（材料费）（C）		
1.3	设备费	∑（设备费）（S）		
1.4	机械费	∑（机械费）（J）=		
1.5	管理费	∑（DR+J×0.08）×22.78%	22.78%	
1.6	利润	∑（DR+J×0.08）×13.81%	13.81%	
1.7	风险费	∑（风险费）		
2	措施项目费	(<2.1>+<2.2>)		
2.1	技术措施项目	∑（技术措施项目清单工程量×综合单价）		
2.1.1	人工费	（R）=<2.1.1.1>+<2.1.1.2>		
2.1.1.1	定额人工费	∑（定额人工费）		
2.1.1.2	规费	∑（规费）		
2.1.2	材料费	∑（材料费）（C）		
2.1.3	机械费	∑（机械费）（J）=		
2.1.4	管理费	∑（DR+J×0.08）×22.78%	22.78%	
2.1.5	利润	∑（DR+J×0.08）×13.81%	13.81%	
2.2	组织措施项目费	∑（组织措施项目费）		
2.2.1	绿色施工安全文明措施项目费	∑（DR+J×0.08）×11.06%	11.06	
2.2.1.1	临时设施费	∑（DR+J×0.08）×2.76%	2.76	
2.2.2	其他组织措施项目费	∑（DR+J×0.08）× %	3.72%	
3	其他项目费			
3.1	暂列金额			
3.2	暂估价			
3.3	计日工			
3.4	总承包服务费			
3.5	其他			
3.5.1				
3.5.2				
4	其他规费			

续表

序号	费用名称	计算基数或计算表达式	费率计算标准	费用金额
4.1	工伤保险	∑（定额人工费）×费率	0.50%	
4.2	工程排污费			
4.3	环境保护税		%	
5	税前工程造价	（1+2+3+4）		
6	税金	（1+2+3+4）×税率%		
7	工程总造价（招标控制价/投标报价合计）=<5>+<6>			

注：1. 数字内均为表中对应的序号。
　　2. DR 代表定额人工费。

13-3　油漆、涂料、裱糊工程综合练习题

项目 14

其他装饰工程

其他装饰工程是指与建筑装修装饰工程相关的招牌、美术字、栏杆、装饰条、室内零星装饰和营业装饰性柜类等。工程量清单价计中，其他装饰工程划分为柜类、货架，压条，装饰线，扶手、栏杆、栏板装饰，暖气罩，浴厕配件，雨篷、旗杆，招牌、灯箱和美术字八部分，其中包含了平面招牌、木质字安装、金属装饰条、暖气罩、镜面玻璃、不锈钢旗杆、大理石洗漱台、柜台、货架、开门窗洞口、封洞等定额子目。本项目以装饰线条讲述为主。

【学习目标】

◎ 知识目标

1. 熟悉其他装饰工程项目的划分。
2. 熟悉其他装饰工程工程量计算的规则。
3. 熟悉其他装饰工程的列项及套价计算方法。

◎ 技能目标

1. 掌握其他装饰工程工程量清单计算方法。
2. 掌握其他装饰工程量清单编制步骤和方法。
3. 掌握其他装饰工程综合单价分析表计算。

14-1 其他装饰工程施工图片

任务 14.1 其他装饰工程量计算说明

14.1.1 其他装饰工程

1. 柜类、货架

（1）柜、台、架以现场加工，手工制作为主，按常用规格编制。设计与定额不同时，应进行调整换算。柜、台、架实际为工厂预制，现场成品安装的，人工乘以系数 0.2，辅材乘系数 0.7。

（2）柜、台、架项目包括五金配件（设计有特殊要求者除外），未考虑压板拼花及饰面板上贴其他材料的花饰、造型艺术品。

（3）木质柜、台、架项目中板材按胶合板考虑，如设计为其他板材时，主材可以换算。

（4）黑板按常规规格编制，设计与定额不同时，可进行调整换算。

2. 压条、装饰线

（1）压条、装饰线均按成品安装考虑。

（2）装饰线条（顶角装饰线除外）按直线形在墙面安装考虑。墙面安装圆弧形装饰线条、天棚面安装直线形、圆弧形装饰线条，按相应项目乘以系数执行：

①墙面安装圆弧形装饰线条，人工乘以系数1.2，材料乘以系数1.1。

②天棚面安装直线形装饰线条，人工乘以系数1.34。

③天棚面安装圆弧形装饰线条，人工乘以系数1.6，材料乘以系数1.1。

④装饰线条直接安装在金属龙骨上，人工乘以系数1.68。

3. 扶手、栏杆、栏板装饰

（1）扶手、栏杆、栏板项目（护窗栏杆除外）适用于楼梯、走廊、回廊及其他装饰性扶手、栏杆、栏板。

（2）栏杆（带扶手）制作安装项目设计与定额项目中主材消耗量不同时，可调整主材消耗量。

（3）栏杆、栏板（带扶手）制作安装项目已包括扶手弯头（非整体弯头）制作、安装的人工、材料。

（4）成品扶手、靠墙扶手项目已包含弯头安装。单独木扶手、石材扶手设计为成品整体弯头时，整体弯头安装另按相应项目执行。

4. 暖气罩

（1）挂板式是指暖气罩直接钩挂在暖气片上；平墙式是指暖气片凹嵌入墙中，暖气罩与墙面平齐；明式是指暖气片全凸或半凸出墙面，暖气罩凸出于墙外。

（2）暖气罩项目未包括封边线、装饰线，另按相应装饰线条项目执行。

5. 浴厕配件

（1）石材洗漱台项目不包括石材磨边、倒角及开面盆洞口，另按相应项目执行。

（2）浴厕配件项目按成品安装考虑。

6. 雨篷、旗杆

（1）点支式、托架式雨篷的型钢、爪件的规格、数量是按常用做法考虑的，设计与定额不同时，材料消耗量可以调整，人工、机械不变。托架式雨篷的斜拉杆费用另计。

（2）铝塑板、不锈钢面层雨篷项目按平面雨篷考虑，不包括雨篷侧面。

（3）旗杆项目按常用做法考虑，未包括旗杆基础、旗杆台座及其饰面。

7. 招牌、灯箱

（1）招牌、灯箱项目，当设计与定额考虑的材料品种、规格不同时，材料可以换算。

（2）一般平面广告牌是指正立面平整无凹凸面，复杂平面广告牌是指正立面有凹凸面造型的，箱（竖）式广告牌是指具有多面体的广告牌。

（3）广告牌基层以附墙方式考虑，当设计为独立式的，按相应项目执行，人工乘以系数1.1。

（4）招牌、灯箱项目均不包括广告牌喷绘、灯饰、灯光、店徽、其他艺术装饰及配套机械。

（5）招牌、灯箱基层与骨架的连接固定，不论采用何种方式均不作调整。

8. 美术字安装

（1）美术字项目均按成品安装考虑。

（2）美术字按最大外接矩形面积区分规格，按相应项目执行。

（3）最大外接矩形面积≤4 m² 的金属字、PVC 字、亚克力字项目按安装在钢骨架上考虑，项目中美术字安装定额项目中未包括钢骨架，发生时另按"招牌、灯箱"一节中钢骨架定额项目执行。

9. 其他说明

（1）石材、瓷砖倒角、磨制圆边、开槽、开孔等项目均按现场零星加工考虑。

（2）木构件未包括刷油漆、防腐油漆、防火涂料，如设计要求刷油漆、防腐油漆、防火涂料时，执行"油漆、涂料、裱糊工程"相应的定额项目。

任务 14.2　其他装饰工程量计算规则

14.2.1　其他装饰工程清单项目划分

其他装饰工程清单项目划分为 011501～011508，详见表 14-1。

表 14-1　其他装饰工程清单项目表（编号：011501～011508）

序号	项目编码	项目名称	项目特征描述	计量单位	工程量计算规则	工作内容
1	011501001001	柜台	1. 台柜规格 2. 材料种类、规格 3. 五金种类、规格 4. 防护材料种类 5. 油漆品种、刷漆遍数	1. 个 2. m 3. m³	1. 以个计量，按设计图示数量计算 2. 以米计量，按设计图示尺寸以延长米计算	1. 台柜制作、运输、安装（安放） 2. 刷防护材料、油漆 3. 五金件安装
2	011501002001	酒柜				
3	011501003001	衣柜				
4	011501004001	存包柜				
5	011501005001	鞋柜				
6	011501006001	书柜				
7	011501007001	厨房壁柜				
8	011501008001	木壁柜				
9	011501009001	厨房低柜				

续表

序号	项目编码	项目名称	项目特征描述	计量单位	工程量计算规则	工作内容
10	011501010001	厨房吊柜				
11	011501011001	矮柜				
12	011501012001	吧台背柜				
13	011501013001	酒吧吊柜				
14	011501014001	酒吧台				
15	011501015001	展台				
16	011501016001	收银台				
17	011501017001	试衣间				
18	011501018001	货架				
19	011501019001	书架				
20	011501020001	服务台				
21	011502001001	金属装饰线	1. 基层类型 2. 线条材料品种、规格、颜色 3. 防护材料种类	m	按设计图示尺寸以长度计算	1. 线条制作、安装 2. 刷防护材料
22	011502002001	木质装饰线				
23	011502003001	石材装饰线				
24	011502004001	石膏装饰线				
25	011502005001	镜面玻璃线	1. 基层类型 2. 线条材料品种、规格、颜色 3. 防护材料种类			
26	011502006001	铝塑装饰线				
27	011502007001	塑料装饰线				
28	011502008001	GRC 装饰线条	1. 基层类型 2. 线条规格 3. 线条安装部位 4. 填充材料种类			线条制作安装

续表

序号	项目编码	项目名称	项目特征描述	计量单位	工程量计算规则	工作内容
29	011503001001	金属扶手、栏杆、栏板	1. 扶手材料种类、规格、品牌 2. 栏杆材料种类、规格、品牌 3. 栏板材料种类、规格、品牌、颜色 4. 固定配件种类 5. 防护材料种类	m	按设计图示以扶手中心线长度（包括弯头长度）计算	1. 制作 2. 运输 3. 安装 4. 刷防护材料
30	011503002001	硬木扶手、栏杆、栏板				
31	011503003001	塑料扶手、栏杆、栏板				
32	011503003001	GRC栏杆、扶手	1. 栏杆的规格 2. 安装间距 3. 扶手类型规格 4. 填充材料种类			
33	011503004001	金属靠墙扶手	1. 扶手材料种类、规格、品牌 2. 固定配件种类 3. 防护材料种类			
34	011503005001	硬木靠墙扶手				
35	011503006001	塑料靠墙扶手				
36	011503007001	玻璃栏板	1. 栏杆玻璃的种类、规格、颜色、品牌 2. 固定方式 3. 固定配件种类			
37	011504001001	饰面板暖气罩	1. 暖气罩材质 2. 防护材料种类	m^2	按设计图示尺寸以垂直投影面积（不展开）计算	1. 暖气罩制作、运输、安装 2. 刷防护材料、油漆
38	011504002001	塑料板暖气罩				
39	011504003001	金属暖气罩				
40	011505001001	洗漱台	1. 材料品种、规格、品牌、颜色 2. 支架、配件品种、规格、品牌	1. m^2 2. 个	1. 按设计图示尺寸以台面外接矩形面积计算。不扣除孔洞、挖弯、削角所占面积，挡板、吊沿板面积并入台面面积内 2. 按设计图示数量计算	1. 台面及支架、运输、安装 2. 杆、环、盒、配件安装 3. 刷油漆

续表

序号	项目编码	项目名称	项目特征描述	计量单位	工程量计算规则	工作内容
41	011505002001	晒衣架		个	按设计图示数量计算	
42	011505003001	帘子杆				
43	011505004001	浴缸拉手				
44	011505005001	卫生间扶手				
45	011505006001	毛巾杆（架）	1. 材料品种、规格、品牌、颜色 2. 支架、配件品种、规格、品牌	套	按设计图示数量计算	1. 台面及支架制作、运输、安装 2. 杆、环、盒、配件安装 3. 刷油漆
46	011505007001	毛巾环		副		
47	011505008001	卫生纸盒		个		
48	011505009001	肥皂盒				
49	011505010001	镜面玻璃	1. 镜面玻璃品种、规格 2. 框材质、断面尺寸 3. 基层材料种类 4. 防护材料种类	m²	按设计图示尺寸以边框外围面积计算	1. 基层安装 2. 玻璃及框制作、运输、安装
50	011505011001	镜箱	1. 箱材质、规格 2. 玻璃品种、规格 3. 基层材料种类 4. 防护材料种类 5. 油漆品种、刷漆遍数	个	按设计图示数量计算	1. 基层安装 2. 箱体制作、运输、安装 3. 玻璃安装 4. 刷防护材料、油漆
51	011506001001	雨篷吊挂饰面	1. 基层类型 2. 龙骨材料种类、规格、中距 3. 面层材料品种、规格、品牌 4. 吊顶（天棚）材料品种、规格、品牌 5. 嵌缝材料种类 6. 防护材料种类	m²	按设计图示尺寸以水平投影面积计算	1. 底层抹灰 2. 龙骨基层安装 3. 面层安装 4. 刷防护材料、油漆
52	011506002001	金属旗杆	1. 旗杆材料、种类、规格 2. 旗杆高度 3. 基础材料种类 4. 基座材料种类 5. 基座面层材料、种类、规格	根	按设计图示数量计算	1. 土石挖、填、运 2. 基础混凝土浇注 3. 旗杆制作、安装 4. 旗杆台座制作、饰面

续表

序号	项目编码	项目名称	项目特征描述	计量单位	工程量计算规则	工作内容
53	011506003001	玻璃雨篷	1. 玻璃雨篷固定方式 2. 龙骨材料种类、规格、中距 3. 玻璃材料品种、规格、品牌 4. 嵌缝材料种类 5. 防护材料种类	m^2	按设计图示尺寸以水平投影面积计算	1. 龙骨基层安装 2. 面层安装 3. 刷防护材料、油漆
54	011507001001	平面、箱式招牌	1. 箱体规格 2. 基层材料种类 3. 面层材料种类 4. 防护材料种类	m^2	按设计图示尺寸以正立面边框外围面积计算。复杂形的凸凹造型部分不增加面积	1. 基层安装 2. 箱体及支架制作、运输、安装 3. 面层制作、安装 4. 刷防护材料、油漆
55	011507002001	竖式标箱		个	按设计图示数量计算	
56	011507003001	灯箱		个		
57	011507004001	信报箱	1. 箱体规格 2. 基层材料种类 3. 面层材料种类 4. 防护材料种类 5. 户数	个		
58	011508001001	泡沫塑料字	1. 基层类型 2. 镌字材料品种、颜色 3. 字体规格 4. 固定方式 5. 油漆品种、刷漆遍数	个	按设计图示数量计算	1. 字制作、运输、安装 2. 刷油漆
59	011508002001	有机玻璃字		个		
60	011508003001	木质字		个		
61	011508004001	金属字		个		
62	011508005001	吸塑字		个		

14.2.2 其他装饰工程量计算规则

1. 柜类、货架工程量计算规则

（1）柜类、货架工程量按各项目计量单位计算。其中以"m^2"为计量单位的项目，其工程量均按正立面的高度（包括脚的高度在内）乘以宽度计算。

（2）黑板以边框外边线按面积计算。

2. 压条、装饰线工程量计算规则

（1）压条、装饰线条按线条中心线长度计算。压条、装饰线条带 45°割角者，按线条外边线长度计算。

（2）石膏角花、灯盘按设计图示数量计算。

（3）成品装饰柱按根计算。

3. 扶手、栏杆、栏板装饰工程量计算规则

（1）栏杆、栏板、扶手（另做说明的除外）均按设计图示尺寸中心线长度（包括弯头长度）计算。设计为成品整体弯头时，工程量需扣除整体弯头的长度（设计不明确的，按每只整体弯头 400 mm 计算）。

（2）整体弯头按设计图示数量计算。

（3）成品栏杆栏板、护窗栏杆按设计图示尺寸中心线长度（不包括弯头长度）计算。

4. 浴厕配件工程量计算规则

（1）石材洗漱台按设计图示尺寸以展开面积计算，挡板、吊沿板面积并入其中，不扣除孔洞、挖弯、削角所占面积。成品洗漱台柜安装以组计算。

（2）石材台面面盆开孔按设计图示数量计算。

（3）盥洗室台镜（带框）、盥洗室木镜箱按边框外围面积计算。

（4）盥洗室塑料镜箱、毛巾杆、毛巾环、浴帘杆、浴缸拉手、肥皂盒、卫生纸盒、晒衣架、晾衣绳等按设计图示数量计算。

5. 雨篷、旗杆工程量计算规则

（1）雨篷按设计图示尺寸水平投影面积计算。

（2）不锈钢旗杆按设计图示数量计算。

（3）电动升降系统和风动系统按套数计算。

6. 招牌、灯箱工程量计算规则

（1）木骨架按设计图示饰面尺寸正立面面积计算。

（2）钢骨架按设计图示尺寸乘以单位理论质量计算。

（3）基层板、面层板按设计图示饰面尺寸展开面积计算。

（4）广告牌面层，按设计图示尺寸以展开面积计算。

7. 石材、瓷砖加工工程量计算规则

（1）石材、瓷砖倒角、切割按块料设计倒角、切割长度计算。

（2）石材磨边按实际打磨长度计算。

（3）石材开槽按块料成型开槽长度计算。

（4）石材、瓷砖开孔按成型孔洞数量计算。

8. 其他装饰工程其他工程量计算规则

（1）暖气罩（包括脚的高度在内）按边框外围尺寸垂直投影面积计算，成品暖气罩安装按设计图示数量计算。

（2）美术字按设计图示数量计算。

任务 14.3　其他装饰工程量计算

1. 货架、柜橱工程量计算

货架、柜橱工程量，按正立面的高度（包括脚的高度在内）乘以宽度按平方米计算。货架、柜橱工程量计算公式为：

$$S = (L \times H_{外围}) \times n \tag{14-1}$$

式中　n——货架、柜橱数量。

2. 洗漱台工程量计算

大理石洗漱台、成品钢化玻璃（或石材）洗漱台安装工程量，按台面投影面积以平方米计算：

$$S_{投} = L \times W \tag{14-2}$$

式中　W——宽度。

异形洗漱台工程量，按单块的外接最小矩形面积以平方米计算（不扣除孔洞挖弯、削角所占面积）：

$$S_{外围} = L_{外} \times W_{外} \tag{14-3}$$

式中　$L_{外}$——外接最小长度；
　　　$W_{外}$——外接最小宽度。

任务 14.4　其他装饰工程量计算技能实训

1. 实训资料

已知某卫生间洗漱台，平面布置图如图 14-1 所示。洗漱台使用 20 mm 厚芝麻白大理石饰面，正立面设置 1 800 mm×1 200 mm 防雾镜，两侧嵌天然金线米黄大理石装饰线条。

2. 实训要求

（1）计算出大理石饰面及装饰线条工程量。

（2）计算出大理石饰面及装饰线条项目清单与计价表。

（3）完成大理石饰面及装饰线条项目的综合单价计算表的计算。

（4）计算大理石饰面及装饰线条项目的招标控制价。

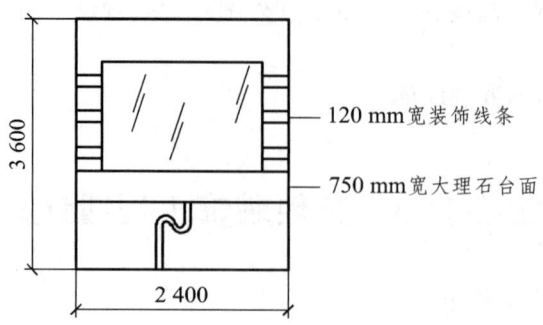

图 14-1 某卫生间洗漱台立面图

3. 实训方法步骤

（1）其他装饰工程列项，列项项目见表 14-2。
（2）其他装饰工程量计算，计算详见表 14-2。

表 14-2 其他装饰分部分项工程清单工程量计算表

序号	项目编号	项目名称	定额编号	定额名称	计量单位	工程量	计算式
1	011505001001	洗漱台	1-15-124	石材洗漱台>1 m²	m²	1.8	2.4×0.75=1.8 m²
2	011502003001	石材装饰线	1-15-56	石材装饰线粘贴剂粘贴宽度（mm）≤150	m	1.8	（2.4-1.8）×3=1.8 m

（3）选择计价依据。

根据某省《建筑工程计价标准》表中的其他装饰工程相关消耗量定额，完成该其他装饰的有关消耗量定额见表 14-3 所示。

表 14-3 某省其他装饰工程相关消耗量定额表

定额编号			1-15-56	1-15-124
项目名称			石材装饰线粘贴剂粘贴宽度/mm ≤150	石材洗漱台 >1 m²
			100 m	10 m²
基价/元			9 484.78	6 320.55
其中	其中	人工费/元	2 083.72	3 286.67
		定额人工费/元	1 736.43	2 738.90
		规费/元	347.29	547.77
	材料费/元		7 390.78	3 027.39
	机械费/元		10.28	6.49

续表

定额编号				1-15-56	1-15-124
项目名称				石材装饰线 粘贴剂粘贴 宽度/mm ≤150	石材洗漱台 >1 m²
				100 m	10 m²
	名称	单位	单价/元	数量	
人工	综合工日19	工日	188.64	11.046	17.423
材料	干粉型粘接剂	kg	5.15	102.375	—
	水	m³	5.94	0.077	—
	石材装饰线 150	m	63.84	106.00	—
	白色硅酸盐水泥 P.W32.5	t	777.00	0.002	—
	干混普通抹灰砂浆 DP M15	m³	393.98	0.232	—
	石材饰面板	m²	200.64	—	10.600
	石材装饰线 150	m	63.84	106.000	—
	热轧角钢 ∠50	t	3 960.00	—	0.129
	膨胀螺栓 M10×80	10套	8.03	—	13.260
	YJ-Ⅲ胶	kg	9.12	—	19.257
	合金钢钻头（综合）	个	16.42	—	2.300
	电	kW·h	0.47	—	0.308
	玻璃胶	kg	29.18	—	0.920
	溶剂汽油 200#	kg	6.11	—	0.124
	红丹防锈漆	kg	14.20	—	1.205
	低碳钢焊条 J422 φ3.2	kg	5.93	—	3.612
	热轧钢板 δ4.0	t	3 616.00	—	0.001
	其他材料费	元	1.00	3.100	—
机械	灰浆搅拌机 拌筒容量：200 L	台班	244.70	0.042	—
	交流弧焊机 容量：21 kV·A	台班	43.26	—	0.150

（4）其他装饰工程综合单价计算表的计算，见表 14-4。根据表 14-3 中查出的项目定额单位，人工费、定额人工费、规费、材料费、机械费的单价，分别填入其他工程综合单价计算表中的定额人工费、规费、材料费、机械费的相应单价栏内，并计算出该分项工程的定额人工费、规费、材料费、机械台班费的合价、管理费和利润、综合单价，详见表 14-4。

（5）其他装饰工程清单与计价表的计算，见表 14-5。根据工程量、综合单价，计算出合价，其中的定额人工费、规费、机械费（可根据工程量和表 14-4 中定额人工费、规费、机械费的合价相乘计算）、暂估价，详见表 14-5。

（6）根据其他装饰工程和施工技术措施项目清单与计算表中的定额人工费之和加上机械费之和×0.08，乘上施工组织措施费的费率[（定额人工费+机械费×0.08）×费率（%）]，即得到其他装饰工程的施工组织措施费，计算结果详见表 14-6。

表 14-4 其他装饰工程综合单价计算表

清单综合单价组成明细

序号	项目编码	项目名称	计量单位	工程量	定额编号	定额名称	定额单位	数量	单价/元					合价/元						综合单价/元
									人工费		基价			人工费		材料费	机械费	管理费	利润	风险费	
									DR	规费	材料费	机械费	DR	规费						
1	011505001001	洗漱台	m²	1.8	1-15-124	石材洗漱台>1 m²	10 m²	0.18	2 738.90	547.77	3 027.39	6.49	273.89	54.78	302.74	0.65	62.4	37.83		732.29
2	011502003001	石材装饰线	m	1.8	1-15-56	石材装饰线粘贴剂粘贴宽度（mm）≤150	100 m	0.018	1 736.43	347.29	7 390.78	10.28	17.36	3.47	73.91	0.1	3.96	2.4		101.2

注：DR 代表定额人工费

合价=单价×数量÷清单工程量：

定额人工费合价=2 738.90×0.18÷1.8
=273.89

规费合价=547.77×0.18÷1.8
=54.78

材料费合价=3 027.39×0.18÷1.8
=302.74

机械费合价=6.49×0.18÷1.8
=0.65

管理费=（定额人工费+机械费×0.08）×0.227 8=62.4

利润=（定额人工费+机械费×0.08）×0.138 1=37.83

综合单价=人工费+材料费+机械费+管理费+利润
=237.89+54.78+302.74+0.65+62.4+37.83
=732.29（元）

表 14-5　其他装饰工程清单与计价表

序号	项目编号	项目名称	项目特征描述	计量单位	工程量	金额/元		其中			
						综合单价	合价	人工费		机械费	暂估价
								DR	规费		
1	011505001001	洗漱台	1. 材料品种、规格、颜色：20 mm 厚芝麻白大理石饰面 2. 尺寸：2 400 mm×750 mm	m²	1.8	732.29	1 318.12	493	98.6	1.17	
2	011502003001	石材装饰线	1. 线条材料品种、规格、颜色：天然金线米黄大理石装饰线条 2. 尺寸：宽 120 mm	m	1.8	101.2	182.16	31.25	6.25	0.18	
合　计							1 500.28	524.25	104.85	1.35	

注：DR 代表定额人工费
合价=综合单价×数量
规费=规费单价×数量
机械费=机械单价×数量
材料费=材料单价×数量

表 14-6　其他装饰工程施工组织措施费计算表

序号	项目编号	项目名称	计算基础	费率/%	金额/元	调整费率/%	调整后金额/元	备注
1		绿色施工安全文明措施费						
1.1		安全文明施工及环境保护费	定额人工费+机械费×0.08 =524.25+1.35×0.08 =524.36	5.12	26.85			
1.2		临时设施费		2.76	14.47			
1.3		绿化施工措施费		5.94	31.15			
2		冬雨季施工增加费、工程定位复测费、工程交点，场地清理费		3.72	19.51			
3		夜间施工增加费		0.50	2.62			暂无
4		压缩工期增加费	定额人工费+机械费					暂无
5		行车，行人干扰增加费	定额人工费+机械费×0.08	8.85 4.20 4.20				暂无
6		已完工程及设备保护费						暂无
7		特殊地区施工增加费						暂无
8		其他施工组织措施费						暂无
合　计					94.6			

注：1. "其他施工组织措施费"在计价时需要列出具体费用名称。
　　2. 工程结算时按合同约定（或投标报价）调整费率和金额。

（7）完成其他装饰工程规费项目计算表的计算。根据其他装饰工程中的工程定额人工费和施工技术措施项目中的定额人工费，计算出其他装饰工程的有关规费，详见表14-7。

表14-7 其他装饰工程规费项目计算表

序号	工程名称			计算基础	计算费率	金额/元	备注
1	规费			定额人工费（包括工程定额人工费+技术措施项目定额人工费）	20%		
1.1	其中	社会保险费	养老保险费		9.01%	47.23	计入人工费内
			医疗保险费		6.39%	33.50	
1.2		住房公积金			4.60%	24.12	
	其他规费	工伤保险（单独计列）			0.50%	2.62	计入税前费用
1.3		工程排污费		按有关部门规定计算			
2	环境保护税			按有关部门规定计算			
合计						107.47	

注：工程排污费按工程用水量计算。

（8）完成其他装饰工程税金项目的计算。根据其他装饰工程中的工程定额人工费、规费、材料费、机械费和施工技术措施项目中的定额人工费、规费、材料费、机械费，计算出其他装饰工程的税金，详见表14-8。

14-2 税率计算方法

表14-8 其他装饰工程税金项目计算表

序号	税目		计算基础	计算基础金额/元	计算费率（工程在市区）	金额/元	备注
1	增值税	一般计税方法	分部分项工程费+措施项目费+其他项目费+其他规费-不计税工程设备费	1 597.5	9%	143.78	市区税金费率合计为10.08%
2	附加费	城市维护建设税	增值税税额	176.18	7%	10.06	
		教育费附加			3%	4.31	
		地方教育附加			2%	2.88	
合计						161.03	

项目小结

本项目主要介绍其它装饰工程，其它装饰工程包括柜类、货架，装饰线，扶手、栏杆、栏板装饰，暖气罩，浴厕配件，雨篷、旗杆，招牌、灯箱和美术字八部分。学生应熟悉其它装饰工程的一般规定，重点掌握其它装饰工程的工程量计算规则、工程定额的正确应用、综合单价计算表计算及各种费用的计算。难点：工程项目列项、工程量计算、套价、定额应用及工程费用的计算。通过本项目任务的学习，学生应熟悉其它装饰工程的相关定额，对其它装饰工程的消耗定额内容有一定的认识，并能正确应用。

复习思考题

14-1 其他装饰工程量如何计算？
14-2 其他装饰套取定额需注意哪些关键点？
14-3 完成该其他装饰工程招标控制价表的计算，见表 14-9。

14-3 其他装饰工程综合练习题

表 14-9 其他装饰工程招标控制价/投标报价汇总表

序号	费用名称	计算基数或计算表达式	费率计算标准	费用金额
1	分部分项工程费	∑（分部分项工程量×综合单价）		
1.1	人工费	（R）=<1.1.1>+<1.1.2>		
1.1.1	定额人工费	∑（定额人工费）		
1.1.2	规费	∑（规费）		
1.2	材料费	∑（材料费）(C)		
1.3	设备费	∑（设备费）(S)		
1.4	机械费	∑（机械费）(J)=		
1.5	管理费	∑（DR+J×0.08）×22.78%	22.78%	
1.6	利润	∑（DR+J×0.08）×13.81%	13.81%	
1.7	风险费	∑（风险费）		
2	措施项目费	(<2.1>+<2.2>)		
2.1	技术措施项目	∑（技术措施项目清单工程量×综合单价）		
2.1.1	人工费	（R）=<2.1.1.1>+<2.1.1.2>		
2.1.1.1	定额人工费	∑（定额人工费）		
2.1.1.2	规费	∑（规费）		
2.1.2	材料费	∑（材料费）(C)		
2.1.3	机械费	∑（机械费）(J)=		
2.1.4	管理费	∑（DR+J×0.08）×22.78%	22.78%	
2.1.5	利润	∑（DR+J×0.08）×13.81%	13.81%	
2.2	组织措施项目费	∑（组织措施项目费）		
2.2.1	绿色施工安全文明措施项目费	∑（DR+J×0.08）×11.06%	11.06	
2.2.1.1	临时设施费	∑（DR+J×0.08）×2.76%	2.76	
2.2.2	其他组织措施项目费	∑（DR+J×0.08）× %	3.72%	

续表

序号	费用名称	计算基数或计算表达式	费率计算标准	费用金额
3	其他项目费			
3.1	暂列金额			
3.2	暂估价			
3.3	计日工			
3.4	总承包服务费			
3.5	其他			
3.5.1				
3.5.2				
4	其他规费			
4.1	工伤保险	∑（定额人工费）×费率	0.50%	
4.2	工程排污费			
4.3	环境保护税		%	
5	税前工程造价	（1+2+3+4）		
6	税金	（1+2+3+4）×税率%		
7	工程总造价（招标控制价/投标报价合计）=<5>+<6>			

注：1. 数字内均为表中对应的序号。
  2. DR 代表定额人工费。

项目 15 室外附属及构筑物工程

室外附属及构筑物工程是指不具备、不包含或不提供人类居住功能的为主体工程做辅助性的配套工程。建筑上的室外附属及构筑物主要包括附属道路、围墙、化粪池、室外排水、洗涤池、墙脚护坡、台阶、坡道水塔、水池水井、烟囱、过滤池、沉淀池、澄清池、隔油池、沼气池、冷却塔、桥梁、堤坝、隧道、(纪念)碑、招牌框架、水泥杆、信号发射塔等。工程量清单价计中,室外附属及构筑物工程划分为道路及场地、零星工程、构筑物三部分,其中包含了人行道整形碾压、砂石盲沟、碎石垫层、沥青灌入式路面、广场砖、洗涤盆、砖砌化粪池、砖砌排水沟、砖砌隔油池、钢筋混凝土烟囱、钢筋混凝土水塔筒仓等定额子目。本项目以砖砌烟囱为主。

【学习目标】

◎ **知识目标**
1. 熟悉室外附属及构筑物工程项目的划分。
2. 熟悉室外附属及构筑物工程工程量计算的规则。
3. 熟悉室外附属及构筑物工程的列项及套价计算方法。

◎ **技能目标**
1. 掌握室外附属及构筑物工程工程量清单计算方法。
2. 掌握室外附属及构筑物工程量清单编制步骤和方法。
3. 掌握室外附属及构筑物工程综合单价分析表计算。

15-1 室外附属及构筑物工程施工图片

任务 15.1 室外附属及构筑物工程量计算说明

15.1.1 室外附属及构筑物工程

1. 池 类

(1)构筑物及室外工程涉及的贮水池、贮油池、清水池、沉淀池、循环水池、生化水池、冷却水池、隔油池、化粪池等,不分贮存介质,均按池类相应定额执行。

(2)砖砌体池壁,不分厚度,区分直弧形,执行相应定额。

2. 井　类

（1）构筑物及室外工程涉及的雨水井、污水井、沉泥井、雨水口、燃气井、电力井、水表井、阀门井等，区分不同材质，执行井类相应定额。

（2）砖砌体井壁，不分厚度，区分直弧形，执行相应定额。

（3）井盖及井座安装，区分不同材质，执行相应定额。

3. 贮　仓

（1）筒仓适用于高度在30 m及以下，仓壁厚度不变、上下断面一致，采用钢滑模施工工艺的圆形贮仓。

（2）仓基础与仓顶板之间的钢筋混凝土柱，包括上下柱头合并计算按柱的相应定额执行。

（3）仓顶板的梁与顶板合并计算，按仓顶板定额执行。

（4）筒仓按30 m以内的高度编制，若超过30 m时，相应定额项目人机消耗量乘以大于1的仓高比系数。

4. 水　塔

（1）钢筋混凝土水塔水箱的工程量按塔顶及槽底、水箱内外壁分别计算。塔顶包括顶板和圈梁，槽底包括底板挑出的斜壁板和圈梁等。

（2）水箱底不分平底、拱底，水箱顶不分锥形、球形，均按本定额执行。

（3）砖支筒钢筋混凝土水箱，按钢筋混凝土水塔相应定额执行。

（4）水塔砌体内加固钢筋，钢梯、围栏、铁件的制安及刷油等项目，按相应定额执行。

5. 烟　囱

（1）砖烟囱及其砖内衬加工模形砖，已包括在项目内，不另计算。

（2）烟囱筒身原浆勾缝和烟囱帽抹灰已包括在项目内，不另计算。如设计规定加浆勾缝时，按墙柱面工程相应项目计算，原浆勾缝的工料不予扣除。

（3）烟囱铁梯、围杆及紧箍圈的制作、安装及刷油，按相应定额执行。

（4）为了内衬稳定及防止隔热材料下沉，内衬深入筒身的连接横砖，已包括在内衬项目中，不另计算。

（5）在内衬上抹水泥排水坡，其工料已包括在项目内，不另计算。

（6）烟道中的钢筋混凝土构件，按相应定额执行。

（7）钢筋混凝土烟道，按混凝土地沟项目执行，架空烟道除外。

（8）烟囱的钢筋混凝土集灰斗（包括：分隔墙、水平隔墙、梁、柱等），按相应定额执行。

6. 成品构筑物

（1）成品井盖安装区分材质不区分直径和承载力执行相应定额。

（2）成品盖板安装区分材质不区分厚薄及规格型号执行相应定额。

（3）成品井筒安装区分材质不区分直径和壁厚执行相应定额。井筒深按1 m编制，深度不同时按每增减0.1 m定额调整。

（4）成品塑料井安装区分不同井径执行相应项目，接管规格及数量在成品井体的价格中考虑，仅含井体的安装及与管道的连接，垫层、挖填、井筒、井盖等另按相应定额执行。

（5）成品化粪池安装区分不同材质和容积执行相应定额，仅含池体安装及与管道的连接，垫层、挖填、井筒、井盖等另按相应项目执行。

（6）其他成品安装不区分规格型号及材质执行相应定额。

7. 室外道路及场地

（1）道路及场地工程包含路床整形及路基、道路场地垫层和面层、人行道侧缘石及其他。

（2）除路基盲沟外，均不包括土方，土方另按相应项目规定计算。

（3）盲沟设计图示尺寸与定额截面不一致时，相应定额乘以盲沟截面比例系数进行调整；滤管直径不同时，仅调整滤管主材。若使用土工布时，另执行相应章节土工布定额。

（4）道路基层、道路垫层、道路面层已包括机械碾压，如采用其他机械时不作调整。

（5）块料面层路面如铺多边形砖时人工乘以系数 1.15；铺拼图案砖时人工乘以系数 1.33。

（6）路面磨耗层按 20 mm 厚编制，实际不同时不作调整。

（7）侧缘石安装项目，均不包括底部垫层，若有，按设计要求另列项目计算。

（8）混凝土路面及场地相应定额项目不包含切缝、嵌缝、刻痕内容。

（9）切缝和嵌缝按 6 mm 宽、5 cm 深编制，切、嵌缝深不同时按每增减 1 cm 定额调整。

8. 其他说明

（1）现浇混凝土构件的模板未包括在混凝土项目内，在构筑物模板中单独列项。

（2）若设计混凝土强度等级和砂浆等级与定额项目不同时，据实调整；砌筑与抹灰砂浆均按干混预拌砂浆编制，如遇现拌砂浆或湿拌预拌砂浆时，按相关规定进行换算调整。

（3）混凝土按预拌混凝土编制。有关预拌混凝土、混凝土采用现场搅拌时的调整、混凝土泵送等按云南省建筑工程计价标准"第五章　混凝土及钢筋混凝土工程"相应规定执行。

任务 15.2　室外附属及构筑物工程量计算规则

15.2.1　室外附属及构筑物工程清单项目划分

室外附属及构筑物工程清单项目划分为 070101～070205，详见表 15-1。

表 15-1　室外附属及构筑物工程清单项目表（编号：070101～070205）

序号	项目编码	项目名称	项目特征描述	计量单位	工程量计算规则	工作内容
1	070101001001	池底板	1. 池形状、池深 2. 垫层材料种类、厚度 3. 混凝土种类 4. 混凝土强度等级	m³	按设计图示尺寸以体积计算，不扣除构件内钢筋、预埋铁件及单个面积≤0.3 m² 的孔洞所占体积	1. 模板及支架（撑）制作、安装、拆除、堆放、运输及清理模内杂物、刷隔离剂等 2. 混凝土制作、运输、浇筑、振捣、养护
2	070101002001	池壁	1. 池形状、池深 2. 混凝土种类 3. 混凝土强度等级 4. 壁厚			

续表

序号	项目编码	项目名称	项目特征描述	计量单位	工程量计算规则	工作内容
3	070101003001	池顶板	1. 池形状 2. 板类型 3. 混凝土种类 4. 混凝土强度等级	m³		
4	070101004001	池内柱	1. 混凝土种类 2. 混凝土强度等级 3. 柱形状及截面尺寸			1. 模板及支架（撑）制作、安装、拆除、堆放、运输及清理模内杂物、刷隔离剂等 2. 混凝土制作、运输、浇筑、振捣、养护 3. 砂浆制作、运输 4. 砌块砌筑、勾缝
5	070101005001	池隔墙	1. 隔墙材料品种、规格 2. 材料强度等级 3. 墙体厚度			
6	070102001001	仓基础	1. 基础类型、埋深 2. 混凝土种类 3. 混凝土强度等级		按设计图示尺寸以体积计算，不扣除构件内钢筋、预埋铁件和伸入承台基础的桩头所占体积	
7	070102002001	仓底板	1. 仓类型 2. 仓截面尺寸 3. 仓底板厚度 4. 混凝土种类 5. 混凝土强度等级	m³		1. 模板及支架（撑）制作、安装、拆除、堆放、运输及清理模内杂物、刷隔离剂等 2. 混凝土制作、运输、浇筑、振捣、养护
8	070102003001	仓壁	1. 仓类型 2. 仓截面尺寸及壁厚 3. 仓壁高度 4. 混凝土种类 5. 混凝土强度等级		按设计图示尺寸以体积计算，不扣除构件内钢筋、预埋铁件及单个面积≤0.3 m²的孔洞所占体积	
9	070102004001	仓顶板	1. 仓类型 2. 仓截面尺寸 3. 顶板类型 4. 混凝土种类 5. 混凝土强度等级			

续表

序号	项目编码	项目名称	项目特征描述	计量单位	工程量计算规则	工作内容
10	070102005001	仓内柱	1. 柱形状 2. 柱截面尺寸 3. 混凝土种类 4. 混凝土强度等级	m³	按设计图示尺寸以体积计算,不扣除构件内钢筋、预埋铁件所占体积。 柱高: 1. 有梁板的柱高,应自柱基上表面至有梁板上表面之间的高度计算 2. 无梁板的柱高,应自柱基上表面至柱帽下表面之间的高度计算	1. 模板及支架(撑)制作、安装、拆除、堆放、运输及清理模内杂物、刷隔离剂等 2. 混凝土制作、运输、浇筑、振捣、养护
11	070102006001	仓内墙	1. 混凝土种类 2. 混凝土强度等级		按设计图示尺寸以体积计算,不扣除构件内钢筋、预埋铁件及单个面积≤0.3 m²的孔洞所占体积,墙垛及突出墙面部分并入墙体体积内计算	
12	070102007001	仓底填料	1. 填料名称 2. 填料类别、强度等级		按设计图示尺寸以体积计算	1. 模板及支架(撑)制作、安装、拆除、堆放、运输及清理模内杂物、刷隔离剂等 2. 填料制作、运输、浇筑、振捣、养护
13	070102008001	仓漏斗	1. 漏斗形状 2. 混凝土种类 3. 混凝土强度等级		按设计图示尺寸以体积计算,不扣除构件内钢筋、预埋铁件及单个面积≤0.3 m²的孔洞所占体积,仓壁和漏斗按相互交点的水平线为分界线,漏斗上口圈梁并入漏斗工程量	1. 模板及支架(撑)制作、安装、拆除、堆放、运输及清理模内杂物、刷隔离剂等 2. 混凝土制作、运输、浇筑、振捣、养护

续表

序号	项目编码	项目名称	项目特征描述	计量单位	工程量计算规则	工作内容
14	070103001001	水塔基础	1. 基础类型、埋深 2. 混凝土种类 3. 混凝土强度等级	m³	按设计图示尺寸以体积计算,不扣除构件内钢筋、预埋铁件和伸入承台基础的桩头所占体积	1. 模板及支架(撑)制作、安装、拆除、堆放、运输及清理模内杂物、刷隔离剂等 2. 混凝土制作、运输、浇筑、振捣、养护
15	070103002001	水塔塔身	1. 塔身类型 2. 塔身高度 3. 混凝土种类 4. 混凝土强度等级		按设计图示尺寸以体积计算,不扣除构件内钢筋、预埋铁件及单个面积≤0.3 m²的孔洞所占体积,依附于塔身的过梁、雨篷、挑檐等应并入塔身体积内	
16	070103003001	水塔水箱	1. 水箱容积 2. 混凝土种类 3. 混凝土强度等级		按设计图示尺寸以体积计算,不扣除构件内钢筋、预埋铁件及单个面积≤0.3 m²的孔洞所占体积	1. 模板及支架(撑)制作、安装、拆除、堆放、运输及清理模内杂物、刷隔离剂等 2. 混凝土制作、运输、浇筑、振捣、养护 3. 混凝土预制构件、组装、提升、就位 4. 砂浆制作、运输 5. 接头灌缝、养护
17	070103004001	水塔环梁	1. 混凝土种类 2. 混凝土强度等级		按设计图示尺寸以体积计算,不扣除构件内钢筋、预埋铁件所占体积	1. 模板及支架(撑)制作、安装、拆除、堆放、运输及清理模内杂物、刷隔离剂等 2. 混凝土制作、运输、浇筑、振捣、养护
18	070104001001	基础	1. 基础类型、埋深 2. 混凝土种类 3. 混凝土强度等级	m³	按设计图示尺寸以体积计算,不扣除构件内钢筋、预埋铁件所占体积	1. 模板及支架(撑)制作、安装、拆除、堆放、运输及清理模内杂物、刷隔离剂等 2. 混凝土制作、运输、浇筑、振捣、养护
19	070104002001	冷却塔柱	1. 混凝土种类 2. 混凝土强度等级			
20	070104003001	冷却塔内隔板	1. 隔板类型 2. 混凝土种类 3. 混凝土强度等级		按设计图示尺寸以体积计算,不扣除构件内钢筋、预埋铁件及单个面积≤0.3 m²的孔洞所占体积,墙垛及突出墙面部分并入墙体体积内计算	

续表

序号	项目编码	项目名称	项目特征描述	计量单位	工程量计算规则	工作内容
21	070104004001	冷却塔梁	1. 混凝土种类 2. 混凝土强度等级	m³	按设计图示尺寸以体积计算,不扣除构件内钢筋、预埋铁件所占体积,伸入墙内的梁头、梁垫并入梁体积内 梁长: 1. 梁与柱连接时,梁至柱侧面 2. 主梁与次梁连接时,次梁长算至主梁侧面	
22	070104005001	冷却塔顶板	1. 混凝土种类 2. 混凝土强度等级 3. 板类型		按设计图示尺寸以体积计算,不扣除构件内钢筋、预埋铁件及单个面积≤0.3 m²的孔洞所占体积,有梁板(包括主、次梁与板)按梁、板体积之和计算,无梁板按板和柱帽体积之和计算	1. 模板及支架(撑)制作、安装、拆除、堆放、运输及清理模内杂物、刷隔离剂等 2. 混凝土制作、运输、浇筑、振捣、养护 3. 砂浆制作、运输
23	070104006001	外部围护结构(混凝土)	1. 墙板类型 2. 混凝土种类 3. 混凝土强度等级		按设计图示尺寸以体积计算,不扣除构件内钢筋、预埋铁件所占体积,扣除单个面积≤0.3 m²的孔洞所占体积,导风板部分并入墙板体积内计算	1. 模板及支架(撑)制作、安装、拆除、堆放、运输及清理模内杂物、刷隔离剂等 2. 混凝土制作、运输、浇筑、振捣、养护
24	070105001001	基础	1. 基础类型、埋深 2. 混凝土种类 3. 混凝土强度等级	m³	按设计图示尺寸以体积计算,不扣除钢筋、铁件及单个面积≤0.3 m²孔洞所占体积,下环梁、进水管道基础、中央竖井基础并入冷却塔基础中	1. 模板及支架(撑)制作、安装、拆除、堆放、运输及清理模内杂物、刷隔离剂等 2. 混凝土制作、运输、浇筑、振捣、养护

续表

序号	项目编码	项目名称	项目特征描述	计量单位	工程量计算规则	工作内容
25	070105002001	水池底板	1. 混凝土种类 2. 混凝土强度等级	m^3	按设计图示尺寸以体积计算，不扣除钢筋、铁件及单个面积≤0.3 m^2 孔洞所占体积，壁板与底板交叉部位的三角形体积并入壁板中，淋水构架基础并入水池底板中	
26	070105003001	水池壁板			按设计图示尺寸以体积计算，不扣除钢筋、铁件及单个面积≤0.3 m^2 孔洞所占体积，进水口、出水口并入水池壁板中	
27	070105004001	人字柱	1. 混凝土种类 2. 混凝土强度等级		按设计图示尺寸以体积计算，不扣除钢筋、铁件所占体积	1. 模板及支架（撑）制作、安装、拆除、堆放、运输及清理模内杂物、刷隔离剂等 2. 混凝土制作、运输、浇筑、振捣、养护 3. 混凝土预制、场内运输、吊装、接头
28	070105005001	塔壁	1. 混凝土种类 2. 混凝土强度等级 3. 壁厚		按设计图示尺寸以体积计算，不扣除钢筋、铁件及单个面积≤0.3 m^2 孔洞所占体积，托架牛腿、上环梁、塔筒首并入塔壁中	1. 模板及支架（撑）制作、安装、拆除、堆放、运输及清理模内杂物、刷隔离剂等 2. 混凝土制作、运输、浇筑、振捣、养护
29	070105006001	淋水构架	1. 淋水面积 2. 混凝土种类 3. 混凝土强度等级		按设计图示尺寸以体积计算，不扣除钢筋、铁件所占体积	1. 模板及支架（撑）制作、安装、拆除、堆放、运输及清理模内杂物、刷隔离剂等 2. 混凝土制作、运输、浇筑、振捣、养护 3. 混凝土预制、场内运输、吊装、接头
30	070105007001	水槽	1. 混凝土种类 2. 混凝土强度等级		按设计图示尺寸以体积计算，不扣除钢筋、铁件及单个面积≤0.3 m^2 孔洞所占体积	

续表

序号	项目编码	项目名称	项目特征描述	计量单位	工程量计算规则	工作内容
31	070105008001	中央竖井	1. 竖井顶标高 2. 竖井壁厚 3. 竖井内径 4. 混凝土种类 5. 混凝土强度等级	m³	按设计图示尺寸以体积计算,不扣除钢筋、铁件及单个面积≤0.3 m²孔洞所占体积,与水槽连接部分并入竖井中,竖井与竖井基础以水池底板顶标高分界	1. 模板及支架(撑)制作、安装、拆除、堆放、运输及清理模内杂物、刷隔离剂等 2. 混凝土制作、运输、浇筑、振捣、养护
32	070106001001	烟囱基础	1. 烟囱高度 2. 烟囱上口内径 3. 基础类型 4. 混凝土种类 5. 混凝土强度等级	m³	按设计图示尺寸以体积计算,不扣除构件内钢筋、预埋铁件及单个面积≤0.3 m²的孔洞所占体积,钢筋混凝土烟囱基础包括基础底板及筒座,筒座以上为筒壁	1. 模板及支架(撑)制作、安装、拆除、堆放、运输及清理模内杂物、刷隔离剂等 2. 混凝土制作、运输、浇筑、振捣、养护
33	070106002001	烟囱筒壁	1. 烟囱高度 2. 烟囱上口内径 3. 混凝土种类 4. 混凝土强度等级			
34	070106003001	烟囱隔热层	1. 烟囱高度 2. 烟囱上口内径 3. 隔热层材料品种、规格		按设计图示尺寸以体积计算	1. 材料铺贴
35	070106004001	烟囱内衬	1. 烟囱高度 2. 烟囱上口内径 3. 内衬材料品种、规格			1. 砌筑、勾缝 2. 材料搅拌、运输浇筑、振捣、养护
36	070107001001	烟道顶板	1. 混凝土种类 2. 混凝土强度等级	m³	按设计图示尺寸以体积计算,不扣除构件内钢筋、预埋铁件及单个面积≤0.3 m²的孔洞所占体积	1. 模板及支架(撑)制作、安装、拆除、堆放、运输及清理模内杂物、刷隔离剂等 2. 混凝土制作、运输、浇筑、振捣、养护
37	070107002001	烟道壁板				
38	070107003001	烟道底板				
39	070107004001	烟道隔热层	1. 烟道断面净空尺寸、长度 2. 隔热层材料品种、规格		按设计图示尺寸以体积计算	1. 材料铺贴

续表

序号	项目编码	项目名称	项目特征描述	计量单位	工程量计算规则	工作内容
40	070107005001	烟道内衬	1. 烟道断面净空尺寸、长度 2. 内衬材料品种、规格	m³		1. 模板及支架（撑）制作、安装、拆除、堆放、运输及清理模内杂物、刷隔离剂等 2. 砌筑、勾缝 3. 材料搅拌、运输浇筑、振捣、养护
41	070108001001	隧道底板			按设计图示尺寸以体积计算，不扣除钢筋、铁件及单个面积≤0.3 m²孔洞所占体积	
42	070108002001	隧道壁板	1. 隧道断面净空尺寸 2. 混凝土种类 3. 混凝土强度等级	m³	按设计图示尺寸以体积计算，不扣除钢筋、铁件及单个面积≤0.3 m²孔洞所占体积,壁板与顶板和底板交叉部位的三角形体积并入壁板中	1. 模板及支架（撑）制作、安装、拆除、堆放、运输及清理模内杂物、刷隔离剂等 2. 混凝土制作、运输、浇筑、振捣、养护
43	070108003001	隧道顶板			按设计图示尺寸以体积计算，不扣除钢筋、铁件及单个面积≤0.3 m²孔洞所占体积	
44	070109001001	沟道（槽）底板			按设计图示尺寸以体积计算，不扣除钢筋、铁件及单个面积≤0.3 m²的孔洞所占体积	1. 模板及支架（撑）制作、安装、拆除、堆放、运输及清理模内杂物、刷隔离剂等 2. 混凝土制作、运输、浇筑、振捣、养护
45	070109002001	沟道（槽）壁板	1. 沟道断面净空尺寸 2. 混凝土种类 3. 混凝土强度等级	m³	按设计图示尺寸以体积计算，不扣除钢筋、铁件及单个面积≤0.3 m²的孔洞所占体积,壁板与底板交叉部位的三角形体积并入壁板中	

续表

序号	项目编码	项目名称	项目特征描述	计量单位	工程量计算规则	工作内容
46	070109003001	沟道（槽）盖板	1. 单块盖板尺寸 2. 混凝土种类 3. 混凝土强度等级 4. 砂浆或细石混凝土强度等级	m³	按设计图示尺寸以体积计算，不扣除孔洞所占体积	1. 模板及支架（撑）制作、安装、拆除、堆放、运输及清理模内杂物、刷隔离剂等 2. 混凝土制作、运输、浇筑、振捣、养护 3. 盖板预制、场内运输、安装 4. 砂浆或细石混凝土制作、运输、灌缝、养护
47	070109004001	充砂	1. 砂种类		按设计图示尺寸以体积计算，不扣除电缆、电缆支架等所占体积	1. 备料 2. 场内运输 3. 充填
48	070110001001	基础	1. 基础类型、埋深 2. 混凝土种类 3. 混凝土强度等级		按设计图示尺寸以体积计算，不扣除构件内钢筋、预埋铁件及伸入承台基础的桩头所占体积	1. 模板及支架（撑）制作、安装、拆除、堆放、运输及清理模内杂物、刷隔离剂等 2. 混凝土制作、运输、浇筑、振捣、养护
49	070110002001	刮料层	1. 刮料层组成：矩形柱、梁板、挑檐板、筒壁 2. 混凝土种类 3. 混凝土强度等级	m³	按设计图示尺寸以体积计算，不扣除构件内钢筋、预埋铁件及单个面积≤0.3 m²的孔洞所占体积	
50	070110003001	喷淋层	1. 喷淋层组成：劲性梁、矩形墙 2. 混凝土种类 3. 混凝土强度等级			
51	070110004001	其他部位	1. 其他部位组成：塔顶板、塔顶挑檐板、环形梁、电梯井壁、楼梯间平台板 2. 混凝土种类 3. 混凝土强度等级			

续表

序号	项目编码	项目名称	项目特征描述	计量单位	工程量计算规则	工作内容
52	070110005001	楼梯预制构件	1. 楼梯预制构件类型：踏步板、平台板 2. 混凝土强度等级	m³	按设计图示尺寸以体积计算	1. 模板及支架（撑）制作、安装、拆除、堆放、运输及清理模内杂物、刷隔离剂等 2. 混凝土制作、运输、浇筑、振捣、养护 3. 构件运输、安装 4. 灌浆
53	070111001001	支架基础	1. 基础类型、埋深 2. 混凝土种类 3. 混凝土强度等级	m³	按设计图示尺寸以体积计算，不扣除构件内钢筋、预埋铁件及伸入承台基础的桩头所占体积	1. 模板及支架（撑）制作、安装、拆除、堆放、运输及清理模内杂物、刷隔离剂等 2. 混凝土制作、运输、浇筑、振捣、养护
54	070111002001	混凝土支架	1. 支架类型 2. 混凝土种类 3. 混凝土强度等级		按设计图示尺寸以体积计算，不扣除构件内钢筋、预埋铁件所占体积	
55	070111003001	预制梁	1. 单件体积 2. 混凝土种类 3. 混凝土强度等级 4. 砂浆强度等级、配合比	1. m³ 2. 根	1. 以立方米计量，按设计图示尺寸以体积计算，不扣除构件内钢筋、预埋铁件所占体积 2. 以根计量，按设计图示以数量计算	1. 模板及支架（撑）制作、安装、拆除、堆放、运输及清理模内杂物、刷隔离剂等 2. 混凝土制作、运输、浇筑、振捣、养护 3. 构件运输、安装 4. 砂浆制作、运输 5. 接头灌缝、养护
56	070111004001	预制走道板	1. 构件尺寸 2. 混凝土种类 3. 混凝土强度等级 4. 砂浆强度等级、配合比	1. m³ 2. 块	1. 以立方米计量，按设计图示尺寸以体积计算，不扣除构件内钢筋、预埋铁件及单个面积≤0.3 m²的孔洞所占体积 2. 以块计量，按设计图示以数量计算	
57	070111005001	压型钢板围护结构	1. 钢材品种、规格 2. 压型钢板厚度、复合板厚度 3. 复合板夹心材料种类、层数、型号、规格	m²	按设计图示尺寸以铺挂面积计算，不扣除单个面积≤0.3 m²的孔洞所占面积，包角、包边、泛水等不另增加面积	制作、运输、安装、刷油漆
58	070111006001	其他围护结构	1. 围护材料品种、规格 2. 安装方式			

续表

序号	项目编码	项目名称	项目特征描述	计量单位	工程量计算规则	工作内容
59	070112001001	井	1. 井类型、规格尺寸 2. 垫层材料种类、厚度 3. 混凝土种类 4. 混凝土强度等级 5. 砂浆强度等级、配合比 6. 防潮层材料种类	座	按设计图示以座计算	1. 土方挖、填、运 2. 铺设垫层 3. 模板及支架（撑）制作、安装、拆除、堆放、运输及清理模内杂物、刷隔离剂等 4. 混凝土制作、运输、浇筑、振捣、养护 5. 抹防潮层
60	070113001001	电梯井基础	1. 基础类型 2. 混凝土种类 3. 混凝土强度等级	m^3	按设计图示尺寸以体积计算，不扣除构件内钢筋、预埋铁件及伸入承台基础的桩头所占体积	1. 模板及支架（撑）制作、安装、拆除、堆放、运输及清理模内杂物、刷隔离剂等 2. 混凝土制作、运输、浇筑、振捣、养护
61	070113002001	电梯井壁	1. 井壁高度 2. 井壁厚度 3. 混凝土种类 4. 混凝土强度等级	m^3	按设计图示尺寸以体积计算，不扣除构件内钢筋、预埋铁件及单个面积≤0.3 m^2 的孔洞所占体积	1. 模板及支架（撑）制作、安装、拆除、堆放、运输及清理模内杂物、刷隔离剂等 2. 混凝土制作、运输、浇筑、振捣、养护
62	070201001001	烟囱基础	1. 烟囱高度 2. 烟囱上口内径 3. 基础类型 4. 砌块品种、规格、强度等级 5. 砂浆强度等级	m^3	按设计图示尺寸以体积计算，扣除钢筋混凝土地梁（圈梁）所占体积，不扣除嵌入基础内钢筋、铁件、基础砂浆防潮层和单个面积≤0.3 m^2 的孔洞所占体积	1. 砂浆制作、运输 2. 砌块砌筑 3. 防潮层铺设
63	070201002001	烟囱筒壁	1. 烟囱高度 2. 烟囱上口内径 3. 砌块品种、规格、强度等级 4. 勾缝要求 5. 砂浆强度等级、配合比	m^3	按设计图示尺寸以体积计算，扣除各种孔洞、钢筋混凝土圈梁、过梁等的体积	1. 砂浆制作、运输 2. 砌块砌筑 3. 勾缝

续表

序号	项目编码	项目名称	项目特征描述	计量单位	工程量计算规则	工作内容
64	070201003001	烟道口加固框	1. 烟囱高度 2. 烟囱上口内径 3. 混凝土种类 4. 混凝土强度等级	m³	按设计图示尺寸以体积计算,不扣除构件内钢筋、预埋铁件所占体积	1. 模板及支架(撑)制作、安装、拆除、堆放、运输及清理模内杂物、刷隔离剂等 2. 混凝土制作、运输、浇筑、振捣、养护
65	070201004001	烟囱顶部圈梁				
66	070202001001	烟道	1. 烟道断面净空尺寸、长度 2. 砌块品种、规格、强度等级 3. 勾缝要求 4. 砂浆强度等级、配合比	m³	按设计图示尺寸以体积计算	1. 砂浆制作、运输 2. 砌块砌筑 3. 勾缝
67	070202002001	烟道预制顶板	1. 烟道顶板厚度 2. 混凝土种类 3. 混凝土强度等级	m³	按设计图示尺寸以体积计算,不扣除构件内钢筋、预埋铁件所占体积	1. 模板及支架(撑)制作、安装、拆除、堆放、运输及清理模内杂物、刷隔离剂等 2. 混凝土制作、运输、浇筑、振捣、养护 3. 构件运输、安装 4. 灌缝材料制作、运输 5. 接头灌缝、养护
68	070203001001	沟道(槽)	1. 沟道断面净空尺寸 2. 砌块品种、规格、强度等级 3. 砂浆类别与强度等级	m³	按设计图示尺寸以体积计算,不扣除单个面积≤0.3 m²的孔洞所占体积	1. 砌块砌筑 2. 勾缝
69	070204001001	井	1. 井类型、规格尺寸 2. 砌块种类、规格 3. 勾缝要求 4. 垫层材料种类、厚度 5. 砂浆强度等级、配合比 6. 防潮层材料种类	座	按设计图示以座计算	1. 土方挖、填、运 2. 铺设垫层 3. 砂浆制作、运输 4. 砌块砌筑、勾缝、抹灰 5. 抹防潮层
70	070205001001	铸铁盖板	盖板规格型号	块	按设计图示以块计算	盖板制作、运输、安装
71	070205002001	玻璃钢盖板				

15.2.2 室外附属及构筑物工程量计算规则

1. 池类工程量计算规则

（1）池底混凝土不分平底、坡底、锥形底，均按池底计算。平底包括池壁下部的扩大部分，锥形底算至基梁底面，无壁基梁时算至锥形底坡的上口。

（2）壁基梁系指池壁与坡底或锥底上相衔接的池壁基础梁，壁基梁的高度为梁底至池壁下部的底面，如与锥形底连接时，算至梁的底面。

（3）无梁盖柱的柱高，自池底表面算至池盖的下表面，柱座柱帽并入池内立柱体积计算。

（4）池壁不分厚度计算（断面梯形的池壁厚度按平均厚度计算），其高度不包括池壁上下处的扩大部分。无扩大部分时，算至池盖底面。

（5）无梁盖包括与池壁相连的扩大部分的体积；肋形盖应包括主、次梁及盖部分的体积；球形盖应自池壁顶面以上包括边侧梁的体积在内。

（6）各类池盖中的出入孔、透气管、水泥盖以及与盖相连接的混凝土结构，均应与池盖体积合并计算。

（7）池内坑槽不分底壁，按设计图示尺寸以混凝土体积计算。

（8）砖砌池的独立柱，按相应项目计算，如有混凝土柱，按池内立柱项目计算。

（9）砖砌池壁不分壁厚，区分直形和弧形以体积计算，洞口上的砖平、拱璇等并入砌体体积计算。

2. 井类工程量计算规则

（1）井底混凝土不分平底、坡底，均按井底体积计算。

（2）井壁混凝土不分直形、弧形，均按井壁体积计算。

（3）井盖混凝土不分有肋、无肋，均按井盖体积计算。

（4）砖砌井壁以砌体体积计算。

3. 贮仓工程量计算规则

（1）仓底板、仓壁、仓顶板：按设计图示尺寸以体积计算，不扣除构件内钢筋、预埋软件、伸入承台基础的桩头所占体积及单个 $0.3 m^2$ 的孔洞所占体积。

（2）仓内柱：按设计图示尺寸以体积计算，不扣除构件内钢筋、预埋铁件所占体积。柱高：有梁板的柱高，应自柱基上表面至有梁板上表面之间的高度计算；无梁板的柱高，应自柱基上表面至柱帽下表面之间的高度计算。

（3）仓内墙：按设计图示尺寸以体积计算，不扣除构件内钢筋、预埋铁件及单个面积 $\leqslant 0.3 m^2$ 的孔洞所占体积，墙垛及突出墙面的部分并入墙体体积内计算。

（4）仓底填料：按设计图示尺寸以体积计算。

（5）仓漏斗：按设计图示尺寸以体积计算，不扣除构件内钢筋、预埋铁件及单个面积 $\leqslant 0.3 m^2$ 的孔洞所占体积，仓壁和漏斗按相互交点的水平线为分界线，漏斗上口圈梁并入漏斗工程量。

（6）矩形仓分立壁和斜壁。各按不同厚度计算体积。立壁和斜壁的分界线按相互交点的水平线为分界线，壁上圈梁并入斜壁工程量内，基础、支撑漏斗的柱和柱间的连系梁分别按相应定额计算。

（7）贮仓工程量应分仓基础板、仓顶板、仓壁等部分计算。仓壁高度应自基础板顶面算至仓顶板底面，扣除 0.3 m² 以上的孔洞以体积计算。

（8）造粒塔筒壁：圆形塔筒壁由框架顶圈上表面起计算，方形楼梯井壁由塔外地坪起计算，扣除大于 0.3 m² 的孔洞以体积计算。

4. 水塔工程量计算规则

（1）水塔基础：按设计图示尺寸以体积计算，不扣除构件内钢筋、预埋铁件和伸入承台基础的桩头所占体积。

（2）水塔塔身：按设计图示尺寸以体积计算，不扣除构件内钢筋、预埋铁件及单个面积 ≤0.3 m² 的孔洞所占体积，依附于塔身的过梁、雨篷、挑檐等并入塔身体积计算。

（3）水塔水箱：按设计图示尺寸以体积计算，不扣除构件内钢筋、预埋铁件及单个面积 ≤0.3 m² 的孔洞所占体积。

（4）水塔环梁：按设计图示尺寸以体积计算，不扣除构件内钢筋、预埋铁件所占体积。

（5）钢筋混凝土基础以体积计算。筒式塔身以钢筋混凝土基础扩大顶面为分界线，以上为塔身，以下为基础；柱式塔身以柱脚与基础底板或梁交接处为分界线，以上为塔身，以下为基础；与基础底板相连的梁，并入基础计算。

（6）筒身与槽底的分界，以与槽底相连的圈梁底为界，圈梁底以上为槽底，以下为筒身。

（7）筒式塔身按实体体积计算，扣除门窗洞口所占体积，依附于筒身的过梁、雨篷、挑檐等，工程量并入筒身体积计算；柱式塔，不分柱、梁和直柱、斜柱，均以实体体积合并计算。

（8）砖水箱（槽）内外壁，不分壁厚，均按图示砌体体积计算。

5. 烟囱工程量计算规则

（1）砖烟囱基础：按设计图示尺寸以体积计算，扣除钢筋混凝土地梁（圈梁）所占体积，不扣除嵌入基础内钢筋、铁件、基础砂浆防潮层和单个面积 ≤0.3 m² 的孔洞所占体积。

（2）砖烟囱筒壁：按设计图示尺寸以体积计算，扣除各种孔洞、钢筋混凝土圈梁、过梁等所占体积。

（3）烟道口加固框、烟囱顶部圈梁：按设计图示尺寸以体积计算，不扣除构件内钢筋、预埋铁件所占体积。

（4）砖烟囱的钢筋混凝土圈梁和过梁，按实体体积计算，分别执行相应定额。

（5）砖烟道：按设计图示尺寸以体积计算。

（6）烟道砖砌：烟道与炉体的划分以第一道闸门为准，炉体内的烟道部分并入炉体以体积计算。

（7）烟道预制顶板：按设计图示尺寸以体积计算，不扣除构件内钢筋、预埋铁件所占体积。

（8）钢筋混凝土烟囱基础、烟囱筒壁：按设计图示尺寸以体积计算，不扣除构件内钢筋、预埋铁件及单个面积 ≤0.3 m² 的孔洞所占面积，钢筋混凝土烟囱基础包括基础底板及筒座，筒座以上为筒壁。

（9）烟囱隔热层、烟囱内衬：按设计图示尺寸以体积计算。

（10）烟道、烟囱内衬区分不同内衬材料，扣除孔洞后，按图示尺寸以体积计算。

6. 成品构筑物工程量计算规则

（1）井盖井座安装按套计算；成品盖板安装按面积计算。
（2）井筒安装按座计算，深度不同时据实调整。
（3）塑料井井体安装按座计算。
（4）成品化粪池安装按座计算。

7. 室外道路及场地工程量计算规则

（1）道路及场地面层、垫层、基层按设计图示尺寸以面积计算，设计厚度与定额取定不同时，按相应定额调整。路槽垫层、基层按设计宽度，设计未注明时，按设计路面宽度每侧增加 25 cm 计算。
（2）路床（槽）辗压按设计道路基层底宽乘以路床（槽）长度以面积计算，不扣除各类井所占面积。
（3）盲沟按设计图示尺寸以长度计算。
（4）道路基层按设计图示尺寸以面积计算，扣除树池面积，不扣除各类井所占面积；道路基层设计截面为梯形时，按其截面平均宽度计算面积。
（5）道路面层不扣除各类井所占面积，带平石的面层应扣除平石所占面积。
（6）伸缝按设计缝长乘以设计缝深以面积计算。
（7）缩缝中切缝、塑料油膏嵌缝按设计长度计算；PG 道路嵌缝胶嵌缝、路面及场地刻痕以实嵌及实刻幅度面积计算。
（8）混凝土路面边缘加固项目中已包括双面 V 形加固的工料，工程量按单面边长以长度计算，T 形交叉部分的侧边缘加固长度，应按加固长度 1/2 计算，等厚式加固的钢筋用量，按设计规定计算，执行相应定额。
（9）人行道板铺设、铺砖按设计图示尺寸以面积计算，扣除树池面积，不扣除各类井所占面积。
（10）人行道板垫层按设计图示尺寸以面积计算。
（11）侧缘石垫层按设计图示尺寸以体积计算。
（12）安砌侧（平）缘石按设计图示中心线长度计算。
（13）侧缘石后座混凝土按设计图示尺寸以体积并入垫层工程量计算，模板制安按实际接触面积计算。

8. 室外附属及构筑物其他工程量计算规则

构筑物混凝土的工程量按设计图示尺寸以体积计算，不扣除钢筋、预埋铁件及单个面积 $\leq 0.3 \mathrm{~m}^2$ 的孔洞所占体积。

任务 15.3　室外附属及构筑物工程量计算

1. 烟囱筒身工程量计算

圆形、方形筒身均按图示筒壁平均中心线周长乘以厚度并扣除筒身 $0.3 \mathrm{~m}^2$ 以上的孔洞。其筒壁周长不同时可按下式分段计算：

$$V = H \times t \times \pi D \tag{15-1}$$

式中　V——筒身体积；
　　　H——每段筒身垂直高度；
　　　t——每段筒壁厚度；
　　　D——每段筒壁中心线的平均直径。

环梁（圈梁）工程量可按环梁横截面乘以环梁中心线长度计算：

$$V = S \times \pi D \tag{15-2}$$

式中　V——环梁体积；
　　　S——环梁横截面面积；
　　　D——环梁中心线直径。

2. 水塔基础工程量计算

水塔基础一般多为圆形满堂式或环形台阶式或独立，其工程量按图示尺寸以"立方米"计算。

圆形满堂基础计算公式如下：

$$V = H \times \pi D \tag{15-3}$$

式中　H——基础厚度；
　　　D——基础直径。

圆环式基础计算公式如下：

$$V = H \times \pi \times (R^2 - r^2) \tag{15-4}$$

式中　H——基础厚度；
　　　R——大圆半径；
　　　r——小圆半径。

任务 15.4　室外附属及构筑物工程量计算技能实训

1. 实训资料

已知某砖砌烟囱如图 15-1 所示，M10 混合砂浆砌筑，筒身高 30 m，筒身方位分为 3 段：下段高 10 m，下口中心直径 2 m，上口中心直径 1.65 m，壁厚 250 mm；中段高 10 m，下口中心直径 1.7 m，上口中心直径 1.4 m，壁厚 200 mm；上段高 10 m，下口中心直径 1.45 m，上口中心直筋 1.1 m，壁厚 150 mm。

2. 实训要求

（1）计算出烟囱筒身工程量。
（2）计算出烟囱筒身项目清单与计价表。

(3)完成烟囱筒身的综合单价计算表的计算。

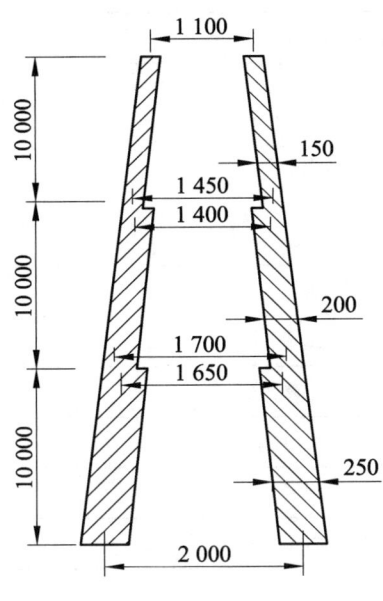

图 15-1 某砖砌烟囱筒身

3．实训方法步骤

（1）室外附属及构筑物工程列项，列项项目表 15-2。
（2）室外附属及构筑物工程量计算，计算详见表 15-2。

表 15-2 室外附属及构筑物分部分项工程量计算表

序号	项目编号	项目名称	定额编号	定额名称	计量单位	工程量	计算式
1	070201002001	烟囱筒壁	1-17-50	砖烟囱 筒身高度（m）40 以内	m³	30.07	10×0.25×(2+1.65)/2×3.14+10×0.2×(1.7+1.4)/2×3.14+10×0.15×(1.45+1.1)/2×3.14=30.07 m³

（3）选择计价依据。

根据某省《建筑工程计价标准》表中的室外附属及构筑物工程相关消耗量定额，完成该室外附属及构筑物的有关消耗量定额见表 15-3 所示。

（4）室外附属及构筑物工程综合单价计算表的计算，见表 15-4。根据表 15-3 中查出的项目定额单位、人工费、定额人工费、规费、材料费、机械费的单价，分别填入其他工程综合单价计算表中定额人工费、规费、材料费、机械费的相应单价栏内，并计算出该分项工程的定额人工费、规费、材料费、机械台班费的合价、管理费和利润、综合单价，详见表 15-4。

表 15-3　某省室外附属及构筑物工程相关消耗量定额表

定额编号				1-17-50
项目名称				砖烟囱
				筒身高度/m
				40 以内
				10 m³
基价/元				6 276.36
其中	人工费/元			2 889.57
	其中	定额人工费/元		2 407.98
		规费/元		481.59
	材料费/元			3 313.19
	机械费/元			73.60
	名称	单位	单价/元	数量
人工	综合工日 12	工日	154.44	18.710
材料	标准砖 240×115×53	千块	383.04	6.090
	干混普通抹灰砂浆 DM M10	m³	375.74	2.590
	水	m³	5.94	1.230
机械	干混砂浆罐式搅拌机 公称储量：20 000 L	台班	284.17	0.259

表15-4 室外附属及构筑物工程综合单价计算表

清单综合单价组成明细

序号	项目编码	项目名称	计量单位	工程量	定额编号	定额名称	定额单位	数量	单价/元					合价/元					综合单价/元
									人工费		材料费	机械费	基价	人工费		材料费	机械费		
									DR	规费				DR	规费			管理费	利润	风险费
1	070201002001	烟囱筒壁	m³	30.07	1-17-50	砖烟囱筒身高度(m) 40以内	10 m³	3.007	2 407.98	481.59	3 313.19	73.6		240.8	48.16	331.32	7.36	54.99	33.34		715.97

注：DR 代表定额人工费

合价=单价×数量÷清单工程量：

定额人工费合价=2 407.98×3.007÷30.07
=240.8

规费合价=481.59×3.007÷30.07
=48.16

材料费合价=3 313.19×3.007÷30.07
=331.32

机械费合价=73.6×3.007÷30.07
=7.36

管理费=（定额人工费+机械费×0.08）×0.227 8=54.99

利润=（定额人工费+机械费×0.08）×0.138 1=33.34

综合单价=人工费+规费+材料费+机械费+管理费+利润
=240.8+48.16+331.32+7.36+54.99+33.34
=715.97（元）

（5）室外附属及构筑物工程清单与计价表的计算，见表 15-5。根据工程量、综合单价，计算出合价，其中的定额人工费、规费、机械费（可根据工程量和表 15-4 中定额人工费、规费、机械费的合价相乘计算）、暂估价，详见表 15-5。

表 15-5　室外附属及构筑物工程清单与计价表

序号	项目编号	项目名称	项目特征描述	计量单位	工程量	金额/元			
						综合单价	合价	其中		
								定额人工费	机械费	暂估价
1	070201002001	烟囱筒壁	1. 材料品种、规格、颜色：20 mm 厚芝麻白大理石饰面 2. 尺寸：2 400 mm×750 mm	m³	30.07	715.97	21 529.22	4 356.54	112.46	
合　　计							13 271.09	4 356.5	112.46	

序号	项目编号	项目名称	项目特征描述	计量单位	工程量	金额/元					
						综合单价	合价	其中				
								人工费		机械费	暂估价
								DR	规费		
1	070201002001	烟囱筒壁	1. 材料品种、规格、颜色：20 mm 厚芝麻白大理石饰面 2. 尺寸：2 400 mm×750 mm	m³	30.07	715.97	21 529.22	7 240.86	1 448.17	221.32	
合　　计								21 529.22	7 240.86	1 448.17	221.32	

注：DR 代表定额人工费
　　合价=综合单价×数量
　　规费=规费单价×数量
　　机械费=机械单价×数量
　　材料费=331.32×30.07=9 962.79 元

（6）根据室外附属及构筑物工程和施工技术措施项目清单与计算表中的定额人工费之和加上机械费之和×0.08，乘上施工组织措施费的费率[（定额人工费+机械费×0.08）×费率（％）]，即得到室外附属及构筑物工程的施工组织措施费，计算结果详见表 15-6。

表15-6 室外附属及构筑物工程施工组织措施费计算表

序号	项目编号	项目名称	计算基础	费率/%	金额/元	调整费率/%	调整后金额/元	备注
1		绿色施工安全文明措施费						
1.1		安全文明施工及环境保护费	定额人工费+机械费×0.08 =7 240.86+221.32×0.08 =7 258.57	5.12	371.64			
1.2		临时设施费		2.76	200.34			
1.3		绿化施工措施费		5.94	431.16			
2		冬雨季施工增加费,工程定位复测费,工程交点、场地清理费		3.72	270.02			
3		夜间施工增加费		0.50	36.29			暂无
4		压缩工期增加费	定额人工费+机械费					暂无
5		行车、行人干扰增加费	定额人工费+机械费×0.08	8.85 4.20 4.20				暂无
6		已完工程及设备保护费						暂无
7		特殊地区施工增加费						暂无
8		其他施工组织措施费						暂无
		合 计			1 309.45			

注:1."其他施工组织措施费"在计价时需要列出具体费用名称。
2. 工程结算时按合同约定(或投标报价)调整费率和金额。

(7)完成室外附属及构筑物工程规费项目计算表的计算。根据室外附属及构筑物工程中的工程定额人工费和施工技术措施项目中的定额人工费,计算出室外附属及构筑物工程的有关规费,详见表15-7。

表15-7 室外附属及构筑物工程规费项目计算表

序号	工程名称		计算基础	计算费率	金额/元	备注
1	规费		定额人工费(包括工程定额人工费+技术措施项目定额人工费)	20%		
1.1	其中	社会保险费 养老保险费		9.01%	652.40	计入人工费内
		社会保险费 医疗保险费		6.39%	462.69	
1.2		住房公积金		4.60%	333.08	
1.3	其他规费	工伤保险(单独计列)		0.50%	36.20	计入税前费用
		工程排污费	按有关部门规定计算			
2		环境保护税	按有关部门规定计算			
		合 计			1 484.37	

注:工程排污费按工程用水量计算。

（8）完成室外附属及构筑物工程税金项目的计算。根据室外附属及构筑物工程中的工程定额人工费、规费、材料费、机械费和施工技术措施项目中的定额人工费、规费、材料费、机械费，计算出室外附属及构筑物工程的税金，详见表15-8。

15-2　税率计算方法

表15-8　室外附属及构筑物工程税金项目计算表

序号	税目		计算基础	计算基础金额	计算费率（工程在市区）	金额/元	备注
1	增值税	一般计税方法	分部分项工程费+措施项目费+其他项目费+其他规费−不计税工程设备费	22 874.87	9%	2 058.74	市区税金费率合计为10.08%
2	附加费	城市维护建设税	增值税税额	2 058.74	7%	144.11	
		教育费附加			3%	61.76	
		地方教育附加			2%	41.18	
合　计						2 305.79	

项目小结

本项目主要介绍室外附属及构筑物工程，室外附属及构筑物工程包括道路及场地、零星工程、构筑物三部分。学生应熟悉室外附属及构筑物工程的一般规定，重点掌握室外附属及构筑物工程的工程量计算规则、工程定额的正确应用、综合单价计算表计算及各种费用的计算。难点：工程项目列项、工程量计算、套价、定额应用及工程费用的计算。通过本项目任务的学习，学生应熟悉室外附属及构筑物工程的相关定额，对室外附属及构筑物工程的消耗定额内容有一定的认识，并能正确应用。

复习思考题

15-1　室外附属及构筑物工程量如何计算？
15-2　室外附属及构筑物套取定额需注意哪些关键点？
15-3　完成该室外附属及构筑物工程招标控制价表的计算，见表15-9。

15-3　室外附属及构筑物工程综合练习题

表15-9　室外附属及构筑物工程招标控制价/投标报价汇总表

序号	费用名称	计算基数或计算表达式	费率计算标准	费用金额
1	分部分项工程费	∑（分部分项工程量×综合单价）		
1.1	人工费	（R）=<1.1.1>+<1.1.2>		
1.1.1	定额人工费	∑（定额人工费）		
1.1.2	规费	∑（规费）		
1.2	材料费	∑（材料费）(C)		

续表

序号	费用名称	计算基数或计算表达式	费率计算标准	费用金额
1.3	设备费	∑（设备费）（S）		
1.4	机械费	∑（机械费）（J）=		
1.5	管理费	∑（DR+J×0.08）×22.78%	22.78%	
1.6	利润	∑（DR+J×0.08）×13.81%	13.81%	
1.7	风险费	∑（风险费）		
2	措施项目费	(<2.1>+<2.2>)		
2.1	技术措施项目	∑（技术措施项目清单工程量×综合单价）		
2.1.1	人工费	（R）=<2.1.1.1>+<2.1.1.2>		
2.1.1.1	定额人工费	∑（定额人工费）		
2.1.1.2	规费	∑（规费）		
2.1.2	材料费	∑（材料费）（C）		
2.1.3	机械费	∑（机械费）（J）=		
2.1.4	管理费	∑（DR+J×0.08）×22.78%	22.78%	
2.1.5	利润	∑（DR+J×0.08）×13.81%	13.81%	
2.2	组织措施项目费	∑（组织措施项目费）		
2.2.1	绿色施工安全文明措施项目费	∑（DR+J×0.08）×11.06%	11.06	
2.2.1.1	临时设施费	∑（DR+J×0.08）×2.76%	2.76	
2.2.2	其他组织措施项目费	∑（DR+J×0.08）× %	3.72%	
3	其他项目费			
3.1	暂列金额			
3.2	暂估价			
3.3	计日工			
3.4	总承包服务费			
3.5	其他			
3.5.1				
3.5.2				
4	其他规费			
4.1	工伤保险	∑（定额人工费）×费率	0.50%	
4.2	工程排污费			
4.3	环境保护税		%	
5	税前工程造价	(1+2+3+4)		
6	税金	(1+2+3+4)×税率%		
7	工程总造价（招标控制价/投标报价合计）=<5>+<6>			

注：1. 数字内均为表中对应的序号。
　　2. DR代表定额人工费。

项目 16

措施项目费及其他计量与计价

措施项目费是指为完成建设工程施工，发生于该工程施工前和施工过程中的技术、生活、安全、文明、环境保护等方面的费用。措施项目费分为施工技术措施项目费和施工组织措施项目费。措施项目清单应根据拟建工程的实际情况列项。工程量清单计价中，措施项目划分为脚手架工程、模板及支架工程、垂直运输机超高增加费及大型机械进退场费五部分，其中包含了施工排水降水、外脚手架、里脚手架、满堂脚手架、现浇混凝土模板、建筑物垂直运输、超高施工增加费、大型机械进退场费等定额子目，本章以脚手架工程、模板工程、垂直运输及超高增加费讲述为主。

【学习目标】

◎ 知识目标

1. 熟悉措施费项目的划分。
2. 熟悉措施项目的计算规则。
3. 熟悉措施项目的列项及套价计算方法。

◎ 技能目标

1. 掌握措施项目工程量清单计算方法。
2. 掌握措施工程量清单编制步骤和方法。
3. 掌握措施项目综合单价分析表的计算方法。

任务 16.1　措施项目费

16.1.1　措施项目费的内容

措施项目费指为完成工程项目施工，按照绿色施工、安全操作规程、文明施工规定的要求，发生于该工程施工准备和施工过程中的技术、生活、安全、环境保护等方面的费用。由施工技术措施项目费和施工组织措施项目费构成，包括人工费、材料费、机械费和企业管理费、利润。

16.1.2　施工技术措施项目费

（1）大型机械设备进出场及安拆费，指机械整体或分体自停放场地运至施工现场或由一个施工地点运至另一个施工地点所发生的机械进出场运输、转移（含运输、装卸、输助材料、架线等）费用及机械在施工现场进行安装、拆卸所需的人工费、材料费、机械费、试运转费和安装所需的辅助设施的费用。

（2）大型机械设备基础费，包括塔吊、施工电梯、龙门吊、架桥机等大型机械设备基础的费用，如桩基础、固定式基础制安等费用。

（3）脚手架工程费，指施工需要的各种脚手架搭、拆、运输费用以及脚手架购置费的摊销费用或租赁费用，以及建筑物四周垂直、水平的安全防护费用。

（4）模板工程费，指混凝土构件施工需要的模具及其支撑体系所发生的费用。

（5）垂直运输费，指单位工程在合理工期内完成全部工程项目所需要的垂直运输费用。

（6）超高增加费，指建筑物檐口高度超过20米或层数超过6层以上人工降低工效、机械降效、施工用水加压增加的费用。

（7）排水降水费，除冬雨季施工增加费以外的排水降水费用。

（8）各专业工程措施项目及其包含的内容详见国家规范及云南省计价标准所载明的技术措施项目。

16.1.3　施工组织措施项目费

（1）施工组织措施费由安全文明施工、环境保护、临时设施费和绿色施工措施费组成，具体内容详见表16-1。

表16-1　建筑安装工程施工组织措施费用组成表

措施项目		措施项目明细	备注
安全文明施工费	安全生产费	安全施工包含范围：安全资料、特殊作业专项方案的编制，安全施工标志的购置及安全宣传的费用；"三宝"（安全帽、安全带、安全网），"四口"（楼梯口、电梯井口、通道口、预留洞口），"五临边"（阳台围边、楼板围边、屋面围边、槽坑围边、卸料平台两侧），水平防护架、垂直防护架、外架封闭等防护的费用；施工安全用电的费用，包括配电箱三级生产配电、两级保护装置要求、外电防护措施；起重机、塔吊等起重设备（含井架、门架）及外用电梯的安全防护措施（含警示标志）费用及卸料平台的临边防护、层间安全门、防护棚等设施费用；建筑工地起重机械的检验检测费用；施工机具防护棚及其围栏的安全保护设施费用；施工安全防护通道的费用；工人的安全防护用品、用具购置费用；消防设施与消防器材的配置费用，电气保护安全照明设施费，其他安全防护措施费用	

续表

措施项目		措施项目明细	备注
安全文明施工费	文明施工及环境保护费	文明施工包含范围:"五牌一图"的费用;现场围挡的墙面美化(包括内外粉刷、刷白、标语等)、压顶装饰费用;现场厕所便槽刷白、贴面砖,水泥砂浆地面或地砖费用,建筑物内临时便溺设施费用;其他施工现场临时设施的装饰装修、美化措施费用;现场生活卫生设施费用;符合卫生要求的饮水设备、淋浴、消毒等设施费用;生活用洁净燃料费用;防煤气中毒,防蚊虫叮咬等措施费用;施工现场操作场地的硬化费用;现场绿化费用、治安综合治理费用;现场配备医药保健器材、物品费用和急救人员培训费用;用于现场工人的防暑降温费,电风扇、空调等设备及用电费用;其他文明施工措施费用。环境保护包含范围:现场施工机械设备降低噪声、防扰民措施费用;水泥和其他易飞扬细颗粒建筑材料密闭存放或采取覆盖措施等费用;工程防扬尘洒水费用;土石方、建渣外运车辆冲洗、防洒漏等费用;现场污染源的控制、生活垃圾清理外运、场地排水排污措施的费用;其他环境保护措施费用	
	临时设施费	临时设施包含范围:施工现场采用彩色,定型钢板、砖、砼砌块等围挡的安砌、维修、拆除费或摊销费;施工现场临时建筑物、构筑物的搭设、维修、拆除或摊销的费用,如临时宿舍、办公室、食堂、厨房、厕所、诊疗所,临时文化福利用房、临时仓库、加工场、搅拌台、临时简易水塔、水池等;施工现场临时设施的搭设、维修、拆除或摊销的费用,如临时供水管道、临时供电管线、小型临时设施等;施工现场规定范围内临时简易道路铺设,临时排水沟、排水设施安砌、维修、拆除的费用;其他临时设施费搭设、维修、拆除或摊销的费用	
绿色施工措施费	扬尘控制措施费	扬尘喷淋系统、雾炮机扬尘在线监测系统	
	智慧管理设备及系统	施工人员实名制管理设备及系统、施工现场视频监控设备及系统	
		人工智能、传感技术、虚拟现实等高科技技术设备及系统	

注:扬尘控制及智慧管理建设的费用,一年工期及以内按照60%计算摊销费用;两年工期及以内的按照80%计算摊销费用;两年工期以上的按100%计算摊销费用。

(2)冬雨季施工增加费,工程定位复测费,工程点交、场地清理费。

① 冬雨季施工增加费,指在冬季或雨季施工需增加的临时设施、防滑、排除雨雪,人工及施工机械效率降低等费用。

② 工程定位复测费,是指施工前的放线、施工过程中的检测、施工后的复测工作所发生的费用。

③ 工程点交、场地清理费,指按规定编制竣工图资料、工程点交、施工场地清理等发生

的费用。

（3）压缩工期增加费，在工程招投标时，要求压缩定额工期而采取措施所增加的费用。

（4）夜间施工增加费，是指因夜间施工所发生的夜班补助费、夜间施工降效、夜间施工照明设备摊销及照明用电等费用。

（5）市政工程行车、行人干扰费增加费，是指市政工程改、扩建工程施工中，由于不能中断交通产生的施工工作面不完全带来人工、机械降效和边施工边维护交通及车辆、行人干扰发生的降效、维护交通等措施费。

（6）已完工程及设备保护费，是指对已交付验收后的工程及设备采取覆盖、包裹、封闭、隔离等必要保护措施所发生的费用。

（7）特殊地区施工增加费，是指工程在高海拔特殊地区施工增加的费用。

任务 16.2　施工技术措施项目工程量计算说明

16.2.1　脚手架工程量计算说明

1. 建（构）筑物脚手架高度划分

（1）建筑物外墙高度以室外设计地坪为起点算至屋面墙顶结构上表面；屋顶带女儿墙者算至女儿墙顶上表面；坡屋面、曲屋面顶按平均高度计算；与外墙同时施工的屋顶装饰架、建筑小品，算至装饰架、建筑小品顶面；地下建筑物高度按垫层上表面至室外设计地坪间的高度计算。

（2）高低联跨建筑物高度不同或同一建筑物墙面高度不同时，按建筑物竖向切面分别计算并执行相应高度定额。

（3）烟囱、水塔、筒仓高度以设计室外地坪至构筑物本体最高点间的高度计算；贮池高度以垫层上表面至池顶结构上表面间的高度计算，架空贮池高度以设计室外地坪至池顶结构上表面间的高度计算。

（4）围墙、地上挡墙以室外设计地坪至墙本体结构上表面间的高度计算。

（5）地下挡墙按自然地坪至挡墙基础底面间的高度计算。

2. 外脚手架

外脚手架指在建（构）筑物外围为钢筋混凝土施工、外墙砌筑、外立面装修等施工提供作业条件而搭设的作业脚手架。

（1）落地式外脚手架中，除高度在 9 m 以下的定额未综合依附斜道除外，其余均综合了依附斜道、上料平台、护身栏杆等，实际与定额取定不同时不作调整；但高度在 9 m 以下的落地式外脚手架，施工中若需搭设依附斜道时，依据批准的施工方案另行计算，执行相应高度依附斜道定额。

（2）落地式脚手架需要搭设多排脚手架时，按"高度 50 m 内每增加一排"定额计算。其中：搭设高度小于 15 m 时，定额乘以系数 0.7；高度小于 24 m 时，定额乘以系数 0.75。

（3）型钢悬挑脚手架定额均不含依附斜道。型钢悬挑脚手架架体若搭设依附斜道时，按批准的施工组织设计或专项方案，执行相应高度的依附斜道定额。

（4）砖混结构砌筑高度在 15 m 以内者按单排脚手架计算；砌筑高度在 15 m 以外或砌筑高度虽不足 15 m，但符合下列条件之一者执行双排脚手架定额：

① 外墙门窗洞口面积与外墙面装饰面积之和大于外墙面积 60% 以上者。

② 毛石外墙、空心砖外墙、砌块外墙。

（5）现浇混凝土地下室外墙执行相应高度的双排外脚手架定额，租赁材料量乘以系数 1.3。

（6）现浇混凝土及毛石混凝土挡土墙、现浇混凝土内墙（含在架子工程中不区分柱或墙的短肢剪力墙）、现浇混凝土独立柱、现浇混凝土单梁、连续梁浇筑，执行相应高度的双排外脚手架定额，租赁材料量乘以系数 0.19。

（7）钢结构工程的外墙板安装彩板脚手架按所安装的墙板面积计算，执行相应安装高度的双排外脚手架定额，租赁材料量乘以系数 0.19。

（8）砌筑高度在 3.6 m 以外的砖内墙，执行单排外脚手架定额，租赁材料量乘以系数 0.19；砌筑高度在 3.6 m 以外的砌块及空心砌块内墙，执行相应高度的双排外脚手架定额，租赁材料量乘以系数 0.19。高度超过 3.6 m 的轻质内隔墙安装，执行相应高度的双排外脚手架定额，不扣除门窗洞口所占面积，租赁材料量乘以系数 0.1。

（9）砖砌的围墙、挡土墙、砖柱砌筑高度大于 3.6 m 时，执行单排外脚手架定额；砌块及空心砌块围墙、挡土墙、石柱，砌筑高度大于 3.6 m 时执行双排外脚手架定额；石砌的围墙、挡土墙、柱，砌筑高度在 1.2 m 以外时执行双排外脚手架定额。本条中单、双排外脚手架的租赁材料量均乘以系数 0.19。

（10）大型设备基础自垫层上表面高度在 1.2 m 以外者，执行双排外脚手架定额，租赁材料量乘以系数 0.3。

（11）架空通廊执行双排外脚手架项目，租赁材料量乘以系数 1.6。

（12）型钢悬挑脚手架、附着式升降脚手架定额适用于高层建筑的外墙施工。

（13）建筑施工中采用何种外脚手架，应结合工程对象、特点等以不重复计算的原则按批准的施工组织设计或施工方案确定。在无施工组织设计或施工方案未明确时，外脚手架暂按以下规定计算，工程结算时按实际搭设的脚手架种类调整。

① 外墙总高度在 50 m 以内的建筑物，执行落地式外脚手架相应定额。

② 外墙总高度在 50 m 以上且结构外形不适宜采用附着式升降脚手架施工的建筑物，3 层以内执行落地式脚手架定额，3 层以上执行型钢悬挑脚手架定额。

③ 外墙总高度在 50 m 以上的建筑物，标准层层数占总层数的 80% 以上者，3 层以内执行落地式外脚手架定额，3 层以上执行附着式升降脚手架定额。

3. 里脚手架

（1）建筑物内墙脚手架，设计室内地坪至底板（或山墙高度的 1/2 处）的砌筑高度在 3.6 m 以内的，执行里脚手架定额。

（2）砖、砌块（含空心砌块）围墙、挡土墙、砖柱砌筑高度大于 1.2 m 小于 3.6 m 时，执行里脚手架定额。

（3）砌筑高度在 1.2 m 以外的屋顶烟囱脚手架，按实际图示烟囱外围周长另加 3.6 m 乘以烟囱出屋顶高度以面积计算，执行里脚手架定额。

（4）砌筑高度大于 1.2 m 小于 3.6 m 的管沟墙及砖基础，执行里脚手架定额。

4. 满堂脚手架

（1）高度大于 3.6 m 的室内天棚抹灰、涂料、油漆、满批腻子、吊顶工程，执行满堂脚手架定额。计算满堂脚手架后，高度大于 3.6 m 的墙面抹灰工程不再计算脚手架，只按每 100 m² 墙面垂直投影面积（不扣除门窗洞口所占面积）增加改架人工 1.28 工日。

（2）楼梯顶板、拱、斜板、弧形板和架空阶梯的高度取平均值计算。

5. 基础及现浇板浇灌脚手架

按架子高度的不同分别列项，适用于现浇混凝土和钢筋混凝土基础及现浇钢筋混凝土板的浇灌。现浇混凝土、现浇钢筋混凝土基础浇筑时，浇灌脚手架高度按不含垫层的基础高度另加 300 mm 确定，现浇钢筋混凝土板浇筑时，浇灌脚手架执行高度 1 m 以内定额。

6. 悬空脚手架和挑脚手架

悬空脚手架适用于有露明屋架的屋面板勾缝、油漆或喷浆等部位施工。挑脚手架适用于外檐挑檐等部位的局部装饰。

7. 安全网

（1）平挂式安全网为水平挂设的安全网，适用于外脚手架、满堂脚手架、电梯井脚手架等架体水平安全防护用的水平兜网。平挂式安全网包括首层网、层间网、随层网。

执行平挂式定额时，随层网中的安全网材料量乘以系数 0.07，满堂脚手架中的安全平网材料量乘以系数 0.16，其他不变。

（2）挑出式安全网指在脚手架外侧架设的外挑式安全网。无外架利用时，10 层以内定额项目人工乘系数 1.28，10 层以上定额项目人工乘系数 1.51。

（3）高度超过 50 m 的外脚手架，钢管挑出式安全网中的部分材料按表 16-2 系数调整。

表 16-2　挑出式安全网 50 m 以上系数调整表

调整内容	外脚手架高度在（m）内								
	50	60	80	100	120	140	160	180	200
钢管、扣件、钢丝绳调整系数	1.00	1.26	1.68	2.09	2.48	2.70	2.83	2.97	3.12
	外脚手架高度在（m）内								
	220	240	260	280	300	320	340	360	
	3.35	3.66	3.96	4.27	4.57	4.87	5.18	5.49	

8. 电梯井脚手架

电梯井脚手架指用于结构施工时搭设于电梯井内的脚手架。搭设高度指电梯井底板上表面至电梯机房楼板下表面间的高度。

9. 其他脚手架

（1）架空运输道：适用于受地形地貌限制的坡地构筑物施工或建筑物间相互连接时为施工提供材料运输的架空型运输便道。架空运输道架宽以 2 m 为准，如架体宽度大于 2 m 小于 3 m

时定额乘系数 1.2；架体宽度超过 3 m 时定额乘系数 1.5。

（2）粉饰脚手架：内墙面粉饰高度在 3.6 m 以外，又不能计算满堂脚手架的，执行内墙面粉饰脚手架定额。

（3）构筑物脚手架。

① 烟囱（水塔）脚手架。

非滑模施工的烟囱（水塔）用脚手架，区别不同高度、直径以座计算；烟囱内衬脚手架，按烟囱内衬砌体的面积计算，执行相应高度的单排外脚手架定额。水塔脚手架按相应烟囱定额项目人工乘以系数 1.11。滑模施工的钢筋混凝土烟囱、水塔、筒仓不计算脚手架。

② 砖砌贮仓、贮油（水）池、检查井、化粪池等的高（或深）度大于 1.2 m 且小于 3.6 m 时，执行里脚手架定额；高度大于 3.6 m 时，执行相应高度的单排外脚手架定额，定额租赁材料量均乘以系数 0.19。

③ 高（或深）度在 1.2 m 以外的现浇混凝土贮仓、贮油（水）池、化粪池，执行相应高度的双排外脚手架定额。定额租赁材料量均乘以系数 0.19。

（4）防护架指施工现场范围外、在建筑施工脚手架架体以外单独搭设用于公共车辆通行、公共人行通道、临街防护和施工与其他物体或其他危险场所隔离等的防护措施。

（5）独立斜道、依附斜道，指为满足施工需要搭设的斜道。

（6）外墙面装饰脚手架，适用于独立发承包的建筑物在无外脚手架时的外墙面装饰工作面高度在 1.2 m 以外需要搭设的脚手架。独立发承包的装饰装修工程，除外墙面装饰执行相应高度的外墙面装饰装修脚手架外，还应按工程内容及施工要求执行脚手架章节中的相关脚手架定额。

16.2.2 混凝土模板及支架工程计量说明

1. 模板组价形式

本节模板包括现浇混凝土模板、预制混凝土模板、预应力混凝土模板、构筑物混凝土模板。

（1）模板按常用的组合钢模板、定型钢模、复合模板、铝合金模板、木模板、滑升模板、爬升模板、长线台钢拉模，并配以相应的砖地模、砖胎模、混凝土地模、混凝土胎膜、长线台混凝土地模综合编制。

（2）组合钢模板、支撑钢管、扣件、底座按租赁编制；复合模板、模板板枋材、定型钢模板、钢滑模、钢爬模、支撑方木按摊销编制；铝合金模板系统按摊销编制。定额已综合了租赁材料往返运输所需的人工、机械，实际与定额不同时不得调整。

（3）复合模板适用于竹胶、木胶合板等品种的复合板。

（4）铝合金模板系统由铝模板系统、支撑系统、紧固系统和附件系统构成。

（5）混凝土构件模板综合了模板支撑操作系统，不另计算，除高大模板外，实际采用的模板支撑操作系统与定额不同时不得换算。

2. 现浇混凝土模板

（1）现浇混凝土构件模板未注明构件的定义和划分，与现浇混凝土定额项目划分一致。

（2）高大模板支撑系统（指建设工程施工现场混凝土构件模板满足①支撑高度超过 8 m，

② 搭设跨度超过 18 m，③ 施工总荷载大于 15 kN/m²，④ 集中线荷载大于 20 kN/m 条件之一的模板支撑系统），按经审核论证后的专项施工方案计算。

（3）带形基础按无肋式及有肋式划分；独立桩承台执行独立基础定额；带形桩承台执行带形基础定额。

与满堂基础相连的桩承台执行满堂基础定额。

高杯基础杯口高度大于杯口大边长度 3 倍以上时，杯口高度部分执行柱定额，杯形基础执行独立基础定额。

地下室底板模板执行满堂基础模板定额。

（4）圆弧形基础，圆弧形部分的模板执行相应基础定额乘系数 1.15。

（5）满堂基础下翻构件或其他不能拆模的构件采用砖模替代模板时，砖模中砌体执行"砌体工程"砖基础定额；抹灰执行装饰工程抹灰的相应定额。

（6）现浇基础梁定额适用于无底模矩形基础梁，有底模时执行现浇梁相应定额；基础梁断面形状为异形有底模时，执行异形梁定额；基础梁为弧形有底模时，执行弧形梁定额；基础梁为无底模的异形或弧形基础梁时，执行相应弧形、异形梁定额，人工、材料乘以 0.85 的系数。

（7）柱模板如遇弧形和异形组合时，执行圆柱定额；斜柱、斜墙执行相应定额，人工乘系数 1.2。

（8）斜梁、板按坡度 > 10°且 ≤ 30°综合取定；坡度 > 30°但 ≤ 45°时，相应定额项目人工乘系数 1.05；坡度 > 45°但 ≤ 60°时，相应定额项目人工乘系数 1.10；坡度 > 60°时人工乘以系数 1.20。

（9）爬模定额已包括常规建筑形体的架体系统的设计、拼装、调试费用等，架体系统的场外运输、特殊设计增加费应另行计算。

（10）现浇空心板执行平板项目，内模安装另行计算。

（11）薄壳板模板分筒式、球形、双曲形，均执行相应项目，薄壳板下梁模板工程量并入薄壳板模板工程量。

（12）现浇混凝土阳台板、雨篷板如一面为弧形且半径 ≤ 9 m 时，执行圆弧形阳台板、雨篷板定额。

（13）预制板间补现浇板缝执行平板定额。

（14）本定额中的对拉螺栓按照常规周转使用考虑。若采用止水螺栓或螺栓一次性摊销时，其消耗量按对拉螺栓数量乘以系数 12，并将对拉螺栓材料更换为实际使用的螺栓，除此以外，实际用量与定额取定不同时，均不作调整。

（15）柱、梁面对拉螺栓堵眼增加费，执行墙面螺栓堵眼增加费定额，柱面螺栓堵眼人工、机械乘以系数 0.3，梁面螺栓堵眼人工、机械乘以系数 0.35。

（16）现浇混凝土柱（不含构造柱）、墙、梁（不含圈、过梁）、板是按高度 3.60 m 以内编制的。模板支撑高度超过 3.6 m 时，模板支撑超高增加按超过 3.60 m 以上的模板面积计算，执行支撑超高增加定额；超高高度不足 1 m 按 1 m 计。模板支撑高度超过 8 m 时，按经审核论证后的专项施工方案计算。

（17）现浇混凝土柱、墙、梁、板支撑超高高度：底层以设计室外地坪（带地下室者以地下室结构底板上表面为起点）至板底、梁底及柱、墙顶，楼层以楼板结构上表面至上一层板底或梁底及柱、墙顶。

（18）有梁板的模板支撑高度以板底为准。

（19）如遇斜板面结构时，柱分别以各柱顶高度为准，墙以分段墙顶高度为准，框架梁以每跨两端的支座平均高度为准，板（含有梁板）以板底高点与低点的平均高度为准。

（20）板或拱形结构按板底平均高度确定支模高度，电梯井壁按建筑物自然层层高确定支模高度。

（21）与主体结构不同时浇捣的厨房、卫生间等处墙体下部现浇混凝土翻边的模板执行圈梁定额。

（22）拱形、圆弧形过梁执行过梁定额乘系数 1.30。

（23）小型构件适用于单个体积在 0.1 m³ 以内未列项目的构件。

（24）屋面混凝土女儿墙高度 > 1.2 m 时按全高执行相应墙定额，≤1.2 m 时按全高执行相应栏板定额。

（25）混凝土栏板高度（含压顶扶手及翻沿），净高按 1.2 m 以内考虑，超 1.2 m 时按全高执行相应墙定额。

（26）挑檐、天沟壁高度≤400 mm，执行挑檐项目；挑檐、天沟壁高度 > 400 m 时，拆分成底板和侧壁分别套用悬挑板、栏板定额。

（27）混凝土线条项目适用于横截面外露展开长度不大于 600 mm 的装饰线条。

（28）散水模板执行垫层定额。

（29）快收口网中的钢筋网、钢筋实际使用材料与定额取定不同时，按实际调整。

（30）型钢组合混凝土构件模板，按构件相应项目人工、机械乘以系数 1.15 执行。

（31）当设计要求为清水混凝土模板时，执行相应复合模板项目，并作如下调整：将定额中的模板材料调整为实际使用的模板材料，机械不变，人工按表 16-3 增加综合工日。

表 16-3　清水混凝土模板综合工日增加表

项目	柱			梁			墙		板
	矩形柱	圆形柱	异形柱	矩形梁	异形梁	弧形、拱形梁	直行墙、弧形墙、电梯井壁墙	短肢剪力墙	有梁板、无梁板、平板
综合日工	4	5.2	6.2	5	5.2	5.8	3	2.4	4

（32）组合铝合金模板支撑体系均按成套钢支撑考虑，定额消耗量按照标准板考虑。定额消耗量中未考虑铝合金非标准板模板增加消耗量，实际使用时另行考虑。

（33）铝模板系统中有梁板模板项目已综合考虑了有梁板中弧形梁的情况，梁与板合并计算；弧形梁模板为独立弧形梁模板。圈梁的弧形部分模板按异形梁定额计算。圆形柱模板执行异形柱模板定额。

（34）使用组合铝合金模板的现浇混凝土柱（不含构造柱）、墙、梁（不含圈、过梁）、板是按高度 3.60 m 以内编制的。模板支撑高度超过 3.6 m 时，模板支撑超高增加执行 3.6～5 m 的超高支模定额，超高高度不足 1 m 按 1 m 计。高度超过 5 m 时，按施工技术方案计算。如遇斜板面结构时，柱分别以各柱的中心高度为准；墙以分段墙的平均高度为准。框架梁以每跨两端的支座平均高度为准；板（含梁板合计的梁）以高点与低点的平均高度为准。楼梯、窗台使用组合铝合金模板时，已包含梯面、窗台的铝合金盖板。构造柱、圈梁、过梁执行复合模板相应定额。

（35）人工挖孔桩混凝土护壁模板区别护壁深度执行相应定额。

3. 预制混凝土模板

（1）外购预制、预应力混凝土成品构件，模板已包括在外购成品价内，不另计算；预制、预应力混凝土构件如采用现场制作或施工企业附属加工厂制作，执行本定额预制、预应力混凝土模板相应定额。

（2）现场制作或施工企业附属加工厂制作的预制、预应力混凝土构件中的地模、胎模，定额附表"地模、胎模分析表"计算。

4. 构筑物模板

（1）构筑物模板中的组合钢模板、支撑钢管、扣件、底座按租赁编制，定额已包括租赁材料往返运输所需的人工、机械；构筑物模板系统中的钢支撑按摊销编制。

（2）烟囱滑模模板项目均包括烟囱筒身、牛腿、烟道口；水塔滑模均已包括直筒、门窗洞口等模板的用量。

16.2.3 垂直运输费工程量计算说明

1. 建筑物垂直运输

（1）檐高 3.6 m 以内的建筑，不计算垂直运输费用。

（2）定额按建筑物的结构类型、檐高或层数、用途等划分项目。其中以檐高或层数两个指标同时界定的项目，如檐高达到上限而层数未达到时，以檐高为准，如层数达到上限而檐高未达到时以层数为准。

（3）建筑物檐高指设计室外地坪至檐口滴水的高度（平屋顶指屋面板底高度），层数指建筑物层高不小于 2.20 m 的自然分层数。地下室深度、层数及突出主体建筑物的电梯机房、楼梯出口间、水箱间、瞭望塔、排烟机房等不纳入檐高或层数计算。

（4）同一建筑物檐高或层数不同时，按建筑物的不同檐高或层数作纵向分割，分别计算建筑面积，执行不同檐高或层数的相应定额。

（5）同一建筑物结构类型不同时，按不同结构类型分别计算建筑面积执行相应定额，檐高或层数以该建筑物的总檐高或总层数为准。

（6）本定额建筑物层高按 3.6 m 以内编制，层高超过 3.6 m 的建筑物，另计层高超高垂直运输增加费，每超过 1 m，其超高部分按相应定额增加 10%，超高高度不足 0.5 m 舍去不计。

（7）钢结构厂（库）房除钢构件安装外的垂直运输按塔式起重机施工的现浇剪力墙结构相应定额乘以系数 0.46 钢结构的住宅、公共建筑垂直运输执行现浇剪力墙结构相应定额分别乘以下系数：檐高 40 m 以内 0.93，檐高 40 m 以上 1.2。

（8）砖混结构檐高超过 20 m 时，按檐高 20 m（6 层）以内定额乘系数 1.1 计算。

（9）型钢-混凝土组合结构檐高 140 m（或 39 层）内，按现浇框架结构相应定额乘系数 1.1，檐高大于140 m（或39层）时，按超高层建筑相应定额乘系数1.1。滑模施工按现浇剪力墙结构相应定额乘系数0.92。

（10）建筑物加层按所加层部分的建筑面积计算，檐高或层数按加层后的总檐高或总层数计算。

（11）建筑物带地下室者，以设计室外地坪为界分别执行"设计室外地坪"以下及以上相应定额。独立、非独立的单层地下室，地下室室内地坪结构标高至室外设计地坪标高间的平均高（深）度大于3.6 m者，执行一层定额；平均高（深）度不大于3.6 m者，按一层定额乘系数0.75计算。

（12）同一地下室层数不同时，按地下室的不同层数做纵向分割，分别计算建筑面积，执行不同层数的相应定额。

（13）不纳入层数计算的层高在2.20 m以下的设备管道层、技术层、架空层等按围护结构外围水平投影面积乘0.5系数并入相应檐高或层数的建筑面积内计算。

（14）定额中的现浇框架结构适用于现浇框架、筒体结构；其他结构适用于除砖混结构、现浇框架结构、框剪结构、筒体结构、剪力墙结构、型钢混凝土结构、钢结构及预制混凝土结构以外的结构。

（15）框架-剪力墙结构执行剪力墙结构定额。

（16）建筑物的现浇混凝土按泵送编制，如现浇混凝土采用非泵送时，垂直运输按以下方法调增：相应定额乘以调增系数10%，再乘以非泵送混凝土数量占全部混凝土数量的百分比。

（17）房屋建筑工程不包括独立发承包的装饰装修工程时，建筑物垂直运输按以下调整：檐高20 m或层数6层以内的建筑物，相应定额卷扬机台班量乘0.7系数；檐高超过20 m或层数6层以上建筑物，相应定额施工电梯台班量乘0.65系数；其他不变。

（18）采用塔式起重机施工已包括塔式起重机在其起重能力内的构件安装，因建筑物造型所限、构件超重等，构件安装不能就位时，部分构件安装必须使用其他起重机械安装时，应另行计算，不扣除定额内的垂直运输机械台班量。

2．构筑物垂直运输

（1）烟囱、水塔、筒仓高度指自设计室外地坪起至构筑物本体最高点之间的高度；贮池高度指池底结构上表面至池顶结构上表面间的高度，架空贮池高度指自设计室外地坪起至池顶结构上表面间的高度；围墙、地上挡墙高度指自然地坪至墙本体结构上表面间的高度，地下挡墙指自然地坪至挡墙基础底面间的高度。

（2）贮池垂直运输是按全封闭、高度在3.6 m至5 m编制的，无盖贮池按相应定额乘系数0.80；高度3.6 m以内者不计算垂直运输；高度超过5 m，每增加1 m按相应定额增加20%，超过高度不足0.5 m时舍去不计。

（3）高度超过3.6 m的围墙、挡墙垂直运输，按每100 m² 垂直投影面积3.5个单筒慢速带塔卷扬机台班计算。

（4）构筑物的现浇混凝土按泵送编制，如现浇混凝土采用非泵送时，垂直运输按以下方法调增：相应定额乘以调增系数10%，再乘以非泵送混凝土数量占全部混凝土数量的百分比。

3．装饰装修工程垂直运输

（1）装饰装修工程垂直运输适用于独立发承包的装饰装修工程及二次装饰装修工程。

（2）工作内容包括在合理工期内完成装饰装修工程范围所需的垂直运输机械，不包括大型机械场外往返运输、一次安拆等费用。

（3）装饰装修工程中建筑物檐高的判定与建筑物垂直运输相同。

（4）同一建筑物有不同檐高时，按不同檐高做纵向分割，分别执行不同檐高不同垂直运输高度的相应定额。

（5）独立发承包全部室内及室外的装饰装修工程，檐高以该建筑物的檐高为准，分别执行不同垂直运输高度定额；独立分层发承包的室内装饰装修工程，檐高以所施工的最高楼层地面结构标高为准，执行所在高度的垂直运输定额；独立发承包的外立面装饰装修工程，檐高以所施工的高度为准，分别执行不同高度的垂直运输定额。

（6）出屋面的电梯机房、楼梯出口间、水箱间、瞭望塔、排烟机房、层高小于 2.2 m 的技术层，垂直运输工程量并入相应高度工程量内计算。

（7）地下室装饰装修垂直运输执行檐高 20 m 以内定额。

（8）设计室外地坪以上高度小于 3.6 m 内的建筑物、地下室室内结构地坪标高至设计室外地坪间高度小于 3.6 m 的单层地下室，不计算垂直运输。

16.2.4 超高施工增加费计算说明

1. 建筑物超高增加费

（1）本定额适用于建筑物檐高超过 20 m 或层数超过 6 层的工程。内容包括人工降效、机械降效、施工用水加压。

（2）建筑物施工超高增加定额按建筑物檐高或层数划分项目，如檐高达到上限而层数未达到时，以檐高为准，如层数达到上限而檐高未达到时以层数为准。檐高或层数的判定同建筑物垂直运输。

（3）高度在 20 m 以上，层高 2.20 m 以内的管道层、技术层、架空层等按围护结构外围面积乘系数 0.5 并入相应檐高或层数的建筑面积内计算。

（4）同一建筑物檐高不同时，按不同檐高的建筑面积分别计算，执行不同檐高的相应定额。

（5）按《建筑工程建筑面积计算规范》应计算建筑面积的出屋面的电梯机房、楼梯出口间等的建筑面积，与相应超高的建筑面积合并计算，执行相应定额。

（6）房屋建筑工程不包括独立发承包的装饰装修工程时，建筑物施工超高增加按相应定额项目人工乘系数 0.8。

（7）"其他机械降效"中的"其他机械"，指不包括标高在±0.00 以下工程，垂直运输，各类构件的水平运输，各项脚手架，现浇混凝土的搅拌、运输及泵送，预制混凝土及金属构件制作分部分项工程中的机械。

2. 装饰装修工程超高增加费

（1）装饰装修工程施工超高增加适用于独立发承包的装饰装修工程及二次装饰装修工程。

（2）定额中的人工、机械降效，指装饰装修工程施工高度在 20 m 以上的装饰装修工程项目中的人工、机械降效。

(3)"其他机械降效"中的"其他机械",含义同建筑物超高中的其他机械。

16.2.5 大型机械设备进出场及安拆费计算说明

(1)大型机械设备进出场及安拆费,是指机械整体或分体自停放场地运至施工现场或由一个施工地点运至另一个施工地点,所发生的机械进出场运输和转移费用,以及机械在施工现场进行安装、拆卸所需的人工费、材料费、机械费、试运转费和安装所需的辅助设施的费用。

(2)塔式起重机及施工电梯基础。

① 塔式起重机轨道铺拆以直线形为准,如铺设弧线形时,定额乘以系数 1.15。

② 固定式基础适用于混凝土体积为 10 m^3 的塔式起重机基础及混凝土体积为 8 m^3 的施工电梯基础,结算时按经批准的方案调整,其增(减)部分的混凝土、钢筋工程量按相关专业计价标准计算费用。

③ 固定式基础如需打桩或地基处理时,费用另行计算。

(3)大型机械设备安拆费。

① 机械安拆费是安装、拆卸的一次性费用。

② 机械安拆费中包括机械安装完毕后的试运转费用。

③ 柴油打桩机的安拆费中,已包括轨道的安拆费用。

④ 自升式塔式起重机安拆费按塔高 45 m 确定,>45 m 且檐高≤200 m,塔高每增高 10 m,按相应定额增加费用 10%,尾数不足 10 m 按 10 m 计算。

⑤ 冲击成孔机参照柴油打桩机安拆费。

(4)大型机械设备进出场费。

① 进出场费中已包括往返一次的费用,场外运输费用分两种计算办法:30 km 以内按附表及相关规定计算;30 km 以外,从 30 km 开始,按市场运价计算。

② 进出场费中已包括了臂杆、铲斗及附件、道木、道轨的运费。

③ 机械运输路途中的台班费,不另计取。

④ 进出场费未包含过路费、过桥费、过渡费等,发生时按实计算。

⑤ 拖式铲运机参照履带式推土机进退场费乘以系数 1.1。

⑥ 松土机、除荆机、除根机、湿地推土机的场外运输费,按相应规格的履带式推土机计算。

⑦ 抓铲挖掘机参照挖掘机进退场费。

⑧ 水平定向钻机参照锚杆钻孔机进出场费。

⑨ 双轮铣成槽机参照履带式抓斗成槽机进出场费。

⑩ 冲击成孔机参照柴油打桩机进出场费。

(5)大型机械设备现场的行驶路线需修整铺垫时,其人工修整可按实际计算。

(6)同一施工现场各建筑物之间的运输,定额按 100 m 以内综合考虑。如转移距离超过 100 m,在 300 m 以内的,按相应场外运输费用乘以系数 0.3;在 500 m 以内的,按相应场外运输费用乘以系数 0.6。使用道木铺垫按 15 次摊销,使用碎石零星铺垫按一次摊销。

任务 16.3　施工技术措施项目工程量计算规则

16.3.1　脚手架工程量计算规则

1. 脚手架工程清单项目划分

措施项目清单项目划分为 011701001～011701008，详见表 16-4。

表 16-4　措施项目清单项目表（编号：011701001～011701008）

序号	项目编码	项目名称	项目特征描述	计量单位	工程量计算规则	工作内容
1	011701001001	综合脚手架	1. 建筑结构形式 2. 檐口高度	m²	按建筑面积计算	1. 场内、场外材料搬运 2. 搭、拆脚手架、斜道、上料平台 3. 安全网的铺设 4. 选择附墙点与主体连接 5. 测试电动装置、安全锁等 6. 拆除脚手架后材料的堆放
2	011701002001	外脚手架	1. 搭设方式 2. 搭设高度 3. 脚手架材质	m²	按所服务对象的垂直投影面积计算	1. 场内、场外材料搬运 2. 搭、拆脚手架、斜道、上料平台 3. 安全网的铺设 4. 拆除脚手架后材料的堆放
3	011701003001	里脚手架	1. 搭设方式 2. 悬挑宽度 3. 脚手架材质			
4	011701004001	悬空脚手架	1. 搭设方式 2. 搭设高度 3. 脚手架材质		按搭设的水平投影面积计算	
5	011701005001	挑脚手架		m	按搭设长度乘以搭设层数以延长米计算	
6	011701006001	满堂脚手架	1. 搭设方式及启动装置 2. 搭设高度	m²	按搭设的水平投影面积计算	
7	011701007001	整体提升架	1. 升降方式及启动装置 2. 搭设高度及吊篮型号	m²	按所服务对象的垂直投影面积计算	1. 场内、场外材料搬运 2. 选择附墙点与主体连接 3. 搭、拆脚手架、斜道、上料平台 4. 安全网的铺设 5. 测试电动装置、安全锁等 6. 拆除脚手架后材料的堆放
8	011701008001	外装饰吊篮	1. 建筑结构形式 2. 檐口高度	m²	按所服务对象的垂直投影面积计算	1. 场内、场外材料搬运 2. 吊篮的安装 3. 测试电动装置、安全锁、平衡控制器等 4. 吊篮的拆卸

2. 脚手架工程工程量计算规则

(1) 落地式外脚手架按不扣除门、窗、洞口、空圈等所占面积的外墙外边线长度(包括凸出外墙的墙垛及附墙井道)乘以外墙高度以面积计算。

(2) 型钢悬挑脚手架按不扣除门窗、洞口、空圈等所占面积的外墙外边线长度(包括凸出外墙的墙垛及附墙井道)乘以搭设高度以面积计算。

(3) 现浇混凝土、砖、石独立柱按设计图示尺寸的结构外围周长另加 3.6 m 乘以高度以面积计算。

(4) 现浇混凝土内墙按不扣除门、窗、洞口、空圈等所占面积的单面内墙长度(包括凸出墙面的柱、墙垛)乘以内墙高度以面积计算。若双面墙长度不一致时,以单面较大墙长为准。

(5) 现浇钢筋混凝土单梁、连续梁按梁顶面至地面(或楼面)间的高度乘以梁净长以面积计算。

(6) 现浇混凝土大型设备基础自垫层上表面高度在 1.2 m 以外的,按其外形周长乘以垫层上表面至外形顶面之间的平均高度以面积计算。

(7) 高度 50 m 内每增加一排脚手架按批准的施工方案以实际搭设的垂直投影面积计算。

(8) 附着式升降脚手架按提升范围不扣除门、窗、洞口、空圈等所占面积的墙面垂直投影面积计算。

(9) 里脚手架按不扣除门、窗、洞口、空圈等所占面积的墙面垂直投影面积计算。

(10) 满堂脚手架按室内净面积计算,其高度在 3.6~5.2 m 之间时计算基本层,5.2 m 以外,每增加 1.2 m 计算一个增加层,不足 0.6 m 舍去不计。

计算公式:满堂脚手架增加层=(室内净高-5.2)/1.2

(11) 基础及现浇板浇灌脚手架。

① 用于基础施工时,浇灌脚手架按所浇灌基础的外围水平投影面积以面积计算。

② 现浇钢筋混凝土板浇灌脚手架,按板(包括与板连接的梁、现浇楼梯、阳台、雨篷)的外围水平投影面积以面积计算。

(12) 架空通廊按其结构外围水平周长乘以设计室内地坪或设计室外地坪至架空通廊结构上表面间的平均高度以面积计算。

(13) 悬空脚手架按所搭设的水平投影面积计算。

(14) 挑脚手架按搭设长度乘以层数以长度计算。

(15) 外装饰吊篮按所服务的外墙垂直投影面积计算,不扣除门窗洞口所占面积。

(16) 安全网。

① 施工组织设计未明确时,外脚手架架体内架设的安全平网区分首层网、层间网、随层网,按外墙外边线每边各加 0.85 m 乘以网宽 1.8 m 以 "m²" 计算。

② 挑出式安全网宽度按 3.6 m 计算。

③ 无落地式外脚手架独立架设的首层网在地面以上的建筑总层数小于 10 层时,按外墙外边线每边各加 1.5 m 乘以网宽度 3 m 计算;建筑总层数达到 10 层及以上时,按外墙外边线每边各加 3 m 乘以网宽度 6 m 计算;独立架设的首层网执行外墙相应高度的挑出式安全网定额。

④ 满堂脚手架安全网按所搭设的满堂脚手架工程量结合安全网封闭的层数以面积计算。

(17) 电梯井脚手架每一电梯台数为一孔,区分高度以座计算。

(18) 架空运输道按搭设长度以延长米计算。

(19) 粉饰脚手架按楼地面至平均粉饰高度止的内墙面垂直投影面积计算，不扣除门窗洞口所占面积。

(20) 烟囱（水塔）脚手架。

非滑模施工的烟囱（水塔）用脚手架，区别不同高度、直径以座计算。

烟囱内衬脚手架，按烟囱内衬砌体的面积计算。

(21) 贮仓按单筒外边线长乘以高度以面积计算。

16.3.2 混凝土模板及支架工程量计算规则

1. 混凝土模板及支架工程清单项目划分

措施项目清单项目划分为 011702001～011702032，详见表 16-5。

表 16-5 措施项目清单项目表（编号：011702）

序号	项目编码	项目名称	项目特征描述	计量单位	工程量计算规则	工作内容
1	011702001	基础	基础类型	m²	按模板与现浇混凝土构件的接触面积计算 1. 现浇钢筋混凝土墙、板单孔面积≤0.3 m²的孔洞不予扣除，洞侧壁模板亦不增加；单孔面积>0.3 m²时应予扣除，洞侧壁模板面积并入墙、板工程量内计算。 2. 现浇框架分别按梁、板、柱有关规定计算；附墙柱、暗梁、暗柱并入墙内工程量内计算 3. 柱、梁、墙、板相互连接的重叠部分，均不计算模板面积 4. 构造柱按图示外露部分计算模板面积	1. 模板制作 2. 模板安装、拆除、整理堆放及场内外运输 3. 清理模板粘结物及模内杂物、刷隔离剂等
2	011702002	矩形柱				
3	011702003	构造柱				
4	011702004	异形柱	柱截面形状			
5	011702005	基础梁	梁截面形状			
6	011702006	矩形梁	支撑高度			
7	011702007	异形梁	1. 梁截面形状 2. 支撑高度			
8	011702008	圈梁				
9	011702009	过梁				
10	011702010	弧形、拱形梁	1. 梁截面形状 2. 支撑高度			
11	011702011	直形墙				
12	011702012	弧形墙				
13	011702013	短肢剪力墙、电梯井壁				
14	011702014	有梁板	支撑高度			
15	011702015	无梁板				
16	011702016	平板				

续表

序号	项目编码	项目名称	项目特征描述	计量单位	工程量计算规则	工作内容
17	011702017	拱板				1. 模板制作 2. 模板安装、拆除、整理堆放及场内外运输 3. 清理模板粘结物及模内杂物、刷隔离剂等
18	011702018	薄壳板				
19	011702019	空心板				
20	011702020	其他板				
21	011702021	栏板				
22	011702022	天沟、檐沟	构件类型	m²	按模板与现浇混凝土构件的接触面积计算	
23	011702023	雨篷、悬挑板、阳台板	1. 构件类型 2. 板厚度	m²	按图示外挑部分尺寸的水平投影面积计算,挑出墙外的悬臂梁及板边不另计算	
24	011702024	楼梯	类型	m²	按楼梯(包括休息平台、平台梁、斜梁和楼层板的连接梁)的水平投影面积计算,不扣除宽度≤500 mm的楼梯井所占面积,楼梯踏步、踏步板、平台梁等侧面模板不另计算,伸入墙内部分亦不增加	
25	011702025	其他现浇构件	构件类型	m²	按模板与现浇混凝土构件的接触面积计算	1. 模板制作 2. 模板安装、拆除、整理堆放及场内外运输 3. 清理模板粘结物及模内杂物、刷隔离剂等
26	011702026	电缆沟、地沟	1. 沟类型 2. 沟截面		按模板与电缆沟、地沟接触的面积计算	
27	011702027	台阶	台阶踏步宽		按图示台阶水平投影面积计算,台阶端头两侧不另计算模板面积。架空式混凝土台阶,按现浇楼梯计算	
28	011702028	扶手	扶手断面尺寸		按模板与扶手的接触面积计算	
29	011702029	散水			按模板与散水的接触面积计算	
30	011702030	后浇带	后浇带部位	m²	按模板与后浇带的接触面积计算	
31	011702031	化粪池	1. 化粪池部位 2. 化粪池规格		按模板与混凝土接触面积计算	
32	011702032	检查井	1. 检查井部位 2. 检查井规格			

2. 混凝土模板及支架工程工程量计算规则

1）现浇混凝土构件模板

（1）基础：

基础模板区别基础类型按模板与混凝土的接触面积计算。

框架式设备基础、箱型基础分别按基础、柱、墙、梁、板的有关规定计算。

① 有肋式带形基础：有肋式带形基础梁的高度（基础扩大面至肋顶面高度）不大于1.2 m时，基础底板、梁模板合并计算执行有肋式带形基础定额；有肋式带形基础梁的高度大于1.2 m时，带形基础底板模板按无肋式带形基础定额执行，基础扩大面以上肋的模板执行混凝土墙模板相应定额。

② 满堂基础：无肋式满堂基础有扩大或角锥形柱墩时，其模板并入无肋式满堂基础模板计算。有肋式满堂基础肋高度（凸出基础底板上表面至肋顶面高度）不大于1.2 m时，基础底板、肋模板合并计算执行有肋式满堂基础定额；有肋式满堂基础梁高度大于1.2 m时，底板模板按无肋式满堂基础模板定额执行，凸出基础底板的肋模板按混凝土墙模板相应定额计算。

③ 设备基础：以设备基础单体体积划分，分别按模板与混凝土的接触面积计算，执行相应定额。

④ 地脚螺栓套孔区别孔深以个计算。

（2）柱：柱模板按模板与混凝土的接触面积计算。

① 柱高从柱基上表面或楼板上表面算至上一层楼板上表面或柱顶上表面，无梁板柱算至柱帽下表面。

② 依附于柱上的牛腿模板面积并入柱模板计算，执行相应柱的模板定额。

③ 构造柱按图示外露部分计算模板面积。带马牙槎构造柱的槎接部分按槎接宽度乘以柱高计算。

（3）梁：梁模板按模板与混凝土的接触面积计算。

（4）墙、电梯井壁：墙、电梯井壁模板按模板与混凝土的接触面积计算，不扣除单孔面积小于0.3 m²的孔洞面积，孔洞侧壁模板亦不增加；扣除单孔面积大于0.3 m²的孔洞面积，孔洞侧壁模板面积并入墙、电梯井壁模板内计算。

① 外墙八字脚处及暗梁、暗柱模板并入墙模板内计算。

② 凸出墙面的柱、梁按相应的柱、梁定额执行。

③ 外墙梁侧立面与墙面在同一垂直面时，高度自基础上表面或楼板上表面算至上一层楼板上表面；外墙梁侧立面与墙面不在同一垂直面时，高度自基础上表面或楼板上表面算至梁下表面；内墙高度自基础上表面或楼板上表面算至上一层楼板或梁下表面。

④ 爬模工程量按照爬升设备模板系统与混凝土构件的接触面积计算。

（5）板：按模板与混凝土的接触面以面积计算，不扣除单孔面积小于0.3 m²的孔洞面积，孔洞侧壁模板亦不增加；扣除单孔面积大于0.3 m²的孔洞面积，孔洞侧壁模板面积并入板模板工程量内计算。

① 有梁板按梁及板的模板与混凝土的接触面积合并计算。有梁板中的弧形梁，模板高度自梁底算至板底，弧形梁底模板并入弧形梁内执行弧形梁定额，板执行有梁板定额。

② 柱帽按模板与混凝土的接触面积并入无梁板工程量内计算。

③有多种板连接时，以墙的中心线划分。

④现浇混凝土悬挑板、雨篷、阳台按图示外挑部分尺寸的水平投影面积计算，挑出墙外的悬臂梁及板边不另计算模板面积。

⑤挑檐、天沟与板（包括屋面板、楼板）连接时，以外墙外边线为界计算；与圈梁（包括其他梁）连接时，以梁外边线分界计算。外边线以外为挑檐、天沟。

（6）其他：

①预制钢筋混凝土板补现浇板时，按现浇平板定额执行。

②现浇钢筋混凝土整体楼梯（含直形楼梯及弧形楼梯）模板按包括休息平台、平台梁、斜梁和楼层板连接梁的不重叠的楼梯水平投影面积累计计算，不扣除宽度小于 500 mm 的楼梯井所占面积，楼梯踏步、踏步板、平台梁等侧面模板不另计算，伸入墙内部分亦不增加。若整体楼梯与现浇楼板无梯梁连接时，以楼梯的最后一个踏步边缘加 300 mm 为界计算。整体楼梯不包括基础，楼梯基础另按相应定额计算。

③混凝土台阶不包括梯带，按图示台阶尺寸的水平投影面积计算，若图示尺寸不明确时，以台阶的最后一个踏步边缘加 300 mm 为界计算。台阶端头两侧不另计算模板面积。架空式混凝土台阶，按现浇楼梯计算。凸出台阶的梯带另行计算。场馆看台按设计图示尺寸以水平投影面积计算。

④现浇混凝土梁柱接头、池槽、电缆沟、排水沟、线条等按混凝土实体项目的体积计算。

⑤对拉螺栓堵眼增加费区分墙面、柱面、梁面，按模板接触面积分别计算。

⑥后浇带按模板与后浇带混凝土的接触面积计算。

⑦现浇混凝土模板支撑超高增加按构件超高部分的模板面积计算。

（7）人工挖孔桩护壁模板按混凝土与模板接触面积计算。

2）预制、预应力构件混凝土模板

预制、预应力混凝土构件模板工程量，按相应构件混凝土制作工程量计算。

3）铝合金模板

（1）铝合金模板工程量按模板与混凝土的接触面积计算。

（2）现浇钢筋混凝土墙、板上单孔面积≤0.3 m² 的孔洞不予扣除，洞侧壁模板亦不增加，单孔面积>0.3 m³ 时应予扣除，洞侧壁模板面积并入墙、板模板工程量内计算。

（3）柱与梁、柱与墙、梁与梁等连接重叠部分以及伸入墙内的梁头、板头与砖接触部分，均不计算模板面积。

（4）楼梯模板工程量按水平投影面积计算。

4）构筑物模板

构筑物的模板工程量，除另有规定外，区分构件类别，按混凝土实体项目工程量以体积计算。

（1）池类：池底、池壁区分不同形状、模板材质，按混凝土与模板的接触面积计；池盖区分无梁、有肋按混凝土与模板的接触面积计算，球形池盖按混凝土体积计算；池内立柱区分模板材质按混凝土与模板的接触面积计算；池内坑槽、壁基梁均按混凝土与模板的接触面积计算。

（2）井类：井底、井壁区分不同形状按混凝土与模板的接触面积计算。

（3）贮仓：区分不同构件及形状按混凝土体积计算；筒仓壁按滑模施工区分不同内径按

混凝土体积计算。

（4）水塔：塔身区分筒式、柱式按混凝土体积计算；水塔水箱区分内外壁按混凝土体积计算；塔顶、槽底、回廊及平台均按混凝土体积计算；滑模施工倒锥壳水塔筒身区分支筒高度按混凝土体积计算；水箱地面上制作区分水箱不同容积按混凝土体积计算。

（5）烟囱：滑模施工烟囱筒身区分不同高度，按混凝土体积计算。构筑物工程的模板工程量，除另有规定者外，区别现浇、预制和构件类别，分部按混凝土实体项目工程量计算。

16.3.3 垂直运输费工程量计算规则

1. 垂直运输费清单项目划分

措施项目清单项目划分为 011703001，详见表 16-6。

表 16-6 措施项目清单项目表（编号：011703）

序号	项目编码	项目名称	项目特征描述	计量单位	工程量计算规则	工作内容
1	011703001	垂直运输	1. 建筑物建筑类型及结构形式 2. 地下室建筑面积 3. 建筑物檐口高度、层数	1. m² 2. 天	1. 按建筑面积计算 2. 按施工工期日历天数计算	1. 垂直运输机械的固定装置、基础制作、安装 2. 行走式垂直运输机械轨道的铺设、拆除、摊销

2. 垂直运输费工程量计算规则

1）建筑物垂直运输

（1）区别建筑物结构类型、檐高或层数，设计室外地坪以下、以上，按建筑面积以"m²"计算。

（2）建筑面积按《建筑工程建筑面积计算规范》计算。

2）构筑物垂直运输

（1）烟囱、水塔、筒仓以座计算。超过规定高度时再按每增高 1 m 定额计算，超过高度不足 0.5 m 时舍去不计。

（2）贮池以外壁外围结构水平投影面积以"m²"计算。

（3）高度超过 3.6 m 的围墙、挡墙，按自然地坪至墙本体结构上表面间的高度乘以墙长度的垂直投影面积以"m²"计算。

3）装饰装修工程垂直运输

垂直运输工程量根据装饰装修的楼层不同，区别建筑物檐高、垂直运输高度，分别按不同垂直运输高度的定额项目人工费以万元为单位计算。

16.3.4 超高施工增加费工程量计算规则

1. 超高施工增加费清单项目划分

措施项目清单项目划分为 011704001，详见表 16-7。

表16-7 措施项目清单项目表（编号：011704）

序号	项目编码	项目名称	项目特征描述	计量单位	工程量计算规则	工作内容
1	011704001	超高施工增加	1. 建筑物建筑类型及结构形式 2. 建筑物檐口高度、层数 3. 单层建筑物檐口高度超过20 m，多层建筑物超过6层部分的建筑面积	m^2	按建筑物超高部分的建筑面积计算	1. 建筑物超高引起的人工工效降低以及由于人工工效降低引起的机械降效 2. 高层施工用水加压水泵的安装、拆除及工作台班 3. 通信联络设备的使用及摊销

2. 超高施工增加费工程量计算规则

1）建筑物超高增加费

（1）建筑物施工超高增加，按高度超过20 m或层数超过6层以上的建筑面积以 m^2 计算。

（2）建筑面积按《建筑工程建筑面积计算规范》计算。

（3）建筑物20 m以上的层高超过3.6 m时，每超过1 m按相应定额增加15%计算，超高高度不足0.5 m舍去不计。

（4）建筑物高度虽超过20 m，但不足1层的，高度每增高1 m，按相应定额增加15%计算，超高高度不足0.5 m舍去不计。

（5）其他机械降效按有关项目中的定额其他机械费乘以降效率计算。

2）装饰装修工程超高增加费

（1）装饰装修工程施工超高增加按装饰装修项目所在高度的项目人工费以"万元"为单位计算。

（2）其他机械降效按装饰装修项目中的定额其他机械费乘以降效率计算。

16.3.5 大型机械设备进出场及安拆费工程量计算规则

1. 大型机械设备进出场及安拆费清单项目划分

措施项目清单项目划分为011705001，详见表16-8。

表16-8 措施项目清单项目表（编号：011705）

序号	项目编码	项目名称	项目特征描述	计量单位	工程量计算规则	工作内容
1	011705001	大型机械设备进出场及安拆	1. 机械设备名称 2. 机械设备规格型号	台次	按使用机械设备的数量计算	1. 安拆费包括施工机械、设备在现场进行安装拆卸所需人工、材料、机械和试运转费用以及机械辅助设施的折旧、搭设、拆除等费用 2. 进出场费包括施工机械、设备整体或分体自停放地点运至施工现场或由一施工地点运至另一施工地点所发生的运输、装卸、辅助材料等费用 3. 通信联络设备的使用及摊销

2. 大型机械设备进出场及安拆费计算规则

（1）大型机械设备安拆费按台次计算。

（2）大型机械设备进出场费按台次计算。

（3）塔式起重机轨道式基础铺设按两轨中心线的实际铺设长度以"m"计算，固定式基础以"座"计算。

任务 16.4 施工技术措施项目工程量计算

16.4.1 脚手架工程量计算

1. 外脚手架

外脚手架按图示结构外墙外边线长度乘以外墙高度以平方米计算。其计算公式为：

$$S = L_{外} \times H_{外墙} \tag{16-1}$$

式中 $L_{外}$ ——外墙外边线；

$H_{外墙}$ ——外墙高度。

注：

（1）不扣除门窗洞、空圈洞口等所占面积。

（2）突出外墙宽度在24 cm以内的墙垛、附墙烟囱等不计算脚手架，突出墙外宽度超过24 cm以外时，按图示结构尺寸展开并入外脚手架工程量计算。

2. 里脚手架

里脚手架按墙面垂直投影面积计算，不扣除门、窗、空圈洞口等所占面积。其计算公式为：

$$S = L_{内墙} \times H_{内墙} \qquad (16\text{-}2)$$

式中 $L_{内墙}$——搭设里脚手架墙面的长;

$H_{内墙}$——搭设里脚手架墙面的高。

3. 满堂脚手架

满堂脚手架按室内净面积计算。其计算公式为:

$$S = L_{内墙} \times D_{内墙} - S_{其他} \qquad (16\text{-}3)$$

式中 $L_{内墙}$——搭设满堂脚手架房间的内墙长;

$D_{内墙}$——搭设满堂脚手架房间的内墙宽;

$S_{其他}$——室内其他构件所占面积。

其高度在 3.6~5.2 m 时,计算基本层;大于 5.2 m 时,每增加 1.2 m 按增加 1 层计算,不大于 0.6 m 的不计。计算式如下:

$$满堂脚手架增加层 = \frac{室内净高-5.2（m）}{1.2(m)} \qquad (16\text{-}4)$$

4. 浇灌运输道

基础浇灌运输道按基础实浇底面外围水平投影面积以平方米计算。

板浇灌运输道按板(包括现浇楼梯、阳台、雨篷)的外围水平投影面积以平方米计算。

5. 悬空脚手架、挑脚手架

悬空脚手架按搭设水平投影面积以平方米计算。

挑脚手架按搭设长度和层数,以延长米计算。

6. 安全网

水平安全网按实铺面积以平方米计算。

挑出式安全网按挑出的水平投影面积,以平方米计算。

16.4.2 混凝土模板及支架工程量计算

混凝土模板包括现浇混凝土、预制(预应力)混凝土、构筑物混凝土,工程量均按模板与混凝土的接触面积以平方米计算,均不扣除后浇带所占面积。其计算公式为:

$$S = L \times B + S_{不规则面积} \qquad (16\text{-}5)$$

式中 L——模板接触混凝土展开长度;

B——模板接触混凝土展开宽度;

$S_{不规则面积}$——不规则模板的面积。

16.4.3 垂直运输费工程量计算

区别建筑物的不同结构类型、檐高或层数,以设计室外地坪为界按建筑面积计算。其计算公式为:

$$S = S_{建筑面积} \tag{16-6}$$

式中 $S_{建筑面积}$——按《建筑面积计算规则》计算。

16.4.4 超高施工增加费工程量计算

按设计室外地坪 20 m(层数 6 层)以上的建筑面积计算。计算公式为:

$$S = S_{建筑面积} \tag{16-7}$$

式中 $S_{建筑面积}$——建筑物 20 m 以上或 6 层以上的建筑面积。

16.4.5 大型机械设备进出场及安拆费工程量计算

按使用机械设备的数量计算。

任务 16.5 施工组织措施项目工程量计算

16.5.1 施工组织措施项目的计算方法

施工组织措施费已综合考虑了管理费和利润。

1. 安全文明施工措施费

安全文明施工措施费,绿色施工措施费,冬、雨季施工增加费,工程定位复测、工程点交、场地清理费,夜间施工增加费,特殊地区施工增加费,按(定额人工费+机械费×8%)乘以表 16-9 的费率计算。

其中:

(1)绿色施工措施费属于编制招标控制价时取定的暂定费率,结算时根据批准的施工组织设计及实际发生费用计算。

(2)安全文明施工措施费属于不可竞争性费用,应按规定费率计算。

2. 压缩工期增加费

压缩工期增加费按表 16-10 计算。

表 16-9 施工组织措施费率表

专业		计算基础	安全文明施工措施费		绿色施工措施费 暂定费率	冬、雨季施工增加费，工程定位复测，工程点交、场地清理费	夜间施工增加费	特殊地区施工增加费
			安全、文明施工及环境保护费	临时设施费				
建筑工程		定额人工费+机械费×8%	5.12	2.76	5.94	3.72	0.5	1. 2 000 m<海拔≤2 500 m 的地区，费率为 3 2. 2 500 m<海拔≤3 000 m 的地区，费率为 8 3. 3 000 m<海拔≤3 500 m 的地区，费率为 15 4. 海拔>3 500 m 的地区，费率为 20
通用安装工程			6.69	1.59	1.33	2.47	0.3	
市政工程	建筑工程		9.42	2.24	6.02	5.48	0.38	
	安装工程		7.47	1.78	2.19	4.35	0.30	
园林绿化工程			9.04	2.15	—	5.26	0.20	
装配式	建筑工程		5.12	2.76	5.94	2.72	0.50	
	安装工程		6.69	1.59	1.33	2.47	0.30	
城市地下综合管廊工程	建筑工程		9.42	2.24	6.02	5.48	0.38	
	安装工程		7.47	1.78	2.19	4.35	0.30	
绿色建筑工程	建筑工程		5.12	2.76	5.94	2.72	0.50	
	安装工程		6.69	1.59	1.33	2.47	0.30	
独立土石方工程			1.32	0.33	—	4.90	0.15	

表 16-10 压缩工期增加费费率表

压缩工期比例	计算基础	费率/%
10%以内	定额人工费+机械费	0.01～1.03
20%以内		1.03～1.55
20%以外		1.55～2.03

3. 行车、行人干扰费增加费

行车、行人干扰费增加费按表 16-11 计算。

表 16-11　行车、行人干扰费费率表

工程名称	计算基础	费率/%
改、扩建城市道路工程，在已通车的干道上修建的人行天桥工程	（定额人工费+机械费×8%）	8.85
与改、扩建工程同时施工的给排水、电力管线、通信管线、供热管道工程		4.20
在已通车的主干道上修建立交桥		4.20

注：1. 市政工程行车、行人干扰增加费包括专设的指挥交通的人员，搭设简易防护措施等费用。
　　2. 封闭断交的工程不计取行车、行人干扰增加费。
　　3. 厂区、生活区专用道路工程不计取行车、行人干扰增加费。
　　4. 交通管理部门要求增加的措施费用另计。

4. 已完工程及设备保护费

已完工程及设备保护费根据实际发生以现场签证方式计取。

16.5.2　施工组织措施项目的计价程序

施工组织措施项目费包含安全文明措施费、绿色施工措施费。

编制招标控制价时，施工组织措施项目费应以分部分项工程费与施工技术措施项目费中的（定额人工费+机械费×8%）乘以相应费率计算。其中：绿色施工措施费费率是暂定费率，根据项目所在地有关部门或招标人要求计取。

编制投标报价时，施工组织措施项目费应以分部分项工程费与施工技术措施项目费中的（定额人工费+机械费×8%）乘以相应费率计算。其中：安全文明施工措施费属于不可竞争费率，应按规定费率计取；绿色施工措施费费率由投标人自主确定。

编制竣工结算时，施工组织措施项目费应以实际完成的清单工程量依据已标价清单综合单价计算的分部分项工程费与施工技术措施项目费中的（定额人工费+机械费×8%）乘以各施工组织措施项目相应费率计算。其中，除法律、法规等政策性调整外，各施工组织措施项目的费率均按投标报价时的投标人自主确定相应费率保持不变。

（1）安全文明施工措施费：对于安全防护、文明施工有特殊要求和危险性较大的工程，需增加安全防护、文明施工措施所发生的费用按专项技术措施费在招标文件中明确，招标控制价按专项技术措施费暂估，并列入其他项目费，投标报价根据招标控制价计算。

（2）施工组织措施费不包括施工现场与城市道路之间的道路硬化，发生时按现场签证另行计算。

（3）夜间施工增加费，是指因夜间施工所发生的夜班补助费，夜间施工降效、夜间施工照明设备摊销及照明用电等费用。

（4）市政工程行车、行人干扰费增加费：根据工程实际情况按附录B-表5规定费率计算。

（5）招标人压缩定额工期的，应在招标工程量清单的措施项目中补充编制压缩工期增加费项目，并在招标文件的附件中列明相关技术措施。

① 压缩工期增加费的计取：建设工程招标阶段确定的工期，应按照现行工期定额（TY01-89—2016建筑安装工程工期定额）标准确定，如压缩工期在5%内（含5%）不计算压缩工期措施增加费。压缩工期超过工期定额的5%者，应在招标文件中明确压缩工期的比例及压缩工期措施增加费的计算标准，编制招标控制价时应根据招标文件明确的计算标准计算压缩工期措施增加费，并列入施工组织措施费项目，其计费标准可按定额人工费与机械费之和乘以费率确定，其费率可参考表16-10压缩工期增加费费率表计算。编制投标报价时，可作为竞争性费率，由投标人自主确定，编制竣工结算时，按投标报价确定的费率计算。

② 当招标人要求压缩工期超过20%者，招标人应组织相关专业的专家对施工方案进行可行性论证，并承担工程质量和安全的责任，压缩工期所增加的人工、材料、机械用量依据专家论证的施工方案计算计入工程造价。

项目小结

措施费用包括总价措施费用和单价措施项目费用，本项目主要介绍措施项目中的单价措施项目费，主要有脚手架工程费、混凝土模板及支架工程费、垂直运输费、超高施工增加费、大型机械进退场费。学生应熟悉单价措施的列项的基本要求，掌握脚手架工程量计算规则，熟悉脚手架工程量的计算。重点掌握：脚手架的计算公式、计算规则；措施项目的清单工程量计算、工程定额的正确应用、工程综合单价分析表计算，各种费用的计算。难点：识图、列项、工程量计算、套价、定额应用、定额换算及工程费用的计算。通过本项目任务的学习，学生应熟悉措施项目的相关定额，不能直接套用定额的换算方法，对措施项目的消耗量定额内容有一定的认识，并能正确应用。

综合案例分析

16-1 措施项目综合案例

复习思考题

16-1 什么是单价措施项目费？

16-2 如何计算单价措施项目费？

16-3 如何计算外脚手架定额工程量？

16-4 在表16-12中完成前面实训项目工程的招标控制价表的计算。

该工程的相关其他数据如下：该工程位于平均海拔3 200米的县城内，经计算得分部分项工程费为4 500 000.00元（其中人工费为750 000.00元，机械使用费为350 000.00元），技术措施费为100 000.00元（其中人工费为30 000.00元，机械使用费为10 000.00元），暂列金额为50 000.00元，工程排污费为10 000.00元。

表 16-12　某工程招标控制价/投标报价汇总表

序号	费用名称	计算基数或计算表达式	费率计算标准	费用金额
1	分部分项工程费	∑（分部分项工程量×综合单价）		
1.1	人工费	（R）=<1.1.1>+<1.1.2>		
1.1.1	定额人工费	∑（定额人工费）		
1.1.2	规费（不可竞争费用）	∑（规费）		
1.2	材料费	∑（材料费）（C）		
1.3	设备费	∑（设备费）（S）		
1.4	机械费	∑（机械费）（J）		
1.5	管理费	∑（DR+J×0.08）×22.78%	22.78%	
1.6	利润	∑（DR+J×0.08）×13.81%	13.81%	
1.7	风险费	∑（风险费）		
2	措施项目费	(<2.1>+<2.2>)		
2.1	技术措施项目	∑（技术措施项目清单工程量×综合单价）		
2.1.1	人工费	（R）=<2.1.1.1>+<2.1.1.2>		
2.1.1.1	定额人工费	∑（定额人工费）		
2.1.1.2	规费	∑（规费）		
2.1.2	材料费	∑（材料费）（C）		
2.1.3	机械费	∑（机械费）（J）=		
2.1.4	管理费	∑（DR+J×0.08）×22.78%	22.78%	
2.1.5	利润	∑（DR+J×0.08）×13.81%	13.81%	
2.2	组织措施项目费	∑（组织措施项目费）		
2.2.1	绿色施工安全文明措施项目费（其中5.94为暂定费率）	∑（DR+J×0.08）×11.06%	11.06	
2.2.1.1	临时设施费	∑（DR+J×0.08）×2.76%	2.76	
2.2.2	其他组织措施项目费	∑（DR+J×0.08）×3.72%	3.72%	
3	其他项目费			
3.1	暂列金额			
3.2	暂估价			
3.3	计日工			
3.4	总承包服务费			
3.5	其他			
4	其他规费			
4.1	工伤保险	∑（定额人工费）×费率	0.50%	

续表

序号	费用名称	计算基数或计算表达式	费率计算标准	费用金额
4.2	工程排污费			
4.3	环境保护税		%	
5	税前工程造价	（1+2+3+4）		
6	税金	（1+2+3+4）×税率%	市区：10.08%； 县城、镇：9.9%； 其他：9.54%	
7	工程总造价（招标控制价/投标报价合计）=<5>+<6>			

注：1. 数字内均为表中对应的序号。
  2. DR 代表定额人工费。
  3. 正规表格上无税前工程造价栏，为了手工计算方便，可设此栏。

参考文献

[1] 云南省工程建设技术经济室. 云南省建筑工程计价标准（上册）：DBJ53/T-61—2020[S]. 昆明：云南科技出版社，2021.

[2] 云南省工程建设技术经济室. 云南省建筑工程计价标准（下册）：DBJ53/T-61—2020[S]. 昆明：云南科技出版社，2021.

[3] 云南省工程建设技术经济室. 云南省建设工程造价计价规则及机械仪器仪表台班费用定额：DBJ53/T-58—2020[S]. 昆明：云南科技出版社，2021.

[4] 云南省工程建设技术经济室. 静置设备与工艺金属结构制作安装工程：DBJ53/T-63—2020[S]. 昆明：云南科技出版社，2021.

[5] 中华人民共和国住房和城乡建设部. 房屋建筑与装饰工程工程量计算规范：GB 50854—2013[S]. 北京：中国计划出版社，2013.

[6] 中华人民共和国住房和城乡建设部. 建设工程工程量清单计价规范：GB 50500—2013[S]. 北京：中国计划出版社，2013.

[7] 夏友福，孙俊玲. 房屋建筑与装饰工程计量与计价[M]. 成都：西南交通大学出版社，2016.

[8] 夏友福，孙俊玲. 房屋建筑与装饰工程计量与计价实训指南[M]. 成都：西南交通大学出版社，2016.

[9] 莫南明，解永明. 建筑安装工程计量与计价务实[M]. 昆明：云南科技出版社，2015.

[10] 朱裕宽，蒋智生. 建筑安装工程定额与造价确定[M]. 昆明：云南科技出版社，2015.

[11] 冯焕芹，廖先元，张绍奎. 建筑工程计量与计价[M]. 北京：航空工业出版社，2015.

[12] 规范编制组. 2013 建筑工程计价计量规范辅导[M]. 北京：中国计划出版社，2013.

[13] 张建平. 建筑工程计价[M]. 6 版. 重庆：重庆大学出版社，2016.

[14] 张建平，尹贻林. 工程估价[M]. 3 版. 北京：科技出版社，2014.

[15] 唐小林，吕奇光. 建筑工程计量与计价[M]. 重庆：重庆大学出版社，2014.

[16] 袁建新. 建筑工程计量与计价[M]. 重庆：重庆大学出版社，2014.

[17] 黄伟典，张玉敏. 建筑工程计量与计价[M]. 大连：大连理工大学出版社，2014.

[18] 马楠. 建筑工程计量与计价[M]. 北京：科学出版社，2014.

[19] 周鹏，懂爱卉. 建筑工程计量与计价[M]. 上海：上海交通大学出版社，2015.

[20] https://v.qq.com/x/page/l3130idj34f.html

[21] https://www.jianshe99.com/zaojia/dagang/su1707138917.shtml

[22] https://v.qq.com/x/page/c3247dzc0jq.html

[23] https://cli.im/